Analysis

Grundkurs

Lehrbuch
für die Sekundarstufe II

Gymnasium

Volk und Wissen Verlag GmbH

Autoren:
Dr. Gerhard Koenig, Klaus-Jürgen Schulz, Dr. Manfred Schulz, Prof. Dr. Wolfgang Schulz,
Prof. Dr. Werner Stoye, Dr. Sabine Zänker

Herausgeber:
Prof. Dr. Wolfgang Schulz
Prof. Dr. Werner Stoye

Redaktion:
Dr. Jens-Uwe Mertens

Umweltschonendes Papier chlorfrei

ISBN 3-06-001170-2

1. Auflage
5 4 3 2 1 / 01 00 99 98 97
Alle Drucke dieser Auflage sind im Unterricht parallel nutzbar.
Die letzte Zahl bedeutet das Jahr dieses Druckes.

Printed in Germany
Satz: Mitterweger Satz GmbH
Druck und Binden: Druckerei zu Altenburg GmbH
Illustrationen: Roland Beier
Fotos: Volker Döring
Zeichnungen: Axel Siebert
Layout: Karl-Heinz Bergmann
Einband und Typografie: Wolfgang Lorenz

Inhalt

A

B

C

D

E

F

G

H

A

Funktionen und Gleichungen

1 Viel Bekanntes und einiges Neues über Funktionen

Funktionsbegriff; Nullstelle einer Funktion

1. **a)** Beschreiben Sie den im Bild 1 dargestellten Sachverhalt.
b) Welchen Nutzen sehen Sie für die Darstellung dieser Zuordnung?
c) Erläutern Sie anhand dieses Beispiels die Begriffe „Funktion", „Argument" und „Funktionswert".
d) Geben Sie Definitionsbereich, Wertebereich und Monotonieverhalten der Funktion an.
e) Welche weiteren Darstellungsmöglichkeiten für Funktionen kennen Sie?
f) Versuchen Sie, die Funktion aus Bild 1 auf andere Weise darzustellen.

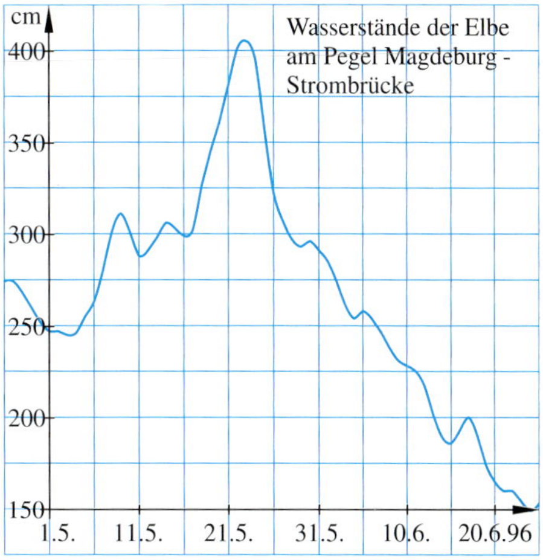

1

DEFINITION Eindeutige Zuordnungen heißen **Funktionen**.

Beispiele:

a) Die Zuordnung f mit $f(x) = 2x$ $(x \in \mathbb{R})$ ist eine Funktion.
Zu jeder Zahl gehört genau eine Zahl, die doppelt so groß ist, f ist also eindeutig.

x	$\rightarrow$	$2x$
$-0{,}5$	$\rightarrow$	-1
1	$\rightarrow$	2
$1{,}2$	$\rightarrow$	$2{,}4$
$\sqrt{2}$	$\rightarrow$	$2\sqrt{2}$

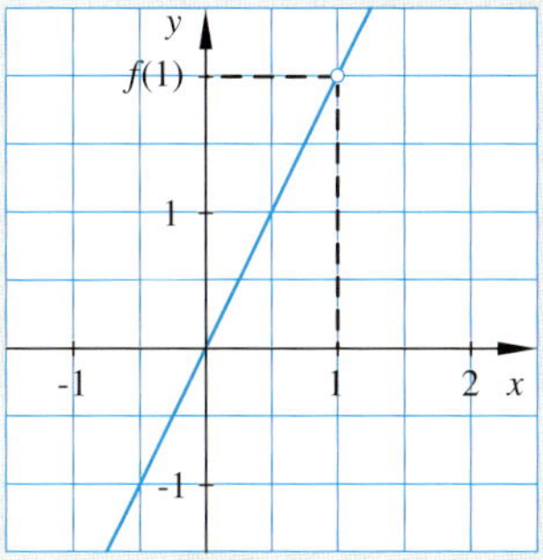

2

$f = \{(x; 2x) | x \in \mathbb{R}\}$

Die Zuordnung f ist die Menge der geordneten Paare $(x; 2x)$ mit $x \in \mathbb{R}$.

b) Die Zuordnung $x \to |x| = \begin{cases} x & \text{für } x \geq 0 \\ -x & \text{für } x < 0 \end{cases}$ $(x \in \mathbb{R})$ ist eine Funktion, die **Betragsfunktion**.
Da jeder Zahl x genau eine Zahl zugeordnet werden kann, die für $x \geq 0$ mit x und für $x < 0$ mit der positiven Zahl $-x$ identisch ist, ist f eindeutig, also eine Funktion.

Die Eindeutigkeit einer Zuordnung kann man mit Hilfe der beteiligten Paare gut erkennen. Gehören zwei Paare mit gleichen ersten Komponenten zu einer eindeutigen Zuordnung, so müssen auch die zweiten Komponenten übereinstimmen. Eine Zuordnung f ist also genau dann eindeutig, wenn aus $(x; y_1) \in f$ und $(x; y_2) \in f$ immer $y_1 = y_2$ folgt.
Gehört das geordnete Paar $(x; y)$ zur Funktion f, so ordnet die Funktion f dem **Argument** x aus dem **Definitionsbereich** $D(f)$ genau einen **Funktionswert** y aus dem **Wertebereich** $W(f)$ zu.
Man sagt: „y ist der Funktionswert der Funktion f an der Stelle x" und schreibt „$y = f(x)$".
Funktionen sind als **Wortvorschrift**, **Wertetabelle**, **Graph** und **Gleichung** darstellbar.

2. **a)** Stellen Sie die Betragsfunktion (vgl. Beispiel b)) und die lineare Funktion g mit $g(x) = 2x + 3$ mit Hilfe einer Wertetabelle und grafisch dar.
b) Begründen Sie die Eindeutigkeit der Zuordnung g.

Bemerkung: Wenn, wie z.B. in Aufgabe 2, kein Definitionsbereich genannt ist, sind alle möglichen Argumente zugelassen. Die korrekte Sprechweise „die Funktion f mit (der Gleichung) $y = f(x)$" verkürzt man oft zu „die Funktion $y = f(x)$" oder sogar zu „die Funktion $f(x)$". Dabei besteht die Gefahr, dass die Funktion f mit dem Funktionswert $f(x)$ an der Stelle x verwechselt wird.

3. Entscheiden Sie, ob die folgenden Sachverhalte jeweils durch eine Funktion beschrieben werden können und begründen Sie Ihre Aussage.
a) Normalerweise nimmt die Temperatur in der Atmosphäre mit zunehmender Höhe ab. Das Bild 3 zeigt eine davon abweichende Temperaturverteilung, die Inversion genannt wird. Diese Erscheinung tritt häufig im Einflussbereich von Hochdruckgebieten auf.
b) Schadstoffproduktion für verschiedene Verkehrsmittel (siehe Bild 4).
c) In Telefonbüchern werden durch die Telefonnummern Beziehungen zwischen Personen und natürlichen Zahlen hergestellt. Betrachten Sie die Zuordnungen

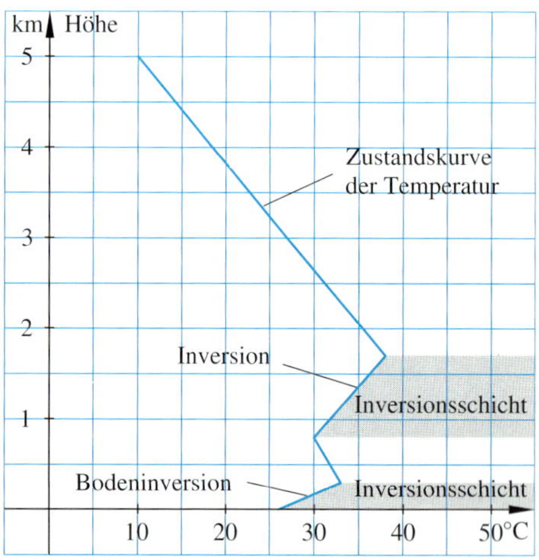

3

Personen → natürliche Zahlen und **natürliche Zahlen → Personen.**

d) Betrachten Sie die Beziehungen zwischen natürlichen Zahlen und ihren Teilern.

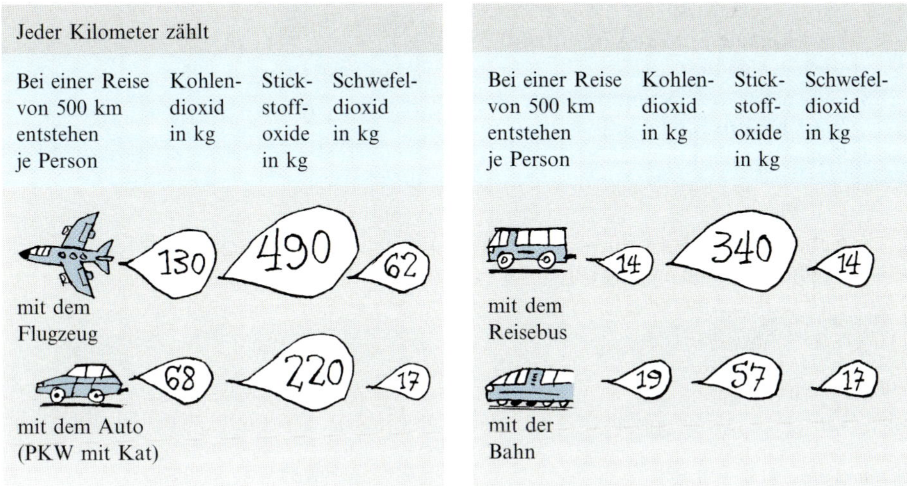

4

4. a) Welche der folgenden drei Zuordnungen sind eindeutig?
b) Skizzieren Sie eine weitere Zuordnung, die keine Funktion darstellt.
c) Wie kann man an der grafischen Darstellung einer Zuordnung erkennen, ob es sich um eine Funktion handelt?

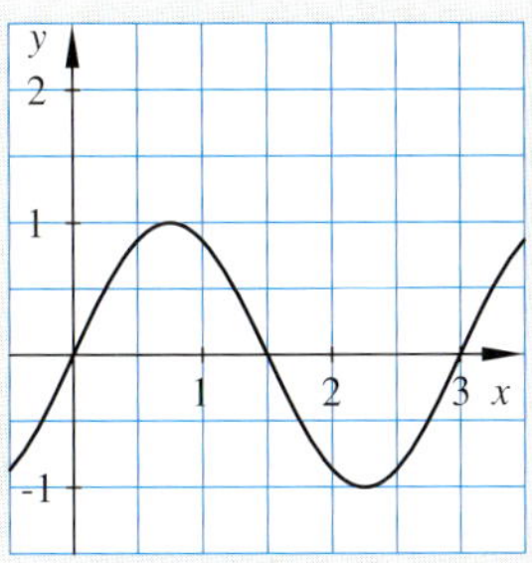

5

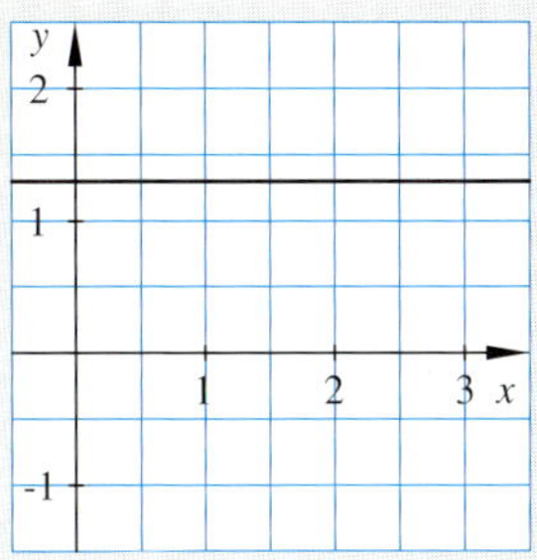

6

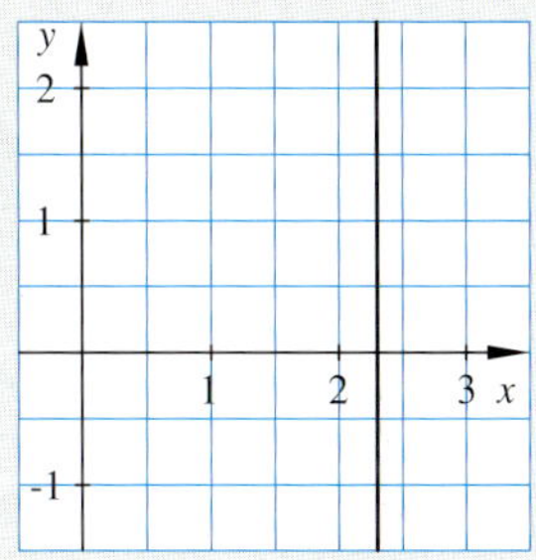

7

5. Manchmal werden Rechenergebnisse nach Abschluss der Rechnung auf ganze Zahlen gerundet. Ist z.B. die erste Stelle nach dem Komma eine 1, 2, 3 oder 4, so wird abgerundet, während bei 5, 6, 7, 8 oder 9 aufgerundet wird.
a) Geben Sie für die Zahlen 5,3 (10,6; −2,5; 99,5; −0,1) das gerundete Ergebnis an.
b) Wie kann die Zahl 17 durch Runden entstanden sein?
c) Begründen Sie, dass es sich beim Runden um eine Funktion handelt.
d) Geben Sie den Definitionsbereich und den Wertebereich der Funktion an.
e) Zeichnen Sie einen Graphen für die Funktion.

6. a) Zeichnen Sie in einer Ebene ein Dreieck und eine Gerade, die mit dem Dreieck keinen Punkt gemeinsam hat.
b) Denken Sie sich alle Punkte der Ebene an der Geraden aus a) gespiegelt. Zeichnen Sie das Bild des Dreiecks bei der Spiegelung. Begründen Sie, dass die Spiegelung eine Funktion ist. Geben Sie den Definitions- und den Wertebereich an.

7. Durch nebenstehende Programmzeilen wird eine Funktion beschrieben.

a) Welche Funktion ist es?

b) Geben Sie den Definitions- und den Wertebereich der Funktion an.

c) Stellen Sie die Funktion grafisch dar.

```
For i = 1 to 25
print i*i + 1
next i
```

8. Geben Sie aus den vorliegenden Informationen im Bild 8 je eine Zuordnung an, die a) eine Funktion und b) keine Funktion beschreibt.

Was bringt 1 Liter Wasser zum Kochen?

Warmwasserbereiter	Zeit	Stromverbrauch	Kosten (bei 0,30 DM / kWh)
Tauchsieder (1100 W)	5 min	ca. 0,08 kWh	0,02 DM
Expresswasserkocher (1800 W)	3 min	ca. 0,09 kWh	0,03 DM
Wasserkocher in der Mikrowelle (650 W)	7 min	ca. 0,08 kWh	0,02 DM
Wasserkessel auf der Kochplatte	7 min	ca. 0,17 kWh	0,05 DM

8

9. Das Bild 9 zeigt die Weg-Zeit-Diagramme zweier Fahrzeuge. PKW 1 startet, als die Ampel auf Grün schaltet. PKW 2 kommt etwas später an die Kreuzung und kann mit konstanter Geschwindigkeit weiterfahren.

a) Interpretieren Sie die Diagramme und deuten Sie dabei auch die gemeinsamen Punkte der Graphen und die Schnittpunkte der Graphen mit der Abszissenachse.

b) Geben Sie jeweils eine Funktionsgleichung für die im Bild 9 dargestellten Graphen an.

***c)** Zeichnen Sie die zugehörigen Geschwindigkeit-Zeit-Diagramme in ein und dasselbe Koordinatensystem.

***d)** Interpretieren Sie die Digramme aus *c).

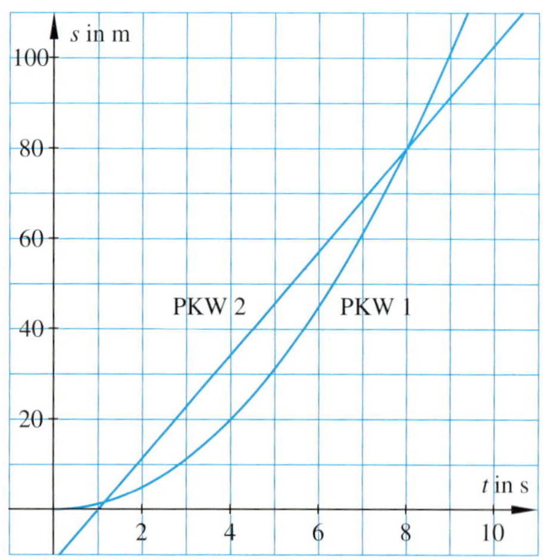

9

DEFINITION Sei f eine Funktion und $x_0 \in D(f)$ eine Zahl.
x_0 heißt **Nullstelle** von f genau dann, wenn $f(x_0) = 0$.

Lineare Funktionen – Geraden

10. Die Graphen **linearer Funktionen** mit größtmöglichem Definitionsbereich sind **Geraden**. Eine Gerade ist durch zwei Punkte eindeutig bestimmt. Deshalb reichen zwei Wertepaare aus, um eine solche lineare Funktion vollständig festzulegen.

a) Zeichnen Sie den Graph einer linearen Funktion, der durch die Punkte $P_1(-3; -6)$ und $P_2(0; -2)$ verläuft. Zeigen Sie, dass das geordnete Paar $(3; 2)$ zur dargestellten Funktion gehört. Geben Sie ein geordnetes Paar an, das nicht zu f gehört.

b) Geben Sie eine Funktionsgleichung $f(x) = mx + n$ für die durch den Graphen dargestellte Funktion an.

c) Die Funktion f mit $f(x) = \frac{4}{3}x - 2$ wird für $-3 \leq x \leq 0$ betrachtet. Beschreiben Sie den Graphen dieser Funktion.

d) Beschreiben Sie jeweils den Graphen der Funktion f mit $f(x) = \frac{4}{3}x - 2$ für die Definitionsbereiche:

(1) $x < 0$ (2) $x \geq 3$ (3) $x \in \mathbb{N}$.

e) Wie muss der Definitionsbereich einer linearen Funktion festgelegt werden, damit ihr Graph eine Strecke bzw. eine Halbgerade ist?

11. a) Zeichnen Sie die Graphen der folgenden linearen Funktionen, indem Sie zuvor je zwei Wertepaare bestimmen:

$f_1(x) = 5x - 4$ $f_2(x) = -2x + 3$ $f_3(x) = \frac{1}{2}x + 1$ $f_4(x) = \frac{3}{5}x - 2$

b) Geben Sie für jede der Funktionen f_1 bis f_4 die Schnittstellen mit den Koordinatenachsen und den Anstieg m an.

c) Veranschaulichen Sie sich den Anstieg des Graphen in der Darstellung. Zeigen Sie, dass für den Anstieg m gilt:

$m = \frac{y_2 - y_1}{x_2 - x_1}$ bzw. $m = \tan \alpha$ (α gibt den Anstiegswinkel der Geraden an).

d) Berechnen Sie die Anstiegswinkel der Geraden.

12. Gegeben seien die Punkte $A(1; 1)$, $B(4; 2)$ und $C(2; -2)$.

a) Geben Sie Gleichungen für die linearen Funktionen an, deren Graphen jeweils durch die Punkte A und B, B und C bzw. C und A verlaufen.

b) Welchen Flächeninhalt hat das Dreieck ABC?

13. Ilona: „Was ist richtig? Jede lineare Funktion hat mindestens eine Nullstelle. Jede lineare Funktion hat höchstens eine Nullstelle. Jede lineare Funktion hat genau eine Nullstelle.“

Kurt: „Wenn als Definitionsbereich alle Zahlen zugelassen sind, dann sind alle drei Aussagen richtig.“

Beate: „Bei einem Definitionsbereich, der nicht alle Zahlen zulässt, müssen wir vorsichtiger sein.“

a) Erläutern Sie die von Ilona genannten unterschiedlichen Formulierungen.

b) Entscheiden Sie, ob Kurt Recht hat.

c) Welche Situation bezüglich der Anzahl von Nullstellen sind möglich, wenn Beates Auffassung zu Grunde gelegt wird, also nicht alle Zahlen zum Definitionsbereich einer linearen Funktion gehören müssen?

14. Berechnen Sie die Nullstellen der folgenden Funktionen:

a) $y = 5x + 7;\ x < 0$ **b)** $y = -7x + 5;\ x > 0$ **c)** $y = -5x - 7;\ x \neq 0$

d) $y = -5x + 7$ **e)** $y = -2x + 3;\ x \in [0; 1]$ **f)** $y = 2x + 5;\ x \in [-5; 0]$

g) $y = 0{,}8x - 2;\ x \in [0; 2]$ **h)** $y = -0{,}5x + 1000;\ x < 100$ **i)** $y = 2x;\ x \neq 0$

15. a) Ermitteln Sie für die Funktionen f und g mit $f(x) = -1{,}5x + 3$ und $g(x) = 0{,}5x - 2$ rechnerisch und zeichnerisch die Nullstellen und die Koordinaten des Schnittpunktes P der beiden Geraden.

b) Geben Sie Gleichungen für die Geraden an, die parallel zu den Graphen von f bzw. g sind und durch den Koordinatenursprung gehen.

c) Welche Geraden durch den Koordinatenursprung sind orthogonal zu den Graphen von f bzw. g?

d) Welchen Zusammenhang zwischen der Orthogonalität von Geraden und deren Anstiegen vermuten Sie?

***e)** Beweisen Sie Ihre in d) formulierte Vermutung mit Hilfe von Bild 10.

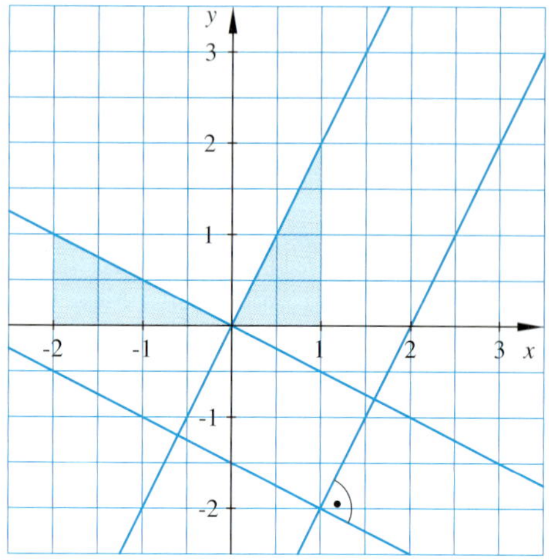

10

16. Untersuchen Sie die gegenseitige Lage der Geraden zu den linearen Funktionen f und g. Berechnen Sie gegebenenfalls die Koordinaten der Schnittpunkte.

a) $f(x) = \frac{1}{3}x - 2;\ g(x) = -3x + 1$ **b)** $f(x) = 4x - \frac{1}{5};\ g(x) = 0{,}25x - \frac{1}{5}$

c) $f(x) = x + 3;\ g(x) = x - \frac{1}{3}$ **d)** $f(x) = x - 5;\ g(x) = -x + \frac{1}{5}$

e) $f(x) = 2{,}5x + 3{,}5;\ g(x) = -2{,}5x$ **f)** $f(x) = 0{,}8x;\ g(x) = -2x + 3$

17. Gegeben seien die direkten Proportionalitäten $y = ax$.

a) Zeichnen Sie für verschiedene positive Werte von a den jeweiligen Graphen der Funktion.

b) Messen Sie jeweils die Größe des Winkels α, den der Graph der Funktion mit dem positiven Teil der Abszissenachse einschließt.

c) Stellen Sie mit Hilfe von Bild 11 einen Zusammenhang zwischen a und α her.

d) Überprüfen Sie, ob der in c) gefundene Zusammenhang auch für $a < 0$ bzw. $a = 0$ gilt. Begründen Sie Ihr Ergebnis.

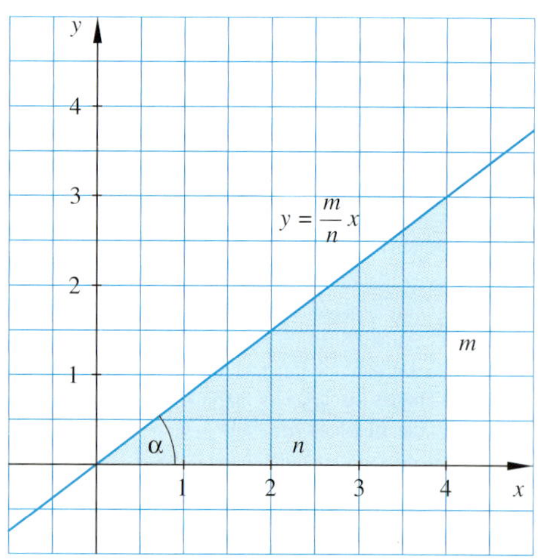

11

18. In Aufgabe 15 treten Winkel zwischen den Geraden von f und g auf. Messen Sie die Größe eines Winkels und geben Sie die Größe der drei anderen Winkel an. Begründen Sie ihre Aussage.

Die Aufgabe 18 macht deutlich, dass zwei Geraden zwei Winkel unterschiedlicher Größe einschließen können.
Wir legen daher fest: Als **Schnittwinkel** zweier sich schneidender Geraden in der Ebene wird einer der vier Winkel ausgewählt, der nicht größer als 90° ist.

19. a) Gegeben sind die Funktion f und g durch ihre grafische Darstellung (vgl. Bild 12).
Der Schnittwinkel der beiden Geraden ist mit φ bezeichnet. Messen Sie seine Größe.

b) Geben Sie eine Funktionsgleichung für die in Bild 12 dargestellten linearen Funktionen an.

c) Berechnen Sie den Schnittwinkel zwischen den beiden Geraden.

d) Geben Sie eine Vorschrift zur Berechnung des Schnittwinkels zwischen zwei Ursprunggeraden in Abhängigkeit von ihren Anstiegen m an.

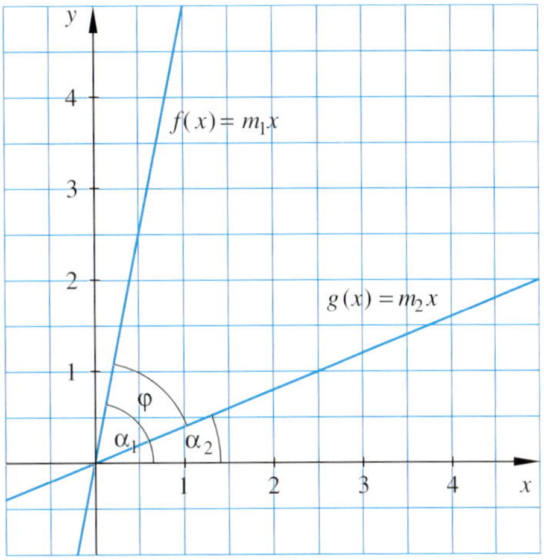

12

20. a) Die beiden Geraden in Aufgabe 19 hatten ihren Schnittpunkt im Koordinatenursprung.
Was ändert sich an der Berechnung des Schnittwinkels zweier Geraden, wenn ihr Schnittpunkt nicht im Koordinatenursprung liegt?

b) Berechnen Sie die Größe des Schnittwinkels φ zwischen jeweils zwei der folgenden Geraden:
$a(x) = 0{,}5x - 3$ $\quad b(x) = -x + 2$ $\quad h(x) = 2x + 1$ $\quad k(x) = -2x - 1$

21. Untersuchen Sie die gegenseitige Lage der Geraden, die als Graphen von zwei linearen Funktionen f und g gegeben sind:

a) $f(x) = \frac{1}{3}x - 2$, $g(x) = -3x + 1$

b) $f(x) = -\frac{4}{5}x + 1$, g: Anstieg $m = -\frac{4}{5}$, $g(3) = 5$

c) Die Funktion f besitzt eine Nullstelle bei -2 und ihr Graph hat eine Schnittstelle mit der Ordinatenachse bei 1. Der Graph von g hat einen Anstiegswinkel von 135° und verläuft durch den Koordinatenursprung.

d) Der Graph der Funktion f schneidet die Koordinatenachsen in $(4; 0)$ bzw. $(0; 5)$.
Für die Funktion g gilt: $g(-1) = \frac{15}{4}$ und $g(3) = \frac{5}{4}$.

e) Der Graph von f verläuft durch $A(-2; -3)$ und $B(1; 3)$.
Der Graph von g verläuft durch $C(-1; 1)$ und $D(5; 11)$.

22. Gegeben sei eine Funktion f mit $f(x) = 3x + n$, wobei n eine feste reelle Zahl ist. Der Graph einer weiteren linearen Funktion g verläuft durch die Punkte $A(0;4)$ und $B(-2;6)$.

a) Ermitteln Sie für f die Zahl n und für g eine Funktionsgleichung unter der Bedingung, dass der Punkt A auch zu f gehört.

b) Wie groß ist der Schnittwinkel φ?

In Aufgabe 22 ist die Zahl n in der Funktion f ein **Parameter**. Dabei ist n eine feste Zahl. Für jede Wahl von n entsteht eine Funktion f_n. Variiert man n, so entsteht eine **Funktionenschar**.

23. **a)** Zeichnen Sie die Graphen der Funktion $f_n(x) = 3x + n$ für $n \in \left\{-2; 1{,}3; \frac{2}{3}; -0{,}3\right\}$.

b) Berechnen Sie die Nullstellen der in a) gezeichneten Funktionen.

c) Geben Sie die Nullstelle der Funktion f_n in Abhängigkeit von dem Parameter n an.

24. Gegeben seien die Funktionen f_m und g_n mit $f_m(x) = mx + 4$ und $g_n(x) = -\frac{3}{2}x + n$.

Dabei sind m und n Parameter.

a) Sei $f_m(1) = 3$ und $g_n(-2) = 5$. Berechnen Sie die Parameter m und n.

b) Berechnen Sie die Koordinaten des Schnittpunktes von f_m und g_n sowie die Größe des Schnittwinkels der beiden Geraden.

c) Für welchen Anstieg m verlaufen die Graphen von f_m und g_n parallel zueinander?

d) Für welchen Anstieg m stehen sie senkrecht aufeinander?

*__e)__ Für welche Werte von m ist der Schnittwinkel der Graphen von f_m und g_n genau 60°?

25. Der Graph einer linearen Funktion f schneidet die Abszissenachse unter einem Winkel von 30° und geht durch den Punkt $P(7;2)$. Durch diesen Punkt verläuft auch der Graph einer linearen Funktion g. Beide Graphen stehen senkrecht aufeinander. Geben Sie die Funktionsgleichung der beiden Funktionen f und g an.

ZUSAMMENFASSUNG

1. Der Graph einer linearen Funktion f mit $f(x) = mx + n$ ($x \in \mathbb{R}$, $m \neq 0$) ist eine Gerade.

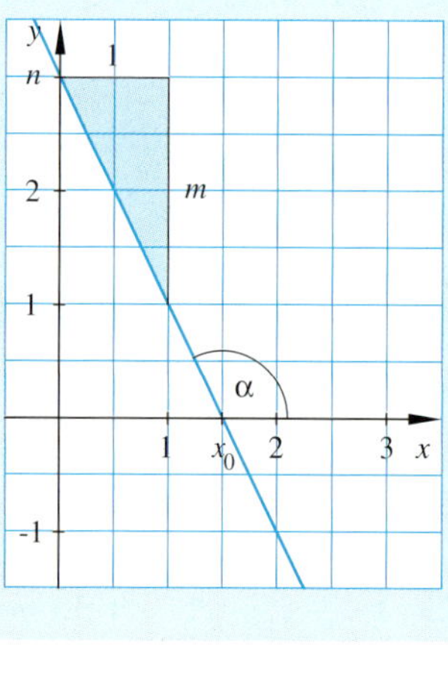

13

$x_0 = -\frac{n}{m}$

$m = \tan\alpha$

$\tan\alpha = -\tan(180° - \alpha)$

x_0 – Nullstelle
n – $f(0)$
m – Anstieg
α – Anstiegswinkel

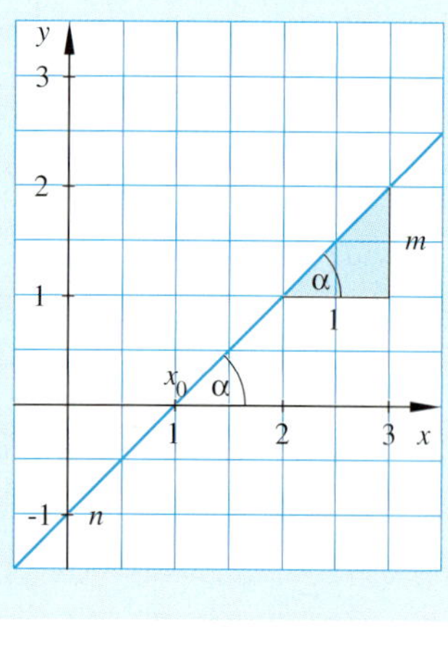

14

Zwei-Punkte-Form einer Geraden

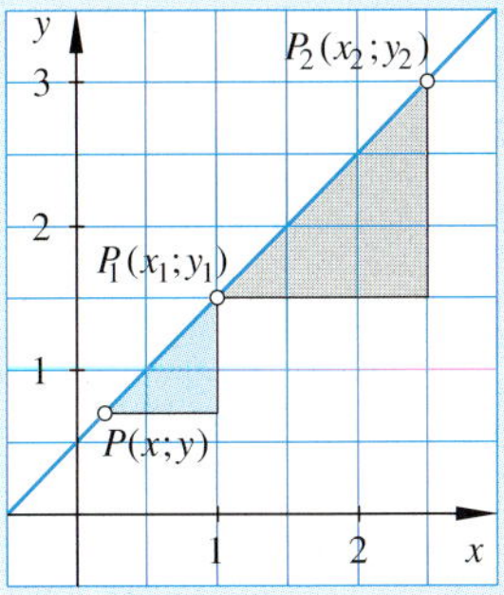

Gegeben:
$P_1(x_1;y_1)$,
$P_2(x_2;y_2)$
Geraden-
gleichung:
$$\frac{y-y_1}{x-x_1}=\frac{y_2-y_1}{x_2-x_1}$$

15

Punkt-Steigungs-Form einer Geraden

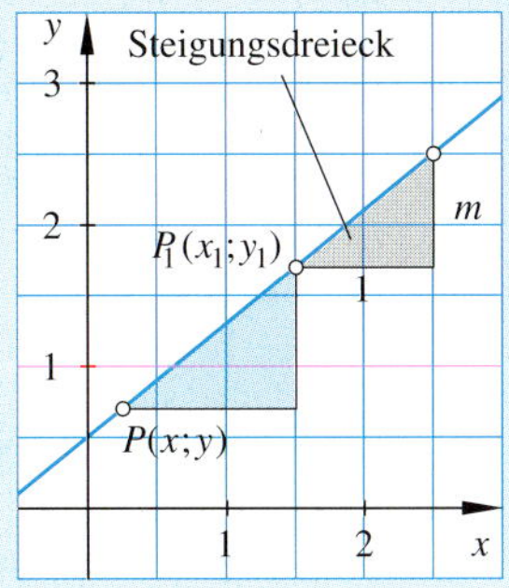

Gegeben:
$P_1(x_1;y_1)$, m

Geraden-
gleichung
$$\frac{y-y_1}{x-x_1}=m$$

16

2. Zwei Geraden in der Ebene können

a) einander schneiden. Das zugehörige lineare Gleichungssystem besitzt dann genau eine Lösung.

b) parallel zueinander verlaufen. Das zugehörige lineare Gleichungssystem besitzt dann keine Lösung.

c) identisch sein. Das zugehörige lineare Gleichungssystem besitzt dann unendlich viele Lösungen.

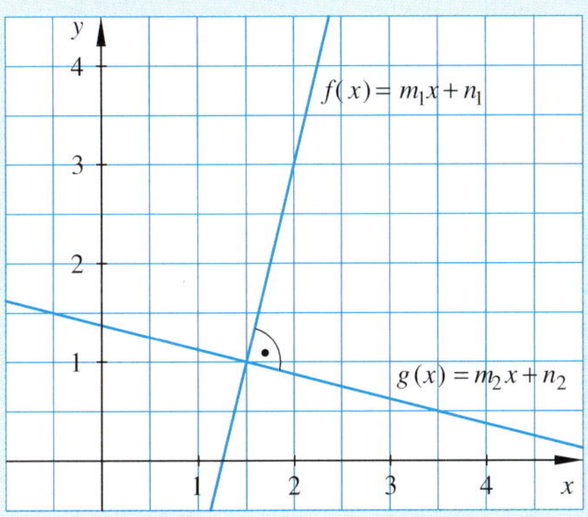

17

Geraden stehen senkrecht zueinander.

Es gilt $m_2 = -\dfrac{1}{m_1}$.

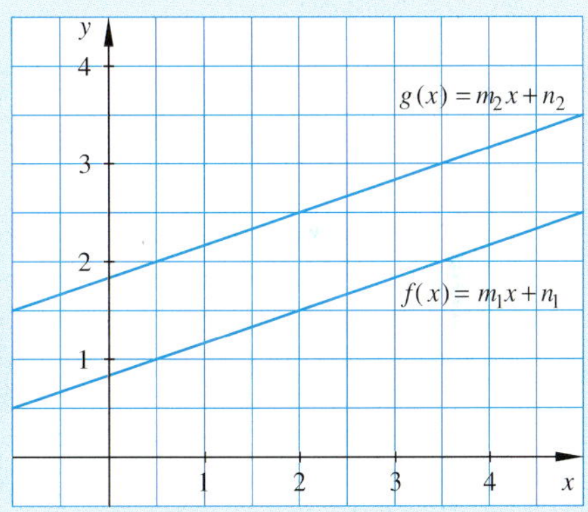

18

Geraden sind parallel zueinander.

Es gilt $m_1 = m_2$.

26. a) Geben Sie jeweils eine Gleichung für die in den Bildern 13 bis 16 dargestellten Graphen einer linearen Funktion in der Normalform $y = mx + n$ an.

b) Geben Sie für die vier Graphen die Schnittstellen mit den Koordinatenachsen, die Anstiege und die Anstiegswinkel an.

***c)** Stellen Sie die Geradengleichungen aus den Bildern 15 und 16 nach y um und bestimmen Sie n.

27. **a)** Geben Sie die Funktionsgleichungen der in den Bildern 17 und 18 dargestellten Funktionen an.
b) Bestätigen Sie durch eine Rechnung die abgebildeten Lagebeziehungen zwischen zwei Geraden.
c) Berechnen Sie den Schnittwinkel der Geraden im Bild 17.
d) Bestätigen Sie mit Hilfe des Schnittwinkels die allgemeingültige Beziehung $m_2 \cdot m_1 = -1$ für orthogonale Geraden.

Quadratische Funktionen – Parabeln

28. **a)** Beschreiben Sie mit Hilfe von Bild 19 den Verlauf des Graphen der Funktion $y = x^2$.
b) Sprechen Sie über die Eigenschaften der im Bild 19 dargestellten Funktion.
c) Erläutern Sie die Begriffe „Scheitelpunkt einer Parabel“ und „Parabelachse“.

Normalparabel

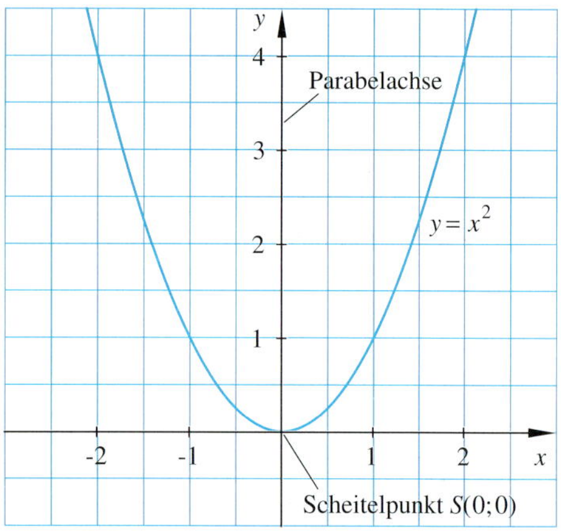

19

29. **a)** Gegeben sind die Funktionen $f_n(x) = x^2 + n$, wobei n ein reeller Parameter ist.
b) Stellen Sie die Funktionen $f_{1,5}, f_{-2}$ und f_3 in einem Koordinatensystem dar.
c) Geben Sie die Koordinaten des Scheitelpunktes von f_n in Abhängigkeit von n an.

30. Gegeben ist die quadratische Funktion f mit $f(x) = x^2 - 4x + 3$, $x \in \mathbb{R}$.
a) Fertigen Sie eine Wertetabelle der Funktion für das Intervall $-1 \leq x \leq 4$ mit der Schrittweite 0,5 an und stellen Sie die Funktion grafisch dar.
b) Beschreiben Sie den Verlauf des Graphen der Funktion. Geben Sie insbesondere die Nullstellen, den Scheitelpunkt und die Lage der Parabelachse an.
c) Begründen Sie, dass $f(2) = -1$ der kleinste Funktionswert der Funktion ist.
d) Welchen größten Funktionswert hat die Funktion in dem angegebenen Intervall bzw. im gesamten Definitionsbereich $\mathbb{R}$?
e) Welches Monotonieverhalten weist f auf?
f) Welches Symmetrieverhalten hat der Graph von f?

31. Gegeben sind die Funktionen $y = x^2 + 1{,}5$, $y = x^2 - 1{,}5$, $y = (x + 1{,}5)^2$ und $y = (x - 1{,}5)^2$.
a) Stellen Sie die Funktionen grafisch dar.
b) Welche Gemeinsamkeiten haben diese Funktionen mit der Funktion $y = x^2$?
c) Welche Unterschiede stellen Sie fest?
d) Welche Scheitelpunktkoordinaten haben die Funktionen f_c mit $f_c(x) = x^2 + c$ und g_b mit $g_b(x) = (x + b)^2$?

32. Geben Sie für die folgenden quadratischen Funktionen den Scheitelpunkt an:

a) $y = x^2 + 3$ **b)** $y = (x + 3)^2$ **c)** $y = x^2 - 3$
d) $y = (x - 3)^2$ **e)** $y = 3 - x^2$ **f)** $y = (3 - x)^2$

33. Gegeben sind die Funktionen $y = x^2 + 6x + 4$, $y = x^2 + 6x + 9$ und $y = x^2 + 6x + 12$.

a) Stellen Sie die Funktionen grafisch dar.
b) Vergleichen Sie die Funktionen miteinander, indem Sie Gemeinsamkeiten und Unterschiede feststellen.
c) Welche Scheitelpunktkoordinaten haben diese Funktionen?

Eine quadratische Funktion mit einer Gleichung $y = x^2 + px + q$ $(p, q \in \mathbb{R})$ heißt quadratische Funktion in **Normalform**.
Quadratische Funktionen in Normalform lassen sich mit Hilfe der **quadratischen Ergänzung** in die **Scheitelpunktform** überführen.

allgemein	**Beispiel** (vgl. Bild 20)
Normalform	
$f(x) = x^2 + px + q$	$f(x) = x^2 - 3x + \frac{5}{4}$
Quadratische Ergänzung	
$f(x) = x^2 + px + \left(\frac{p}{2}\right)^2 - \left(\frac{p}{2}\right)^2 + q$	$f(x) = x^2 - 3x + \left(-\frac{3}{2}\right)^2 - \left(-\frac{3}{2}\right)^2 + \frac{5}{4}$
Scheitelpunktform	
$f(x) = \left(x + \frac{p}{2}\right)^2 - \left(\frac{p}{2}\right)^2 + q$	$f(x) = \left(x - \frac{3}{2}\right)^2 - 1$
Scheitelpunkt	
$S\left(-\frac{p}{2}; -\left(\frac{p}{2}\right)^2 + q\right)$	$S\left(\frac{3}{2}; -1\right)$

34. **a)** Welche Eigenschaften der Funktion $y = x^2 + px + q$ kann man bei Kenntnis des Scheitelpunktes angeben?
b) Überführen Sie die Funktionen aus Aufgabe 33 mit Hilfe der quadratischen Ergänzung in die Scheitelpunktform und geben Sie jeweils die Koordinaten des Scheitelpunktes $S(x_s; y_s)$ an.
c) Beschreiben Sie für die Funktionen aus b) die Lage der Parabelachse der Graphen.
d) Welches Verhalten haben die Funktionen aus b) für Argumente, die kleiner als x_s bzw. größer als x_s sing?

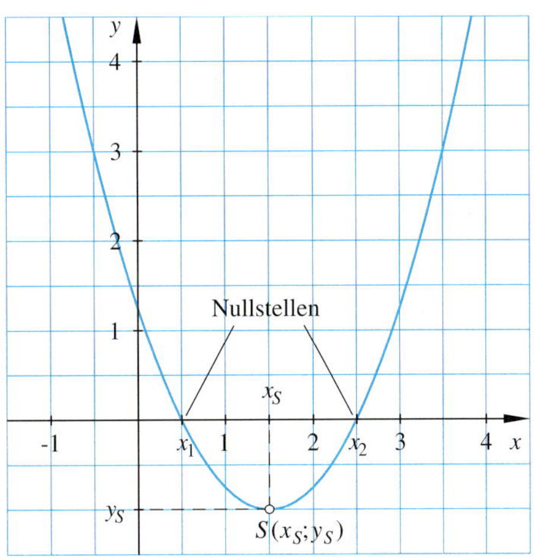

20

35. Geben Sie für die folgenden quadratischen Funktionen die jeweiligen Koordinaten des Scheitelpunktes an:

a) $y = x^2 + 4x + 3$ **b)** $y = (x + 3)^2 + 2$ **c)** $y = x^2 - 5x - 3$
d) $y = (x - 3)^2 - 5$ **e)** $y = 3 - 4x + x^2$ **f)** $y = 3 - 10x + x^2$
g) $y = x^2 + 1000x + 100$ **h)** $y = x^2 - 500x + 62500$ **i)** $y = x^2 - 300x - 300$
j) $y = x^2 + 500x - 200$ **k)** $y = x^2 - 0{,}2x + 0{,}001$ **l)** $y = x^2 + 8x + 16$

36. a) Welche der quadratischen Funktionen in Aufgabe 35 sind in Normalform bzw. in Scheitelpunktform angegeben?

b) Überführen Sie die in Normalform angegebenen Funktionen in Aufgabe 35 in die Scheitelpunktform.

37. Von vier Normalparabeln sind die Scheitelpunkte bekannt. Geben Sie jeweils eine Funktionsgleichung sowohl in Scheitelpunktform als auch in Normalform an.

a) $S_1(-3; 2)$ **b)** $S_2(5; 0)$ **c)** $S_3(-2; -12)$ **d)** $S_4(-\sqrt{2}; \sqrt{3})$

38. a) Lesen Sie mögliche Nullstellen x_1 und x_2 der Funktionen f_1 bis f_7 aus ihrer grafischen Darstellung ab:

$f_1(x) = x^2 - 4$ $f_2(x) = x^2 + 2$ $f_3(x) = x^2 + 4x + 4$ $f_4(x) = x^2 - 2x - 4$
$f_5(x) = x^2 + 5x + \frac{1}{4}$ $f_6(x) = x^2 - 4x$ $f_7(x) = x^2 + 5x + 9$

b) Stellen Sie eine Beziehung zwischen der Lage des Scheitelpunktes und der Anzahl und Lage der Nullstellen her.

Beispiele:

Berechnung der Nullstellen einer quadratischen Funktion

a) Gegeben sei die Funktion f mit $f(x) = x^2 - 16 \quad (x \in \mathbb{R})$.

Der Graph von f ist eine nach oben geöffnete Normalparabel.
Der Scheitelpunkt S der Parabel ist $S(0; -16)$.
Die y-Koordinate ist negativ, das bedeutet:
Der Graph schneidet die Abszissenachse zweimal. Die Funktion f besitzt demnach zwei Nullstellen x_1 und x_2.

b) Gegeben sei die Funktion f mit $f(x) = x^2 - 6x + 2$.

Die Scheitelpunktform lautet $f(x) = (x - 3)^2 - 7$.
Der Scheitelpunkt S der Parabel ist $S(3; -7)$.
Die y-Koordinate ist negativ, das bedeutet:
Der Graph der Funktion hat zwei Schnittstellen mit der x-Achse, also zwei Nullstellen.

x ist Nullstelle der Funktion f, wenn für $x \in D(f)$ gilt: $f(x) = 0$.

a)
$$x^2 - 16 = 0$$
$$x^2 = 16$$
$$|x| = 4$$
$$x_1 = 4;\ x_2 = -4$$

b)
$$(x - 3)^2 - 7 = 0$$
$$|x - 3| = \sqrt{7}$$
$$x_1 = \sqrt{7} + 3 \quad x_2 = -\sqrt{7} + 3$$
$$x_1 \approx 5{,}65 \quad x_2 \approx 0{,}35$$

39. a) Zeigen Sie mit Hilfe der Beispiele auf Seite 16, dass für die Nullstellen einer quadratischen Funktion f mit $f(x) = x^2 + px + q$ die **Lösungsformel** für quadratische Gleichungen in der Normalform gilt:

$$x_{1/2} = -\frac{p}{2} \pm \sqrt{\left(\frac{p}{2}\right)^2 - q}$$

b) Berechnen Sie für die Funktionen aus Aufgabe 35 die Nullstellen mit Hilfe der Lösungsformel (siehe auch das Beispiel auf Seite 18).

c) Der Term unter der Wurzel wird **Diskriminante**[1] **D** genannt.

Es gilt: $D = \left(\frac{p}{2}\right)^2 - q.$

1. Stellen Sie eine Beziehung zwischen der Diskriminante D und der y-Koordinate des Scheitelpunktes her.
2. Führen Sie mit Hilfe der Diskriminante eine Fallunterscheidung bzgl. der Nullstellen einer quadratischen Funktion durch.

40. Beschreiben Sie den Verlauf der Parabelachse des Graphen einer quadratischen Funktion f mit $f(x) = x^2 + px + q$ mit
a) genau einer Nullstelle,
b) zwei Nullstellen.

41. Im Bild 21 sind zwei Graphen quadratischer Funktionen f mit $f(x) = x^2 + px + q$ dargestellt. Wie groß sind jeweils p und q?

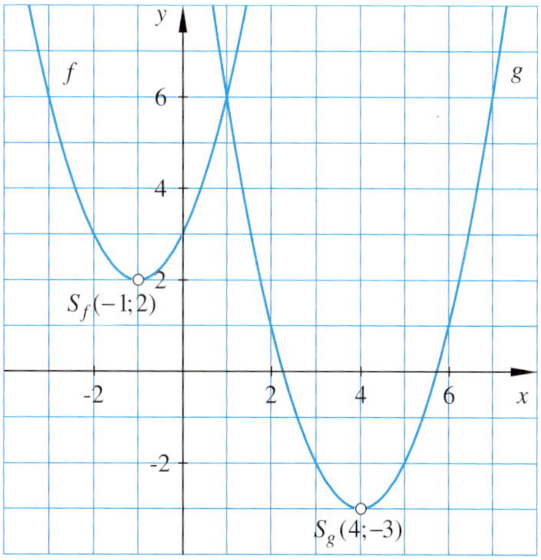

21

42. Gegeben sind die Funktionen $y = 1{,}5x^2$ und $y = -2x^2$.
a) Vergleichen Sie die Graphen dieser Funktionen mit der Normalparabel mit dem Scheitelpunkt $S(0; 0)$ (siehe Bild 19).
b) Beschreiben Sie Eigenschaften der Funktionen $y = ax^2$ in Abhängigkeit von der Wahl des Parameters a.
c) Wodurch unterscheiden sich die Graphen von $y = ax^2$ für $a = 2$ und $a = -2$?

43. a) Skizzieren Sie die Graphen der Funktion f mit $f(x) = 2x$, $f(x) = 2x^2 + 1$, $f(x) = 2x^2 + 2x + 4$, $f(x) = -x^2$, $f(x) = -x^2 + 2$, $f(x) = \frac{1}{4}x^2 + 1$, $f(x) = -3x^2 - 2$.
b) Welche Eigenschaften der Funktion f mit $f(x) = ax^2 + bx + c$ (**allgemeine Form einer quadratischen Funktion**) werden durch die Parameter a und c beeinflusst?

[1] discriminare – lateinisch: (unter-)scheiden

Beispiel:
Es sind die Nullstellen und die Scheitelpunktkoordinaten der Funktion f mit $f(x) = -2x^2 - 6x + \frac{7}{2}$ zu ermitteln.

a) Nullstellenberechnung

$0 = -2x^2 - 6x + \frac{7}{2}$ | Überführung der Gleichung in die Normalform | : (−2)

$0 = x^2 + 3x - \frac{7}{4}$ | Anwenden der Lösungsformel

$x_{1/2} = -\frac{p}{2} \pm \sqrt{\left(\frac{p}{2}\right)^2 - q} \qquad p = 3 \qquad q = -\frac{7}{4}$

$x_{1/2} = -\frac{3}{2} \pm \sqrt{\frac{9}{4} + \frac{7}{4}}$

$x_{1/2} = -\frac{3}{2} \pm 2 \quad x_1 = \frac{1}{2} \quad x_2 = -\frac{7}{2}$

b) Berechnen der Scheitelpunktkoordinaten:

$f(x) = ax^2 + bx + c \qquad S\left(\frac{b}{-2a}; \frac{4ac - b^2}{4a}\right)$

$f(x) = -2x^2 - 6x + \frac{7}{2} \qquad a = -2 \quad b = -6 \quad c = \frac{7}{2} \qquad S\left(-\frac{3}{2}; 8\right)$

44. Vergleichen Sie die Scheitelpunktkoordinaten der Funktionen
$f_1(x) = -2x^2 - 6x + \frac{7}{2}$ und $f_2(x) = x^2 + 3x - \frac{7}{4}$.
Erklären Sie den Unterschied und das Gemeinsame.

45. Berechnen Sie die Nullstellen und die Scheitelpunktkoordinaten der Funktionen f_1 bis f_6:

a) $f_1(x) = -x^2 + 4x - 2$ **b)** $f_2(x) = 5x^2 + 10x - 5$ **c)** $f_3(x) = x^2 + 5x - 7$

d) $f_4(x) = 3x^2 - 9x$ **e)** $f_5(x) = \frac{1}{2}x^2 - 3$ **f)** $f_6(x) = 13x^2 - 26x + 12$

46. Gegeben seien die Funktionen f_1 bis f_3.
f_1: Nullstellen $x_1 = -1, x_2 = 3$; verschobene Normalparabel
$f_2 : S(3; -2)$; verschobene Normalparabel
$f_3 : f_3(x) = -\frac{1}{2}x^2 + x - 1$

a) Skizzieren Sie die Graphen der Funktionen f_1 bis f_3.
b) Berechnen Sie, sofern nicht gegeben, die Nullstellen und die Koordinaten des Scheitelpunktes der Funktionen f_1 bis f_3.
c) Geben Sie für die Funktionen f_1 und f_2 die Funktionsgleichungen in der Normalform an.

47. Berechnen Sie die Nullstellen x_1 und x_2 der Funktionen $f_1(x) = x^2 + 4x + 3$, $f_2(x) = x^2 + x - 2$, $f_3(x) = x^2 - 5x + 6$, $f_4(x) = x^2 - x - 12$. Vermuten Sie einen Zusammenhang zwischen x_1 und x_2 einerseits und p und q andererseits.

ZUSAMMENFASSUNG

1. Der Graph einer quadratischen Funktion ist eine Parabel.

Allgemeine Form	$y = ax^2 + bx + c$	$S\left(\frac{b}{-2a}; \frac{4ac - b^2}{4a}\right)$
Normalform	$y = x^2 + px + q$	$S\left(-\frac{p}{2}; -D\right)$
Scheitelpunktform	$y = \left(x + \frac{p}{2}\right)^2 - \left(\frac{p}{2}\right)^2 + q$	$S\left(-\frac{p}{2}; -\left(\frac{p}{2}\right)^2 + q\right)$
Nullstellen	$x_{1/2} = -\frac{p}{2} \pm \sqrt{D}$	
	$x_{1/2} = -\frac{p}{2} \pm \sqrt{\left(\frac{p}{2}\right)^2 - q}$	

2. Satz von VIETA[1]: Für die Nullstellen x_1 und x_2 von $f(x) = x^2 + px + q$ gilt:
$x_1 \cdot x_2 = q$ und $x_1 + x_2 = -p$.

48. * Beweisen Sie den Satz von VIETA. Gehen Sie davon aus, dass
$x_1 = -\frac{p}{2} + \sqrt{\left(\frac{p}{2}\right)^2 - q}$ und $x_2 = -\frac{p}{2} - \sqrt{\left(\frac{p}{2}\right)^2 - q}$ ist.

Monotone Funktionen – Steigen und Fallen

49. Skizzieren Sie je zwei Funktionen, die im Intervall $-2 \leq x \leq 3$
a) monoton wachsend sind,
b) monoton fallend sind,
c) ihr Monotonieverhalten ändern.
Geben Sie, falls möglich, auch eine Funktionsgleichung zu den Funktionen an.

50. Günther: „Was heißt das eigentlich ganz genau „Eine Funktion ist über einem Intervall I monoton wachsend“?
Ines: „Wenn zum kleineren von zwei Argumenten der kleinere Funktionswert gehört.“
Günther: „Also für $x_1 < x_2$ gilt $y_1 < y_2$.“
Gerd: „Das muss aber immer der Fall sein, also im ganzen Intervall.“
a) Geben Sie ein Beispiel dafür an, dass Gerds Zusatz wichtig ist.
b) Definieren Sie „Die Funktion f ist monoton wachsend auf dem Intervall I“.
c) Definieren Sie „Die Funktion f ist monoton fallend auf dem Intervall I“.

51. Welche Funktionen sind im Sinne der Aufgabe 50 monoton wachsend?
a) $f(x) = -3x$ **b)** $f(x) = 5x \ (1 \leq x \leq 2)$ **c)** $f(x) = x^2 \ (x \geq 0)$
d) $f(x) = 0{,}8x + 4$ **e)** $f(x) = -3x^2$ **f)** $f(x) = 3 \cdot \sin 2x$
g) $f(x) = |x| + 2 \ (x \geq 0)$ **h)** $f(x) = -|x + 2| \ (x \leq -2)$ **i)** $f(x) = |\sin x|$

[1] Francois VIETA (1540–1603) war ein französischer Mathematiker. Er benutzte als erster Buchstaben zur Bezeichnung von Unbekannten in Gleichungen.

52. Brigitte: „Was ist mit den konstanten Funktionen? Sind die wachsend oder fallend?"
Petra: „Weder noch. Bei einer konstanten Funktion werden die Funktionswerte nicht größer, also ist die Funktion nicht wachsend, sie werden auch nicht kleiner, also ist die Funktion auch nicht fallend."
Peter: „Ich finde, konstante Funktionen sind schwach monoton wachsend, denn die Funktionswerte werden nicht kleiner?"
Sylvia: „Dann sind diese Funktionen auch schwach monoton fallend, denn die Funktionswerte werden nicht größer."
Brigitte: „Dann sollten wir aber zwischen starker Monotonie und schwacher Monotonie unterscheiden."

a) Was sagen Sie zu Petras Begründung?

b) Definieren Sie das monotone Wachsen (Fallen) einer Funktion so, dass Peters (Sylvias) Ansicht berücksichtigt ist.

53. Beschreiben Sie das Monotonieverhalten der nachfolgenden Funktionen über ihren gesamten Definitionsbereich. Welchen Einfluss haben die jeweiligen Parameter?

Konstante Funktion	lineare Funktion	Betragsfunktion	Quadratische Funktionen	
$f(x) = c$	$f(x) = mx + n$	$f(x) = \|x\|$	$f(x) = dx^2$	$f(x) = x^2 + px + q$

DEFINITION

f sei eine Funktion mit dem Definitionsbereich $D(f)$ und I ein Intervall mit $I \subseteq D(f)$.

f heißt auf I **streng monoton wachsend** genau dann, wenn für alle $x_1, x_2 \in I$ gilt:
Wenn $x_1 < x_2$, so $f(x_1) < f(x_2)$.

f heißt auf I **streng monoton fallend** genau dann, wenn für alle $x_1, x_2 \in I$ gilt:
Wenn $x_1 < x_2$, so $f(x_1) > f(x_2)$.

f heißt auf I **monoton wachsend** genau dann, wenn für alle $x_1, x_2 \in I$ gilt:
Wenn $x_1 < x_2$, so $f(x_1) \leq f(x_2)$.

f heißt auf I **monoton fallend** genau dann, wenn für alle $x_1, x_2 \in I$ gilt:
Wenn $x_1 < x_2$, so $f(x_1) \geq f(x_2)$.

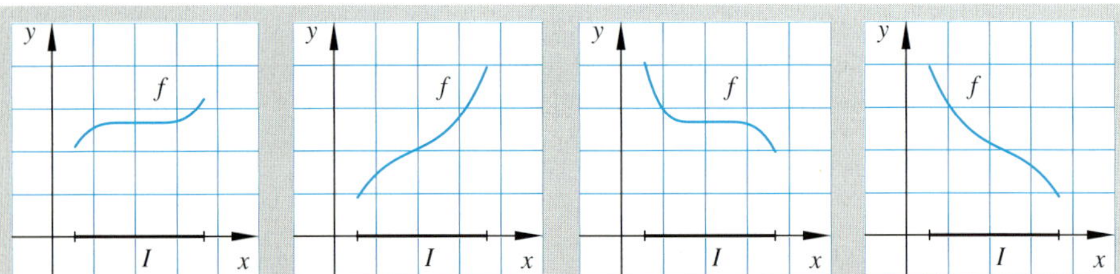

f ist monoton wachsend — *f* ist streng monoton wachsend — *f* ist monoton fallend — *f* ist streng monoton fallend

Bemerkungen:
1. Durch die Definition auf Seite 20 ändert sich der bisher übliche Sprachgebrauch. Funktionen, die bisher mit „monoton wachsend" bezeichnet wurden, werden nun „streng monoton wachsend" genannt.
2. Es reicht für eine Monotonieaussage nicht aus, wenn nur für einige Argumente die Funktionswerte untersucht werden. Damit Fehleinschätzungen vermieden werden, müssen alle Argumente berücksichtigt werden.

54. Unterhalten sich Ines und Günther in Aufgabe 50 über monotone Funktionen oder über streng monotone Funktionen?

Beispiel: Die Funktion f mit $f(x) = 2x + 3$ ist für $x \in \mathbb{R}$ streng monoton wachsend.
Seien x_1 und x_2 zwei reelle Zahlen mit $x_1 < x_2$.
Dann ergibt sich nach Multiplikation dieser Ungleichung mit 2, dass $2x_1 < 2x_2$ gilt.
Nach Addition von 3 entsteht aus der Ungleichung $2x_1 + 3 < 2x_2 + 3$.
Damit gilt $f(x_1) < f(x_2)$.

55. a) Beweisen Sie für die Funktionen in Aufgabe 51 b), c), d), g), und h), dass sie streng monoton wachsend sind.
b) Über welchen Intervallen ist die Funktion in Aufgabe 51 f) streng monoton wachsend?
c) Geben Sie für die Funktion in Aufgabe 50 e) ein offenes Intervall I an, in dem die Funktion monoton fallend ist.

56. a) Argumentieren Sie mit Hilfe der Definition für monotone Funktionen zu folgender Aussage: „Quadratische Funktionen sind über $\mathbb{R}$ weder monoton wachsend noch monoton fallend. Es gibt aber ein größtmögliches Intervall, in denen sie streng monoton wachsend sind und es gibt ein größtmögliches Intervall, in denen sie streng monoton fallend sind."
b) Geben Sie für die folgenden Funktionen größtmögliche Monotonieintervalle an, in denen sich das Monotonieverhalten nicht ändert:
$y = x^2 + 4x - 5$; $y = x^2 - 5x + 1$; $y = 3x + 2{,}4$; $y = x^3 - 2$; $y = 4x^2 + 0{,}5$; $y = \cos x$

57. a) Finden Sie Fehler in den folgenden Überlegungen?
„x_1 und x_2 sind zwei Zahlen mit $x_1 < x_2$. Multiplizieren dieser Ungleichung mit x_1 ergibt $x_1^2 < x_1x_2$. Multiplizieren der ersten Ungleichung mit x_2 ergibt $x_1x_2 < x_2^2$. Insgesamt gilt: $x_1^2 < x_1x_2 < x_2^2$. Ergebnis: $f(x) = x^2$ ist streng monoton wachsend."
b) Geben Sie das größtmögliche Intervall I an, für das die Funktion $y = x^2$ streng monoton fallend (bzw. streng monoton wachsend) ist und beweisen Sie Ihre Aussage.

58. Welches Monotonieverhalten haben die Funktionen? Geben Sie eine Begründung an. Skizzieren Sie die Funktionen, die ihr Monotonieverhalten nicht ändern. Für die anderen Funktionen geben Sie Intervalle an, in denen die Funktionen monoton wachsend bzw. monoton fallend sind.

a) $y = 2x + 3$ **b)** $y = -3x + 2$ **c)** $y = 1{,}5x - 2$ **d)** $y = -2{,}5x - 1{,}8$
e) $y = |x|$ **f)** $y = |x| - 1$ **g)** $y = |x - 1|$ **h)** $y = 2|x| + 2$
i) $y = -x^2$ **j)** $y = x^2 + 2$ **k)** $y = x^2 + 2x + 1$ **l)** $y = x^2 + 2x$

Eineindeutigkeit – Umkehrfunktion

59. **a)** Fertigen Sie für die Funktionen f und g mit $f(x) = 2x+1$ und $g(x) = -x^2$ im Intervall $-2 \leq x \leq 2$ eine Wertetabelle mit der Schrittweite 0,5 an.

b) Stellen Sie die in a) genannten Funktionen in zwei Koordinatensystemen dar.

c) Vertauschen Sie in den Wertetabellen aus a) die Argumente mit den Funktionswerten. Es entstehen neue Zuordnungen. Prüfen Sie, ob diese Zuordnungen wiederum Funktionen sind. Ist das der Fall, so heißt die ursprüngliche Funktion **eineindeutig**.

d) Stellen Sie die in b) entstandenen Zuordnungen grafisch dar. Wie wirkt sich das Vertauschen der Komponenten in den Wertetabellen geometrisch aus?

*__e)__ Geben Sie für die Zuordnungen in c) eine Gleichung an.

60. Im Bild 23 ist der Graph einer Funktion f dargestellt. Durch Spiegelung des Graphen von f an der Winkelhalbierenden des 1. Quadranten ist die mit g bezeichnete Kurve entstanden.

a) Lesen Sie fünf Paare $(x; f(x))$ aus dem Bild 23 ab.

b) Spiegeln Sie die Punkte $P(x; f(x))$ an der Winkelhalbierenden. Welche Koordinaten haben die Bildpunkte?

c) Begründen Sie, dass g Graph einer Funktion ist.

d) Prüfen Sie die Aussage: „Wenn f streng monoton wachsend ist, so ist das Spiegelbild des Graphen von f an der Winkelhalbierenden des 1. Quadranten wiederum Graph einer Funktion.“

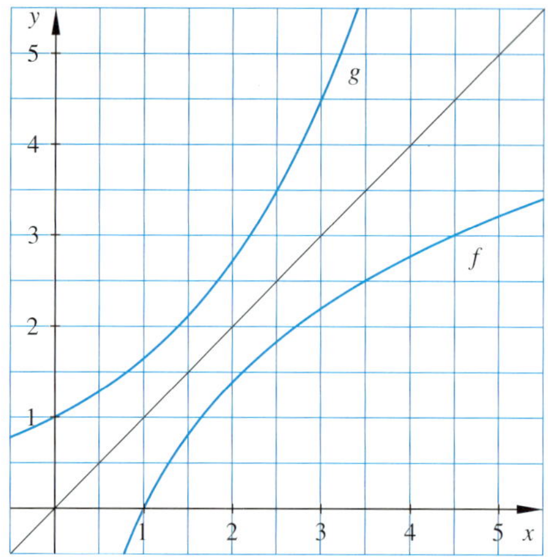

23

DEFINITION Eine Funktion f heißt **eineindeutig** genau dann, wenn es zu jedem y aus dem Wertebereich von f genau ein x aus dem Definitionsbereich von f mit $f(x) = y$ gibt.

Beispiele:

a) Die Funktion f mit $f(x) = \sqrt{x}$, $x \geq 0$, ist eineindeutig.

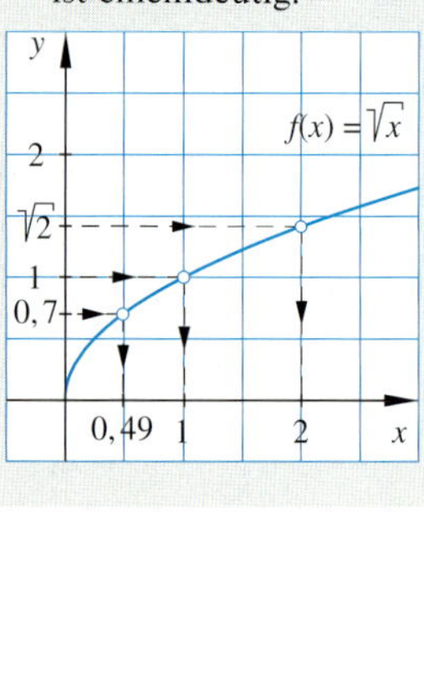

24

x	↔	y
0,49	↔	0,7
1	↔	1
2	↔	$\sqrt{2}$

b) Die Funktion f mit $f(x) = x^2$, $x \in \mathbb{R}$, ist nicht eineindeutig.

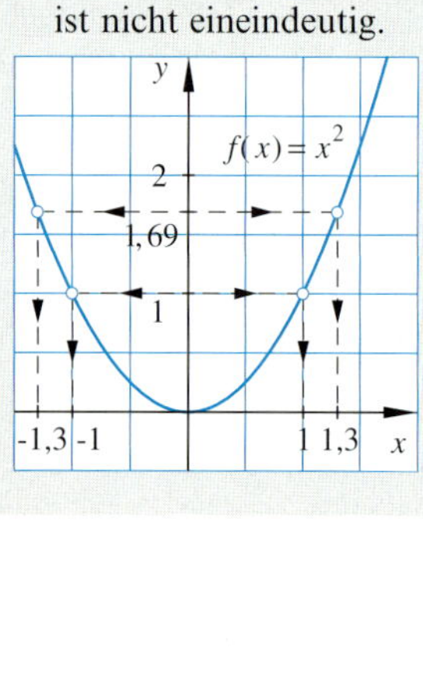

25

x	→	y
-1,3	→	1,69
-1	→	1
1	→	1
1,3	→	1,69

Der Graph einer Funktion wird von jeder Parallelen zur Ordinatenachse höchstens einmal geschnitten. Der Graph einer eineindeutigen Funktion wird zusätzlich von jeder Parallelen zur Abszissenachse höchstens einmal geschnitten.

61. Entscheiden Sie, ob die im Bild 26 dargestellten Funktionen eineindeutig sind.

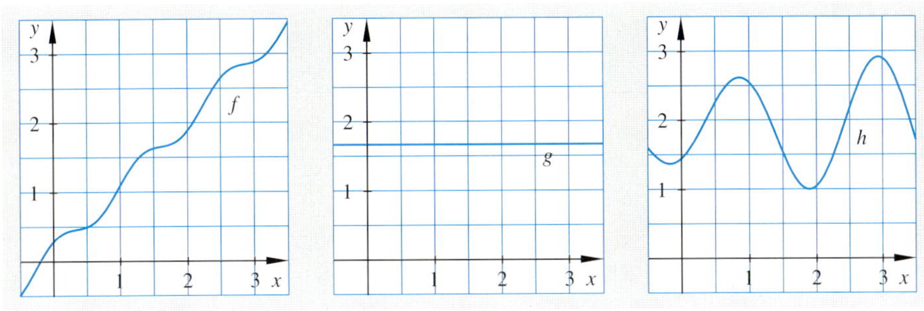

26

62. Untersuchen Sie die folgenden Funktionen auf Eineindeutigkeit:

a) f mit $f(x) = x^3$ $(x \in \mathbb{R})$ **b)** f mit $f(x) = 3x - 1$ $(x \in \mathbb{R})$ **c)** $y = x^2$ $(x > 0)$
d) $y = x^2 - 2x + 1$ $(x \geq 1)$ **e)** f mit $f(x) = x^4$ $(x \in \mathbb{R})$ **f)** $y = x^2$ $(x \in \mathbb{R})$
g) f mit $f(x) = \sqrt{x}$ $(x \geq 0)$ **h)** $y = |x + 1|$ $(x \in \mathbb{R})$ **i)** $y = \sin x$ $(x \in \mathbb{R})$
j) f mit $f(x) = 0$ $(x \in \mathbb{R})$ **k)** $y = \cos x$ $(0 \leq x \leq \pi)$ **l)** $y = x^3 - x$ $(x \in \mathbb{R})$

63. Verkleinern Sie für die nicht eineindeutigen Funktionen in Aufgabe 62 den Definitionsbereich so, dass eineindeutige Funktionen entstehen.

64. Zeichnen Sie die Graphen der Funktionen f und g in ein Koordinatensystem und spiegeln Sie die Graphen an der Winkelhalbierenden des 1. und 3. Quadranten. Was stellen Sie fest?

a) $f(x) = 5x$; $g(x) = 0{,}2x$ **b)** $f(x) = 2\sqrt{x}$ $(x \geq 0)$; $g(x) = \frac{1}{4}x^2$ $(x \geq 0)$
c) $f(x) = -\frac{2}{3}x - 1$; $g(x) = -1{,}5x - 1{,}5$ **d)** $f(x) = 0{,}5x + 1$; $g(x) = 2x - 2$

Eineindeutige Funktionen heißen auch **umkehrbare Funktionen**. Werden bei einer eineindeutigen Funktion f die Komponenten in den Paaren $(x; f(x))$ miteinander vertauscht, so entsteht eine neue Funktion $\bar{f}$. Die Funktion $\bar{f}$ wird **Umkehrfunktion** von f genannt. Für die Definitionsbereiche und die Wertebereiche von f und $\bar{f}$ gilt: $W(f) = D(\bar{f})$ und $D(f) = W(\bar{f})$. Der Graph von $\bar{f}$ ist Spiegelbild des Graphen von f bezüglich der Spiegelung an der Geraden $y = x$.

65. Sei f eine eineindeutige Funktion und x_0 eine Nullstelle von f. Welche Eigenschaft der Umkehrfunktion $\bar{f}$ lässt sich mit x_0 beschreiben? Veranschaulichen Sie den Sachverhalt.

66. a) Was für eine Funktion ergibt sich als Umkehrfunktion einer linearen Funktion?
b) Die Funktion f mit $f(x) = x^{-1}$ $(x \neq 0)$ ist eineindeutig. Beschreiben Sie Eigenschaften ihrer Umkehrfunktion $\bar{f}$.
c) Die Funktion $y = \sqrt{2x + 3}$ ist in ihrem gesamten Definitionsbereich umkehrbar. Was für eine Funktion ergibt sich als Umkehrfunktion?

Beispiel: Die Gleichung der Umkehrfunktion $\bar{f}$ von f mit $f(x) = 4x + 3$ wird gesucht. Die Funktion f ist eineindeutig. Um die Gleichung für die Umkehrfunktion $\bar{f}$ zu finden, wird die Gleichung $y = 4x + 3$ nach x umgestellt.
Es ergibt sich $x = \frac{1}{4}y - \frac{3}{4}$.
Nach Vertauschen von x und y ergibt sich $y = \frac{1}{4}x - \frac{3}{4}$.
Damit gilt $\bar{f}(x) = \frac{1}{4}x - \frac{3}{4}$.

67. Begründen Sie, warum das Vorgehen in dem vorangegangenen Beispiel zur Umkehrfunktion $\bar{f}$ von f führt.

68. Die folgenden Funktionen sind eineindeutig, besitzen also eine Umkehrfunktion. Verfahren Sie mit den gegebenen Funktionen wie mit der linearen Funktion im obigen Beispiel. Sie erhalten eine Funktionsgleichung für die jeweilige Umkehrfunktion:
a) $y = 2x$ **b)** $y = x^3$ **c)** $y = 5x - 1$ **d)** $y = \sqrt{x}$
e) $y = x^3 - 1$ **f)** $y = \sqrt{x - 1}$ **g)** $y = x^2 - 1$ $(x > 0)$ **h)** $y = x^{-2}$ $(x > 0)$

Erstaunliche Zunahme

69. **300000 DM in vier Wochen bei 115 DM Einsatz**. Mit solchen Versprechen wird immer wieder versucht, Menschen dafür zu gewinnen, sich an verbotenen Kettenbriefen zu beteiligen. Man erhält dabei eine Namensliste. An die erste Person auf der Liste ist ein bestimmter Betrag (z.B. 115 DM) zu überweisen. Anschließend wird der Name der ersten Person gestrichen und der eigene Name wird als letzter auf die Liste gesetzt. Diese neue Liste wird an vier andere Personen verschickt, die ihrerseits genauso verfahren. Jede Person, die einen Brief mit einer Namensliste erhält, verfährt entsprechend.
a) Wie viele Personen müssen entsprechend den Regeln mitspielen, damit jemand auf einer Liste, die aus 5 Namen besteht, von der letzten an die erste Stelle vorrückt?
b) Wie oft muss der beschriebene Vorgang wiederholt werden, damit theoretisch alle in Deutschland lebenden Menschen, das waren 1995 rund 81 Millionen, beteiligt sind?
***c)** Definieren Sie für den dargestellten Sachverhalt eine Funktion f, die jeder positiven natürlichen Zahl n die Anzahl der Briefempfänger in der n-ten Runde zuordnet.
***d)** Fertigen Sie einen Graphen von f auf der Grundlage einer Wertetabelle an.
***e)** Erklären Sie die Aussage: „300000 DM in vier Wochen bei 115 DM Einsatz“.

70.* Die Funktion f mit $f(n) = 4^n$ hatte in Aufgabe 69 nur für natürliche Zahlen einen Sinn. Sie kann aber auch für andere Zahlen betrachtet werden.
a) Wählen Sie fünf ganze Zahlen, die kleiner als 1 sind und geben Sie dafür jeweils den Funktionswert an.
b) Berechnen Sie mit Hilfe eines Taschenrechners für fünf gebrochene Zahlen jeweils den Funktionswert.
c) Wählen Sie drei negative rationale Zahlen und berechnen Sie jeweils den Funktionswert.
d) Fertigen Sie einen möglichst genauen Graphen für die Funktionen an.
e) Lesen Sie aus dem Graphen der Funktion weitere Eigenschaften ab.

Funktionen produzieren Funktionen

Mit Hilfe gegebener Zahlen und der Rechenoperationen Addition, Subtraktion, Multiplikation und Division können weitere Zahlen „hergestellt" werden. Z.B. entsteht aus den Zahlen 16 und 32 die Summe 48, die Differenz -16, das Produkt 512 und der Quotient 0,5. Dieses Prinzip kann auch auf Funktionen übertragen werden. Aus bekannten Funktionen f und g können weitere Funktionen durch Addition, Subtraktion, Multiplikation und Division zusammengefügt werden. Umgekehrt ist es mitunter nützlich, gegebene Funktionen als Zusammensetzung von Funktionen zu beschreiben. Damit kann man Informationen über Eigenschaften einer „komplizierteren" Funktion aus einfacheren Funktionen erhalten.

71. a) Gegeben sind die Funktionen f und g mit $f(x) = \frac{1}{2}x + 1$ und $g(x) = x^2$. Aus f und g wird die Funktion s mit $s(x) = f(x) + g(x)$ gebildet. Geben Sie für s eine Funktionsgleichung an. Welchen Definitionsbereich hat s?

b) Im Bild 27 sind die Funktionen f, g und s dargestellt. Wählen Sie drei Argumente x und geben Sie die Funktionswerte $f(x)$, $g(x)$ und $s(x)$ an.

c) Stellen Sie einen Zusammenhang zwischen den Graphen von f und g und dem Graphen von s her.

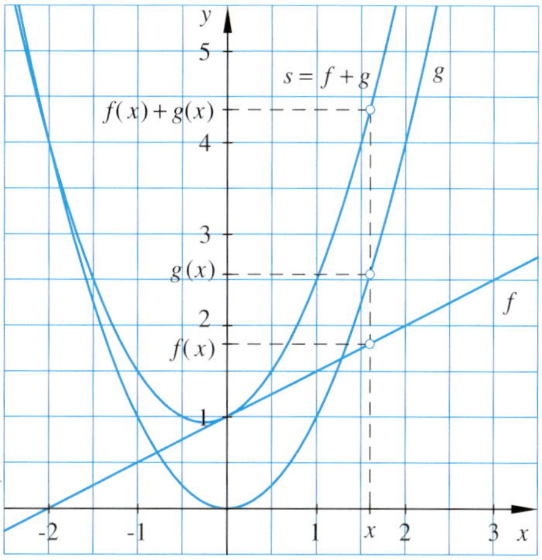

27

DEFINITION Seien f und g zwei Funktionen mit dem Definitionsbereich $D = D(f) = D(g)$.
Die Funktion s mit $s(x) = f(x) + g(x)$ ($x \in D$) heißt **Summe** der Funktionen f und g.
Schreibweisen: $s(x) = (f + g)(x)$ bzw. $s = f + g$.

72. a) Bilden Sie mit den Funktionen f und g aus Aufgabe 71 Funktionen d, p und q, die als Differenz (d), als Produkt (p) bzw. als Quotient (q) bezeichnet werden können.

b) Welche Aussage kann über den Definitionsbereich der drei in a) gebildeten Funktionen d, p und q gemacht werden?

c) Skizzieren Sie die Graphen der Funktionen d, p und q. (Hinweis: Falls Sie keine andere Idee haben, fertigen Sie für die Funktionen Wertetabellen an.)

d) Definieren Sie die Differenz, das Produkt und den Quotienten zweier Funktionen. (Hinweis: Sie können sich an der Definition für die Summe orientieren.)

73. a) Gegeben sind die für alle reellen Zahlen definierten Funktionen f und g mit $f(x) = x$ und $g(x) = \frac{1}{x}$ $(x \neq 0)$. Bilden Sie die Funktionen $f + g$, $f - g$, $g - f$, $f \cdot g$, $\frac{f}{g}$, $\frac{g}{f}$.

b) Fertigen Sie für jede Funktion eine grafische Darstellung an.

c) Vergleichen Sie die Eigenschaften der Funktionen miteinander.

74. a) Es seien die Funktionen f und g mit $f(x) = x$ und $g(x) = 1$ gegeben. Welche Funktionen können Sie mit Hilfe von Summe, Differenz oder Produkt von Funktionen bilden?

b) Können die Funktionen h und i mit $h(x) = x^2 - 1$ und $i(x) = x^3 - x + 3$ durch das Bilden von Summe, Differenz oder Produkt aus den Funktionen f und g aus a) hergestellt werden?

c) Geben Sie fünf Funktionen an, die aus den Funktionen f und g aus a) entstehen, wenn Summe, Differenz und Produkt für Funktionen auch mehrmalig verwendet werden können.

***d)** Welche allgemeine Form haben alle die Funktionen, die in c) angegeben werden können?

Durch die Addition, die Subtraktion, die Multiplikation und die Division für Funktionen können Funktionen miteinander verknüpft werden. Eine weitere Verknüpfung von Funktionen ist die **Verkettung** $f_2 \circ f_1$ (gelesen: f_2 nach f_1) der Funktionen f_1 und f_2.
Es gilt $(f_2 \circ f_1)(x) = f_2(f_1(x))$.
Zwei Funktionen werden nacheinander angewendet, erst f_1 auf x und dann f_2 auf $f_1(x)$.

Beispiel: Die quadratische Funktion f mit $f(x) = x^2 + 3x + \frac{9}{4}$ ($x \in \mathbb{R}$) kann auch als Verkettung der Funktionen f_1 und f_2 gesehen werden. Es ist $f_1(x) = x + 1{,}5$ und $f_2(x) = x^2$. Dann ist $f(x) = f_2(f_1(x)) = (x + 1{,}5)^2$. Man nennt f_1 die **innere Funktion** und f_2 die **äußere Funktion**. Die Funktionswerte der inneren Funktion sind die Argumente der äußeren Funktion.

x	$f_1(x) = x + 1{,}5$	$f_2(f_1(x)) = (x + 1{,}5)^2$
-2	$-0{,}5$	$0{,}25$
$+3$	$4{,}5$	$20{,}25$
$\sqrt{7}$	$\sqrt{7} + 1{,}5$	$3\sqrt{7} + \frac{37}{4}$

75. Gegeben sind die Funktionen f_1 und f_2 mit $f_1(x) = 2x + 1$ und $f_2(x) = \sqrt{x}$.

a) Bilden Sie die Verkettung $f_2 \circ f_1$ sowie $f_1 \circ f_2$.

b) Ist die Verkettung von Funktionen kommutativ, d.h. gilt immer $f_2 \circ f_1 = f_1 \circ f_2$?

76. Bilden Sie für die Funktionen f_1 und f_2 die Verkettung $f_2 \circ f_1$. Wie groß können der Definitionsbereich und der Wertebereich von $f_2 \circ f_1$ höchstens sein?

a) $f_1(x) = 2x$, $f_2(x) = \sin x$

b) $f_1(x) = \sqrt{x}$, $f_2(x) = x + 2$

c) $f_1(x) = x^3$, $f_2(x) = \frac{1}{x}$

d) $f_1(x) = x - 1$, $f_2(x) = |x|$

e) $f_1(x) = \sqrt{x}$, $f_2(x) = x^3$

f) $f_1(x) = -\frac{1}{x^2}$, $f_2(x) = \sqrt{x}$

Wenn die Funktion f_1 den Definitionsbereich $D(f_1)$ hat und die Funktion f_2 entsprechend den Definitionsbereich $D(f_2)$, so kann die Verkettung $f_2 \circ f_1$ nur für die Elemente aus $D(f_1)$ gebildet werden, deren Funktionswerte von f_1 in $D(f_2)$ liegen.

77. Bilden Sie für die Funktionen f_1 und f_2 die Verkettung $f_2 \circ f_1$. Geben Sie den größtmöglichen Definitionsbereich für $f_2 \circ f_1$ an.

a) $f_1(x) = 1{,}5x$, $f_2(x) = \sqrt{x} + 1$
b) $f_1(x) = \sin x$, $f_2(x) = x^2$
c) $f_1(x) = |x - 1|$, $f_2(x) = x^{-2}$
d) $f_1(x) = x^2 - 1$, $f_2(x) = \sqrt{x}$
e) $f_1(x) = \frac{2}{x}$, $f_2(x) = \frac{2}{x}$
f) $f_1(x) = \sqrt{x}$, $f_2(x) = x^2$

78. Es sei $f = f_2 \circ f_1$. Geben Sie f_1 und f_2 an:

a) $f(x) = \sqrt{x^2 + 1}$ **b)** $f(x) = \tan(4x + 3)$ **c)** $f(x) = x^{-4}$

ZUSAMMENFASSUNG

Seien f und g zwei Funktionen mit dem Definitionsbereich $D = D(f) = D(g)$.

Beispiel:
$f(x) = x^2 + 1,\ x \in \mathbb{R}$
$g(x) = 2x,\ x \in \mathbb{R}$

x	1	2	… x_0
$f(x)$	2	5	… $f(x_0)$
$g(x)$	2	4	… $g(x_0)$

- Die Funktion s mit $s(x) = f(x) + g(x)$ heißt **Summe** der Funktionen f und g. Andere Schreibweise: $s = f + g$.

  Summe: $(f+g)(x)$ | 4 | 9 | … $f(x_0) + g(x_0)$

- Die Funktion d mit $d(x) = f(x) - g(x)$ heißt **Differenz** der Funktionen f und g. Andere Schreibweise: $d = f - g$.

  Differenz: $(f-g)(x)$ | 0 | 1 | … $f(x_0) - g(x_0)$

- Die Funktion m mit $m(x) = f(x) \cdot g(x)$ heißt **Produkt** der Funktionen f und g. Andere Schreibweise: $m = f \cdot g$.

  Produkt: $(f \cdot g)(x)$ | 4 | 20 | … $f(x_0) \cdot g(x_0)$

- Die Funktion q mit $q(x) = \frac{f(x)}{g(x)}$ $(g(x) \neq 0)$ heißt **Quotient** der Funktionen f und g. Andere Schreibweise: $q = \frac{f}{g}$.

  Quotient: $\left(\frac{f}{g}\right)(x)$ | 1 | $\frac{5}{4}$ | … $\frac{f(x_0)}{g(x_0)}$ $(g(x_0) \neq 0)$

- Die Funktion v mit $v(x) = g(f(x))$ $((f(x) \in D(g))$ heißt **Verkettung** der Funktionen f und g. Andere Schreibweise: $v = g \circ f$.

  Verkettung: $(g \circ f)(x)$ | 4 | 10 | … $g(f(x_0))$ $(f(x_0) \in D(g))$

2 Ganzrationale Funktionen und Lösungsverfahren für Gleichungen

Ganzrationale Funktionen

1. **a)** Begründen Sie, ob die im Bild 28 dargestellten Kurven Graphen von Funktionen sind oder nicht.

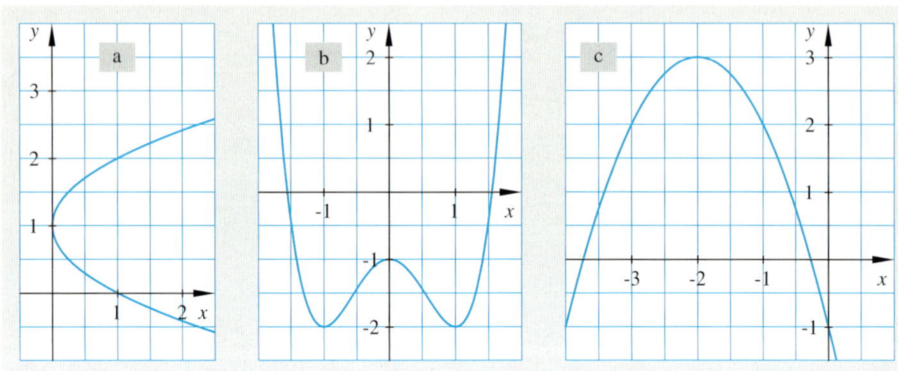

28

b) Ordnen Sie, falls möglich, jedem der Graphen aus Bild 28 eine der nachfolgend genannten Funktionsgleichungen zu. Begründen Sie Ihre Zuordnung.

$f(x) = x^5 - 8x,\quad g(x) = x^3 + 1,\quad h(x) = -2x + 4,\quad i(x) = \frac{1}{x}$

$k(x) = \sqrt{x} + 1,\quad l(x) = x^4 - 2x^2 - 1,\quad m(x) = |x^2 - 1|,\quad n(x) = 5$

c) Geben Sie für die verbleibenden Funktionsgraphen im Bild 28 eine Gleichung an.

d) Skizzieren Sie die Graphen der Funktionen, die in b) genannt, jedoch nicht im Bild 28 dargestellt sind.

2. Die in der Wertetabelle gegebenen Zahlenpaare gehören zu einer Funktion. Geben Sie eine Funktionsgleichung an.

a)

x	1,6	7,8	−2,8
$f(x)$	0,8	3,9	−1,4

b)

x	−2	0	6
$f(x)$	−5	1	19

c)

x	−2	1	3
$f(x)$	−8	1	27

d)

x	−3	−0,5	2
$f(x)$	0	−6,25	0

e)

x	2	3	4
$f(x)$	0	0	0

f)

x	−5	−2	2
$f(x)$	126	9	−7

3. Geben Sie möglichst jeweils zwei Funktionen ($D = \mathbb{R}$) mit den folgenden Eigenschaften an.

a) f ist überall streng monoton wachsend; $f(0) = 1$, $f(2) = 5$; $D(f) = \mathbb{R}$.

b) f ist für $x < 0$ streng monoton fallend; $f(-x) = f(x)$ für $x \in \mathbb{R}$, $f(0) = -1$.

c) Für alle x_1, x_2 mit $x_1 \neq x_2$ gilt: $\frac{f(x_1) - f(x_2)}{x_1 - x_2} = 1{,}5$; $f(0) = 2$; $D(f) = \mathbb{R}$.

d) f fällt streng monoton für negative Argumente und wächst streng monoton für positive Argumente; $D(f) = \mathbb{R}$.

e) f hat nur positive Funktionswerte und ist monoton fallend; $D(f) = \mathbb{R}$.

4. Die Flugbahn einer Kugel beim Kugelstoßen kann recht gut durch eine quadratische Funktion der Form $f(x) = ax^2 + x + c$; $a, c \in \mathbb{R}$ beschrieben werden. Dabei wird davon ausgegangen, dass vom Koordinatenursprung aus gemessen wird.

a) Welche größte Höhe erreicht die Kugel bei einer Stoßweite von 12 m unter der Annahme, dass sie die Stoßhand in einer Höhe von 1,80 m verlässt?

b) Wie weit wäre die Kugel bei gleicher Technik, Geschicklichkeit und Kraft geflogen, wenn ein Sportler, der 10 cm größer bzw. 10 cm kleiner ist, gestoßen hätte?

c) Wie beeinflusst die Abstoßhöhe die Stoßweite?

In den vorangehenden Aufgaben wurden neben linearen und quadratischen Funktionen auch solche Funktionen betrachtet, bei denen die Variable in der 3. oder 4. Potenz auftrat. Die genannten Funktionen sind Beispiele für ganzrationale Funktionen.

DEFINITION f sei eine Funktion, n sei eine natürliche Zahl und $a_0, a_1, a_2, \ldots, a_n$ ($a_n \neq 0$) seien reelle Zahlen.
f heißt **ganzrationale Funktion** genau dann, wenn für alle x aus dem Definitionsbereich von f die Gleichung $f(x) = a_n x^n + a_{n-1}x^{n-1} + \ldots + a_2x^2 + a_1x + a_0$ gilt. Die Zahlen $a_0, a_1, a_2, \ldots, a_n$ nennt man die **Koeffizienten** und die Zahl n den **Grad** der ganzrationalen Funktion.

Bemerkungen:
1. Ganzrationale Funktionen werden auch **Polynome** genannt.
2. Alle konstanten, linearen, quadratischen und kubischen Funktionen gehören zu den ganzrationalen Funktionen. Es sind Funktionen 0., 1., 2. bzw. 3. Grades.
3. Funktionen wie $f(x) = x^{-2}$, $f(x) = \sqrt{2x+1}$ oder $f(x) = 3\tan(4x)$ gehören nicht zu den ganzrationalen Funktionen.

5. a) Geben Sie für die ganzrationalen Funktionen aus der Aufgabe 1 jeweils die Koeffizienten und den Grad an.

b) Welche der Funktionen aus den Aufgaben 1 bis 4 sind keine ganzrationalen Funktionen? Begründen Sie ihre Entscheidung.

c) Nennen Sie fünf Beispiele für ganzrationale Funktionen.

d) Nennen Sie fünf Beispiele für Funktionen, die keine ganzrationalen Funktionen sind.

e) Geben Sie eine Begründung für die Festlegung $a_n \neq 0$ in der Definition an.

6. Entscheiden Sie, ob eine direkte Proportionalität, eine indirekte Proportionalität[1] oder die Betragsfunktion f mit $f(x) = |x|$ jeweils eine ganzrationale Funktion ist.

7. a) Für konstante, lineare, quadratische und kubische Funktionen wurde bisher eine Schreibweise für die Koeffizienten benutzt, die ohne einen Index wie z.B. n in a_n auskam. Warum wurde das in der obigen Definition nicht beibehalten?

b) Erklären Sie, was eine ganzrationale Funktion 5. Grades ist.

c) Welche Polynome haben Sie in den vergangenen Schuljahren im Mathematikunterricht kennengelernt? Welche Funktionen kennen Sie, die keine ganzrationalen Funktionen sind?

---
[1] Weitere Bezeichnungen sind umgekehrte Proportionalität oder Antiproportionalität.

Grafische Nullstellenbestimmung von Funktionen

Die Nullstellen einer Funktion lassen sich manchmal auch grafisch ermitteln, indem man die Funktion grafisch darstellt und die vorhandenen Nullstellen abliest.

8. Ermitteln Sie die Anzahl und die Lage der Nullstellen der Funktionen grafisch:

a) $f(x) = 3x - 7$ **b)** $f(x) = -5x + 3$ **c)** $f(x) = -4x - 5$
d) $f(x) = x^2 + 5x + 3$ **e)** $f(x) = x^2 - 6x + 9$ **f)** $f(x) = x^2 - x - 1$

9. Im Bild 29 werden die Nullstellen $x_1 = -3$ und $x_2 = 1$ der quadratischen Funktion f mit $f(x) = x^2 + 2x - 3$ auf eine andere Weise grafisch ermittelt.

a) Welche Beziehung besteht zwischen den Funktionen f, g und h?
b) Erläutern und begründen Sie dieses Verfahren.

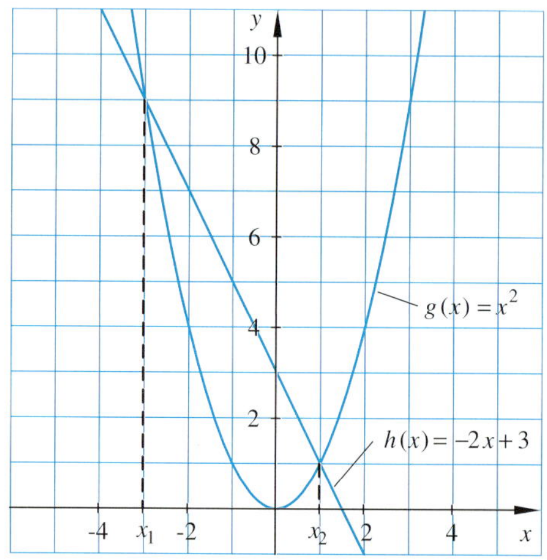

29

10. Ermitteln Sie grafisch die Nullstellen der folgenden Funktionen. Nutzen Sie das Verfahren aus Aufgabe 9 und übertragen Sie es auch auf die Aufgaben 10c) bis 10i).

a) $f(x) = x^2 - 4x + 5$ **b)** $f(x) = x^2 - 1{,}8x + 0{,}5$ **c)** $f(x) = \sqrt{x} + x - 4$
d) $f(x) = x^3 + x^2 - 2$ **e)** $f(x) = x^3 - x^2 - 4x - 7$ **f)** $f(x) = x^3 - 4x$
g) $f(x) = x^2 - |x - 4|$ **h)** $f(x) = x + 5\sin x$ **i)** $f(x) = x^2 + \cos x$

11. Welche der in Aufgabe 10 genannten Funktionen sind keine ganzrationalen Funktionen?

12. Welche Vorteile sehen Sie für grafische Verfahren zum Ermitteln von Nullstellen gegenüber rechnerischen Verfahren? Gibt es auch Nachteile?

Nullstellen ermitteln durch Lösen von Gleichungen

13. a) Eine lineare Funktion f mit $f(x) = mx + n$ ($x \in \mathbb{R}; m \neq 0$) hat genau eine Nullstelle x_0. Geben Sie die Nullstelle an.

b) Eine quadratische Funktion f mit $f(x) = x^2 + px + q$ ($x \in \mathbb{R}$) hat höchstens zwei Nullstellen. Diskutieren Sie mit Hilfe der Lösungsformel $x_{1/2} = -\frac{p}{2} \pm \sqrt{\left(\frac{p}{2}\right)^2 - q}$ alle Möglichkeiten.

c) Eine kubische Funktion f mit $f(x) = x^3 + px^2 + qx + r$ hat höchstens drei Nullstellen. Geben Sie für jeden Fall ein Beispiel an. (Hinweis: Orientieren Sie sich auch an den Ergebnissen der Aufgabe 10.)

14. Gegeben sei die Funktion f mit $f(x) = (x - 1)(x + 2)(x - 3)$ $(x \in \mathbb{R})$.

a) Begründen Sie, dass f eine ganzrationale Funktion ist.

b) Ermitteln Sie die Nullstellen der Funktion ohne zu rechnen.

c) Geben Sie eine Funktion g vierten Grades an, für die alle Nullstellen der Funktion f ebenfalls Nullstellen sind.

Die Nullstellen einer Funktion $y = f(x)$ zu berechnen, bedeutet die Gleichung $f(x) = 0$ zu lösen.

Bemerkung:
Für Gleichungen dritten und vierten Grades gibt es wie für Gleichungen zweiten Grades Lösungsformeln. Sie sind allerdings für praktische Berechnungen nicht sehr geeignet. Die Lösungsformel für Gleichungen dritten Grades heißt Cardanische Formel. Damit wird der italienische Mathematiker Geronimo CARDANO (1501–1576) geehrt. Für Gleichungen höher als vierten Grades gibt es keine allgemeinen Lösungsformeln. Einen vollständigen Beweis zu dieser Behauptung lieferte im Alter von 21 Jahren Niels Henrik ABEL (1802–1829), der jung an Tuberkulose starb, bevor sich sein Ruf als hochbegabter Mathematiker durchsetzen konnte.

15.*a) Informieren Sie sich anhand entsprechender Literatur über die Cardanische Formel. Erarbeiten Sie ein Referat zu diesem Thema.

b) Suchen Sie nach Informationen über die Lösungsformel für Gleichungen 4. Grades. Warum ist die Lösungsformel schwer zu handhaben?

SATZ 1 Jede ganzrationale Funktion f mit
$f(x) = a_n x^n + a_{n-1} x^{n-1} + \ldots + a_2 x^2 + a_1 x + a_0$
vom Grade n hat höchstens n Nullstellen.

Beispiele:

$n = 1$ Lineare Funktionen

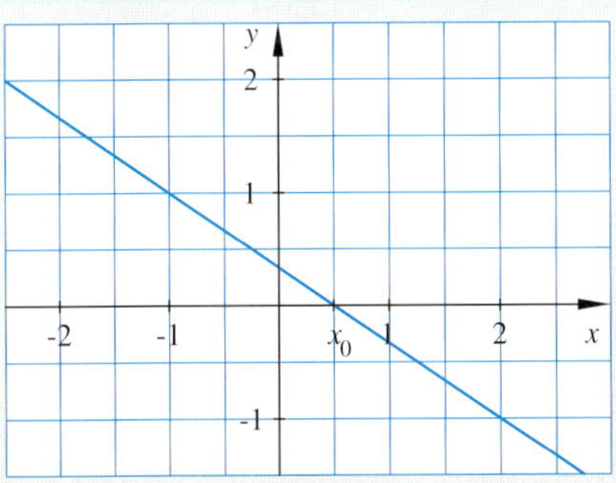

$f(x) = mx + n,\ m \neq 0$ 30

$$x_0 = -\frac{n}{m}$$

$n = 2$ Quadratische Funktionen

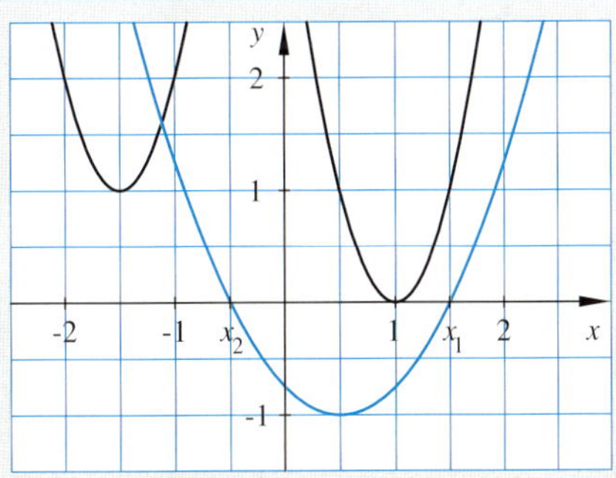

$f(x) = x^2 + px + q$ 31

$$x_{1/2} = -\frac{p}{2} \pm \sqrt{\left(\frac{p}{2}\right)^2 - q}$$

$n = 3$ Kubische Funktionen

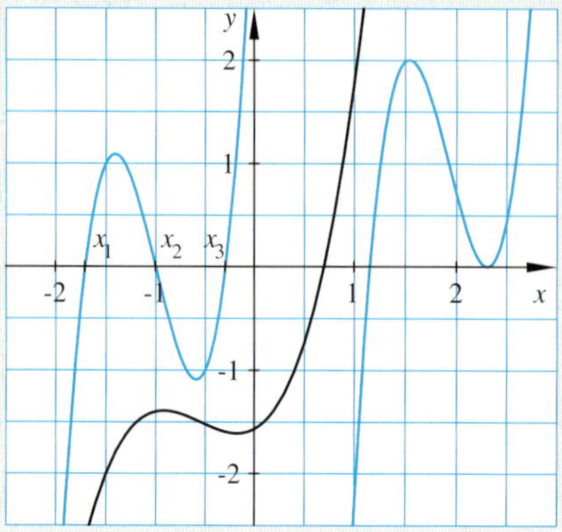

32

$n = 4$ Funktionen vierten Grades

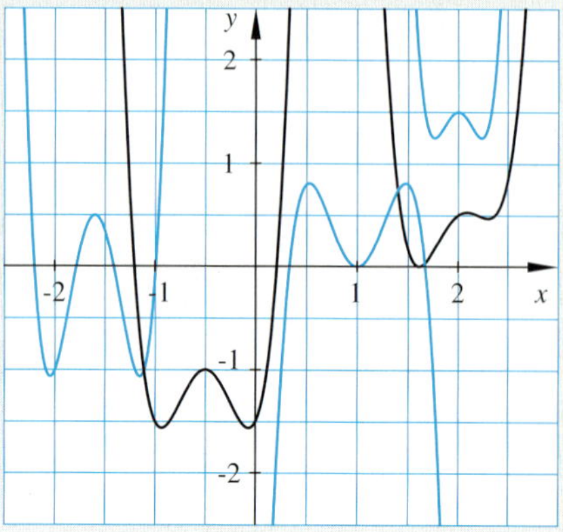

33

16. a) Skizzieren Sie mögliche Funktionsverläufe für eine Funktion fünften Grades mit einer bis fünf Nullstellen.

b) Welche ganzrationalen Funktionen haben mindestens eine Nullstelle? Begründen Sie.

17. Bestätigen Sie für die folgenden Funktionen f die Aussagen des Satzes 1:

a) $f(x) = x^2 - 5x - 7$ **b)** $f(x) = 1{,}5x + 3$ **c)** $f(x) = x^2 + 1$

d) $f(x) = x^4$ **e)** $f(x) = x^2 + 10x + 25$ **f)** $f(x) = -x^2 + 1$

18. a) Erläutern Sie die Verwendung von „höchstens“ in Satz 1 auf Seite 31.

b) Geben Sie drei Beispiele für ganzrationale Funktionen an, bei denen der Grad größer ist als die Anzahl der Nullstellen.

c) Geben Sie drei Beispiele für ganzrationale Funktionen an, bei denen der Grad mit der Anzahl der Nullstellen übereinstimmt.

Beispiel: Die Nullstellen der Funktion f mit $f(x) = x^5 + 6x^4 + 3x^3 - 10x^2$ $(x \in \mathbb{R})$ werden berechnet.

Gesucht sind alle Zahlen $x \in \mathbb{R}$ mit $f(x) = 0$. Also muss gelten: $x^5 + 6x^4 + 3x^3 - 10x^2 = 0$.

Durch Ausklammern ergibt sich $x^2(x^3 + 6x^2 + 3x - 10) = 0$
Ein Produkt ist genau dann Null, wenn mindestens einer der Faktoren Null ist. Der erste Faktor ist 0 genau dann, wenn $x = 0$ ist. Daher ist $x_1 = 0$ eine Nullstelle.

Gelingt es nun, eine Lösung der Gleichung $x^3 + 6x^2 + 3x - 10 = 0$ durch systematisches Probieren zu erhalten, so lässt sich das Polynom dritten Grades in ein Produkt aus einem Polynom ersten Grades (**Linearfaktor**) und einem Polynom zweiten Grades zerlegen.

Die mathematische Grundlage für dieses Vorgehen geben die beiden folgenden Sätze. Auf einen Beweis der Sätze wird verzichtet.

SATZ 2 Wenn x_0 eine Nullstelle des Polynoms $f(x)$ ist, so ist $f(x)$ durch $(x-x_0)$ teilbar, d.h., es gibt ein Polynom $g(x)$ derart, dass $f(x) = (x - x_0) \cdot g(x)$ ist.

SATZ 3 Wenn f eine ganzrationale Funktion mit $f(x) = a_n x^n + a_{n-1} x^{n-1} + \ldots + a_1 x + a_0$ und $a_0, a_1, a_2, \ldots, a_n \in \mathbb{Z}$, $a_n \neq 0$, ist, so ist jede ganzzahlige Nullstelle x_0 ein Teiler von a_0.

Als ganzzahlige Nullstellen kommen in dem Beispiel auf Seite 32 wegen Satz 3 die Teiler von 10 in Frage, also die Zahlen $1, -1, 2, -2, 5, -5, 10$ und -10. Durch Probieren findet man z.B. die Nullstelle $x_2 = 1$.

Polynomdivision

Das folgende Verfahren, das aus der schriftlichen Division abgeleitet werden kann, erleichtert die Suche nach weiteren Nullstellen. Man bezeichnet es als **Polynomdivision**. Die Polynomdivision hat viele Gemeinsamkeiten mit der schriftlichen Division, wie man dem Beispiel entnehmen kann.

Beispiel (in Fortführung des Beispiels von Seite 32):

$$
\begin{array}{l}
(x^3 + 6x^2 + 3x - 10) : (x - 1) = x^2 + 7x + 10 \\
\underline{-(x^3 - x^2)} \\
\quad 7x^2 + 3x \\
\quad \underline{-(7x^2 - 7x)} \\
\qquad 10x - 10 \\
\qquad \underline{-(10x - 10)} \\
\qquad\qquad 0
\end{array}
\qquad
\begin{array}{r}
10701 : 87 = 123 \\
\underline{-87} \\
200 \\
\underline{-174} \\
261 \\
\underline{-261} \\
0
\end{array}
$$

Die Nullstellen der quadratischen Funktion $g(x) = x^2 + 7x + 10$ ergeben die restlichen Nullstellen der Funktion f:

$$x_{3/4} = -\frac{7}{2} \pm \sqrt{\frac{49}{4} - \frac{40}{4}}$$

$$x_3 = -2 \quad x_4 = -5$$

Die Funktion f mit $f(x) = x^5 + 6x^4 + 3x^3 - 10x^2$ $(x \in \mathbb{R})$ aus dem Beispiel von Seite 32 ist fünften Grades und hat insgesamt vier verschiedene Nullstellen. Für f gibt es eine Zerlegung der Form $f(x) = x \cdot x \cdot (x - 1) \cdot (x + 2) \cdot (x + 5)$.
Da jeder der Faktoren linear ist, spricht man von einer **Linearfaktorzerlegung** der Funktion f.

19. a) Geben Sie für die folgenden Funktionen die Nullstellen an: $f_1(x) = (x-1)(x+3)(x-4)$, $f_2(x) = (x-1{,}5)(x+\sqrt{2})(x+112)x$, $f_3(x) = x \cdot x \cdot (x+1)$, $f_4(x) = (x+2)(x-3)(x-2)(x+3)$

b) Begründen Sie, dass für eine ganzrationale Funktion, die vollständig in Linearfaktoren zerlegt werden kann, die Ermittlung der Nullstellen besonders leicht fällt.

20. **a)** Zeigen Sie, dass $x \cdot x \cdot (x-1) \cdot (x+2) \cdot (x+5) = x^5 + 6x^4 + 3x^3 - 10x^2$ ist.
b) Beschreiben Sie, wie sie a) bearbeitet haben.
c) Erläutern Sie mit dem Beispiel auf Seite 32, wie man zur Linearfaktorzerlegung einer ganzrationalen Funktion mit Hilfe ihrer Nullstellen gelangt.
d) Geben Sie eine ganzrationale Funktion vierten Grades mit den folgenden Nullstellen an: $x_1 = 1$, $x_2 = -3$, $x_3 = -\sqrt{2}$, $x_4 = \sqrt{2}$.
e) Geben Sie eine ganzrationale Funktion an, die mindestens die Nullstellen $x_1 = -1$, $x_2 = 2$ und $x_3 = -3$ hat.

21.*a) Beweisen Sie den Satz 3.
b) Geben Sie die Umkehrung von Satz 3 an. Ergibt sich eine wahre Aussage?

Beispiel: Die Funktion f mit $f(x) = x^3 + x$ lässt sich nicht vollständig in Linearfaktoren zerlegen. Nach Ausklammern von x ergibt sich $f(x) = x(x^2 + 1)$. Die Gleichung $x^2 + 1 = 0$ hat keine reelle Lösung. Daher kann $x^2 + 1$ nicht weiter zerlegt werden.

22. Entscheiden Sie, ob sich die folgenden Funktionen vollständig in Linearfaktoren zerlegen lassen.

a) $f(x) = x^2 + x - 2$ **b)** $f(x) = x^3$ **c)** $f(x) = x^3 - x^2 + x - 1$
d) $f(x) = x^4 - 1$ **e)** $f(x) = x^3 + 2x^2 - x - 2$ **f)** $f(x) = x^5 - x^3 - x^2 + 1$
g) $f(x) = x^2 + 4$ **h)** $f(x) = x^3 - 2x$ **i)** $f(x) = 2x^2 + 2x$

Bei der Division natürlicher Zahlen kann ein Rest entstehen. So ist 4769 : 96 = 49 Rest 65 bzw. $4769 : 96 = 49 + \frac{65}{96}$. Das gibt es auch bei der Polynomdivision. Dividiert man z.B. das Polynom $4x^4 - 6x^3 + 3x - 4$ durch das Polynom $2x + 3$, so erhält man $2x^3 - 6x^2 + 9x - 12$ Rest 32.

Man schreibt: $(4x^4 - 6x^3 + 3x - 4) : (2x + 3) = 2x^3 - 6x^2 + 9x - 12 + \frac{32}{2x+3}$.

23. Führen Sie die oben genannte Polynomdivision mit Probe aus.

24. Prüfen Sie, ob die folgenden Polynomdivisionen ohne Rest ausführbar sind. Führen Sie in jedem Fall auch eine Probe durch.

a) $(x^4 + x^3 - 7x^2 + 19x - 4) : (x + 4)$ **b)** $(x^3 - 1) : (x + 1)$
c) $(2x^5 - x^4 - 6x^3 + 7x^2 - 1) : (2x - 1)$ **d)** $(7x^5 - 3x^3 - x + 9) : (x^2 + 2)$

25. Überzeugen Sie sich davon, dass sich die folgenden Quotienten mit Hilfe der Polynomdivision wesentlich vereinfachen lassen.

a) $\frac{x^3 - 1}{x - 1}$ **b)** $\frac{x^5 - 32}{x - 2}$ **c)** $\frac{x^4 - 0{,}0001}{x - 0{,}1}$ **d)** $\frac{x^3 - 216}{x - 6}$

SATZ 4 Für alle reellen Zahlen a und x mit $x \neq a$ und alle natürlichen Zahlen n ($n \geq 1$) gilt:

$$\frac{x^n - a^n}{x - a} = x^{n-1} + x^{n-2}a + \ldots + xa^{n-2} + a^{n-1}.$$

26. Beweisen Sie Satz 4 für $n = 2$ und $n = 3$.

27. Berechnen Sie die Nullstellen der folgenden ganzrationalen Funktionen. Nutzen Sie dazu auch die Polynomdivision.

a) $f(x) = 5x^3 - 8x^2 + 9x - 26$
b) $f(x) = 8x^5 - 7x^3 - 50x^2$
c) $f(x) = 2x^3 - 25x + 21$
d) $f(x) = x^4 + x^3 - x^2 + x - 2$

28. Zeigen Sie, dass x_0 eine Nullstelle der Funktion f ist. Ermitteln Sie weitere Nullstellen.

a) $f(x) = 2x^3 - 25x - 125;\ x_0 = 5$
b) $f(x) = x^8 - 6x^4 - x^2 + 4x + 10;\ x_0 = -1$
c) $f(x) = x^5 - 2x^4 + x^3 + 8x^2 - 16x + 8;\ x_0 = -2$
d) $f(x) = 10x^4 + 51x^3 + 44x^2 - 99x - 126;\ x_0 = -3$

29. Wo stecken Fehler? Lösen Sie die Aufgabe korrekt. Führen Sie eine Probe durch.

a)
$$\begin{array}{l}(2x^3 + 6x^2 + 4x) : (x - 2) = 2x^2 + 2\\ \underline{-(2x^3 - 4x^2)}\\ \quad 2x^2 + 4x\\ \quad \underline{-(2x^2 - 4x)}\\ \qquad 0\end{array}$$

b)
$$\begin{array}{l}(4x^3 - 2x) : (x - 1) = 4x^2 + 2x\\ \underline{-(4x^3 - 4x^2)}\\ \quad 2x^2 + 2x\\ \quad \underline{-(2x^2 - 2x)}\\ \qquad 0\end{array}$$

Beispiel: Die Nullstellen der Funktion $f(x) = 6x^4 - 18x^2 - 10{,}5;\ x \in \mathbb{R}$ werden berechnet.

Gesucht sind alle Zahlen $x \in \mathbb{R}$ mit $f(x) = 0$.
$6x^4 - 18x^2 - 10{,}5 = 0 \mid : 6$
$x^4 - 3x^2 - 1{,}75 = 0$

Eine Gleichung vierten Grades der Form $a_4x^4 + a_2x^2 + a_0 = 0$ nennt man **biquadratische Gleichung**. Sie wird durch die Substitution $x^2 = z$ in eine quadratische Gleichung überführt und mit Hilfe der bekannten Lösungsformel für quadratische Gleichungen gelöst.
$z^2 - 3z - 1{,}75 = 0$
$z_{1/2} = 1{,}5 \pm \sqrt{2{,}25 + 1{,}75}$
$z_1 = 3{,}5$, also $x^2 = 3{,}5$. Daher ist $x_{1/2} = \pm\sqrt{3{,}5}$.
$z_2 = -0{,}5$, also $x^2 = -0{,}5$. Das ist nicht möglich.
Die Funktion f hat zwei Nullstellen $x_1 = \sqrt{3{,}5}$ und $x_2 = -\sqrt{3{,}5}$.

30. Untersuchen Sie die Funktionen auf Nullstellen:

a) $f(x) = 2x^2 - 5x - 3$
b) $f(x) = \frac{7}{2}x^3 + \frac{7}{4}x^2 - \frac{7}{27}x$
c) $f(x) = (x^2 - 4)^2$
d) $f(x) = (x + 2{,}5)(x^3 + 9x^2 - 2x - 40)$
e) $f(x) = 4x^4 - 4x^2 - 8$
f) $f(x) = (x + \sqrt{2})(x^2 - 4)(x - 3)^2$
g) $f(x) = x^6 - 8x^3 + 1$
h) $f(x) = x^4 + 8x^3 + 13x^2 - 16x - 30$
i) $f(x) = \frac{2}{3}x^4 - \frac{1}{5}x^2 - \frac{2}{3}$
j) $f(x) = \frac{5}{7}x^5 - \frac{10}{7}x^3$
k) $f(x) = \frac{5}{7}x^5 - \frac{10}{7}x^3 + \frac{15}{7}x$
l) $f(x) = 3x^6 - 2x^5$
m) $f(x) = 3x^3 - 6x^2 - 9x + 18$
n) $f(x) = \frac{2}{5}x^8 - \frac{8}{5}x^4 + \frac{6}{5}$

Näherungsweise Berechnung von Nullstellen

Beispiel: Eine Nullstelle des Polynoms $f(x) = 3x^3 - 2x^2 - 6x + 4$ wird berechnet.

Man sucht zunächst ein Intervall, in dem die Funktionswerte an den Intervallenden unterschiedliche Vorzeichen besitzen. In diesem Intervall befindet sich mindestens eine Nullstelle.
Zu diesem Zweck wird eine Wertetabelle aufgestellt:

x	−3	−2	−1	0	1	2	3
$f(x)$	−77	−16	5	4	−1	8	49

Die Funktion hat also drei Nullstellen, genau eine in jedem der drei Intervalle $[-2; -1]$, $[0; 1]$, $[1; 2]$.

Die drei Nullstellen lassen sich mit Hilfe von Näherungsverfahren mit beliebiger Genauigkeit berechnen. Im folgenden wird die Nullstelle im Intervall [0; 1] mit einer Genauigkeit von 0,1 berechnet.

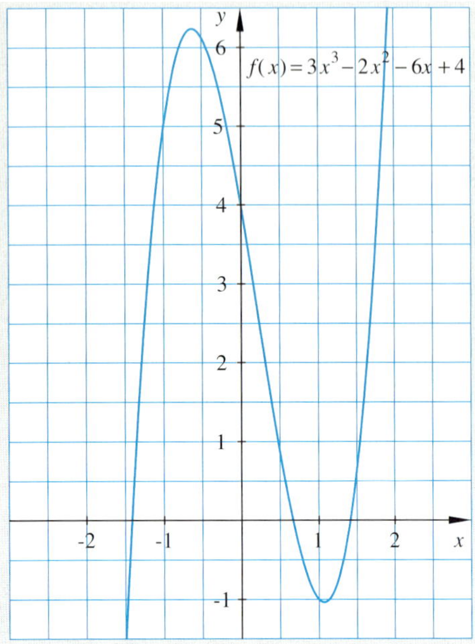

34

Man wählt eine Zahl x_1 aus dem Inneren des Intervalls aus und berechnet den Funktionswert. Es sind drei Fälle möglich:
1. $f(x_1) = 0$ Die Nullstelle ist gefunden. Es ist die Zahl x_1.
2. $f(x_1) > 0$ Die Nullstelle liegt im Intervall $[x_1; 1]$.
3. $f(x_1) < 0$ Die Nullstelle liegt im Intervall $[0; x_1]$.

Sei $x_1 \in [0; 1]$. Für $x_1 = 0{,}5$ ist $f(x_1) = 0{,}875$. Die Nullstelle liegt im Intervall [0,5; 1].
Sei $x_2 \in [0{,}5; 1]$. Für $x_2 = 0{,}7$ ist $f(x_1) = -0{,}151$. Die Nullstelle liegt im Intervall [0,5; 0,7].
Sei $x_3 \in [0{,}5; 0{,}7]$. Für $x_3 = 0{,}6$ ist $f(x_3) = 0{,}328$. Die Nullstelle liegt im Intervall [0,6; 0,7].
Ist eine höhere Genauigkeit erforderlich, so wird der Prozess entsprechend fortgesetzt.

31. a) Setzen Sie für die Funktion aus dem vorangegangenen Beispiel den dargestellten Prozess fort. Berechnen Sie die Nullstelle im Intervall [0; 1] mit einer Genauigkeit von 0,01.
b) Berechnen Sie mit der im Beispiel benutzten Methode die anderen beiden Nullstellen der genannten Funktion mit einer Genauigkeit von 0,01.

	f(0) = 4; f(1) = -1
[0; 1]	f(0,5) = 0,875
[0,5; 1]	f(0,75) = -0,35938
[0,5; 0,75]	f(0,625) = 0,20117
[0,625; 0,75]	f(0,6875) = -0,09546
[0,625; 0,6875]	f(0,65625) = 0,04904
[0,65625; 0,6875]	f(0,67188) = -0,02420

35

32. Im Bild 35 finden Sie einen Ausschnitt aus der Berechnung der Nullstelle aus dem Beispiel mit Hilfe eines Computers. Beschreiben Sie die Vorgehensweise des Programms.

33. Gegeben Sei die Funktion f. Prüfen Sie, ob f im vorgegebenen Intervall eine Nullstelle besitzt und berechnen Sie diese gegebenenfalls:

a) $f(x) = x^5 - 3x^4 + 15x^2 - 23{,}25344$ $\quad I = [1; 2]$

b) $f(x) = 3x^3 - 4x + 1$ $\quad I = [-2; 0]$

c) $f(x) = 4x^4 - 2x^2 + x - 6$ $\quad I = [1; 2]$

d) $f(x) = 5x^3 + 6x^2 - x + 1$ $\quad I = [-2; -1]$

34. Dem Bild 36 kann man eine weitere Methode zur näherungsweisen Berechnung von Nullstellen einer Funktion entnehmen. Die Funktion f hat im Intervall $[a; b]$ eine Nullstelle x_0. Die Gerade durch die Punkte $A(a; f(a))$ und $B(b; f(b))$ schneidet die x-Achse im Punkt $S(x_S; 0)$. Der Wert x_S ist ein Näherungswert für x_0.

a) Ermitteln Sie den Anstieg der Geraden durch die Punkte A und B.

b) Geben Sie eine Gleichung für die im Bild 36 dargestellte lineare Funktion an. (Hinweis: Nutzen Sie den Punkt A und den in a) berechneten Anstieg)

c) Bestätigen Sie die Gültigkeit der für x_S angegebenen Formel.

d) Wie kann fortgesetzt werden, wenn der Näherungswert x_S noch nicht gut genug ist?

Regula falsi

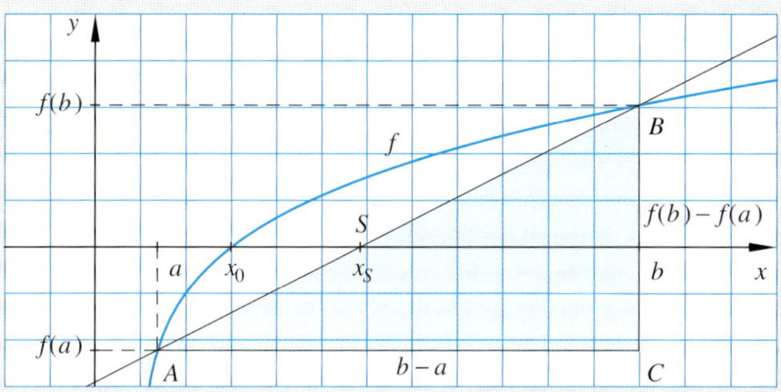

$$x_s = a - \frac{f(a)(b-a)}{f(b) - f(a)}$$

36

Bemerkung:
Die im Bild 36 dargestellte Methode zur näherungsweisen Berechnung von Nullstellen wird **Regula falsi** (lat. Regel des Falschen) genannt. Anstelle der Nullstelle x_0 der Funktion f wird also die Nullstelle x_S einer linearen Funktion berechnet. Das erklärt den Namen Regula falsi. Die Qualität des Ergebnisses kann trotzdem sehr gut sein.

35. Lösen Sie Aufgabe 33 mit Hilfe der Regula falsi.

36. Gegeben sei die Funktion f mit $f(x) = x^3 - 2x + 1$.

a) Geben Sie die Sekantengleichung durch die Punkte $A(-2; f(-2))$ und $B(-1; f(-1))$ an.

b) Berechnen Sie die Nullstelle der in a) definierten linearen Funktion.

c) Begründen Sie, dass die in b) gefundene Nullstelle ein Näherungswert für die Nullstelle von f ist.

d) Die Funktion f hat zwei weitere Nullstellen. Ermitteln Sie diese Nullstellen.

e) Entscheiden Sie, für welche der Nullstellen der Funktion Sie einen Näherungswert gefunden haben.

37. Eine ganzrationale Funktion n-ten Grades besitze die angegebenen Nullstellen. Geben Sie eine Funktionsgleichung an:

a) $x = -2; n = 1$ **b)** $x_1 = \sqrt{2}; x_2 = -\sqrt{3}; x_3 = 1; n = 3$

c) $x_1 = -2; x_2 = 2; n = 4$ **d)** $x_1 = 0; x_2 = 1; x_3 = \sqrt{3}; n = 4$

38.* Sind weitere Ergebnisse in Aufgabe 37 möglich, wenn auf die Angabe des Grades verzichtet wird?

Verschiedene Möglichkeiten zur Ermittlung von Nullstellen für Funktionen:

a) Den Graph der Funktion zeichnen und die Nullstellen ablesen.

b) Die Gleichung $f(x) = 0$ lösen durch systematisches Probieren, äquivalentes Umformen, Verwendung einer Lösungsformel, Zerlegung in Linearfaktoren oder Anwendung eines Näherungsverfahrens.

Kurvenkrümmung

39. Bei ganzrationalen Funktionen höheren als ersten Grades ergeben sich gekrümmte Linien als Graphen.

a) Stellen Sie die Funktionen f und g mit $f(x) = x^3$ und $g(x) = x^4$ grafisch dar, und beschreiben Sie das Krümmungsverhalten der beiden Graphen. Betrachten Sie jeweils den Graphen in Richtung wachsender Argumente. Verwenden Sie dabei auch die Wörter „linksgekrümmt" und „rechtsgekrümmt".

b) Zeichnen Sie eine Funktion, deren Graph erst rechtsgekrümmt dann linksgekrümmt und schließlich wieder rechtsgekrümmt ist. Markieren Sie die Punkte, in denen sich das Krümmungsverhalten des Graphen der Funktion ändert.

40. Im Bild 37 sind die Graphen von drei Funktionen dargestellt.

a) Beschreiben Sie das Krümmungsverhalten der Funktionen. Verwenden Sie dabei auch die Wörter „linksgekrümmt" und „rechtsgekrümmt". Wie erklären Sie den Begriff „linksgekrümmt"?

b) Geben Sie (näherungsweise) die Koordinaten der Punkte an, in denen sich das Krümmungsverhalten der Funktionen ändert.

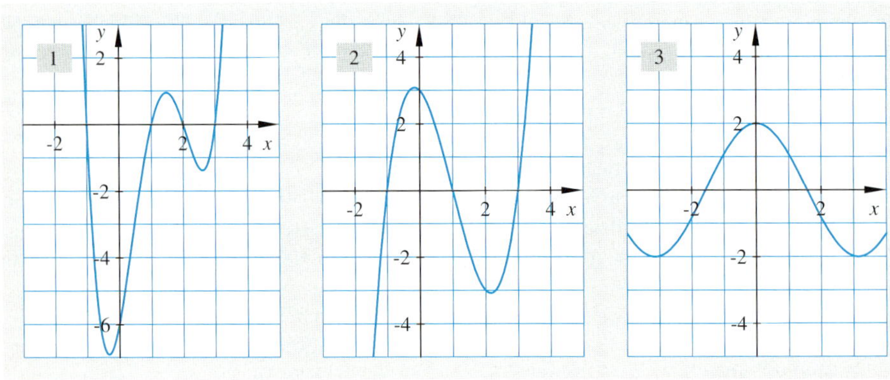

37

41. Gegeben ist eine ganzrationale Funktion f dritten Grades mit folgenden Eigenschaften:
(1) Der Graph der Funktion schneidet die Abszissenachse mindestens an den Stellen $x_1 = 2$ und $x_2 = -1$.
(2) Der Punkt $P(1; 2)$ gehört zum Graphen von f.
(3) Die Ordinatenachse wird an der Stelle $y_S = -1$ geschnitten.

b) Wie lautet die Funktionsgleichung?
(Hinweis: Man nutze die Informationen, um Argumente und zugehörige Funktionswerte zu erhalten, die in die Gleichung $f(x) = ax^3 + bx^2 + cx + d$ eingesetzt werden können.)
c) Untersuchen Sie die Funktion auf weitere Nullstellen.
d) Skizzieren Sie den Graphen der Funktion.
e) Beschreiben Sie das Krümmungsverhalten der Funktion.
f) Geben Sie ungefähr den Punkt an, in dem sich das Krümmungsverhalten ändert.

42. a) Beschreiben Sie das Krümmungsverhalten der in den Bildern 38 bis 40 dargestellten Funktionen dritten Grades.
b) Welches Krümmungsverhalten kann eine Funktion dritten Grades mit einer, zwei bzw. drei Nullstellen haben?
c) Welchen Einfluss hat die Anzahl der Nullstellen einer Funktion dritten Grades auf das Krümmungsverhalten?

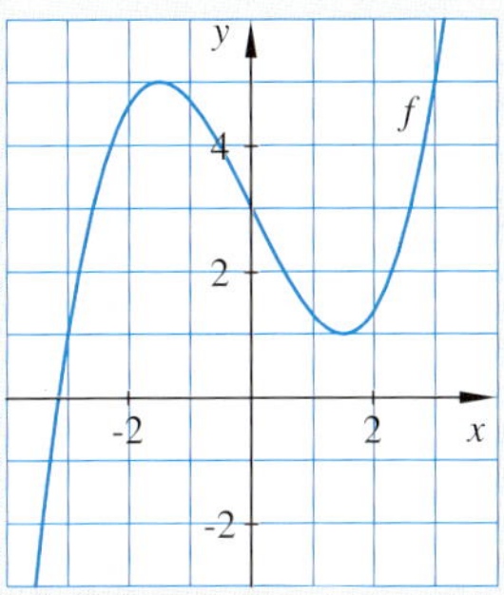

38

$f(x) = \frac{8}{27}x^3 - 2x + 3$

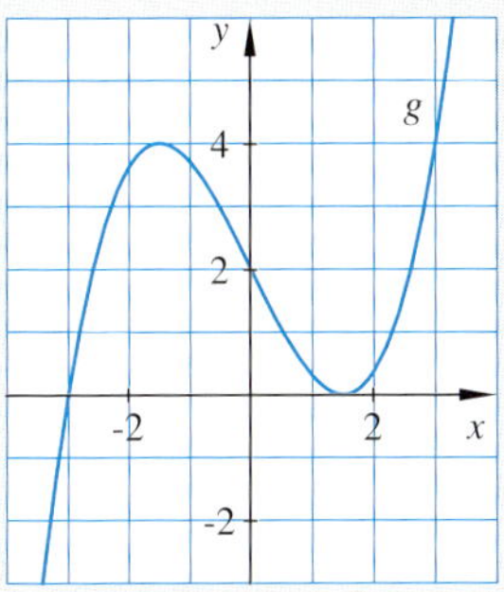

39

$g(x) = \frac{8}{27}x^3 - 2x + 2$

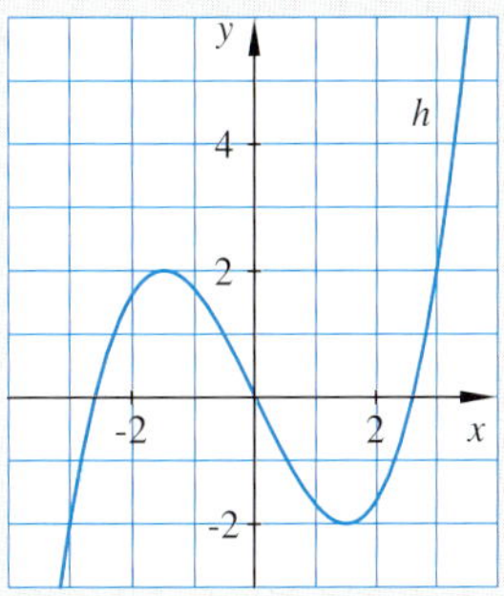

40

$h(x) = \frac{8}{27}x^3 - 2x$

43. a) Skizzieren Sie jeweils eine Funktion vierten Grades mit keiner, einer, zwei, drei bzw. vier Nullstellen.
b) Markieren Sie die Punkte in denen sich das Krümmungsverhalten ändert.
c) Geben Sie Funktionen vierten Grades an, die ihr Krümmungsverhalten nicht ändern.
d) Wie oft kann eine Funktion vierten Grades ihr Krümmungsverhalten maximal ändern?

44. Gegeben sind die Funktionen f, g und h mit $f(x) = \sqrt{2x+1}$, $g(x) = 3\sin x$, $h(x) = |x^2 - 4x + 1|$.
a) Skizzieren Sie die Funktionen.
b) Beschreiben Sie ihr Krümmungsverhalten.
c) An welchen Stellen ändert sich das Krümmungsverhalten?

Gerade und ungerade Funktionen – Symmetrieverhalten

45. Gegeben sei die Funktion f mit $f(x) = -2x^2 + 4$.

a) Stellen Sie diese Funktion im Intervall $-2 \leq x \leq 2$ dar.

b) Untersuchen Sie den Graphen der Funktion auf Axialsymmetrie bzgl. der Ordinatenachse. Begründen Sie Ihre Entscheidung.

c) Stellen Sie für f eine Beziehung zur Definition für gerade Funktionen her.

46. Gegeben sei die Funktion f mit $f(x) = x^3 - x$.

a) Stellen Sie diese Funktion im Intervall $-2 \leq x \leq 2$ dar.

b) Untersuchen Sie den Graphen der Funktion auf Zentralsymmetrie bzgl. des Koordinatenursprungs. Begründen Sie Ihre Entscheidung.

c) Stellen Sie für f eine Beziehung zur Definition für ungerade Funktionen her.

DEFINITION
Eine Funktion f heißt **gerade** genau dann, wenn für alle $x \in D(f)$ gilt:
$-x \in D(f)$ und $f(-x) = f(x)$.
Eine Funktion f heißt **ungerade** genau dann, wenn für alle $x \in D(f)$ gilt:
$-x \in D(f)$ und $f(-x) = -f(x)$.

47. Entscheiden Sie, welche der folgenden Funktionen f gerade bzw. ungerade sind:

a) $f(x) = \frac{1}{2}x^2$	**b)** $f(x) = 2x$	**c)** $f(x) = 3x + 1$	**d)** $f(x) = x^2 + 2$
e) $f(x) = x^3$	**f)** $f(x) = x^{-2}$	**g)** $f(x) = x^4$	**h)** $f(x) = x^{-1}$
i) $f(x) = 2x^2 + x$	**j)** $f(x) = -2x^3$	**k)** $f(x) = \frac{5}{4}$	**l)** $f(x) = \lvert 2x \rvert$
m) $f(x) = x^2 + x$	**n)** $f(x) = \sin x$	**o)** $f(x) = \cos x$	**p)** $f(x) = \sqrt{x}$

48. Wahr oder falsch?
Begründen Sie Ihre Meinung.

a) Sei f eine Funktion. Dann gilt: f ist entweder gerade oder ungerade.

b) Es gibt Funktionen, die gleichzeitig gerade und ungerade sind.

49. Der Graph der Funktion f mit $f(x) = 0{,}3x^5 - 0{,}6x^3 - 0{,}9x$ ist zentralsymmetrisch bezüglich des Koordinatenursprungs (siehe Bild 41).

a) Wählen Sie zwei Argumente, die symmetrisch zum Nullpunkt liegen, und vergleichen Sie die zugehörigen Funktionswerte.

b) Stellen Sie eine Beziehung zu der obigen Definition her.

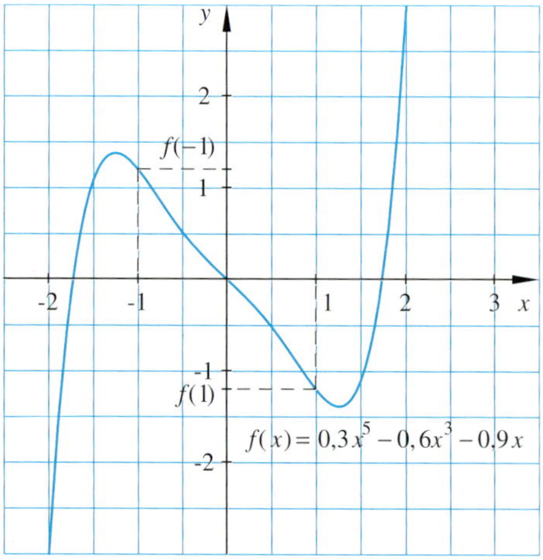

41

Beispiel: Die Funktion $f(x) = x^3 - 2x$ wird auf Geradheit bzw. Ungeradheit untersucht. Man bildet $f(-x)$ und vergleicht das Ergebnis mit $f(x)$.
Hier erhält man
$f(-x) = (-x)^3 - 2(-x) = -x^3 + 2x = -(x^3 - 2x) = -f(x)$.
Es gilt $f(-x) = -f(x)$ für alle $x \in \mathbb{R}$.
Daher ist die Funktion ungerade und der Graph der Funktion ist zentralsymmetrisch bezüglich des Koordinatenursprungs.

50. Untersuchen Sie die Graphen der Funktionen auf Zentralsymmetrie bzgl. des Koordinatenursprungs bzw. auf Axialsymmetrie bzgl. der Ordinatenachse:

a) $f(x) = x^4 - 2x^2$ **b)** $f(x) = 5x^3 - 4x^2 + x - 1$
c) $f(x) = 2x^6 - 4x^4 + 5x^2$ **d)** $f(x) = 3x^3 - 2x$
e) $f(x) = 5x^5 - 3x^3 + 7x$ **f)** $f(x) = x^8 + 2x^4 - 3x^2 + 1$
g) $f(x) = -\frac{3}{2}x + 4$ **h)** $f(x) = \sqrt{2}x - 1$

51. Untersuchen Sie die Graphen der folgenden Funktionen auf Zentralsymmetrie bzgl. des Koordinatenursprungs bzw. auf Axialsymmetrie bzgl. der Ordinatenachse:

a) $f(x) = 3\sin 2x$ **b)** $f(x) = \frac{1}{x}$ **c)** $f(x) = \cos 2\left(x + \frac{\pi}{2}\right)$
d) $f(x) = |x| + 1$ **e)*** $f(x) = |x^2 - 1|$ **f)** $f(x) = |x - 1|$

Wie die Ergebnisse der Aufgabe 51 zeigen, ist die Axialsymmetrie bzgl. der y-Achse bzw. die Zentralsymmetrie bzgl. des Koordinatenursprungs des Graphen einer Funktion nicht an die ganzrationalen Funktionen gebunden.

52. a) Geben Sie drei Beispiele für Funktionen an, die nicht gerade sind und deren Graphen trotzdem eine Symmetrieachse haben.
b) Geben Sie drei Beispiele für Funktionen an, die nicht ungerade sind und deren Graphen trotzdem ein Symmetriezentrum haben.

53. Welches Symmetrieverhalten weisen Graphen von Funktionen auf, die
a) gerade **b)** ungerade **c)** weder gerade noch ungerade sind?

Beziehung zwischen dem Symmetrieverhalten und der Geradheit bzw. Ungeradheit von Funktionen:
Der Graph einer ungeraden Funktion ist zentralsymmetrisch zum Koordinatenursprung.
Der Graph einer geraden Funktion ist axialsymmetrisch zur Ordinatenachse.

54. Welche der folgenden Aussagen sind wahr? Begründen Sie Ihre Meinung.
a) Gerade Funktionen können ihr Krümmungsverhalten ändern.
b) Es gibt gerade Funktionen, die ihr Krümmungsverhalten nicht ändern.
c) Alle geraden Funktionen ändern ihr Krümmungsverhalten.
d) Es gibt ungerade Funktionen, die ihr Krümmungsverhalten ändern.
e) Jede ungerade Funktion ändert ihr Krümmungsverhalten nicht.

55. Finden Sie eine Gleichung für ein Polynom mit den folgenden Eigenschaften.

a) 1. f ist eine Funktion 4. Grades.
Ihr Graph hat die Ordinatenachse als Symmetrieachse.
2. Die Funktion f besitzt drei Nullstellen, u.a. bei $x = 2$.
3. Der Punkt $P(3;45)$ gehört zum Graphen der Funktion f.

b) 1. f ist eine Funktion dritten Grades und ihr Graph ist zentralsymmetrisch bezüglich des Koordinatenursprungs.
2. $x = 2$ ist Nullstelle der Funktion.
3. Der Punkt $P(4;12)$ gehört zum Graphen der Funktion f.

56.* In den folgenden Funktionsgleichungen ist a ein Parameter, für den gewisse reelle Zahlen eingesetzt werden können. Welche Zahlen dürfen für a eingesetzt werden? Für welche Werte von a ergeben sich gerade bzw. ungerade Funktionen?

a) $f(x) = (x - a)(x - \sqrt{2})$ **b)** $f(x) = \frac{1}{4}x^3 - ax$ **c)** $f(x) = x^a + 2x$

d) $f(x) = a^x + 3x;\ x \in \mathbb{N}$ **e)** $f(x) = a + 9x^4$ **f)** $f(x) = x^4 - x^2 - a$

57.* Gegeben sei die Funktionenschar f_a mit $f_a(x) = ax(x-2)^2$, wobei $a \in \mathbb{R}$ ein Parameter ist. Zum Beispiel ergibt sich für $a = 3$ die Funktion f_3 mit $f_3(x) = 3x(x-2)^2$.

a) Zeichnen Sie die Graphen von f_0, f_2 und f_{-1}. Beschreiben Sie den Verlauf der Kurven.

b) Wie wirkt sich der Parameter a auf das Monotonieverhalten, das Krümmungsverhalten und die Anzahl und Lage der Nullstellen aus?

c) Entscheiden Sie, ob es Funktionen aus der Schar gibt, deren Graphen symmetrisch zur Abszissenachse liegen.

58. Ist y der Zahlenwert des in Metern gemessenen Anhalteweges eines PKW bei trockener Fahrbahn und x der Zahlenwert der in $\frac{\text{km}}{\text{h}}$ gemessenen Geschwindigkeit des PKW, so gilt annähernd: $y = \frac{x^2}{3{,}6^2 \cdot 12} + \frac{x}{3{,}6}$.

a) Wählen Sie einen sinnvollen Definitionsbereich für die Funktion.

b) Stellen Sie eine Wertetabelle auf und zeichnen Sie den Graphen der Funktion für den Fall einer trockenen Fahrbahn. (Die Bremsverzögerung bei trockener Fahrbahn werde mit $6\frac{\text{m}}{\text{s}^2}$, die Reaktionszeit mit 1 s angenommen.)

c) Interpretieren Sie die gezeichnete Kurve.

59. a) Für den Sachverhalt aus Aufgabe 58 gilt für den Fall einer nassen Fahrbahn ungefähr $y = \frac{x^2}{3{,}6^2 \cdot 8} + \frac{x}{3{,}6}$. (Die Bremsverzögerung bei nasser Fahrbahn werde mit $4\frac{\text{m}}{\text{s}^2}$, die Reaktionszeit mit 1 s angenommen.)

b) Stellen Sie eine Wertetabelle auf und zeichnen Sie den Graphen der Funktion.

c) Vergleichen Sie die Ergebnisse von Aufgabe 58b) und Aufgabe 59b).

d) Vergleichen Sie die Anhaltewege bei einer Geschwindigkeit von $50\,\frac{\text{km}}{\text{h}}$, bei trockener Fahrbahn bzw. bei nasser Fahrbahn, wenn 1 s als Reaktionszeit angenommen wird.

e) Informieren Sie sich über den Unterschied von Brems- und Anhalteweg.

Über Maxima und Minima

60. Gegeben ist die Funktion f mit $f(x) = x^3 - 3x$.

a) Stellen Sie die Funktion im Intervall $-2{,}5 \leq x \leq 2{,}5$ dar.

b) An welcher Stelle befindet sich **der größte Funktionswert**, also **das (globale) Maximum**? Wie groß ist das Maximum?

c) An welcher Stelle befindet sich **der kleinste Funktionswert**, also **das (globale) Minimum**? Wie groß ist das Minimum?

d) An der Stelle $x = 1$ befindet sich ein **lokales Minimum**. Versuchen Sie diesen Begriff zu erklären. Was ist der Unterschied zum globalen Minimum?

Beispiel: Untersuchung der Funktion f mit $f(x) = 0{,}3x^5 - 0{,}6x^3 - 0{,}9x$ ($x \in \mathbb{R}$) (siehe Bild 41) auf globale und lokale Extremwerte.

Die Funktion hat kein globales Maximum, denn jede noch so große positive Zahl wird durch einen Funktionswert von f übertroffen. f hat auch kein globales Minimum, denn jede noch so kleine negative Zahl wird durch einen Funktionswert unterboten. Dem Bild 41 entnimmt man, dass f in der Nähe von $x = 1{,}3$ ein lokales Minimum und in der Nähe von $x = -1{,}3$ ein lokales Maximum hat.
Der lokal maximale Funktionswert ist ungefähr 1,4 und der lokal minimale Funktionswert ist ungefähr $-1{,}4$.

Um genauere Werte z.B. für das lokale Minimum zu ermitteln, wird schrittweise in a), b) und c) eine Wertetabelle erstellt:

	a)			b)		c)
x	1,2	1,25	1,3	1,24	1,26	1,255
y	$-1{,}37$	$-1{,}3813$	$-1{,}374$	$-1{,}380$	$-1{,}38148$	$-1{,}38151$

Aus a) geht hervor, dass in der Nähe von 1,25 weitergesucht werden muss. Aus b) kann man entnehmen, dass die gesuchte Zahl zwischen 1,25 und 1,26 liegt. Durch c) ergibt sich, dass das lokale Minimum ungefähr $-1{,}3815$ ist und sich nahe bei 1,255 befindet.
Entsprechend gilt, dass das lokale Maximum ungefähr 1,3815 ist und sich nahe bei $-1{,}255$ befindet.

61. Gegeben ist die Funktion f mit $f(x) = x^3 - 2x^2 + x$. Ermitteln Sie für die angegebenen Intervalle, falls möglich, das globale Maximum, das globale Minimum, ein lokales Maximum und ein lokales Minimum.

a) $[-1; 3]$ **b)** $]0; 0{,}9]$ **c)** $[0{,}6; 2{,}4$ **d)** $\mathbb{R}$

62. a) Skizzieren Sie den Graphen einer Funktion, die ein globales Maximum und ein globales Minimum hat.

b) Skizzieren Sie den Graphen einer Funktion, die kein globales Maximum, aber ein globales Minimum hat.

c) Skizzieren Sie den Graphen einer Funktion, bei der das globale Maximum und das globale Minimum übereinstimmen.

d) Skizzieren Sie den Graphen einer Funktion, bei der das globale Maximum nicht gleichzeitig ein lokales Maximum ist.

3 Gebrochenrationale Funktionen

Rationale Funktionen

1. Der elektrische Widerstand R (in Ω) eines Leiters hängt von den Maßen des Leiters und seiner stofflichen Zusammensetzung ab. Für einen Draht der Länge l (in m) mit kreisförmigem Querschnitt (r in mm) gilt: $R = \frac{\varrho \cdot l}{\pi \cdot r^2}$. Dabei ist ϱ der spezifische Widerstand.

a) Stellen Sie die Abhängigkeit $R(r)$ für $l = 1$ m und $\varrho = 0{,}017 \, \frac{\Omega \cdot \mathrm{mm}^2}{\mathrm{m}}$ dar.

b) Geben Sie für die Funktion einen Definitionsbereich und einen Wertebereich an, die dem Sachverhalt angemessen sind. Beschreiben Sie das Monotonieverhalten.

c) Aus welchem Material ist der Draht?

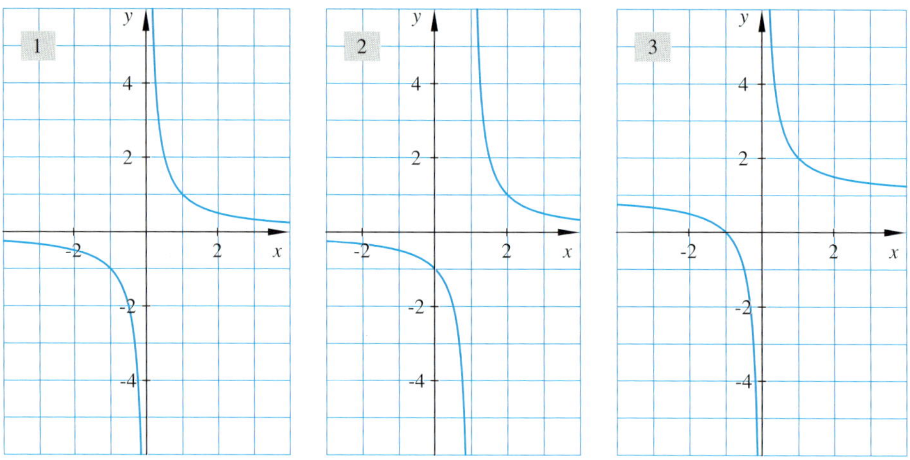

2. Im Bild 42 sind Funktionen dargestellt.
Zu ihnen gehören die Gleichungen:
$y = \frac{1}{x-1}$, $y = \frac{2-x}{x-1}$,
$y = \frac{1+x}{x}$ und $y = \frac{1}{x}$

a) Ordnen Sie den Graphen jeweils eine der Funktionsgleichungen zu.

b) Die im Bild 42 dargestellten Graphen lassen sich jeweils durch eine Verschiebung ineinander überführen. Beschreiben Sie die Verschiebungen, die von der **Hyperbel** in Figur (1) zu den anderen Graphen führen.

c) Beschreiben Sie die Wirkung der jeweiligen Verschiebung auf die Funktionsgleichung.

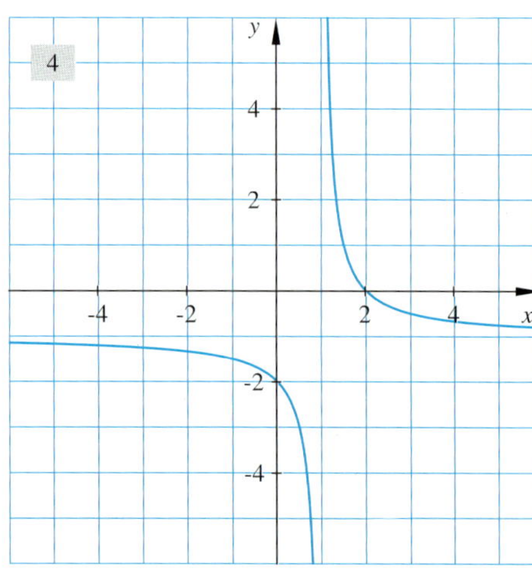

42

Die Funktionen aus den Aufgaben 1 und 2 gehören zu den rationalen Funktionen.

DEFINITION f sei eine Funktion.
f heißt **rationale Funktion** genau dann, wenn f sich als Quotient zweier ganzrationaler Funktionen darstellen lässt.

Wenn f eine rationale Funktion ist, dann gibt es Funktionen
u mit $u(x) = a_n x^n + a_{n-1}x^{n-1} + \ldots + a_1 x + a_0$; $a_0, a_1, \ldots, a_n \in \mathbb{R}$; $a_n \neq 0$ und
v mit $v(x) = b_m x^m + b_{m-1}x^{m-1} + \ldots + b_1 x + b_0$; $b_0, b_1, \ldots, b_m \in \mathbb{R}$; $b_m \neq 0$ derart, dass
$f(x) = \frac{u(x)}{v(x)}$ für alle x mit $v(x) \neq 0$ ist.

Rationale Funktionen, die keine ganzrationalen Funktionen sind, werden **gebrochenrationale Funktionen** genannt.
Ihr größtmöglicher Definitionsbereich ist die Menge $\{x : x \in \mathbb{R};\ v(x) \neq 0\}$. Eine gebrochenrationale Funktion heißt **echt gebrochen**, wenn der Grad n des Zählers kleiner als der Grad m des Nenners ist. Anderenfalls heißt f **unecht gebrochenrationale** Funktion.

3. Erläutern Sie die Analogie in den Bezeichnungen für rationale Funktionen einerseits und für gebrochene Zahlen andererseits.

4. Begründen Sie, dass die in den Aufgaben 1 und 2 auftretenden Funktionen gebrochenrationale Funktionen sind.

5. Entscheiden Sie, ob es sich um rationale Funktionen handelt:

(1) $y = 5$ (2) $y = x + 1$ (3) $y = \frac{1}{x} + 1$

(4) $y = \frac{1}{1-x} - 1$ (5) $y = \sqrt{x}$ (6) $y = \frac{4}{\tan x}$

(7) $y = \left|\frac{2}{3}x\right| + 1$ (8) $y = 2^x$ (9) $y = \sqrt{x^2}$

(10) $y = (2x+1)^2$ (11) $y = x^3 - 1$ (12) $y = (x-2)^2(x+2)^2$

6. Gegeben sind die folgenden rationalen Funktionen:

$f_1(x) = \frac{4x^2 - 3x + 6}{5}$ $f_2(x) = \frac{x^3 - 3x^2 + 4x - 1}{2x^2 + 4x - 8}$

$f_3(x) = \frac{x^2 - 3x + 2}{x^3 - 3x + 1}$ f_4:

x	−4	−3	−2	−1	0
$f_4(x)$	4	1	0	1	4

a) Welche der Funktionen sind ganzrationale Funktionen, welche sind gebrochenrationale Funktionen?
Begründen Sie Ihre Aussage.

b) Unterteilen Sie die in a) gefundenen gebrochenrationalen Funktionen noch in echt und unecht gebrochenrationale Funktionen.

c) Geben Sie zu jeder Gruppe von rationalen Funktionen drei weitere Beispiele an.

Beschränktheit von Funktionen

In den Bildern 43 und 44 kommen noch zwei weitere Eigenschaften von Funktionen zum Ausdruck. Im Bild 43 wird deutlich, dass die Funktionswerte der Funktion f_1 **nach oben beschränkt** sind (z.B. durch die Zahl 0). Die Zahl 0 ist somit eine **obere Schranke** von f_1, denn es gibt keinen Funktionswert, der größer ist als 0. Das Bild 44 zeigt, dass die Funktionswerte der Funktion f_2 nicht nach oben beschränkt sind. Für die Funktion f_2 ist die Zahl 0 jedoch eine **untere Schranke**, denn es gibt keinen Funktionswert, der kleiner ist als 0. Man sagt, dass die Funktion f_2 **nach unten beschränkt** ist.

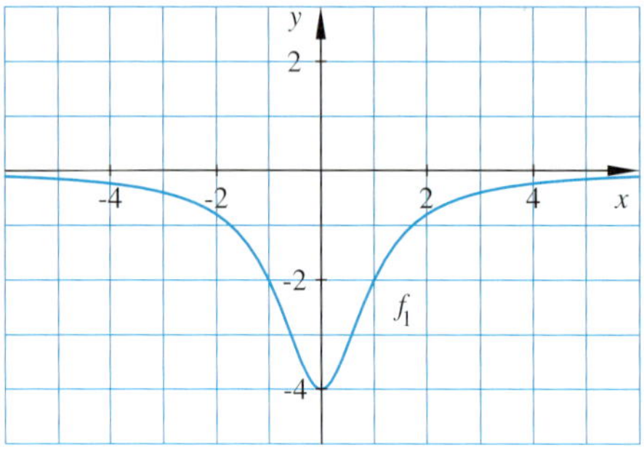

43

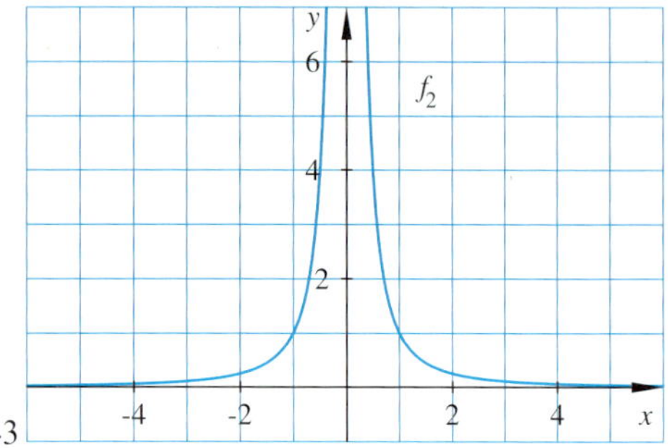

44

7. **a)** Entscheiden Sie, ob die Funktionen f_1, f_2 oder f_3 in Aufgabe 6 nach oben bzw. nach unten beschränkt sind.
b) Geben Sie, falls möglich, obere bzw. untere Schranken an.
c) Geben Sie für die obigen Funktionen alle oberen und unteren Schranken an.

8. Enscheiden Sie, ob die folgenden Funktionen obere bzw. untere Schranken besitzen. Geben Sie, falls möglich, jeweils drei obere und drei untere Schranken an.

a) $f(x) = -x^2 + 2$ **b)** $f(x) = \sin x$ **c)** $f(x) = \frac{2}{x}$

d) $f(x) = x^4 - 1$ **e)** $f(x) = \frac{2}{x^2}$ **f)** $f(x) = \frac{-4}{x^2 + 1}$

Beschreibung von Funktionsgraphen

9. Gegeben ist die Funktion f mit $f(x) = \frac{1}{x^2}$, $x \neq 0$. Aus dieser Funktion gehen die Graphen der Funktionen f_1 bis f_3 wie folgt hervor:
f_1: Der Graph von f wird um 1,5 Einheiten in Richtung der negativen Abszissenachse und um 2 Einheiten in Richtung der positiven Ordinatenachse verschoben.
f_2: Der Graph von f wird um den Faktor 3 gestreckt und anschließend um 1 in Richtung der negativen Ordinatenachse verschoben.
f_3: Der Graph von f wird um 2 Einheiten in Richtung der positiven Abszissenachse verschoben und anschließend mit dem Faktor $\frac{1}{3}$ gestaucht.

a) Skizzieren Sie die Graphen von f, f_1, f_2 und f_3.
b) Geben Sie eine Funktionsgleichung für die Funktionen f_1 bis f_3 an.
c) Beschreiben Sie das Krümmungsverhalten von f. Wie beeinflussen die angegebenen Verschiebungen, Streckungen oder Stauchungen das Krümmungsverhalten?
d) Welche Eigenschaften der Funktionen ändern sich durch die Verschiebung?

Beispiel: Beschreibung des Graphen der Funktion f mit $f(x) = \frac{x^2 - 1}{x^2 + 1}$ (siehe Bild 45).

Man entnimmt dem Bild 45, dass f die Nullstellen $x_1 = -1$ und $x_2 = 1$ hat.
Für negative Argumente ist die Funktion monoton fallend und für positive Argumente ist die Funktion monoton wachsend. Der Graph ist achsensymmetrisch mit der Ordinatenachse als Symmetrieachse. Damit ist f eine gerade Funktion. Der Graph von f ist für negative Argumente zunächst rechtsgekrümmt, ändert bei $x \approx -0{,}6$ sein Krümmungsverhalten, wird also linksgekrümmt. Bei $x \approx 0{,}6$ wird der Graph wieder eine rechtsgekrümmte Kurve.

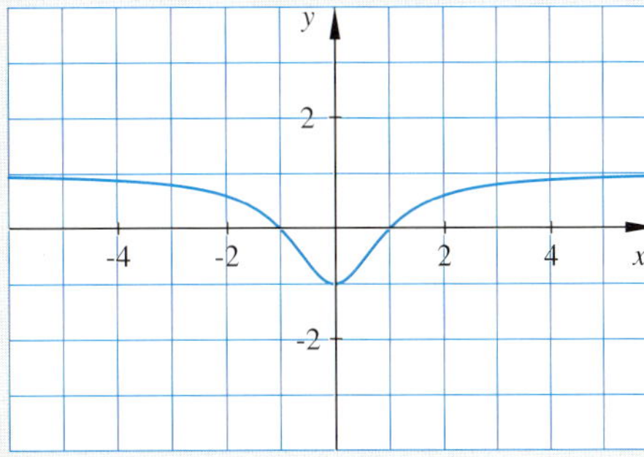

45

An der Stelle 0 befindet sich mit dem Funktionswert -1 das globale Minimum von f. Die Funktion f hat weder ein globales noch ein lokales Maximum. Sie ist nach oben und nach unten beschränkt. Die Zahl 1 und alle Zahlen, die größer als 1 sind, sind obere Schranken für f. Die Zahl -1 und alle Zahlen, die kleiner als -1 sind, sind untere Schranken für f.

10. Fertigen Sie für die folgenden Funktionen im angegebenen Intervall eine Wertetabelle an. Stellen Sie die jeweilige Funktion grafisch dar. Entnehmen Sie den Graphen die Nullstellen, das Monotonie-, Symmetrie- und Krümmungsverhalten. Geben Sie den Definitions- und den Wertebereich dieser Funktionen an. Versuchen Sie auch Aussagen über globale und lokale Maxima bzw. Minima zu treffen.

a) $f_1(x) = \frac{x}{x^2}$, $[-2; 2]$

b) $f_2(x) = \frac{1}{x^2} - 1$, $[-3; 3[$

c) $f_3(x) = \frac{x+1}{x^2-1}$, $]-2; 2[$

d) $f_4(x) = \frac{1}{x^2+1}$, $[-5; 5]$

e) $f_5(x) = \frac{x+1}{x-1}$, $]-2; 3]$

f) $f_6(x) = \frac{x^2 - 2x + 1}{x - 1}$, $]-3; 3]$

Polstellen und Lücken

Aufgabe 10 verdeutlicht, dass sich die Graphen gebrochenrationaler Funktionen nicht immer durchgehend zeichnen lassen. Eine Ursache dafür sind Polstellen (siehe 10a), 10b), 10c) und 10e)). In den Aufgaben 10c) und 10f) tritt eine Lücke im Graphen auf.

DEFINITION u, v seien ganzrationale Funktionen und f eine gebrochenrationale Funktion mit $f(x) = \frac{u(x)}{v(x)}$. Weiterhin sei x_p eine reelle Zahl.

x_p heißt **Polstelle** von f genau dann, wenn $v(x_p) = 0$ und $u(x_p) \neq 0$ ist.

11. Geben Sie je zwei Beispiele für gebrochenrationale Funktionen mit Polstelle bzw. ohne Polstelle an.

12. Erklären Sie „x_0 ist Nullstelle einer gebrochenrationalen Funktion f“. Gehen Sie dabei von Ihren Kenntnissen über Nullstellen von Funktionen aus. Orientieren Sie sich an der Definition der Polstelle einer Funktion. Bedenken Sie auch die Situation in Aufgabe 10f).

13. Klaus sagt: „x_l heißt Lücke der Funktion $f = \frac{u}{v}$, wenn $u(x_l) = 0$ und $v(x_l) = 0$ ist.“
Warum stimmt das nicht? Nutzen Sie die Ergebnisse von Aufgabe 10.

14. a) Geben Sie je zwei Beispiele für gebrochenrationale Funktionen mit Lücke bzw. ohne Lücke an.
b) Geben Sie je zwei Beispiele für gebrochenrationale Funktionen mit genau zwei Polstellen und genau einer Lücke an.
c) Geben Sie je zwei Beispiele für gebrochenrationale Funktionen mit genau einer Nullstelle und genau einer Polstelle an.

15. Sei f eine gebrochenrationale Funktion mit $f(x) = \frac{u(x)}{v(x)}$ und x_0 eine reelle Zahl. Entscheiden Sie, welches Verhalten f jeweils an der Stelle x_0 hat.
a) $u(x_0) = 0$ und $v(x_0) \neq 0$ **b)** $u(x_0) \neq 0$ und $v(x_0) = 0$ **c)** $u(x_0) = 0$ und $v(x_0) = 0$

16. Geben Sie für die folgenden Funktionen f die Nullstellen und die Polstellen an:
a) $f(x) = \frac{x^2 - 3}{x^3 - x}$ **b)** $f(x) = \frac{x^2 - 4}{x + 2}$ **c)** $f(x) = \frac{x}{x^3 - 1}$

17. a) Skizzieren Sie den Graph für eine gebrochenrationale Funktion f mit folgenden Eigenschaften.
(1) f hat genau eine Nullstelle, keine Lücke und keine Polstelle.
(2) f hat genau eine Lücke, keine Nullstelle und keine Polstelle.
(3) f hat genau eine Polstelle, keine Lücke und keine Nullstelle.
(4) f hat eine Nullstelle und eine Lücke, aber keine Polstelle.
(5) f hat eine Polstelle und eine Lücke, aber keine Nullstelle.
(6) f hat eine Nullstelle und eine Polstelle, aber keine Lücke.
***b)** Geben Sie eine Gleichung für eine gebrochenrationale Funktion mit den genannten Eigenschaften an.

18. Entwickeln Sie aus den vorgegebenen Eigenschaften die Funktionsgleichung einer gebrochenrationalen Funktion f. Entscheiden Sie, ob es mehrere Funktionen mit diesen Eigenschaften geben kann.
a) 1. Die Funktion f hat die Nullstellen $x_1 = 1$ und $x_2 = -2$.
2. Die Funktion f besitzt eine Polstelle bei $x_p = 0$.
3. Der Punkt $P(2; \frac{2}{3})$ liegt auf dem Graphen von f.

b) Die in der Wertetabelle

x	-2	-1	1	2
$f(x)$	-5	1	7	7

gegebenen geordneten Paare gehören zu einer Funktion f mit $f(x) = ax + \frac{b}{x^2}$.

Stückweise definierte Funktionen

Beispiel: Beschreibung der Temperaturveränderung von Wasser bei konstanter Energiezufuhr unter Änderung des Aggregatzustandes.

Die Zuordnung Zeit $t \to$ Temperatur ϑ bei Erwärmung von Wasser ist eindeutig. Damit handelt es sich um eine Funktion $\vartheta = f(t)$. Der Definitionsbereich ist ein Intervall, das bei 0 beginnt und dessen Ende nicht allgemein festgelegt werden kann (z. B. hängt das Intervall von der vorhandenen Wassermenge ab). Das Intervall [0; 100] ist der Wertebereich der Funktion.

In der grafischen Darstellung im Bild 46 lassen sich drei Abschnitte deutlich unterscheiden. Die Funktion f lässt sich näherungsweise so definieren:

$$f(t) = \begin{cases} 0 & \text{für } 0 \leq t \leq 2 \\ 12{,}5t - 25 & \text{für } 2 < t < 10 \\ 100 & \text{für } 10 \leq t \leq 15 \end{cases}$$

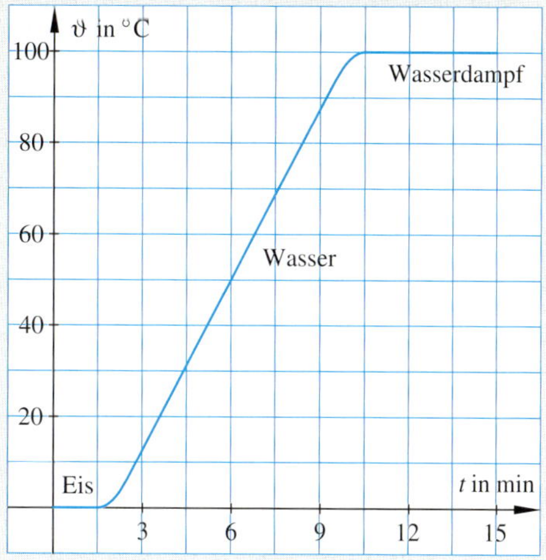

46

19. Gegeben sei die Funktion f mit $f(x) = \begin{cases} x^2 + 7 & \text{für } |x| \leq 2 \\ \frac{16}{x^2} - 1 & \text{für } |x| > 2 \end{cases}$

a) Untersuchen Sie die Funktion f auf Nullstellen und Polstellen sowie den Graphen der Funktion auf Symmetrie- und Monotonieverhalten.

b) Zeichnen Sie mit Hilfe der Ergebnisse aus a) den Graphen der Funktion im Intervall $-5 \leq x \leq 5$.

c) Welches Krümmungsverhalten können Sie dem Graphen von f entnehmen?

Bemerkung:

Die Funktionen im obigen Beispiel bzw. in Aufgabe 19 sind Funktionen, die nicht durch eine einzige Gleichung definiert wurden. In verschiedenen Intervallen gelten unterschiedliche Bildungsvorschriften. Es sind **keine** rationalen Funktionen, obwohl diese Funktionen in jedem der genannten Intervalle rational sind.

20. Zeichnen Sie die Graphen folgender Funktionen f. Welchen Definitionsbereich und welchen Wertebereich haben die Funktionen?

a) $f(x) = \begin{cases} |x| & \text{für } -4 \leq x < 4 \\ 2x - 4 & \text{für } 4 \leq x \leq 10 \end{cases}$

b) $f(x) = \begin{cases} 2x - 6 & \text{für } x \in [-3; 4[\\ \sqrt{x} & \text{für } x \in [4; 9[\\ x^2 - 118 & \text{für } x \in [9; 11] \end{cases}$

Eine Funktionsgleichung ist gesucht

21. Geben Sie eine Gleichung für eine gebrochenrationale Funktion mit folgenden Eigenschaften an und zeichnen Sie den Graphen der Funktion.

a) Die Funktion hat keine Nullstellen und besitzt bei $x_1 = -3$ ihre einzige Polstelle.

b) Die Funktion besitzt die Zahlen $x_1 = 2$ und $x_2 = 3$ als einzige Nullstellen und die Zahlen $x_3 = -2$ und $x_4 = -3$ als einzige Polstellen.

c) Die Funktion hat bei $x_1 = 5$ eine Nullstelle und bei $x_2 = -5$ eine Polstelle. Die Funktion ist außerdem ungerade.

d) Der Definitionsbereich der Funktion ist $\mathbb{R}$. Der Wertebereich der Funktion ist das Intervall $I =]0; 1]$.

22. Im Bild 47 ist eine gebrochenrationale Funktion grafisch dargestellt.

a) Finden Sie eine Funktionsgleichung für die Funktion.

b) Beschreiben Sie den Verlauf des Graphen der Funktion. (Hinweis: Orientieren Sie sich an der Beschreibung des Beispiels auf Seite 47.)

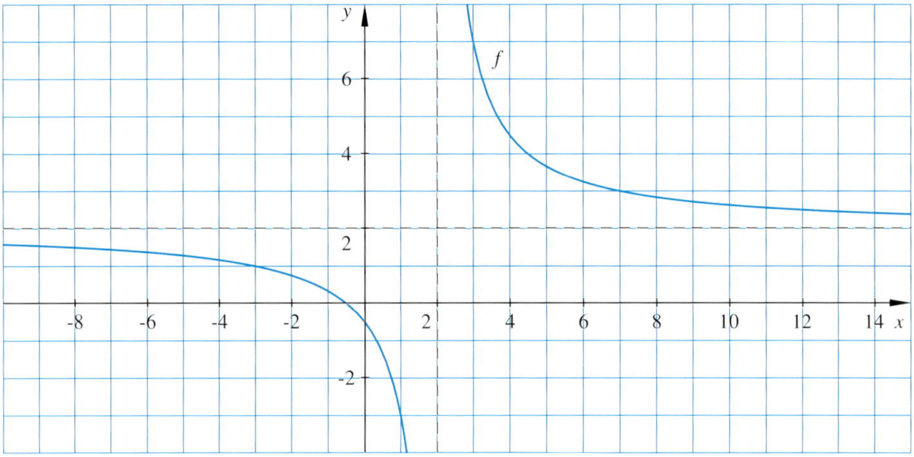

47

23. Aus den technischen Daten einer PKW-Produktionsserie sind für die verschiedenen Ausstattungen hinsichtlich der Motorleistungen die Zeiten für die Beschleunigung des Wagens von 0 auf 100 $\frac{\text{km}}{\text{h}}$ angegeben.

Motorleistung P in PS	75	90	115	150
Zeit t in s	16,3	14,4	11,8	9,7

a) Stellen Sie den funktionalen Zusammenhang $t(P)$ im Intervall $I = [75; 150]$ dar.

b) Welche Abhängigkeit besteht zwischen P und t?

***c)** Geben Sie eine (möglichst einfache) gebrochenrationale Funktion an, die den Zusammenhang zwischen t und P näherungsweise beschreibt.

d) In welcher Zeit könnte ein Pkw mit einer Motorleistung von 100 PS von 0 auf 100 $\frac{\text{km}}{\text{h}}$ beschleunigt werden?

B Zahlenfolgen

1 Zahlenfolgen und einige Eigenschaften

Das Bearbeiten vieler praktischer Probleme erfordert das Lösen von Gleichungen. Nur in Ausnahmefällen gibt es eine Lösungsformel, wie z. B. für quadratische Gleichungen. In vielen Fällen ist es üblich, Näherungsverfahren zu verwenden.

Beispiel: Zu lösen sei die Gleichung $x - \frac{x^5}{6} - \frac{3}{4} = 0$ für $x > 0$. Die vorgegebene Gleichung ist äquivalent zu $x = \frac{x^5}{6} + \frac{3}{4}$. Dies besagt, dass wir uns einer Lösung nähern, wenn der Wert von $\frac{x^5}{6} + \frac{3}{4}$ sich immer weniger von x unterscheidet. Die Gleichung besagt weiter sogar, dass eine günstige Wahl von x uns mit dem Wert von $\frac{x^5}{6} + \frac{3}{4}$ möglicherweise einen weiteren, besseren Wert für die Lösung liefert. Diese Überlegungen lassen sich zu einem systematischen Verfahren ausbauen.

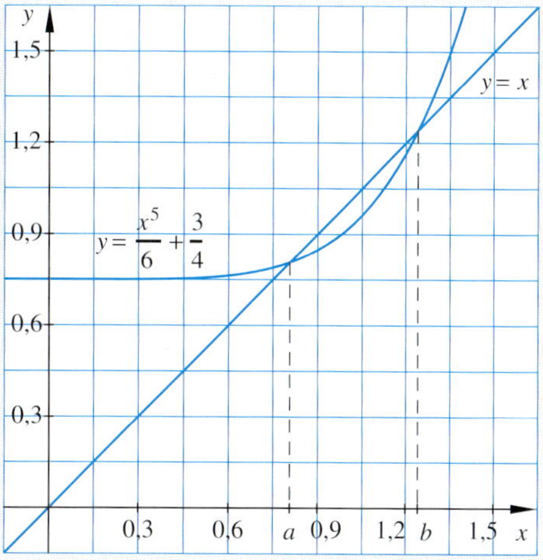

1

Eine erste Annäherung an eine Lösung erhalten wir durch Ablesen der Schnittpunkte der Graphen zu $y = x$ und $y = \frac{x^5}{6} + \frac{3}{4}$. Aus Bild 1 lesen wir für x einen Näherungswert x_1 von 0,7 bzw. 1,25 ab. Nun versuchen wir ausgehend von x_1 einen besseren Wert x_2 zu erhalten, indem wir $x_2 = \frac{x_1^5}{6} + \frac{3}{4}$ setzen. In analoger Weise berechnen wir die darauffolgenden Werte durch die Vorschrift $x_{n+1} = \frac{x_n^5}{6} + \frac{3}{4}$. Es ergibt sich, beginnend mit $x_1 = 0{,}7$ bzw. $x_1 = 1{,}25$:

$x_1 = 0{,}7$	$x_1 = 1{,}25$
$x_2 = 0{,}778011667$	$x_2 = 1{,}258626302$
$x_3 = 0{,}797509373$	$x_3 = 1{,}276420466$
$x_4 = 0{,}803768476$	$x_4 = 1{,}314664721$

1. **a)** Führen Sie die obige Berechnung fort. Ermitteln Sie alle Werte x_n für $n = 5; 6; \ldots; 10$ bei $x_1 = 0{,}7$ und für $n = 5; 6; 7; 8$ bei $x_1 = 1{,}25$.
b) Charakterisieren Sie das unterschiedliche Verhalten der erhaltenen Folgen von reellen Zahlen bei wachsendem n.
c) Deuten Sie die Vorgehensweise anhand von Bild 1.

Das Beispiel zeigt, dass Zahlenfolgen bei einem größer werdenden Wert von n ein völlig unterschiedliches Verhalten aufweisen können. Die Kapitel über Zahlenfolgen und deren Grenzwerte dienen der Erarbeitung von Begriffen und Kriterien, die es ermöglichen, das entsprechende Verhalten unmissverständlich zu beschreiben.

2. Nachfolgend sind die Anfangsstücke einiger Zahlenfolgen gegeben. Setzen Sie jede Folge um 4 Glieder fort. Erläutern Sie jeweils, wie Sie dabei vorgegangen sind.

a) $-10; -4; 2; 8; \ldots$ **b)** $-1; \frac{1}{2}; -\frac{1}{3}; \frac{1}{4}; \ldots$ **c)** $3; 7; 13; 21; \ldots$

d) $1; \sqrt{3}; 3; 3\sqrt{3}; 9; \ldots$ **e)** $2; -4; 2; -4; \ldots$ **f)** $0{,}2; 0{,}4; 0{,}8; 1{,}6; \ldots$

g) $\frac{1}{3}; \frac{1}{9}; \frac{1}{27}; \frac{1}{81}; \ldots$ **h)** $0{,}9; 1{,}1; 0{,}99; 1{,}01; \ldots$ **i)** $3; 33; 333; 3333; \ldots$

In den vorangegangenen Beispielen wurden Zahlen in einer bestimmten Reihenfolge aufgeschrieben. Das heißt, den natürlichen Zahlen 1, 2, 3, … wurden jeweils reelle Zahlen zugeordnet.

In Aufgabe 2a

1	2	3	4	…
↓	↓	↓	↓	
−10	−4	2	8	…

In Aufgabe 2e

1	2	3	4	…
↓	↓	↓	↓	
2	−4	2	−4	…

Diese Zuordnungen sind eindeutig. Jede Zahlenfolge ist somit eine spezielle Funktion.

DEFINITION Funktionen mit einer Menge natürlicher Zahlen als Definitionsbereich und einer Menge reeller Zahlen als Wertebereich heißen **Zahlenfolgen**.

Wenn keine gesonderte Festlegung erfolgt, verwenden wir im Weiteren stets die Menge aller natürlichen Zahlen mit Ausnahme der 0 (Bezeichnung: $\mathbb{N}^+$) als Definitionsbereich.
Die Funktionswerte heißen **Glieder der Zahlenfolge**.
Um Zahlenfolgen als besondere Funktionen hervorzuheben, wählt man häufig folgende Bezeichnungen:

$k; m; n$	für das Argument,
$a_1; a_2; a_3; \ldots$	für das erste, zweite und dritte Folgenglied,
$a_k; b_n$	für das zu k bzw. n gehörige Folgenglied (Funktionswert),
$(a_k); (b_n)$	oder auch
$(a_1; a_2; a_3; \ldots)$	für die gesamte Folge.

Da wir Zahlenfolgen als spezielle Funktionen definiert haben, ist es sinnvoll, Darstellungsarten und wichtige Eigenschaften von Funktionen zu übertragen oder zu spezialisieren.

Beispiel: Wir betrachten die Funktion f mit $f(x) = 0{,}5x - 2$ mit dem speziellen Definitionsbereich $\mathbb{N}^+$.
Dann ergibt sich mit den genannten Bezeichnungen
zum Beispiel: $f(1) = a_1 = 0{,}5 \cdot 1 - 2 = -1{,}5$ ist das 1. Glied der Folge,
$f(6) = a_6 = 0{,}5 \cdot 6 - 2 = 1$ ist das 6. Glied der Folge

und allgemein: $f(n) = a_n = 0{,}5n - 2$ ist das n-te Glied der Folge.

Die Gleichung $a_n = 0{,}5n - 2$ heißt **explizite Zuordnungsvorschrift** und ist eine Funktionsgleichung. Mit ihrer Hilfe lässt sich jedes Glied einer so beschriebenen Zahlenfolge unmittelbar durch das Einsetzen der entsprechenden natürlichen Zahl berechnen.

Als Wertetabelle für die ersten 8 Folgenglieder erhält man:

n	1	2	3	4	5	6	7	8
a_n	$-1{,}5$	-1	$-0{,}5$	0	0,5	1	1,5	2

Stellt man dieses Anfangsstück wie in Abb. 2 dar, so wird deutlich, dass der Graph aus isolierten Punkten besteht. Ursache hierfür ist der spezielle Definitionsbereich $\mathbb{N}^+$. Würde man die Gerade zeichnen, auf der alle dargestellten Punkte liegen, so entstünde der Graph der Funktion f mit $f(x) = 0{,}5x - 2$ und $\mathbb{R}$ als Definitionsbereich.

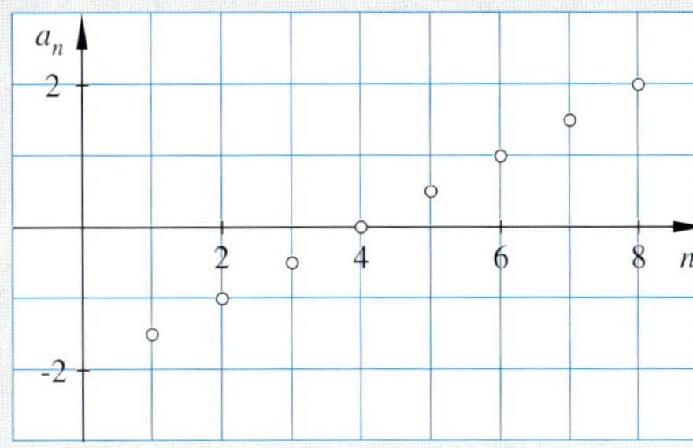

2

Mitunter wird eine andere Darstellungsart für Zahlenfolgen gewählt. Dann werden die Funktionswerte nicht in einem Koordinatensystem, sondern wie in Abb. 3 auf einer Zahlengeraden gekennzeichnet.

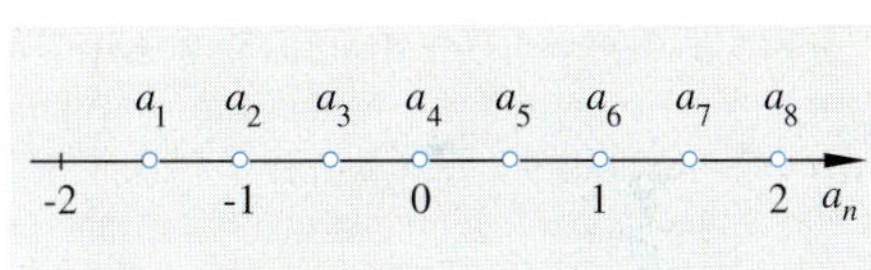

3

3. Betrachtet werden die Folgen $(a_n) = (2n - 4)$; $(b_n) = \left(\frac{n}{2}\right)$; $(c_n) = \left(\frac{2n-3}{n}\right)$ und $(d_n) = (4n - n^2)$.

a) Geben Sie jeweils das 1., 2., 3., 4. und 5. sowie das 100. Folgenglied an.
b) Geben Sie jeweils das $(n + 1)$-te und das $(n - 2)$-te Folgenglied an.
c) Sind die Zahlen 12; 0; 0,5 oder -3 Glieder dieser Zahlenfolgen?
Wenn ja, zu welchem n gehören sie jeweils?
d) Stellen Sie die Folgen für $1 \leq n \leq 5$ grafisch auf die beiden genannten Arten dar.

4. Gegeben sind Anfangsstücke von Zahlenfolgen:

a) $a_1 = -17; a_2 = -25; a_3 = -33; \ldots$ **b)** $a_1 = 3; a_2 = 5; a_3 = 8; a_4 = 12; \ldots$

c) $a_1 = 2; a_2 = 1; a_3 = \frac{1}{2}; a_4 = \frac{1}{4}; \ldots$ **d)** $a_1 = 1; a_2 = -0{,}1; a_3 = 0{,}01; a_4 = -0{,}001; \ldots$

Setzen Sie die Folgen jeweils um drei Glieder fort.
Geben Sie an, wie Sie von einem Folgenglied zum nächsten gelangt sind.
Stellen Sie jeweils das Folgenglied a_{n+1} in Abhängigkeit vom Folgenglied a_n dar.

5. Gegeben sei die Zahlenfolge $(a_n) = (2{,}5n - 4)$.

a) Nennen Sie die Folgenglieder a_1 bis a_6.

b) Untersuchen Sie, welcher der nachfolgend genannten Zusammenhänge für die Folge (a_n) zutrifft: $a_{n+1} = a_n - 2{,}5$ oder $a_{n+1} = a_n + 2{,}5$ oder $a_{n+1} = -2{,}5a_n$.

c) Nennen Sie drei weitere Zahlenfolgen, für die der in b) gefundene Zusammenhang ebenfalls Gültigkeit besitzt.

Beispiel: Für jedes Glied der Zahlenfolge $(a_n) = (6n - 16) = (-10; -4; 2; 8; \ldots)$ gilt der Zusammenhang $a_{n+1} = a_n + 6$. Es existiert also eine Vorschrift dafür, wie ein Folgenglied aus dem vorhergehenden entsteht. Aber die Gleichung $a_{n+1} = a_n + 6$ genügt noch nicht zur eindeutigen Festlegung der genannten Zahlenfolge, denn sie gilt z.B. auch für die Folge $(3; 9; 15; 21; \ldots)$.
Zur Unterscheidung benutzt man das jeweilige Anfangsglied a_1. Die Folge (a_n) mit der expliziten Zuordnungsvorschrift $a_n = 6n - 16$ kann demnach auch eindeutig charakterisiert werden durch die Angaben $a_1 = -10$ und $a_{n+1} = a_n + 6$. Da bei dieser Vorgehensweise jedes Glied der Zahlenfolge aus vorangegangenen Folgengliedern gewonnen wird, spricht man von einer **rekursiven Zuordnungsvorschrift.**

6. **a)** Berechnen Sie jeweils a_2 bis a_6.

(1) $a_1 = 3;\ a_{n+1} = a_n + n$ (2) $a_1 = 4;\ a_{n+1} = 2a_n - 3$

(3) $a_1 = -1;\ a_2 = -2;\ a_{n+2} = a_n \cdot a_{n+1}$

b) Geben Sie eine rekursive Zuordnungsvorschrift für $(a_n) = (1; 2; 4; 8; 16; \ldots)$ an.

7. **a)** Vergleichen Sie die Vorgehensweisen zur Berechnung von a_{100} mittels der expliziten Zuordnungsvorschrift $(a_n) = (6n - 16)$ und unter Verwendung der rekursiven Zuordnungsvorschrift $a_1 = -10$ und $a_{n+1} = a_n + 6$.

b) Verallgemeinern Sie die Erkenntnis aus a) und kennzeichnen Sie, wie ein bestimmtes Folgenglied mittels einer expliziten bzw. einer rekursiven Zuordnungsvorschrift berechnet werden kann.

8. Begründen Sie, dass sich die Möglichkeit zur Charakterisierung einer Zahlenfolge durch eine rekursive Vorschrift aus dem speziellen Definitionsbereich von Zahlenfolgen ergibt.

Beispiel: Für einige Zahlenfolgen werden hier eine explizite und eine rekursive Zuordnungsvorschrift angegeben. (Ein Beweis für die rekursive Vorschrift aus b) erfolgt im Abschnitt 3.)

Folge	explizite Zuordnungsvorschrift	rekursive Zuordnungsvorschrift
a) gerade natürliche Zahlen ohne 0 $(2; 4; 6; 8; \ldots)$	$a_n = 2n$	$a_1 = 2; a_{n+1} = a_n + 2$
b) Quadratzahlen $(1; 4; 9; 16; \ldots)$	$a_n = n^2$	$a_1 = 1; a_{n+1} = a_n + 2n + 1$
c) Potenzen von 2 $(2; 4; 8; 16; \ldots)$	$a_n = 2^n$	$a_1 = 2; a_{n+1} = 2 \cdot a_n$

d) $(10^0; 10^{-1}; 10^{-2}; 10^{-3}; \ldots)$	$a_n = 10^{-n+1}$	$a_1 = 1; a_{n+1} = 0{,}1 \cdot a_n$
e) $(1; -1; 1; -1; \ldots)$	$a_n = (-1)^{n+1}$	$a_1 = 1; a_{n+1} = (-1) \cdot a_n$

Als eine wichtige Eigenschaft von Funktionen haben wir die Monotonie kennengelernt. Dieser Begriff lässt sich auf Zahlenfolgen übertragen.

9. **a)** Nennen Sie Zahlenfolgen, die Ihrer Meinung nach monoton wachsend bzw. monoton fallend sind.
b) Welche der Folgen im letzten Beispiel sind Ihrer Meinung nach monoton wachsend bzw. monoton fallend?

DEFINITION
(a_n) sei eine Zahlenfolge.
(a_n) heißt **monoton wachsend** genau dann, wenn für jedes n gilt $a_n \leq a_{n+1}$.
(a_n) heißt **monoton fallend** genau dann, wenn für jedes n gilt $a_n \geq a_{n+1}$.

10. Begründen Sie anhand der Folge (a_n) mit $a_n = 0{,}25 \cdot (2n + 1 - (-1)^n)$, dass es günstig ist, das Gleichheitszeichen in der Definition zuzulassen.

Bei monoton wachsenden (monoton fallenden) Zahlenfolgen können mehrere gleiche Glieder aufeinander folgen. Wenn jedes Folgenglied echt größer (kleiner) als das vorhergehende ist, so spricht man von einer **streng monoton wachsenden (streng monoton fallenden)** Folge (vgl. S. 20, Kap. A)

11. Es kann eine Zahlenfolge auch dadurch gebildet werden, dass man jeder Zahl des Definitionsbereiches stets die gleiche reelle Zahl zuordnet. $(3; 3; 3; \ldots)$ oder $(\pi; \pi; \pi; \ldots)$ sind Beispiele für solche Zahlenfolgen. Zahlenfolgen, deren Wertebereich aus genau einem Element besteht, heißen **konstante Zahlenfolgen**.
Entscheiden Sie, ob konstante Zahlenfolgen monoton wachsend, monoton fallend, streng monoton wachsend oder streng monoton fallend sind.

12. **a)** Geben Sie für die Folge (a_n) mit $a_n = n^2 - 20n$ die Folgenglieder a_1 bis a_5 an und stellen Sie dann eine Vermutung über die Monotonie auf.
b) Berechnen Sie nun a_6 bis a_{12} und überprüfen Sie Ihre Vermutung.

Aufgabe 12 zeigt, dass aus einem Anfangsstück keine voreiligen Schlussfolgerungen bezüglich der Monotonie gezogen werden dürfen. Die erforderlichen allgemeinen Monotonieuntersuchungen lassen sich einfacher ausführen, wenn man die Ungleichung aus der Definition zunächst äquivalent umformt. Damit erhält man entsprechende Entscheidungskriterien.

	(a_n) ist monoton wachsend	(a_n) ist monoton fallend
1. Möglichkeit	$a_n \leq a_{n+1}$ ist äquivalent zu $a_{n+1} - a_n \geq 0$	$a_n \geq a_{n+1}$ ist äquivalent zu $a_{n+1} - a_n \leq 0$
2. Möglichkeit (falls alle $a_n > 0$)	$a_n \leq a_{n+1}$ ist äquivalent zu $\frac{a_{n+1}}{a_n} \geq 1$	$a_n \geq a_{n+1}$ ist äquivalent zu $\frac{a_{n+1}}{a_n} \leq 1$

13. Wenden Sie die 1. Möglichkeit auf die Folge $(a_n) = (-3n - 2)$ an.

Beispiel: Die Folge $(a_n) = \left(\frac{n}{n+1}\right) = \left(\frac{1}{2}; \frac{2}{3}; \frac{3}{4}; \frac{4}{5}; \frac{5}{6}; \ldots\right)$ wird auf Monotonie untersucht. Da alle Folgenglieder positiv sind, lässt sich neben der 1. auch die 2. Möglichkeit anwenden.

1. Möglichkeit: Für jedes n gilt

$$a_{n+1} - a_n = \frac{n+1}{n+2} - \frac{n}{n+1} = \frac{(n+1)(n+1) - n(n+2)}{(n+2)(n+1)} = \frac{1}{(n+2)(n+1)}.$$

Da der Nenner wegen $n > 0$ stets positiv ist, ist auch der Quotient stets größer als 0. Also ist die Folge streng monoton wachsend.

2. Möglichkeit: Für jedes n gilt

$$\frac{a_{n+1}}{a_n} = \frac{\frac{n+1}{n+2}}{\frac{n}{n+1}} = \frac{(n+1)(n+1)}{n(n+2)} = \frac{n^2 + 2n + 1}{n^2 + 2n}.$$

Da sowohl Zähler als auch Nenner wegen $n > 0$ positiv sind und der Zähler stets größer ist als der Nenner, ist der gesamte Quotient stets größer als 1. Demnach lässt sich auch hieraus schlussfolgern, dass die Folge streng monoton wachsend ist.

14. Untersuchen Sie die Folgen auf Monotonie:

a) $(a_n) = (-5n - 7)$ **b)** $(a_n) = \left(\frac{n}{10}\right)$ **c)** $(a_n) = \left(\frac{n+2}{n}\right)$

15. Es sei $(a_n) = (n^2 - 8n) = (-7; -12; -15; -16; \ldots)$.

a) Berechnen Sie $a_{n+1} - a_n$ und geben Sie an, für welche n die Differenz positiv und für welche n sie negativ ist.

b) Treffen Sie Aussagen über die Monotonie der Folge – gegebenenfalls auf bestimmten Teilbereichen.

16. Gegeben sei die Zahlenfolge (a_n) mit $a_n = n^3$. Geben Sie Folgenglieder an, die größer sind als **a)** 100 **b)** 1000 **c)** 10000 **d)** 1000000.

17. Begründen Sie, dass für alle Glieder der Zahlenfolgen

$(a_n) = \left(\frac{n+1}{n}\right)$ und $(b_n) = \left(\frac{n}{n+1}\right)$ gilt: $0 \le a_n \le 2$ bzw. $0 \le b_n \le 2$.

Könnte man den Bereich jeweils noch verkleinern?

DEFINITION

(a_n) sei eine auf $D \subseteq \mathbb{N}^+$ definierte Zahlenfolge, S_o und S_u seien reelle Zahlen.
S_o heißt **obere Schranke** von (a_n) genau dann, wenn für alle $n \in D$ gilt: $a_n \le S_o$.
S_u heißt **untere Schranke** von (a_n) genau dann, wenn für alle $n \in D$ gilt: $a_n \ge S_u$.

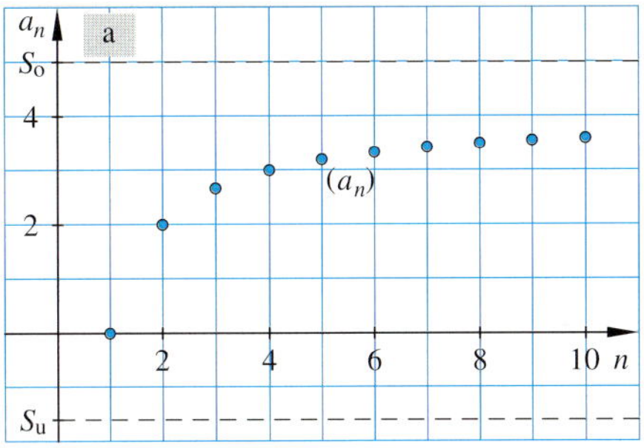

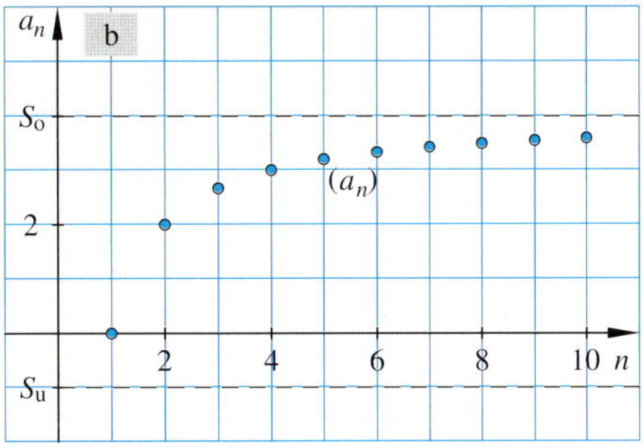

4

DEFINITION
Existiert eine obere Schranke von (a_n), so heißt (a_n) **nach oben beschränkt**.
Existiert eine untere Schranke von (a_n), so heißt (a_n) **nach unten beschränkt**.
(a_n) heißt **beschränkt** genau dann, wenn (a_n) nach oben und unten beschränkt ist.

18. Geben Sie Beispiele für beschränkte und nicht beschränkte Zahlenfolgen an.

19. Weisen Sie nach, dass $(a_n) = \left(\frac{1}{\sqrt{n}} + 1\right)$ eine beschränkte Zahlenfolge ist.

20. Begründen Sie die folgenden Aussagen:
(a_n) mit $a_n = \frac{n^2}{4} - 1$ ist nach unten beschränkt, zum Beispiel ist $S_u = -2$ eine untere Schranke. Die Folge (a_n) besitzt aber keine obere Schranke. Wie groß man eine reelle Zahl r auch wählt, stets gibt es eine natürliche Zahl n, für die $a_n > r$ gilt.

21. Stellen Sie die Glieder a_1 bis a_6 der Zahlenfolgen aus den Aufgaben 17 und 19 grafisch dar. Zeichnen Sie gegebenenfalls Schranken ein.

22. Untersuchen Sie, ob die Zahlenfolgen obere bzw. untere Schranken besitzen:
a) $(a_n) = \frac{n^2+2}{n^2}$ **b)** $(a_n) = 1 - n^2$ **c)** $(a_n) = (-1)^n \cdot 0{,}1^n$

23. **a)** Geben Sie obere und untere Schranken der Zahlenfolge (a_n) mit $a_n = \frac{2n+1}{n}$ an.
b) Veranschaulichen Sie die ersten 10 Folgenglieder sowie eine obere und eine untere Schranke in einem Koordinatensystem und als Punkte auf der Zahlengeraden.

24. In Tests wird häufig gefordert, ein Anfangsstück einer Zahlenfolge fortzusetzen. Geben Sie an, wie Sie vorgehen und begründen Sie Ihre Entscheidung.
a) 5; 6; 8; 9; 11; 12; ... **b)** 4; 2; 5; 3; 6; 4; 7; ...
c) 3; 5; 10; 12; 24; 26; 52; ... **d)** 14; 11; 33; 30; 10; 7; 21; ...
e) 9; 7; 14; 11; 33; 29; 116; ... **f)** 3; 5; 5; 7; 14; 16; 48; 50; 200; ...

25. Geben Sie jeweils die ersten fünf Folgenglieder an. Treffen Sie Aussagen zu Monotonie und Beschränktheit:

a) $a_n = \frac{n}{3} - 2$ **b)** $b_n = \sin\left(\frac{\pi}{2}n\right)$ **c)** $c_n = 1 + (-1)^n$

26. Geben Sie eine explizite oder rekursive Zuordnungsvorschrift an – möglichst beides –, denen die Anfangsstücke der Zahlenfolgen genügen. Nennen Sie jeweils die drei folgenden Glieder, die der genannten Vorschrift entsprechen:

a) $-9; -19; -29; \ldots$ **b)** $-1; 3; -5; 7; \ldots$ **c)** $1; 16; 81; 625; \ldots$

d) $\frac{1}{2}; \frac{4}{3}; \frac{9}{4}; 5; \ldots$ **e)** $32; -16; 8; -4; \ldots$ **f)** $1; 2; 6; 24; 120; \ldots$

27. Berechnen Sie jeweils die ersten 6 Glieder von (a_n) und ermitteln Sie für jede Folge (a_n) eine explizite Zuordnungsvorschrift:

a) $a_1 = 2; a_{n+1} = a_n + 0{,}3$ **b)** $a_1 = -1; a_{n+1} = a_n - 5$

c) $a_1 = 5; a_{n+1} = -2a_n$ **d)** $a_1 = 2; a_{n+1} = a_n^2$

28. Berechnen Sie die ersten 6 Folgenglieder und zeichnen Sie den Graphen in ein Koordinatensystem:

a) $a_n = 2 + (-1)^{n-1}\left(\frac{1}{n}\right)$ **b)** $a_1 = 1; a_{n+1} = 2a_n - 0{,}5$

c) $a_1 = 1; a_2 = 1; a_{n+2} = a_n + a_{n+1}$ (Folge des Fibonacci)

29. Untersuchen Sie die Folge (a_n) auf Monotonie. Wenn möglich, geben Sie eine obere und eine untere Schranke an.

a) $a_n = n^2 + 1$ **b)** $a_n = -n^3$ **c)** $a_n = (-1)^n$

30. Geben Sie für die nachstehenden Folgen an, ob sie nach oben oder nach unten beschränkt sind. Nennen Sie gegebenenfalls drei obere bzw. drei untere Schranken sowie die kleinste obere und die größte untere Schranke.

a) $a_n = \frac{n^2 + 2}{2n^2}$ **b)** $a_n = n^2 - n$ **c)** $a_n = -3 \cdot 0{,}5^n$

d) $a_n = 7 - 0{,}01n$ **e)** $a_n = 1 - 2^{-n}$ **f)** $a_n = \cos\left(n \cdot \frac{\pi}{2}\right)$

31. Geben Sie jeweils eine Folge (a_n) an, die den folgenden Bedingungen genügt:

a) (a_n) ist monoton wachsend und 0 ist eine obere Schranke.
b) (a_n) ist monoton fallend und 3 ist eine untere Schranke.
c) -4 ist untere Schranke und 4 ist obere Schranke.
d) -4 ist untere Schranke und 4 ist kleinste obere Schranke.
e) 5 ist untere Schranke und (a_n) ist streng monoton wachsend.
f) 5 ist untere Schranke und (a_n) ist streng monoton fallend.

32. Beweisen Sie:

a) Wenn (a_n) monoton wachsend ist, so ist die Folge $(-a_n)$ monoton fallend.
b) Wenn (a_n) und (b_n) monoton wachsend sind, so ist die Folge $(a_n + b_n)$ ebenfalls monoton wachsend. Dabei ist $(a_n + b_n)$ diejenige Folge, die entsteht, wenn man (a_n) und (b_n) gliedweise addiert, d.h. $a_1 + b_1; a_2 + b_2; \ldots$.
c) Lässt sich die Aussage aus b) auf die Folge $(a_n \cdot b_n)$ übertragen? Begründen Sie.

2 Arithmetische und geometrische Folgen

1. In Vorbereitung auf eine gemeinsame Fahrt erhält eine Klasse folgendes Angebot:
Preis für die Hin- und Rückfahrt (je Schüler) 185 DM
Preis für Unterkunft und Verpflegung pro Tag (je Schüler) 45 DM.

a) Geben Sie die Kosten je Schüler bei einer Dauer der Fahrt von 1 bis 14 Tagen an.

b) Beschreiben Sie die Folge durch eine rekursive Zuordnungsvorschrift.

2. Gegeben seien die Folgen $(a_n) = (3; 7; 11; 15; \ldots)$, $(b_n) = (5; -1; -7; -13; \ldots)$, $(c_n) = (0{,}25; 0{,}75; 1{,}25; 1{,}75; \ldots)$ und $(d_n) = \left(\frac{1}{2}; \frac{3}{8}; \frac{1}{4}; \frac{1}{8}; \ldots\right)$.

a) Beschreiben Sie die Folgen durch rekursive Zuordnungsvorschriften.

b) Charakterisieren Sie, was den Bildungsgesetzen der Folgen gemeinsam ist.

DEFINITION (a_n) sei eine Zahlenfolge und d eine reelle Zahl.
(a_n) heißt **arithmetische Folge** genau dann, wenn es eine Zahl d gibt, so dass für jedes n gilt $a_{n+1} = a_n + d$.
Die Zahl d heißt die Differenz der arithmetischen Folge.

3. Nennen Sie Sachverhalte, die durch arithmetische Folgen beschrieben werden können.

4. Untersuchen Sie, ob Anfangsstücke arithmetischer Folgen vorliegen:

a) $(2; 5; 9; 14; \ldots)$
b) $(-4{,}2; -6{,}0; -7{,}8; -9{,}6; \ldots)$
c) $(\sqrt{2}; 2\sqrt{2}; 3\sqrt{2}; 4\sqrt{2}; \ldots)$
d) $(\sqrt{2}; 2; 2\sqrt{2}; 4; 4\sqrt{2}; \ldots)$

5. Setzen Sie die Folgen um vier Glieder fort, so dass arithmetische Folgen entstehen.

a) $2; 3{,}8; \ldots$
b) $15; 7{,}5; \ldots$
c) $-2; -5; \ldots$
d) $0{,}4; 0{,}7; \ldots$

6. Geben Sie für die Folgen aus Aufgabe 2 jeweils eine explizite Zuordnungsvorschrift an.

7. Begründen Sie Satz 1, indem Sie die folgende Überlegung vervollständigen.
Für die Glieder einer arithmetischen Folge gilt:

$$
\begin{aligned}
a_2 &= a_1 + d \\
a_3 &= a_2 + d = a_1 + \ldots + d = a_1 + \ldots \cdot d \\
a_4 &= a_3 + d = a_1 + \ldots + d = a_1 + \ldots \cdot d \\
&\vdots \\
a_n &= \ldots \quad = a_1 + \ldots \quad = a_1 + \ldots \cdot d
\end{aligned}
$$

SATZ 1: Wenn (a_n) eine arithmetische Folge ist, so gilt für alle $n \in \mathbb{N}; n \geq 1$:
$a_n = a_1 + (n-1) \cdot d$.

8. Geben Sie explizite Zuordnungsvorschriften für die Folgen aus Aufgabe 2 in der in Satz 1 dargestellten Form an. Vergleichen Sie mit Ihren Ergebnissen aus Aufgabe 6. Stellen Sie gegebenenfalls Übereinstimmung her.

9. Begründen Sie:
Eine arithmetische Folge ist eindeutig bestimmt durch die Angabe

- von a_1 und d — Beispiel: $a_1 = -7$ und $d = -11$
- eines Folgengliedes a_k und d — Beispiel: $a_5 = 27$ und $d = 3$
- zweier Folgenglieder a_k und a_m — Beispiel: $a_3 = 14$ und $a_9 = 23$.

Ermitteln Sie für die genannten Beispiele jeweils eine explizite Zuordnungsvorschrift.

10. Berechnen Sie die ersten sechs Glieder der arithmetischen Folge (a_n), von der die folgenden Werte bekannt sind:

a) $a_1 = 7; d = -3{,}5$ **b)** $a_7 = 0; d = 12$ **c)** $a_3 = 11; a_8 = 31$
d) $a_6 = 19; a_9 = 14{,}5$ **e)** $a_{13} = -6; a_{22} = -9$ **f)** $a_5 = 25; d = -0{,}01$

11. Treffen Sie Aussagen über die Monotonie arithmetischer Folgen.

Beispiel: In Bild 5 sind die Glieder a_1 bis a_6 der Folge $a_n = 0{,}5n - 1$ dargestellt. Alle Folgenglieder liegen auf einer Geraden. Die Gerade ist der Graph der Funktion f mit $f(x) = 0{,}5x - 1$.

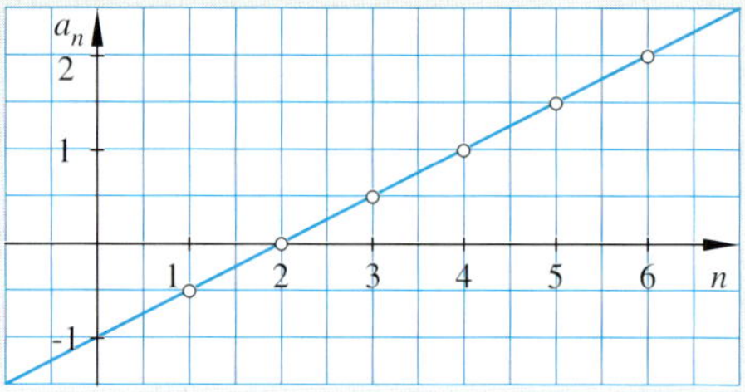

5

12. Stellen Sie einen Zusammenhang zwischen den arithmetischen Folgen und den linearen Funktionen her.

13. Stellen Sie jeweils ein Anfangsstück der arithmetischen Folge in einem Koordinatensystem dar und geben Sie die Gleichung derjenigen Geraden an, auf der alle Punkte des Graphen liegen:

a) $a_n = -1{,}5 + (n - 1) \cdot 0{,}5$
b) $a_n = -5 + (n - 1) \cdot 2$
c) $a_n = 5 + (n - 1) \cdot (-3)$

14. Die Formate der DIN A Reihe genügen den folgenden Bedingungen:

- Das Format DIN A0 ist ein Rechteck von 1 m^2 Flächeninhalt, dessen Seitenlängen a_0 und b_0 sich wie $1 : \sqrt{2}$ verhalten.
- Die weiteren Formate DIN An ergeben sich aus DIN A$(n-1)$ durch das Halbieren der längeren Rechteckseite b_{n-1}.

a) Berechnen Sie die Länge der Seiten a_0 und b_0.
b) Geben Sie an, wie die Seitenlängen a_n aus a_{n-1} bzw. b_n aus b_{n-1} folgen.

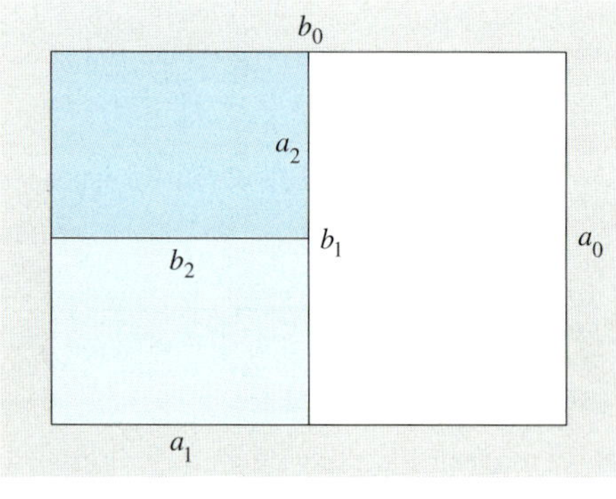

6

15. Es sind Anfangsstücke der Folgen $(a_n) = (3; 6; 12; 24; \ldots)$, $(b_n) = (4; -2; 1; -0{,}5; \ldots)$,

$(c_n) = (\sqrt{2}; 2; 2\sqrt{2}; 4; 4\sqrt{2}; \ldots)$ und $(d_n) = \left(\frac{1}{4}; \frac{1}{8}; \frac{1}{16}; \frac{1}{32}; \ldots\right)$ gegeben.

Geben Sie für jede Folge an, wie aus einem beliebigen Folgenglied das nächste folgt und formulieren Sie rekursive Zuordnungsvorschriften.

DEFINITION (a_n) sei eine Zahlenfolge und q eine reelle Zahl mit $q \neq 0$.
Eine Zahlenfolge (a_n) heißt **geometrische Folge** genau dann, wenn es eine Zahl q $(q \neq 0)$ gibt, so dass für jedes n gilt $a_{n+1} = a_n \cdot q$.
Die Zahl q heißt der Quotient der geometrischen Folge.

16. Entscheiden Sie, ob es sich um geometrische Folgen handeln kann:

a) $(8; 4; 2; 1; 0{,}5; \ldots)$ **b)** $\left(\frac{1}{8}; \frac{1}{7}; \frac{1}{6}; \frac{1}{5}; \ldots\right)$ **c)** $(\sqrt{3}; 2\sqrt{3}; 4\sqrt{3}; 8\sqrt{3}; \ldots)$

Beispiel: Ein großes Blatt Papier habe die Dicke $a_1 = 0{,}1$ mm. Faltet man dieses Blatt mehrmals zusammen und bezeichnet die Dicke vor dem n-ten Falten mit (a_n), so erhält man:

vor dem 2. Falten: $a_2 = 0{,}2 \text{ mm} = 0{,}1 \cdot 2 \text{ mm}$,
vor dem 3. Falten: $a_3 = 0{,}4 \text{ mm} = 0{,}1 \cdot 2^2 \text{ mm}$,
vor dem 4. Falten: $a_4 = 0{,}8 \text{ mm} = 0{,}1 \cdot 2^3 \text{ mm}$,
vor dem 5. Falten: $a_5 = 1{,}6 \text{ mm} = 0{,}1 \cdot 2^4 \text{ mm}$,
vor dem 6. Falten: $a_6 = 3{,}2 \text{ mm} = 0{,}1 \cdot 2^5 \text{ mm}$,
vor dem 7. Falten: $a_7 = 6{,}4 \text{ mm} = 0{,}1 \cdot 2^6 \text{ mm}$.

Verallgemeinert man diese Überlegung, dann ergibt sich für jedes $n \in \mathbb{N}, n \geq 1$,
vor dem n-ten Falten: $a_n = 0{,}1 \cdot 2^{n-1}$ (Angabe in mm)
Das heißt z.B. vor dem 51. Falten, also nach dem 50. Falten, würde eine Dicke von $a_{51} = 0{,}1 \cdot 2^{50} \text{ mm} \approx 1{,}126 \cdot 10^{14} \text{ mm} = 1{,}126 \cdot 10^{11} \text{ m} = 1{,}126 \cdot 10^8$ km erreicht sein. Das sind rund 112,6 Millionen Kilometer.

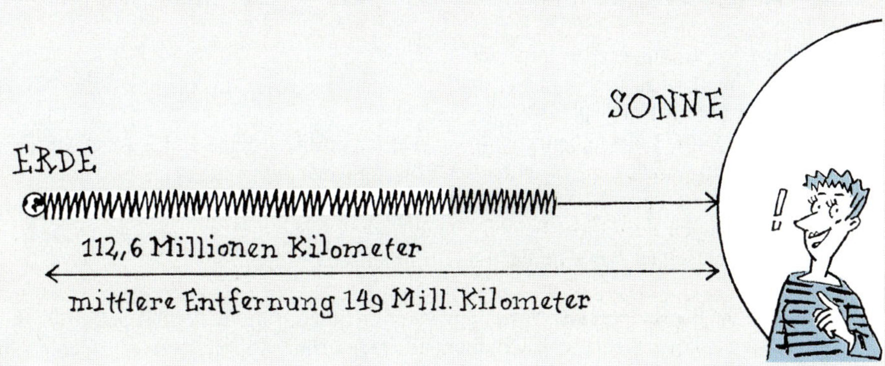

17. Nennen Sie weitere Sachverhalte, die durch geometrische Folgen beschrieben werden können.

18. Leiten Sie durch Verallgemeinerung des Beispiels auf Seite 63 Satz 2 her.

SATZ 2: Wenn (a_n) eine geometrische Folge ist, so gilt für alle $n \in \mathbb{N}; n \geq 1$:
$a_n = a_1 \cdot q^{n-1}$

19. Geben Sie explizite Zuordnungsvorschriften für die Folgen aus Aufgabe 15 an.

20. Welche Größen bestimmen eine geometrische Folge eindeutig? (vgl. Aufgabe 9)

21. Ermitteln Sie explizite Zuordnungsvorschriften für geometrische Folgen mit

a) $a_1 = -2$ und $q = 1{,}5$ **b)** $a_5 = 27$ und $q = -\frac{1}{3}$ **c)** $a_3 = 2$ und $a_7 = 18$.

22. Berechnen Sie die ersten 5 Glieder der geometrischen Folge (a_n), von der die folgenden Werte gegeben sind. Charakterisieren Sie das Monotonieverhalten der Folgen.

a) $a_1 = 0{,}4; q = 3$ **b)** $a_1 = 5; q = 0{,}4$ **c)** $a_1 = -4; q = -2$
d) $a_1 = -2; q = 5$ **e)** $a_1 = -8; q = 0{,}5$ **f)** $a_1 = -1; q = 1$

23. Treffen Sie Aussagen über die Monotonie geometrischer Folgen. Beachten Sie dabei, dass für a_1 und q Fallunterscheidungen erforderlich sind. Geben Sie für jeden der untersuchten Fälle ein Beispiel an.

24. Treffen Sie Aussagen zur Beschränktheit geometrischer Folgen.

25. Dringt Licht in Wasser ein, so verliert es mit zunehmender Wassertiefe durch Absorption an Intensität. In reinem Meereswasser nimmt die Lichtintensität pro Meter um ca. 75% des bis dahin verbliebenen Wertes ab.

a) Beschreiben Sie den Vorgang mit einer geometrischen Folge.
b) Wie viel Prozent der ursprünglichen Intensität sind in 1 m, 2 m und 3 m Wassertiefe noch vorhanden?
c) In welcher Tiefe beträgt die Lichtintensität nur noch $\frac{1}{1000}$ des ursprünglichen Wertes?

26. Beweisen Sie die folgenden Aussagen:

a) Jedes Folgenglied a_n $(n > 1)$ einer arithmetischen Folge ist das arithmetische Mittel der benachbarten Folgenglieder a_{n-1} und a_{n+1}.
b) Der Betrag jedes Folgengliedes a_n $(n > 1)$ einer geometrischen Folge ist gleich dem geometrischen Mittel der benachbarten Folgenglieder a_{n-1} und a_{n+1}.
c) Sind (a_n) und (b_n) geometrische Folgen, so ist auch $(a_n \cdot b_n)$ eine geometrische Folge.
d) Die Logarithmen der Glieder einer geometrischen Folge mit nur positiven Gliedern zu ein und derselben Basis bilden eine arithmetische Folge.

27. 1994 war der Presse folgende Mitteilung zu entnehmen: Eine Killeralge gefährdet das Mittelmeer. Sie vermehrt sich exponentiell. Der grüne Teppich versechsfachte seit 1984 jährlich seine Fläche. 1994 waren 400 Hektar befallen.

a) Berechnen Sie die befallene Fläche im Jahr 2000 und im Jahr 2010.
b) Vergleichen Sie die ermittelten Werte mit der Gesamtfläche des Mittelmeeres $(2{,}6 \cdot 10^8$ ha).
Argumentieren Sie zu der Aussage, dass das Wachstum exponentiell verläuft.

Beispiel: Geometrische Folgen werden sehr häufig zur Beschreibung von Wachstums- oder Zerfallsprozessen genutzt. Deshalb entsteht oft die Frage, welche bzw. wie viele Folgenglieder größer oder kleiner als ein bestimmter Wert sind. Es soll berechnet werden, welche Glieder der Folge (a_n) mit $a_n = 2 \cdot \left(\frac{2}{3}\right)^{(n-1)}$ kleiner sind als $\frac{1}{1000}$. Es ist $2 \cdot \left(\frac{2}{3}\right)^{(n-1)} < \frac{1}{1000}$ äquivalent zu $\left(\frac{2}{3}\right)^{n-1} < \frac{1}{2000}$.

Durch Logarithmieren auf beiden Seiten erhält man: $\ln\left(\left(\frac{2}{3}\right)^{n-1}\right) < \ln \frac{1}{2000}$

Somit muss gelten: $(n-1) \cdot \ln\left(\frac{2}{3}\right) < \ln\left(\frac{1}{2000}\right)$.

Da $\ln\left(\frac{2}{3}\right) < 0$ ist, folgt $n - 1 > \dfrac{\ln\left(\frac{1}{2000}\right)}{\ln\left(\frac{2}{3}\right)}$ und somit $n > \dfrac{\ln\left(\frac{1}{2000}\right)}{\ln\left(\frac{2}{3}\right)} + 1$.

Wegen $\dfrac{\ln\left(\frac{1}{2000}\right)}{\ln\left(\frac{2}{3}\right)} + 1 \approx \dfrac{-7{,}6009}{-0{,}4055} + 1 \approx 19{,}7$ erhält man $n > 19$.

Das bedeutet, dass das 20. und alle weiteren Folgenglieder kleiner sind als $\frac{1}{1000}$.

28. Gegeben ist jeweils eine geometrische Folge durch a_1 und q. Berechnen Sie, für welche Folgenglieder die außerdem genannte Bedingung gilt.

a) $a_1 = 4; q = 3; a_n > 10000$ **b)** $a_1 = 3; q = 0{,}9; a_n < 0{,}00008$

c) $a_1 = 0{,}1; q = 1{,}053; a_n < 100$ **d)** $a_1 = 20; q = 0{,}6; a_n > 0{,}0002$

29. Eine Stahlkugel fällt aus einer Höhe von 1 m auf eine Stahlplatte. Danach erreicht sie nur noch eine Höhe von 93 cm. In gleicher Weise verringert sich die von ihr erreichte Höhe bei jedem weiteren Aufprall um jeweils 7% der zuvor erreichten Höhe.

a) Berechnen Sie die Höhe nach dem 2., 3. und 4. Aufprall.

b) Nach dem wievielten Aufprall wird zum ersten Mal die Höhe von 8 cm nicht mehr erreicht?

30. a) Von einem Radiumpräparat zerfällt in 23 Jahren durchschnittlich etwa 1%. Wie lange dauert es, bis die Hälfte des Präparats zerfallen ist? (Die ermittelte Zeit wird **Halbwertszeit** genannt.)

b) Cäsium-137 hat die Halbwertszeit 30 Jahre. Nach wie vielen Jahren sind 90% seiner Ausgangsmasse zerfallen?

c) Nach wie vielen Halbwertszeiten sind von einer radioaktiven Substanz mehr als 99% zerfallen?

31. Legt man ein Kapital K_0 mit einer jährlichen Verzinsung von 5% an und lässt die Zinsen jährlich zum vorhandenen Kapital gutschreiben, so wächst das Kapital nach n Jahren auf $K_n = K_0 \cdot 1{,}05^n$ an.
Nach wie vielen Jahren wird aus einem Anfangskapital $K_0 = 100$ DM ein Guthaben von 500 DM?

32. Die Abkühlung einer Tasse Kaffee in einer Umgebung mit konstanter Temperatur verläuft nach folgender Gesetzmäßigkeit: $\theta(t) = 20 + 70 \cdot 2^{-0{,}061\,t}$, wobei t die Dauer des Abkühlens in Minuten und $\theta(t)$ die zum Zeitpunkt t erreichte Temperatur in °C bedeuten.

a) Berechnen Sie $\theta(0)$, $\theta(1)$, $\theta(2)$ und $\theta(3)$ sowie $\theta(15)$.

b) Welche physikalische Bedeutung haben die Werte aus a)?

33. Der Luftdruck nimmt mit zunehmender Höhe ab. Wenn die Höhen eine arithmetische Folge bilden, dann bilden die zugehörigen Luftdruckwerte eine geometrische Folge. Auf der Meeresspiegelhöhe betrage der Luftdruck 1013 hPa. Bei einer Höhenzunahme um 10,5 m sinkt er normalerweise um 1 hPa.

a) Welcher Druck herrscht in 1000 m Höhe?

b) Wie hoch liegt ein Ort, in dem ein Luftdruck von 990 hPa herrscht?

c) In welcher Höhe beträgt der Luftdruck nur noch 0,001 hPa?

34. Als **Paradoxon des Zeno** (griech. Philosoph) ist der folgende Trugschluss bekannt: Achill und eine Schildkröte laufen um die Wette, wobei Achill mit der zehnfachen Geschwindigkeit der Schildkröte läuft. Deshalb erhält die Schildkröte einen Vorsprung von 100 m. Hat nun Achill die 100 Meter zurückgelegt, dann hat die Schildkröte wieder einen Vorsprung, diesmal 10 m. Hat Achill die Strecke von 10 Meter zurückgelegt, dann hat die Schildkröte einen neuen Vorsprung von 1 m. Setzt man diesen Gedankengang fort, kommt man zu dem Schluss, dass Achill die Schildkröte nie überholt.

a) Begründen Sie, dass ein Trugschluss vorliegt.

b) Nach wie vielen Metern überholt Achill die Schildkröte?

ZUSAMMENFASSUNG

	arithmetische Folgen	**geometrische Folgen**
rekursive Zuordnungsvorschrift	$a_{n+1} = a_n + d$ $a_1 = a$	$a_{n+1} = a_n q$ $a_1 = a$
explizite Zuordnungsvorschrift	$a_n = a_1 + (n-1)d$	$a_n = a_1 q^{n-1}$
Monotonie	monoton wachsend für $d > 0$ monoton fallend für $d < 0$ konstant für $d = 0$	nicht monoton für $q < 0$ monoton wachsend für $0 < q < 1$ und $a_1 < 0$ sowie für $q > 1$ und $a_1 > 0$ monoton fallend für $q > 1$ und $a_1 > 0$ sowie für $0 < q < 1$ und $a_1 < 0$ konstant für $q = 1$
Beschränktheit	nicht beschränkt (Ausnahme $d = 0$)	beschränkt für $\lvert q\rvert \leq 1$

3 Vollständige Induktion

1. Über den berühmten Mathematiker Carl Friedrich Gauß (1777 bis 1855) wird berichtet, dass er als Neunjähriger die natürlichen Zahlen von 1 bis 100 addieren sollte, vermutlich, damit er eine Weile beschäftigt ist. Doch auch für diese scheinbar sehr mühselige Aufgabe benötigte er nur kurze Zeit.

a) Überlegen Sie sich eine möglichst effektive Methode zur Ausführung der genannten Addition.
Ermitteln Sie damit durch Kopfrechnen die verlangte Summe.

b) Berechnen Sie die Summe der ersten 200, 1000 und 10000 natürlichen Zahlen.

c) Die Summe der natürlichen Zahlen von 1 bis n soll bezeichnet werden durch s_n.
Geben Sie eine explizite Zuordnungsvorschrift für $s_n = 1 + 2 + \ldots + n$ an.

2. Auf Seite 54 wurde die Behauptung aufgestellt, dass die explizite Zuordnungsvorschrift $a_n = n^2$ und die rekursive Zuordnungsvorschrift $a_1 = 1$; $a_{n+1} = a_n + 2n + 1$ die gleiche Zahlenfolge beschreiben. Zeigen Sie, dass die Behauptung für $n = 1 \ldots 8$ wahr ist.

3. a) Zeigen Sie, dass der Term $p(n) = n^2 - n + 41$ für $n = 0 \ldots 20$ jeweils eine Primzahl ergibt.

b) Begründen Sie, dass dennoch nicht für alle $n \in \mathbb{N}$ gilt: $p(n)$ ist eine Primzahl.

Die Aussagen aus den Aufgaben 1 und 2 sollen für alle natürlichen Zahlen bewiesen werden, denn wie Sie schon mehrfach erfahren haben (z.B. in Aufgabe 3), genügt auch eine große Anzahl von Beispielen nicht, eine allgemeingültige Aussage zu beweisen. In diesem Abschnitt werden wir ein Beweisverfahren kennenlernen, das immer dann Anwendung finden kann, wenn eine Aussage für alle natürlichen Zahlen – zumindest ab einer Stelle – nachzuweisen ist.

4. a) Zeichnen Sie jeweils ein n-Eck für $n = 3; 4; 5; 6$ einschließlich aller Diagonalen.
Geben Sie für die genannten Werte von n die Anzahl $s(n)$ der Strecken an.

b) Schließen Sie mit Hilfe von Bild 7 auf die Anzahl der Strecken in einem 7-Eck, ohne die Anzahl der Strecken neu zu zählen.

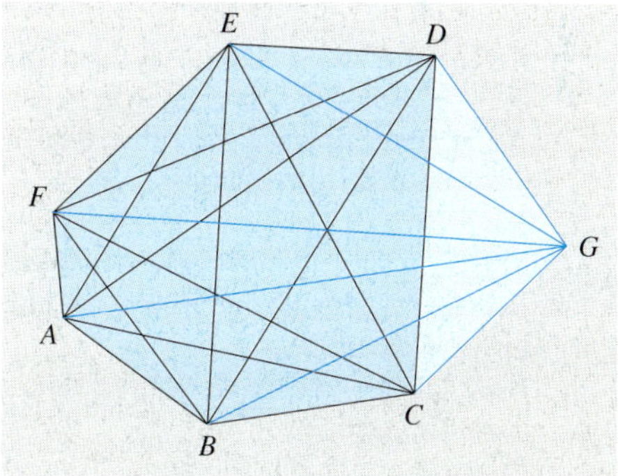

7

Da ein Sechseck □ Strecken besitzt, hat ein Siebeneck □ + □ Strecken.
Da ein Siebeneck □ Strecken besitzt, hat ein Achteck □ + □ Strecken.
Da ein Achteck □ Strecken besitzt, hat ein Neuneck □ + □ Strecken.
Wenn ein n-Eck $s(n)$ Strecken besitzt, so hat ein $(n + 1)$-Eck □ + □ Strecken.

c) Wir können $s(n)$ durch die vorhergehenden Folgenglieder ausdrücken:

$$s(n) = s(n-1) + (n-1)$$
$$s(n-1) = s(n-2) + (n-2)$$
$$\ldots$$
$$s(3) = s(2) + 2$$
$$s(2) = s(1) + 1$$
$$s(1) = 0$$

Addieren und vereinfachen wir diese Gleichungen, so ergibt sich $s(n) = 1 + 2 + 3 + \ldots + (n-3) + (n-2) + (n-1)$, d.h. die Summe der natürlichen Zahlen von 1 bis $(n-1)$.

Diese Summe können wir aber bestimmen (Aufgabe 1):

$$s(n) = \frac{n(n-1)}{2}.$$

Überprüfen Sie, ob die Vorschrift für $n = 3; \ldots; 7$ den Sachverhalt richtig beschreibt.

d) Es muss nun noch gezeigt werden, dass die Gleichung

$s(n) = \frac{n(n-1)}{2}$ auch für alle weiteren natürlichen Zahlen wahr ist.

Dazu nehmen wir an,

$s(n) = \frac{n(n-1)}{2}$ gelte für eine beliebige, aber feste natürliche Zahl n.

Begründen Sie die einzelnen Schritte der folgenden Überlegung:

$$s(n+1) = s(n) + n = \frac{n(n-1)}{2} + n = \frac{n^2 - n + 2n}{2} = \frac{(n+1)n}{2}$$

Formulieren Sie, welcher Nachweis damit erbracht wurde.

e) Fassen Sie die Überlegungen aus a) bis d) zusammen und begründen Sie (ohne die einzelnen Schritte nochmals auszuführen), warum die Aussage

$s(n) = \frac{n(n-1)}{2}$ für alle $n \in \mathbb{N}$, $n \geq 3$, nunmehr bewiesen ist.

5. Geben Sie an, wie eine Aussage über alle natürlichen Zahlen – zumindest ab einer Zahl n_0 – nachgewiesen werden kann.
Verallgemeinern Sie dazu Ihre Begründung aus Aufgabe 4 auf eine beliebige Aussage über natürliche Zahlen.

SATZ 4 (Prinzip der vollständigen Induktion)

Eine Aussage ist für alle natürlichen Zahlen $n \geq n_0$ wahr, wenn gilt:

1. (Induktionsanfang)
Die Aussage ist wahr für $n = n_0$ und

2. (Induktionsschritt)
Für jedes $n \geq n_0$ gilt: Wenn die Aussage für n wahr ist, so ist sie auch für $n+1$ wahr.

Die beiden Bestandteile des Prinzips der vollständigen Induktion bestimmen die erforderliche Struktur eines „Beweises mittels vollständiger Induktion“.

Induktionsschritt (Man kann von einer Sprosse zur nächsten gelangen.)	– Für alle n: Wenn die Aussage für n wahr ist, so auch für $n + 1$.
Induktionsanfang Die unterste Sprosse kann erreicht werden.	– Die Aussage ist für n_0 wahr.

Beispiel: Zu beweisende Aussage: Für alle natürlichen Zahlen $n \geq 2$ und alle reellen Zahlen $x > -1$ und $x \neq 0$ gilt $(1 + x)^n > 1 + nx$ (**Ungleichung von Bernoulli**).

Beweis mittels vollständiger Induktion:
Induktionsanfang:
Es wird gezeigt, dass die Aussage für $n = 2$ gilt.
$(1 + x)^2 = 1 + 2x + x^2 > 1 + 2x$, denn wegen $x \neq 0$ ist $x^2 > 0$.

Induktionsschritt:
Es wird gezeigt, dass für jede natürliche Zahl n ($n \geq 2$) gilt:
Wenn $(1 + x)^n > 1 + nx$ ist (Aussage für n),
so gilt $(1 + x)^{n+1} > 1 + (n + 1)x$ (Aussage für $n + 1$)
Es sei n eine beliebige natürliche Zahl mit $n \geq 2$.
Es gelte $(1 + x)^n > 1 + nx$. (Induktionsvoraussetzung)
Zu zeigen ist $(1 + x)^{n+1} > 1 + (n + 1)x$. (Induktionsbehauptung)

$$\begin{aligned}
(1 + x)^n &> 1 + nx && \mid \cdot (1 + x)\\
(1 + x)^{n+1} &> (1 + nx)(1 + x) && \mid \text{Ausmultiplizieren}\\
(1 + x)^{n+1} &> 1 + nx + x + nx^2 && \mid \text{Ausklammern}\\
(1 + x)^{n+1} &> 1 + (n + 1)x + nx^2 && \mid nx^2 > 0\\
(1 + x)^{n+1} &> 1 + (n + 1)x && \mid \text{da } nx^2 > 0
\end{aligned}$$

6. Bewiesen werden soll die Aussage: Für alle natürlichen Zahlen n gilt $11^n - 1$ ist durch 10 teilbar $(10 \mid 11^n - 1)$.

a) Formulieren Sie, was im Induktionsanfang und im Induktionsschritt nachgewiesen werden muss.

b) Begründen Sie die einzelnen Schritte des folgenden Nachweises:
Es sei n eine beliebige natürliche Zahl.
Es sei $11^n - 1$ durch 10 teilbar. Dann existiert eine natürliche Zahl c mit $11^n - 1 = 10c$.
Also ist $11^n = 10c + 1$ und somit $11^{n+1} = (10c + 1) \cdot 11$.
Es ist dann $11^{n+1} - 1 = (10c + 1) \cdot 11 - 1 = 10c \cdot 11 + 10 = 10(11c + 1)$.
Also ist auch $11^{n+1} - 1$ durch 10 teilbar.

7. Beweisen Sie mittels vollständiger Induktion, dass die folgenden Teilbarkeitsaussagen für alle natürlichen Zahlen gelten:

a) $8 | 9^n - 1$ **b)** $6 | n^3 - n$ **c)** $9 | n^3 + (n+1)^3 + (n+2)^3$ **d)** $133 | 11^{n+2} + 12^{2n+1}$

8. Gesucht ist eine Zuordnungsvorschrift, die angibt, wie viele Möglichkeiten es gibt, n Elemente anzuordnen. Jede dieser Anordnungen wird **Permutation** genannt.

a) Ermitteln Sie die entsprechende Anzahl $P(n)$ der Permutationen für $n = 1; 2; 3; 4$, indem Sie systematisch alle Anordnungen notieren.

b) Begründen Sie, dass $P(5) = P(4) \cdot 5$ gilt.

c) Stellen Sie eine Vermutung für $P(n)$ für ein beliebiges n auf. Verwenden Sie dabei die abkürzende Schreibweise $1 \cdot 2 \cdot \ldots \cdot n = n!$ (***n*-Fakultät** für $n \geq 1$).

d) Beweisen Sie den vermuteten Zusammenhang. Verallgemeinern Sie dazu im Induktionsschritt Ihre Überlegungen aus b).

9. Beweisen Sie mittels vollständiger Induktion die Gültigkeit der folgenden Aussagen:

a) $1 + 3 + 5 + \ldots + (2n - 1) = n^2$ **b)** $2^0 + 2^1 + 2^2 + 2^3 + \ldots + 2^n = 2^{n+1} - 1$

c) $4 + 10 + 16 + \ldots + (6n - 2) = n \cdot (3n + 1)$ **d)** $1^2 + 2^2 + 3^2 + n^2 = \dfrac{n(n+1)(2n+1)}{6}$

10. Beweisen Sie Ihre Vermutung aus Aufgabe 1 mittels vollständiger Induktion.

11. Ermitteln Sie, für welche natürlichen Zahlen die folgenden Ungleichungen gelten und beweisen Sie Ihre Vermutung durch vollständige Induktion:

a) $2^n > n$ **b)** $2^n > 2n + 1$ **c)** $2^n > n^2$ (Verwenden Sie b).) **d)** $n! < \left(\dfrac{n+1}{2}\right)^n$

12. Beweisen Sie, dass für $n > 1$ gilt: $\dfrac{1}{n+1} + \dfrac{1}{n+2} + \ldots + \dfrac{1}{2n} > \dfrac{13}{24}$

13. a) Begründen Sie die einzelnen Schritt der folgenden Umformung.

Aus $1 + \sqrt{\dfrac{k}{k+1}} > 1$ folgt $\dfrac{\sqrt{k+1} + \sqrt{k}}{\sqrt{k+1}} > 1$. Daraus ergibt sich

$\dfrac{(\sqrt{k+1} + \sqrt{k}) \cdot (\sqrt{k+1} - \sqrt{k})}{\sqrt{k+1}} > \sqrt{k+1} - \sqrt{k}$ und somit $\dfrac{1}{\sqrt{k+1}} > \sqrt{k+1} - \sqrt{k}$.

b) Beweisen Sie durch vollständige Induktion unter Verwendung der in a) hergeleiteten Ungleichung, dass für alle natürlichen Zahlen $n \geq 2$ gilt: $\dfrac{1}{\sqrt{1}} + \dfrac{1}{\sqrt{2}} + \ldots + \dfrac{1}{\sqrt{n}} > \sqrt{n}$

14. In einer Ebene sollen n Geraden so verlaufen, dass keine Gerade zu einer anderen parallel ist und es keinen Punkt gibt, durch den mehr als zwei der Geraden gehen.

a) Veranschaulichen Sie den Sachverhalt für $n = 3$.

b) Zeichnen Sie eine vierte Gerade und geben Sie an, wie viele neue Ebenenteile dabei entstehen.

c) Begründen Sie, dass die Hinzunahme einer $(n + 1)$-ten Geraden zu k bereits vorhandenen Geraden die Anzahl der Ebenenteile um $n + 1$ erhöht.

d) Ermitteln Sie eine Formel für die Anzahl der Ebenenteile in Abhängigkeit von der Geradenanzahl n. Beweisen Sie Ihre Vermutung durch vollständige Induktion.

15. Beweisen Sie für $n > 0$:

a) $\frac{1}{1 \cdot 4} + \frac{1}{4 \cdot 7} + \ldots + \frac{1}{(3n-2)(3n+1)} = \frac{n}{3n+1}$

b) $1 + q + q^2 + q^3 + \ldots + q^{n-1} = \frac{q^n - 1}{q - 1}$ für $q \neq 1$

16. Beweisen Sie mittels vollständiger Induktion, dass die explizite Zuordnungsvorschrift $a_n = n^2$ und die rekursive Zuordnungsvorschrift $a_1 = 1$; $a_{n+1} = a_n + 2n + 1$ die gleiche Zahlenfolge beschreiben.

17. Kommentieren Sie die folgenden Aussagen:

a) Ich beweise, dass jede natürliche Zahlen genauso groß ist wie ihr Nachfolger. Aus $n = n + 1$ folgt $n + 1 = (n + 1) + 1$. Damit ist der Induktionsschritt ausgeführt, und somit gilt für alle n, dass $n = n + 1$.

b) In der Induktionsvoraussetzung steht immer der gleiche Term wie in der zu beweisenden Behauptung. Eigentlich ist doch dann gar nichts mehr zu beweisen.

18. Zeigen Sie, dass für die Aussage $\frac{1}{1 \cdot 3} + \frac{1}{3 \cdot 5} + \cdot + \frac{1}{(2n-1)(2n+1)} = \frac{3n+1}{2n+1}$ der Schluss von n auf $n + 1$ richtig ist. Begründen Sie, dass die Aussage trotzdem falsch ist.

4 Eine Folge strebt gegen eine Zahl

1. a) Es sei (a_n) eine Folge mit $a_n = \frac{n+1}{n}$ $(n > 0)$.

Ermitteln Sie die Abstände $|a_{10} - 1|$, $|a_{100} - 1|$ und $|a_{1000} - 1|$.

b) Es sei (b_n) eine Folge mit $b_n = (-1)^n \frac{n+1}{n}$ $(n > 0)$.

Ermitteln Sie die Abstände $|b_{10} - 0|$, $|b_{100} - 0|$ und $|b_{101} - 0|$.

2. Geben Sie eine Zahl n_0 an, so dass der Abstand aller Folgenglieder a_n mit $n \geq n_0$ von 0 kleiner als 0,01 ist:

a) $a_n = \frac{1}{n}$ $(n > 0)$ **b)** $a_n = \frac{1}{n^2}$ $(n > 0)$ **c)** $a_n = \frac{3}{(n+1)^2}$ **d)** $a_n = \frac{n}{n+100}$

3. Für welche der Folgen (a_n) vermuten Sie, dass es eine Zahl g gibt, in deren Nähe unendlich viele Folgenglieder liegen? Geben Sie gegebenenfalls eine solche Zahl g an. Versuchen Sie, Ihre Antwort zu begründen.

a) $a_n = \frac{1}{n+5}$ **b)** $a_n = \frac{n+2}{n+3}$ **c)** $a_n = \frac{n^2}{n+3}$

d) $a_n = \frac{n}{100}$ **e)** $a_n = (-1)^n \frac{n-1}{n^2+1}$ **f)** $a_n = (-1)^n \frac{n-1}{n+1}$

4. Beschreiben Sie das Verhalten der Folgen bei wachsendem n:

a) $a_n = \frac{1}{n^2}$ **b)** $a_n = (-1)^n n^2$ **c)** $a_n = (-1)^n \frac{1}{n}$ **d)** $a_n = n^2 + 1$

Beispiel: Es ist der Verlauf der Folgen bei wachsendem n miteinander zu vergleichen:

a) $a_n = \sqrt[n]{5}$ **b)** $b_n = (1{,}3)^n$ **c)** $c_n = (-1)^n \dfrac{n+1}{n-1}$

Wir rechnen jeweils die ersten 10 Folgenglieder aus und stellen dieses Anfangsstück der Folge im Koordinatensystem grafisch dar (Bild 8).

n	1	2	3	4	5	6	7	8	9	10
a_n	5	2,24	1,71	1,50	1,38	1,31	1,26	1,22	1,20	1,17
b_n	1,3	1,69	2,20	2,86	3,71	4,83	6,27	8,16	10,6	13,8
c_n	–	3	−2	1,67	−1,5	1,4	−1,33	1,29	−1,25	1,22

a) Die Glieder der Folge (a_n) nähern sich immer mehr der Zahl 1. Es ist z.B. $a_{50} = 1{,}033$, $a_{100} = 1{,}016$ und $a_{1000} = 1{,}0016$. Wie man auch eine noch so kleine positive Zahl vorgibt, immer ist der Abstand von a_n und 1 kleiner als die vorgegebene Zahl, sobald man nur n genügend groß wählt. Man sagt, die Folge $(\boldsymbol{a_n})$ **strebt gegen 1** oder die Folge $(\boldsymbol{a_n})$ **konvergiert gegen 1**.

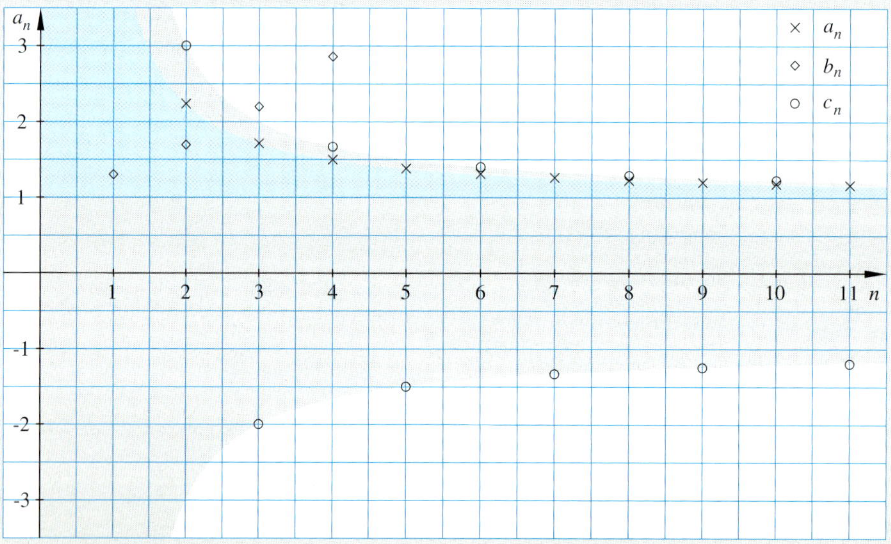

8

b) Die Glieder der Folge (b_n) werden mit wachsendem n immer größer. Dabei übertreffen sie jede vorgegebene Zahl, wenn man n nur genügend groß wählt.

c) Die Glieder der Folge (c_n) „springen“ hin und her. Die Folgenglieder mit gerader Nummer nähern sich mit wachsendem n immer mehr der Zahl 1. Die Folgenglieder mit ungerader Nummer nähern sich mit wachsendem n immer mehr der Zahl −1.
In den Fällen b) und c) sagt man: Die Folge ist **nicht konvergent** oder sie **divergiert**.

5. (a_n), (b_n) und (c_n) seien die Folgen aus dem Beispiel.

a) Ermitteln Sie mit dem Taschenrechner a_n für $n = 10000$, $n = 100000$ und $n = 1000000$.

b) Für welche n ist $|a_n - 1| < \frac{1}{10}$?

c) Ermitteln Sie durch Probieren, für welche n die Ungleichung $b_n > 100$ gilt.

d) Ermitteln Sie c_{100} und c_{101}.

DEFINITION

(a_n) sei eine Folge, g eine Zahl.
Wird der Abstand zwischen a_n und g mit wachsendem n beliebig klein, so sagt man:
Die Folge (a_n) **strebt gegen** g oder g **ist Grenzwert der Folge** (a_n) oder (a_n) **konvergiert gegen** g.

(a_n) sei eine Folge.
Gibt es eine Zahl g, gegen die die Folge konvergiert, so sagt man:
Die Folge (a_n) ist **konvergent**.
Gibt es keine Zahl g, gegen die die Folge (a_n) konvergiert, so sagt man:
Die Folge (a_n) ist **divergent**.

6. Untersuchen Sie, ob die Folge (a_n) gegen die angegebene Zahl g strebt:

a) $a_n = \frac{n+1}{n}$; $g = 1$ **b)** $a_n = \frac{6}{n+1}$; $g = 6$ **c)** $a_n = \frac{n-1}{10}$; $g = 5$

d) $a_n = \frac{n}{n^2+4}$; $g = 0$ **e)** $a_n = \frac{n^2-5}{n+7}$; $g = 0$ **f)** $a_n = 2^n$; $g = 1000$

7. Geben Sie eine Folge (a_n) an, die den Grenzwert g hat:

a) $g = 3$ **b)** $g = -2$ **c)** $g = 1$ **d)** $g = 4$

8. Entscheiden Sie, ob die Folge (a_n) konvergent oder divergent ist:

a) $a_n = -\frac{1}{n}$ **b)** $a_n = \frac{n^2}{n+1}$ **c)** $a_n = \frac{n^2}{n^2+1}$ **d)** $a_n = \frac{n}{4}$

9. Iris und Doreen haben einige Fragen. Helfen Sie ihnen bei der Suche nach einer Antwort durch geeignete Beispiele oder Gegenbeispiele:

a) Gibt es eine monoton wachsende Folge, die einen Grenzwert hat, d.h. die konvergent ist?

b) Gibt es eine monoton wachsende Folge, die keinen Grenzwert hat, d.h. die divergent ist?

c) Ist jede monoton fallende Folge konvergent?

d) Ist jede Folge, die weder monoton wächst noch monoton fällt, eine divergente Folge?

e) Strebt jede monoton fallende Folge gegen Null?

10.* Argumentieren Sie zu der Aussage, dass eine Folge höchstens einen Grenzwert haben kann.
(Hinweis: Nehmen Sie an, eine Folge (a_n) hätte zwei Grenzwerte g_1 und g_2 und führen Sie die Annahme zum Widerspruch.)

Konvergente Folgen sind u.a. bei der näherungsweisen Berechnung von bestimmten Zahlen von Bedeutung. Will man z.B. $\sqrt{7}$ mit hoher Genauigkeit ermitteln, so kann man das **HERON[1]-Verfahren** anwenden. Mit ihm kann man eine Folge von Näherungswerten berechnen, von der man weiß, dass die Folgenglieder mit wachsender Nummer n dem genauen Wert immer besser entsprechen.

Man wählt irgendeinen Startwert a_0, z.B. $a_0 = 3$.

a_1 findet man als arithmetisches Mittel von a_0 und $\frac{7}{a_0}$, a_2 als arithmetischen Mittel von a_1 und $\frac{7}{a_1}$ usw.

Es ist a_n das arithmetische Mittel von a_{n-1} und $\frac{7}{a_{n-1}}$, also $a_n = \frac{1}{2}\left(a_{n-1} + \frac{7}{a_{n-1}}\right)$ $(n > 0)$.

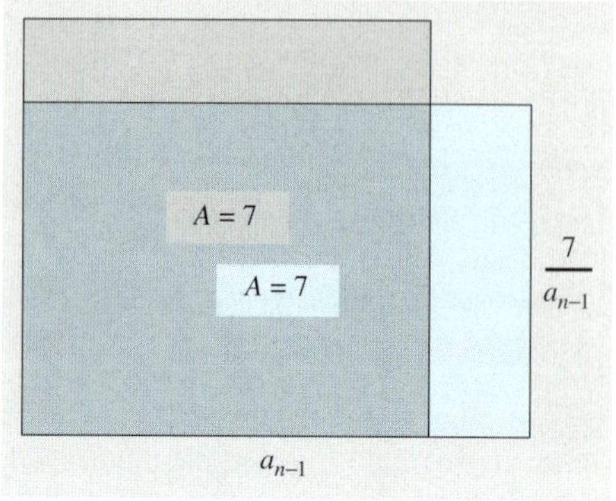

9

11. **a)** Interpretieren Sie das HERON-Verfahren geometrisch, indem Sie ein Quadrat mit dem Flächeninhalt von 7 Flächeneinheiten durch ein Rechteck mit den Seitenlängen a_{n-1} und $\frac{7}{a_{n-1}}$ anzunähern versuchen (Bild 9).

b) Berechnen Sie $a_1, a_2, \ldots, a_5$ der oben angegebenen Folge zu $\sqrt{7}$. Was stellen Sie fest?

c) Berechnen Sie $a_1, a_2, \ldots, a_5$ der oben stehenden Folge für den Fall, dass $a_0 = 2$ ist.

Es gilt sogar, dass die mittels HERON-Verfahren errechnete Folge unabhängig vom gewählten Startwert a_0 gegen $\sqrt{7}$ strebt. Ist a irgendeine positive Zahl, so strebt die mittels Startwert a_0 und der Formel $a_n = \frac{1}{2}\left(a_{n-1} + \frac{a}{a_{n-1}}\right)$ errechnete Folge gegen $\sqrt{a}$.

12. Berechnen Sie mit Hilfe des HERON-Verfahrens möglichst gute Näherungswerte zu folgenden Quadratwurzeln:

a) $\sqrt{20}$ **b)** $\sqrt{2}$ **c)** $\sqrt{11}$ **d)** $\sqrt{5}$

Die Kreiszahl π ist ebenfalls eine irrationale Zahl, die als Grenzwert einer Folge von Näherungswerten angesehen werden kann. Eine solche Folge geht auf den griechischen Mathematiker und Physiker ARCHIMEDES (etwa 287 bis 212 v. Chr.) zurück.[2] Er ging davon aus, dass die Länge des halben Kreisbogens des Einheitskreises π ist. Nun wird der Halbkreis durch einbeschriebene Streckenzüge, die aus gleichlangen Teilstrecken bestehen, angenähert. Besteht der Streckenzug aus drei Strecken, erhalten wir als Näherungswert $u_1 = 3$ (Bild 10). Ist die Länge einer Teilstrecke bekannt, so können wir die Länge einer Teilstrecke bei doppelter Streckenzahl errechnen. Dazu nennen wir die Länge einer Teilstrecke s_n und die Länge einer Teilstrecke nach Verdoppelung der Streckenanzahl s_{2n}.

---

[1] Heron von Alexandria, Naturforscher und Mathematiker (um 130 n.Chr.)

[2] So fand Archimedes aufgrund seiner Berechnungen für die Zahl π die Ungleichung $3\frac{10}{71} < \pi < 3\frac{1}{7}$.

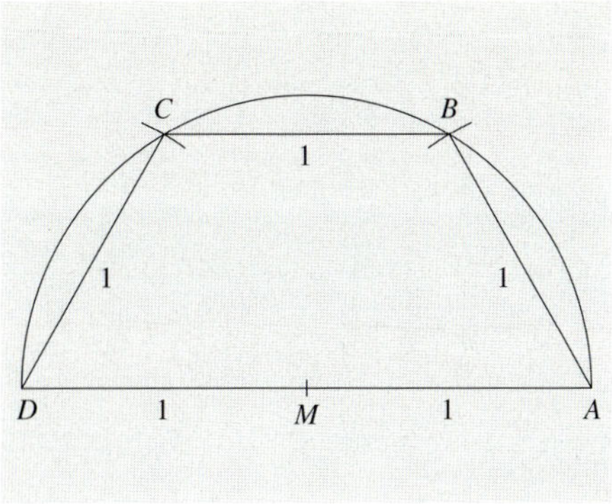

10

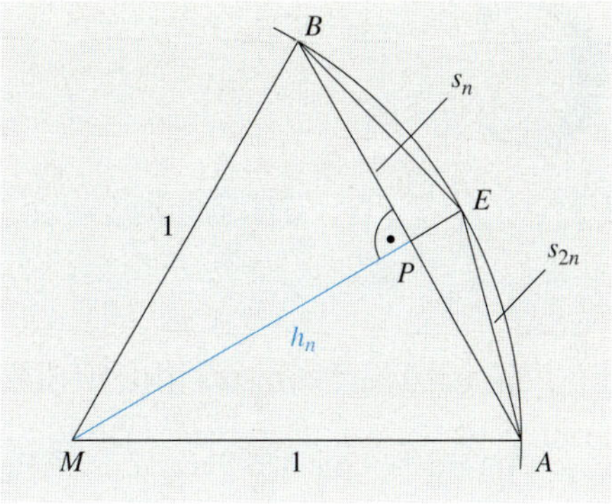

11

Dann gilt (Bild 11) unter Verwendung des Satzes von Pythagoras

$$s_{2n}^2 = \left(\frac{s_n}{2}\right)^2 + (1 - h_n)^2.$$

Wegen $h_n^2 = 1^2 - \left(\frac{s_n}{2}\right)^2$ und $h_n = \sqrt{1^2 - \left(\frac{s_n}{2}\right)^2}$ erhalten wir

$$s_{2n}^2 = \left(\frac{s_n}{2}\right)^2 + 1 - 2\sqrt{1 - \left(\frac{s_n}{2}\right)^2} + 1 - \left(\frac{s_n}{2}\right)^2 \quad \text{und}$$

$$s_{2n}^2 = 2 - 2\sqrt{1 - \left(\frac{s_n}{2}\right)^2} = 2 - \sqrt{4 - s_n^2}, \text{ also } s_{2n} = \sqrt{2 - \sqrt{4 - s_n^2}}.$$

13. **a**) Errechnen Sie aus $s_3 = 1$ und $u_1 = 3$ nach der oben angegebenen Formel s_6 und u_2.
b) Berechnen Sie u_3 und u_4 als Näherungswert für π.

C Grenzwerte

1 Grenzwert einer Zahlenfolge

1. Vergleichen Sie den Verlauf der Folgen unter a) bis c):

a) (a_n) mit $a_n = \frac{n+1}{n}$ **b)** (b_n) mit $b_n = (-1)^n \frac{n+1}{n}$ **c)** (c_n) mit $c_n = \frac{n^2+1}{n}$

2. Geben Sie je eine Folge an, die sich ähnlich wie die Folgen aus 1 a) bis c) verhalten.

3. Es sei (a_n) eine Folge mit $a_n = \frac{n+1}{n}$. Geben Sie eine Zahl n_0 an, so dass der Abstand aller Folgenglieder a_n mit $n \geq n_0$ von 1 kleiner ist als

a) 0,1 **b)** 0,05 **c)** 0,001 **d)** 0,0001

Beispiel: Die Folgen (a_n), (b_n) und (c_n) mit $a_n = \frac{n+1}{n}$ $(n > 0)$, $b_n = (-1)^n \frac{n+1}{n}$ $(n > 0)$, $c_n = \frac{n^2+1}{n}$ $(n > 0)$ sollen darauf untersucht werden, wie sich die Folgenglieder bei wachsender Nummer n verhalten. Bild 1 veranschaulicht jeweils die ersten 11 Glieder der Folge im Koordinatensystem.

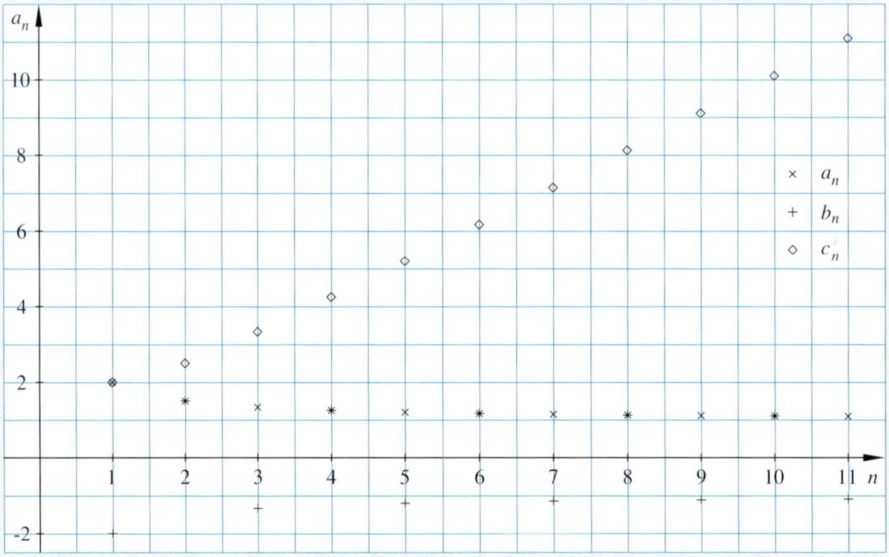

1

Die Glieder der Folge (a_n) kommen mit wachsender Nummer n der Zahl 1 immer näher. Wenn man nur n genügend groß wählt, unterscheidet sich a_n beliebig wenig von 1. Man sagt: **(a_n) strebt gegen 1**. Man kann das Verhalten der Folge auch folgendermaßen beschreiben. Man denke sich einen Streifen parallel zur Abszissenachse wie in Bild 2 gelegt. Wie schmal auch immer dieser Streifen gewählt wird, es liegen stets nur endlich viele Folgenglieder außerhalb des Streifens.

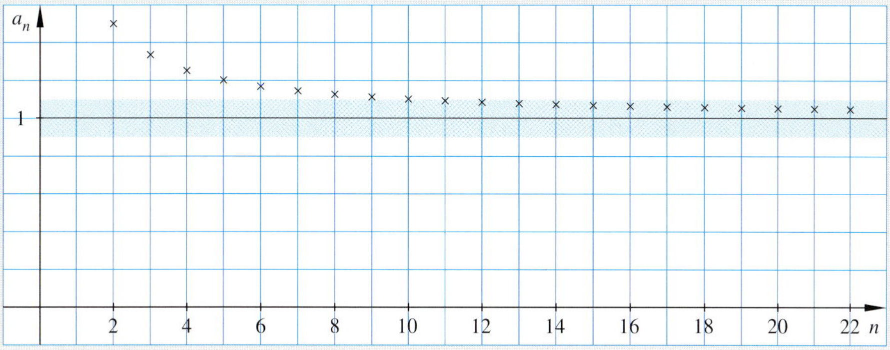

2

Die Glieder der Folge (b_n) nähern sich mit wachsender Nummer n der Zahl 0. Der Abstand $|b_n - 0|$ wird mit wachsender Nummer n immer kleiner. Jedoch besteht ein wichtiger Unterschied zur Folge (a_n). Der Abstand $|b_n - 0|$ wird zwar mit wachsender Nummer n immer kleiner, jedoch bleibt er immer größer als 1.
Bei der Folge (c_n) kann man gar keine Zahl nennen, der sich die Folgenglieder mit wachsendem n nähern.

4. Beschreiben Sie das Verhalten der Folgen (b_n) und (c_n) aus dem Beispiel mithilfe von Streifen und geben Sie Unterschiede im Verhalten zur Folge (a_n) an.

Ziel dieses Abschnittes ist es zu präzisieren, was man unter **(a_n) strebt gegen eine Zahl g** verstehen soll. Zu diesem Zweck führen wir die abkürzende Redeweise „ε-Umgebung einer Zahl" ein.

DEFINITION ε sei eine positive reelle Zahl, a eine reelle Zahl.
Das Intervall, das aus allen reellen Zahlen x mit $a - \varepsilon < x < a + \varepsilon$ besteht, heißt **ε-Umgebung von a** (Bild 3).

Beispiel: Ist a die Zahl 3 und ε die positive Zahl 0,1, so ist das offene Intervall]2,9; 3,1[, das aus allen Zahlen x mit $2{,}9 < x < 3{,}1$ besteht, die 0,1-Umgebung von 3.
Die Zahl 2,97 gehört wegen $2{,}9 < 2{,}97 < 3{,}1$ zur 0,1-Umgebung von 3.
Die Zahl 3,12 gehört wegen $3{,}1 < 3{,}12$ nicht zur 0,1-Umgebung von 3 (Bild 4).

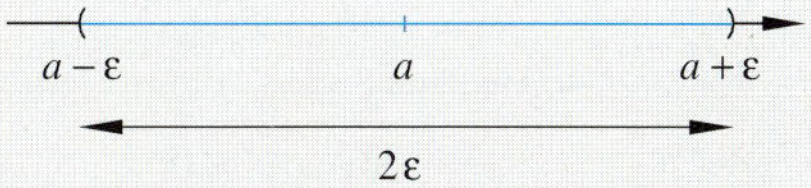

3

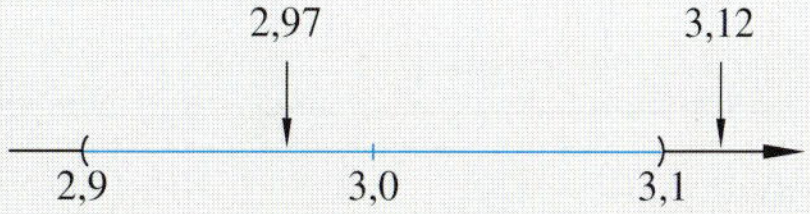

4

Beispiel: Es sei $a_n = \frac{n+1}{n}$ und $\varepsilon = 0{,}3$. Wir untersuchen, für welche n die Ungleichung $|a_n - 1| < \varepsilon$ gilt:

Es ist
$$|a_1 - 1| = |2 - 1| = 1 > 0{,}3$$
$$|a_2 - 1| = \left|\frac{3}{2} - 1\right| = 0{,}5 > 0{,}3$$
$$|a_3 - 1| = \left|\frac{4}{3} - 1\right| = \frac{1}{3} > 0{,}3$$
$$|a_4 - 1| = \left|\frac{5}{4} - 1\right| = \frac{1}{4} < 0{,}3$$

Ist $n > 4$, so gilt
$$|a_n - 1| = \left|\frac{n+1}{n} - 1\right| = \frac{1}{n} < \frac{1}{4} < 0{,}3.$$

Für $n = 1$, 2 und 3 ist $|a_n - 1| > 0{,}3$. Ist dagegen $n > 3$, so gilt $|a_n - 1| < 0{,}3$. Man sagt auch: **Für fast alle *n*** ist $|a_n - 1| < 0{,}3$ und meint damit: nur für endlich viele n ist $|a_n - 1| \geq 0{,}3$.

5. Skizzieren Sie jeweils auf einer Zahlengeraden ε-Umgebungen von g für folgende Werte von g und ε:

a) $g = 2;\ \varepsilon = 0{,}5$ **b)** $g = 0;\ \varepsilon = 1{,}1$ **c)** $g = -1;\ \varepsilon = 0{,}8$

d) $g = 1;\ \varepsilon = 2$ **e)** $g = -5;\ \varepsilon = 0{,}1$ **f)** $g = 0;\ \varepsilon = \frac{1}{100}$

6. Entscheiden Sie, ob die Zahl x zur 0,1-Umgebung von 1 gehört:

a) $x = 1{,}6$ **b)** $x = 1{,}05$ **c)** $x = 0{,}99$ **d)** $x = -0{,}99$ **e)** $x = 1{,}001$

7. Entscheiden Sie, ob die Zahl x zur ε-Umgebung von g gehört:

a) $x = 5{,}7;\ \varepsilon = 0{,}5;\ g = 6$ **b)** $x = 0{,}02;\ \varepsilon = 0{,}05;\ g = 0$

c) $x = 1{,}98;\ \varepsilon = 0{,}01;\ g = 2$ **d)** $x = -0{,}04;\ \varepsilon = \frac{1}{100};\ g = 0$

e) $x = 0{,}992;\ \varepsilon = \frac{1}{100};\ g = 1$ **f)** $x = -1{,}01;\ \varepsilon = 0{,}02;\ g = -1$

8. Beschreiben sie die in Bild 5 markierten Intervalle als ε-Umgebung einer Zahl.

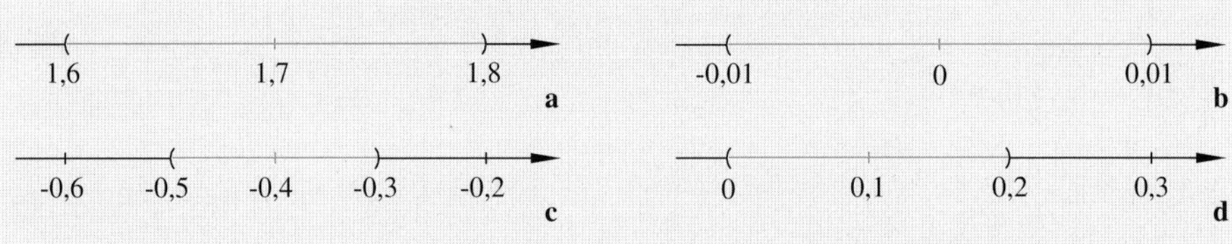

5

9. Was stimmt hier nicht? 0,1 liegt in der 0,01-Umgebung von 0,001.

10. Es sei $a_n = \frac{n+1}{n}$. Entscheiden Sie, ob a_n in der 0,01-Umgebung von 1 liegt.

a) $n = 20$ **b)** $n = 100$ **c)** $n = 200$ **d)** $n = 1000$

11.* Entscheiden Sie, ob folgende Aussagen wahr sind und begründen Sie ihre Antwort:

a) Für fast alle n gilt $n < n^2$.

b) Für fast alle n gilt $1 + \frac{1}{n} > 1{,}1$

c) Für fast alle n gilt $\frac{1}{n} < \frac{1}{20}$.

d) Für fast alle n gilt $\frac{1}{n+1} < 0$.

Nunmehr können wir das Verhalten der Folge (a_n) mit $a_n = \frac{n+1}{n}$ präzise beschreiben: Wie wir auch eine positive Zahl ε wählen, stets gibt es eine natürliche Zahl n_0 derart, dass für alle natürlichen Zahlen n mit $n > n_0$ die Folgenglieder a_n in der ε-Umgebung von 1 liegen.

DEFINITION (a_n) sei eine Zahlenfolge, g eine reelle Zahl.
***g* ist Grenzwert der Folge (a_n)** genau dann, wenn es bei **jeder** Wahl einer positiven Zahl ε eine natürliche Zahl n_0 gibt, so dass für alle natürlichen Zahlen n mit $n > n_0$ gilt, dass a_n in der ε-Umgebung von g liegt.

Ist g Grenzwert der Folge (a_n), so sagt man auch:
(a_n) strebt gegen g oder **(a_n) konvergiert gegen g**.
Jede Folge, die eine Zahl g als Grenzwert hat, heißt **konvergent**.
Jede Folge, die keinen Grenzwert hat, heißt **divergent**.

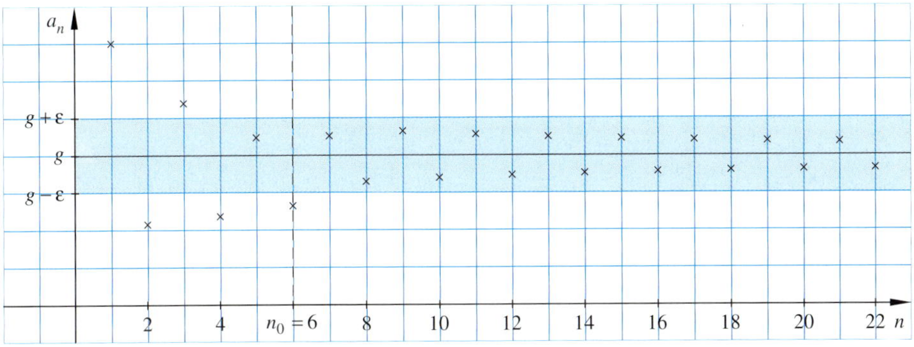

6

12. Formulieren Sie die obige Definition unter Verwendung der Redeweise „für fast alle n“.

Beispiel: Es wird mit Bezug auf obige Definition begründet, dass die Folge (a_n) mit $a_n = \frac{n+1}{n}$ $(n > 0)$ gegen 1 konvergiert.

Zu zeigen ist: Zu jedem positiven ε gibt es eine natürliche Zahl n_0, so dass für alle natürlichen Zahlen n mit $n > n_0$ gilt: $\left|\frac{n+1}{n} - 1\right| < \varepsilon$. (1)

(a) Zunächst vereinfachen wir durch äquivalentes Umformen die linke Seite der Ungleichung (1). Es ist
$\left|\frac{n+1}{n} - 1\right| = \left|1 + \frac{1}{n} - 1\right| = \left|\frac{1}{n}\right| = \frac{1}{n}$.
Damit geht die Ungleichung (1) über in $\frac{1}{n} < \varepsilon$. (2)

(b) Wir prüfen, für welche Zahlen n die Ungleichung (2) bei gegebenem ε gilt.

ε	1	$\frac{1}{10}$	$\frac{1}{20}$	$\frac{1}{50}$	$\frac{1}{100}$
Ungleichung (2) gilt für folgende Zahlen n	$n > 1$	$n > 10$	$n > 20$	$n > 50$	$n > 100$

Ist ε eine beliebige positive Zahl, so kann man stets eine natürliche Zahl n_0 finden, so dass $\frac{1}{n_0} < \varepsilon$. Für alle n mit $n > n_0$ gilt dann erst recht $\frac{1}{n} < \varepsilon$.

Ergebnis: Die Folge $\left(\frac{n+1}{n}\right)$ konvergiert gegen 1.

13. Begründen Sie, dass die Folge (a_n) den Grenzwert g hat:

a) $a_n = \frac{n-1}{n}$; $g = 1$

b) $a_n = \frac{n-1}{n+1}$; $g = 1$

c) $a_n = \frac{n-1}{2n}$; $g = \frac{1}{2}$

d) $a_n = \frac{4n+1}{3n}$; $g = \frac{4}{3}$

Beispiel: Es ist zu untersuchen, ob (a_n) mit $a_n = \frac{4n+1}{8n}$ den Grenzwert 1 hat.

Lösung:

(a) Wir vereinfachen die linke Seite der Ungleichung $|a_n - 1| < \varepsilon$. Es ist

$$|a_n - 1| = \left|\frac{4n+1}{8n} - 1\right| = \left|\frac{4n+1}{8n} - \frac{8n}{8n}\right|$$

$$= \left|\frac{-4n+1}{8n}\right| = \left|\frac{-4n}{8n} + \frac{1}{8n}\right| = \left|-\frac{1}{2} + \frac{1}{8n}\right| = -\left(-\frac{1}{2} + \frac{1}{8n}\right),$$ da $-\frac{1}{2} + \frac{1}{8n}$

negativ ist. Damit erhalten wir: $|a_n - 1| = \frac{1}{2} - \frac{1}{8n}$

(b) Nun prüfen wir, ob es bei beliebiger Wahl von ε ($\varepsilon > 0$) eine natürliche Zahl n_0 gibt, so dass für alle natürlichen Zahlen n mit $n > n_0$ die Ungleichung $\frac{1}{2} - \frac{1}{8n} < \varepsilon$ erfüllt ist. $\frac{1}{2} - \frac{1}{8n}$ ist für $n > 0$ nicht kleiner als $\frac{1}{2} - \frac{1}{8}$, also als $\frac{3}{8}$. Sobald ε kleiner als $\frac{3}{8}$ gewählt wird, ist die Ungleichung $\frac{1}{2} - \frac{1}{8n} < \varepsilon$ für gar kein n erfüllt.

Folglich ist 1 nicht Grenzwert von $\left(\frac{4n+1}{8n}\right)$.[1]

14. Begründen Sie, dass die Zahl g nicht Grenzwert der Folge (a_n) ist:

a) $a_n = \frac{6n+1}{n}$; $g = 2$

b) $a_n = \frac{4n+1}{8}$; $g = 16$

---

[1] Das Ergebnis bedeutet **nicht**, dass die Folge $\left(\frac{4n+1}{8n}\right)$ keinen Grenzwert hat, also divergent ist. Wir haben ja nur nachgewiesen, dass die Zahl 1 nicht als Grenzwert der Folge $\left(\frac{4n+1}{8n}\right)$ in Frage kommt. Es könnte ja eine andere Zahl durchaus Grenzwert der Folge sein. Diese Folge hat den Grenzwert $\frac{1}{2}$.

15.* Begründen Sie unter Verwendung von Bild 7, dass eine Folge höchstens einen Grenzwert haben kann. (Hinweis: Nehmen Sie an, eine Folge hätte zwei Grenzwerte g_1 und g_2. Führen Sie die Annahme zum Widerspruch.)

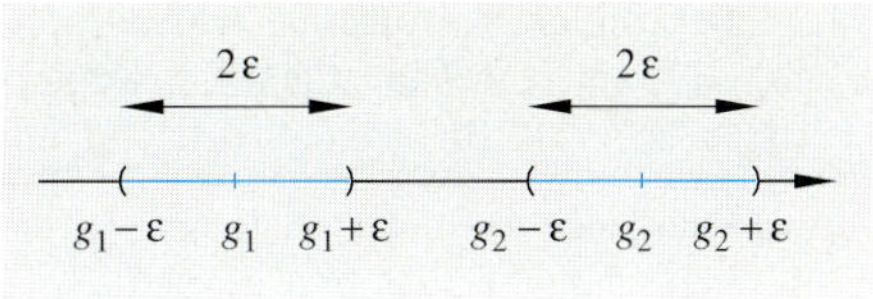

7

Eine Folge kann höchstens einen Grenzwert haben.
Ist eine Folge (a_n) konvergent, so hat sie genau einen Grenzwert g. Man schreibt dafür auch kurz: $\lim\limits_{n\to\infty} a_n = g$ (lies: limes[1] a_n für n gegen unendlich ist gleich g.)

16. Untersuchen Sie, ob folgende Aussagen wahr sind und begründen Sie die Antwort:

a) $\lim\limits_{n\to\infty} \frac{n+3}{n} = 1$ **b)** $\lim\limits_{n\to\infty} \frac{n+3}{n} = 3$ **c)** $\lim\limits_{n\to\infty} \frac{n-1}{2n} = 4$

d) $\lim\limits_{n\to\infty} \frac{n-1}{2n} = \frac{1}{2}$ **e)** $\lim\limits_{n\to\infty} \frac{8}{n} = 8$ **f)** $\lim\limits_{n\to\infty} \frac{8}{n} = 0$

DEFINITION Eine Folge, die die Zahl Null als Grenzwert hat, heißt **Nullfolge**.

17. Untersuchen Sie, ob (a_n) eine Nullfolge ist:

a) $a_n = \frac{1}{n^2}$ **b)** $a_n = \frac{7n-1}{n}$ **c)** $a_n = \frac{1}{2}n$ **d)** $a_n = \frac{1}{2n}$

18. Geben Sie jeweils eine Folge (a_n) an, die die folgenden Bedingungen erfüllt:

a) $\lim\limits_{n\to\infty} a_n = 2$ **b)** $\lim\limits_{n\to\infty} a_n = 0$ **c)** $\lim\limits_{n\to\infty} a_n = -1$

d) 0 ist nicht Grenzwert von (a_n). **e)** (a_n) ist divergent. **f)** (a_n) ist Nullfolge.

19.* Argumentieren Sie zu folgenden Fragen:

a) Hat eine Folge, die gegen 1 konvergiert, nur positive Zahlen als Folgenglieder?

b) Kann eine Folge, bei der jedes Folgenglied positiv ist, eine negative Zahl als Grenzwert haben?

c) Muss der Grenzwert einer konvergenten Folge, die nur positive Glieder hat, auch eine positive Zahl sein?

d) Kann eine Folge mit unendlich vielen negativen Folgengliedern eine positive Zahl als Grenzwert haben?

e) Muss eine Folge (a_n) mit $a_n < 2$ für alle n einen Grenzwert haben?

f) Kann eine Folge (a_n) mit $a_n > n$ für jedes n einen Grenzwert haben?

20. Begründen oder widerlegen Sie folgende Aussagen:

a) Eine Folge, die gegen 1 konvergiert, hat nur endlich viele negative Folgenglieder.

b) Eine Folge, in der die Zahl 100 als Folgenglied vorkommt, kann keine Nullfolge sein.

c) Eine Folge, in der die Zahl 100 unendlich oft als Folgenglied vorkommt, kann keine Nullfolge sein.

d) Eine Folge, in der die Zahl 100 unendlich oft als Folgenglied vorkommt, kann nicht konvergent sein.

---
[1] limes (lat.) – Grenze

21. Begründen Sie folgende Aussagen:

a) (a_n) mit $a_n = 3$ für alle n konvergiert gegen 3.

b) Ist $a_n = -2$ für alle n, so gilt $\lim\limits_{n \to \infty} a_n = -2$.

c) Die Folge 7, 5, 3, 1, 1, 1, 1, 1, ... konvergiert gegen 1.

d) (a_n) sei eine Folge. Nur für endlich viele Folgenglieder gelte $a_n \neq 2$. Dann konvergiert (a_n) gegen 2.

SATZ 1: Jede konstante Folge (a_n) mit $a_n = c$ für alle n konvergiert gegen c.

22. Untersuchen Sie, ob die Folgen (a_n) konvergent sind und ermitteln Sie gegebenenfalls den jeweiligen Grenzwert:

a) $a_n = (-1)^{2n}$ **b)** $a_n = 2 + 0^n$ **c)** $a_n = \frac{1-(-1)^n}{n}$ **d)** $a_n = (-2)^{2n}$

2 Grenzwertsätze für Zahlenfolgen

1. Überprüfen Sie, ob die Folge (a_n) einen Grenzwert hat.

a) $a_n = 1 + \frac{n+1}{n^3}$ **b)** $a_n = \frac{5}{n+1} + \frac{1}{n^3+n}$ **c)** $a_n = \frac{3n+1}{2n^2}$

Das Lösen der Aufgabe 1 macht deutlich, dass es recht aufwendig sein kann, die Konvergenz einer Folge (a_n) gegen eine Zahl g nachzuweisen. Außerdem muss ja die Zahl g bekannt sein, um diesen Nachweis führen zu können. Es bleibt offen, woher man diese Zahl – falls es eine gibt – bekommen soll.

In dieser Lerneinheit werden wir zeigen, wie man den Grenzwert einer konvergenten Folge unter gewissen Voraussetzungen mithilfe bereits bekannter Grenzwerte anderer Folgen berechnen kann. Unser Ziel besteht darin, gegebene Zahlenfolgen zunächst in Folgen mit bekannten Grenzwerten zu zerlegen. Aus den bekannten Grenzwerten kann dann der Grenzwert der ursprünglich gegebenen Folge berechnet werden.

Beispiel: Es ist die Folge (a_n) mit $a_n = \frac{n+3}{n}$ in Folgen mit bekannten Grenzwerten zu zerlegen.

Es ist $a_n = \frac{n+3}{n} = \frac{n}{n} + \frac{3}{n}$

$= 1 + 3 \cdot \frac{1}{n}$.

Setzen wir $b_n = 1$, $c_n = 3$ und $d_n = \frac{1}{n}$, so sind (b_n), (c_n) und (d_n) konvergente Folgen mit bekannten Grenzwerten. Es ist $\lim\limits_{n \to \infty} b_n = 1$, $\lim\limits_{n \to \infty} c_n = 3$ und $\lim\limits_{n \to \infty} d_n = 0$.

Die Folge (a_n) kann durch die Zerlegung $a_n = b_n + c_n \cdot d_n$ für alle $n > 0$ auf die drei Folgen (b_n), (c_n) und (d_n) zurückgeführt werden.

2. **a)** Argumentieren Sie zu der Aussage, dass die Folge (a_n) aus dem Beispiel konvergiert.
b) Wie kann man aus den Grenzwerten von (b_n), (c_n) und (d_n) aus dem Beispiel auf den Grenzwert von (a_n) schließen?

3. Zerlegen Sie die Folge (a_n) in konvergente Folgen, von denen Ihnen der Grenzwert bekannt ist:

a) $a_n = \frac{4n+1}{n}$ **b)** $a_n = \frac{6n-3}{n}$ **c)** $a_n = \frac{1}{n^2}$

d) $a_n = \frac{n^2+1}{n^2}$ **e)** $a_n = \frac{8n^2-4}{n^2}$ **f)** $a_n = \frac{n^2+1}{n^3}$

Beispiel: Es ist zu untersuchen, ob die Folge (a_n) mit $a_n = \frac{4n+1}{n}$ konvergiert.

Die Folge (a_n) kann in konvergente Folgen zerlegt werden, deren Grenzwerte uns bekannt sind. Es ist

$$a_n = \frac{4n+1}{n} = \frac{4n}{n} + \frac{1}{n} = 4 + \frac{1}{n}.$$

Setzen wir $b_n = 4$ und $c_n = \frac{1}{n}$, so ist $a_n = b_n + c_n$.

Die Folgen (b_n) und (c_n) sind konvergent und es ist $\lim\limits_{n\to\infty} b_n = 4$ und $\lim\limits_{n\to\infty} c_n = 0$.

Die Folge (a_n) konvergiert vermutlich gegen $4 + 0$, also gegen 4.
Die vermutete Aussage bedarf aber noch einer Begründung.

4. Begründen Sie mit Bezug auf die Definition aus Lerneinheit 1, dass die Zahl 4 der Grenzwert der Folge (a_n) mit $a_n = \frac{4n+1}{n}$ ist.

Der folgende Satz bestätigt, dass die Vorgehensweise im Beispiel zu richtigen Aussagen über den Grenzwert einer Folge führt.

SATZ 2: (a_n) und (b_n) seien Zahlenfolgen, die gegen a und b konvergieren.
Dann konvergieren auch die Folgen $(a_n + b_n), (a_n - b_n), (a_n \cdot b_n)$ und es gilt

$$\lim_{n\to\infty} (a_n + b_n) = a + b$$

$$\lim_{n\to\infty} (a_n - b_n) = a - b \text{ und}$$

$$\lim_{n\to\infty} (a_n \cdot b_n) = a \cdot b.$$

Gilt zusätzlich $b_n \neq 0$ für alle n und ist (b_n) keine Nullfolge, so konvergiert auch die Folge $\left(\frac{a_n}{b_n}\right)$ und es gilt $\lim\limits_{n\to\infty} \frac{a_n}{b_n} = \frac{a}{b}$.

Die Teilaussagen des Satzes werden auch als **Grenzwertsätze für Folgen** bezeichnet. Auf den Beweis der Aussagen verzichten wir hier.

5. **a)** Erläutern Sie den Satz 2 am Beispiel der Folgen (a_n) und (b_n) mit $a_n = 5$ und $b_n = \frac{1}{n}$.
b) Erläutern Sie den Satz 2 am Beispiel der Folgen (a_n) und (b_n) mit $a_n = \frac{1}{n}$ und $b_n = 3$.

6. Begründen Sie die folgende Aussage des Satzes 2 unter Verwendung des Bildes 8: $\lim\limits_{n\to\infty}(a_n + b_n) = a + b$

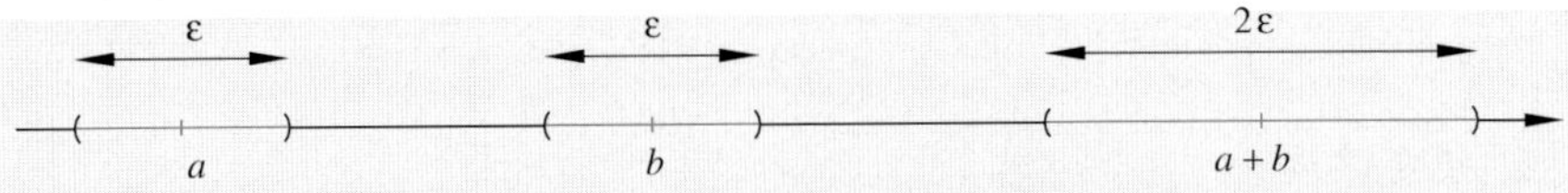

Für $n > n_1$ gilt: $|a - a_n| < \frac{\varepsilon}{2}$

Für $n > n_2$ gilt: $|b - b_n| < \frac{\varepsilon}{2}$

Für $n > n_1$ und $n > n_2$ gilt: $|a + b - (a_n + b_n)| < \varepsilon$

8

Beispiel: Zu zeigen ist unter Verwendung des Satzes 2, dass die Folge (a_n) mit $a_n = \frac{4n+1}{n}$ konvergiert.

Wegen $a_n = \frac{4n+1}{n} = \frac{4n}{n} + \frac{1}{n} = 4 + \frac{1}{n}$, $\lim\limits_{n\to\infty} 4 = 4$ und $\lim\limits_{n\to\infty} \frac{1}{n} = 0$ ist $\lim\limits_{n\to\infty} a_n = 4 + 0 = 4$.

7. Begründen Sie unter Verwendung der Grenzwertsätze, dass die Folge (a_n) eine Nullfolge ist.

a) $a_n = \frac{1}{n^2}$ **b)** $a_n = \frac{1}{4n}$ **c)** $a_n = \frac{5}{7n}$ **d)*** $a_n = \frac{n+1}{n^2}$

8. * a sei eine beliebige reelle Zahl, weiter sei $a_n = \frac{a}{n^2}$ für alle $n > 0$.

Begründen Sie, dass $\lim\limits_{n\to\infty} a_n = 0$ gilt.

Beispiel: Es ist zu untersuchen, ob die Folge (a_n) mit $a_n = \frac{5n-1}{3n+2}$ einen Grenzwert hat.

Gegebenenfalls ist dieser Grenzwert zu ermitteln.

Eine naheliegende Zerlegung der Folge (a_n) ist $a_n = \frac{b_n}{c_n}$ mit $b_n = 5n - 1$ und $c_n = 3n + 2$.

Jedoch ist weder die Folge (b_n) noch die Folge (c_n) konvergent. Mit dieser Zerlegung ist eine Anwendung der Grenzwertsätze nicht möglich. Das bedeutet aber nicht, dass die gegebene Folge (a_n) keinen Grenzwert hat. Fest steht lediglich, dass wir auf dem eingeschlagenen Weg zu keiner Lösung gelangen.

Die folgende Umformung des Terms $\frac{5n-1}{3n+2}$ bringt uns weiter:

Für alle $n > 0$ gilt $\frac{5n-1}{3n+2} = \frac{n\left(5 - \frac{1}{n}\right)}{n\left(3 + \frac{2}{n}\right)} = \frac{5 - \frac{1}{n}}{3 + \frac{2}{n}}$.

Nun zerlegen wie die Folge (a_n) mittels $a_n = \frac{b_n - c_n}{d_n + e_n}$ in die konvergenten Folgen (b_n), (c_n), (d_n) und (e_n), von denen uns die Grenzwerte bekannt sind. Wegen $\lim\limits_{n\to\infty} 5 = 5$, $\lim\limits_{n\to\infty} \frac{1}{n} = 0$, $\lim\limits_{n\to\infty} 3 = 3$ und $\lim\limits_{n\to\infty} \frac{2}{n} = 0$ gilt nach Satz 2 $\lim\limits_{n\to\infty} a_n = \frac{5-0}{3+0} = \frac{5}{3}$.
Die gegebene Folge konvergiert gegen die Zahl $\frac{5}{3}$.

9. Ermitteln Sie jeweils den Grenzwert der Folge (a_n) unter Verwendung der Grenzwertsätze:

a) $a_n = \frac{n+1}{n}$ **b)** $a_n = \frac{n}{n+1}$ **c)** $a_n = \frac{n-1}{n+1}$

d) $a_n = \frac{2n+1}{3n-1}$ **e)** $a_n = \frac{7n+2}{10n-2}$ **f)** $a_n = \frac{n-5}{3n+4}$

10. Ermitteln Sie den Grenzwert der Folge (a_n) mit $a_n = \frac{n^2+1}{n^2-1}$.

Beispiel: Es ist zu untersuchen, ob die Folge (a_n) mit $a_n = \frac{n^2-2}{3n^2+n+1}$ konvergiert. Gegebenenfalls ist der Grenzwert zu ermitteln.
Als zweckmäßig erweist sich folgende Termumformung:

$$\frac{n^2-2}{3n^2+n+1} = \frac{n^2\left(1-\frac{2}{n^2}\right)}{n^2\left(3+\frac{1}{n}+\frac{1}{n^2}\right)} = \frac{1-\frac{2}{n^2}}{3+\frac{1}{n}+\frac{1}{n^2}}.$$

Wegen $\lim\limits_{n\to\infty} 1 = 1$, $\lim\limits_{n\to\infty} \frac{2}{n^2} = 0$, $\lim\limits_{n\to\infty} 3 = 3$, $\lim\limits_{n\to\infty} \frac{1}{n} = 0$ und $\lim\limits_{n\to\infty} \frac{1}{n^2} = 0$ erhalten wir $\lim\limits_{n\to\infty} \frac{n^2-2}{3n^2+n+1} = \frac{1}{3}$.

Als sinnvolle Termumformung erwies sich in den letzten beiden Beispielen das Ausklammern der höchsten Potenz von n.

11. Ermitteln Sie jeweils den Grenzwert der Folge (a_n) unter Verwendung der Grenzwertsätze:

a) $a_n = \frac{2n^2+1}{n^2-n+6}$ **b)** $a_n = \frac{n^2+3n-7}{n^2+4n-8}$ **c)** $a_n = \frac{8n^2-7}{9n^2-n+5}$

d) $a_n = \frac{5n^3-7n^2+2}{n^3+n+16}$ **e)** $a_n = \frac{5n^2-n-12}{12n^3+5n-6}$ **f)** $a_n = \frac{6n^3-2n-61}{18n^3-2n-61}$

12. Untersuchen Sie die Folge (a_n) auf Konvergenz:

a) $a_n = \frac{3n^2-1}{3n-2}$ **b)** $a_n = \frac{3n-1}{3n^2-2}$ **c)** $a_n = \frac{3n^2-1}{3n^2-2}$

13.* a_n sei ein Bruchterm. Zähler und Nenner des Bruchterms seien aus Potenzen von n zusammengesetzt wie in den Aufgaben 9 und 11.
Untersuchen Sie, wovon es abhängt, ob die Folge (a_n) gegen null konvergiert oder gegen eine von null verschiedene Zahl konvergiert oder divergiert.
Formulieren Sie Ihr Untersuchungsergebnis als Satz.

3 Grenzwert von Funktionen und Grenzwertsätze

1. Oszilloskope sind Geräte, mit denen man die physikalische Größe Spannung U in Abhängigkeit von der Zeit t darstellen kann. Es handelt sich um Funktionen $U = f(t)$. Geben Sie gemeinsame Eigenschaften der dargestellten Funktionsgraphen an.

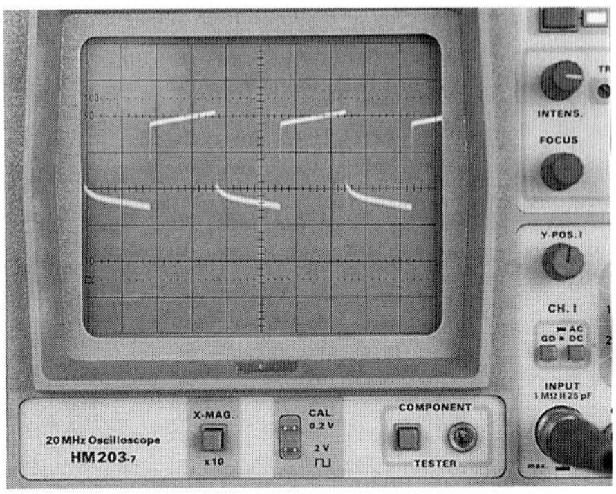

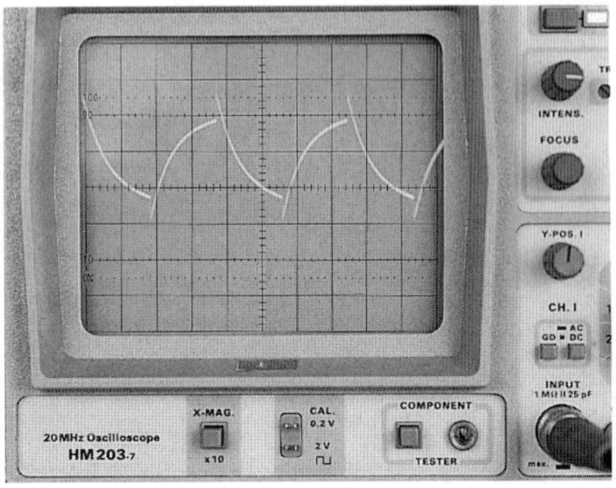

9

2. Wir definieren die Funktionen SIGNUM und INTEGER:

$$\mathrm{SGN}(x) = \begin{cases} 1 & \text{für } x > 0 \\ 0 & \text{für } x = 0 \text{ und} \\ -1 & \text{für } x < 0 \end{cases} \qquad \mathrm{INT}(x) = n \text{ für } n \leq x < n + 1, \text{ wobei } n \text{ eine ganze Zahl ist.}$$

a) Geben Sie für die beiden Zuordnungen eine Wortvorschrift an.

b) Zeichnen Sie die Funktionsgraphen auf dem Intervall $[-5; 5]$. Verwenden Sie hierbei an den Stellen, an denen der Graph einen Sprung aufweist „∘" zur Darstellung dafür, dass der Punkt zum Funktionsgraphen gehört und „□" zur Darstellung dafür, dass der Punkt nicht zum Funktionsgraphen gehört.

3. Gegeben seien Funktionen f, g und h mit den Gleichungen

$$f(x) = \frac{x^2 - 1}{x - 1}, \quad g(x) = \begin{cases} \frac{1}{2}x + 1 & \text{für } x < 1 \\ \frac{1}{2}x + 2 & \text{für } x \geq 1 \end{cases} \quad \text{und } h(x) = \frac{1}{x - 1}$$

a) Geben Sie jeweils den größtmöglichen Definitionsbereich an.

b) Fertigen Sie jeweils eine Wertetabelle für $x \in \{-2; -1; 0; 0{,}5; 1{,}5; 2; 3; 4\}$ an.

c) Zeichnen Sie die Graphen auf dem Intervall $[-2; 4]$.

d) Beschreiben Sie das Verhalten der Funktionsgraphen an der Stelle $x = 1$.

4. a) Zeichnen Sie unter Verwendung einer Wertetabelle den Graphen der Funktion f mit $f(x) = \dfrac{x^2 + 2x - 3}{x^2 + x - 6}$.

b) Geben Sie den Definitionsbereich von f an und zerlegen Sie die Terme im Zähler und im Nenner in Linearfaktoren.

c) Vergleichen Sie das Verhalten des Funktionsgraphen bei Annäherung an diejenigen Stellen, an denen f nicht definiert ist.

d) Worin unterscheidet sich f von der Funktion g mit $g(x) = \dfrac{x - 1}{x - 2}$?

Die in den Aufgaben 1 bis 4 untersuchten Funktionen haben die Eigenschaft, dass es nicht möglich ist, den Funktionsgraphen in einem Zuge durchzuzeichnen. Dies wird verursacht durch Polstellen und Lücken, wie sie im Kapitel A untersucht wurden, sowie Sprünge der Graphen. Nachfolgend werden Möglichkeiten zu einer genaueren Charakterisierung derartiger Stellen erarbeitet.

Beispiel: In Bild 10 ist der Graph der Funktion g aus Aufgabe 3 dargestellt. Auf der x-Achse wurden die ersten Glieder der Folgen (x_n) mit $x_n = 1 + \frac{1}{n}$ sowie $(\overline{x}_n)$ mit $\overline{x}_n = 1 - \frac{1}{n}$ eingezeichnet. Beide Folgen haben den Grenzwert 1, jedoch ohne diesen Wert anzunehmen. Ermittelt man zu jedem Folgenglied den Funktionswert entsprechend der vorgegebenen Funktionsgleichung, so erhält man jeweils wiederum eine Zahlenfolge, nämlich die Folge $(g(x_n))$ und die Folge $(g(\overline{x}_n))$. Die ersten Glieder der Folge sind jeweils auf der y-Achse dargestellt.

Es werden nun die Zuordnungsvorschriften dieser Folgen ermittelt, indem x_n bzw. $\overline{x}_n$ in die Funktionsgleichung eingesetzt werden.

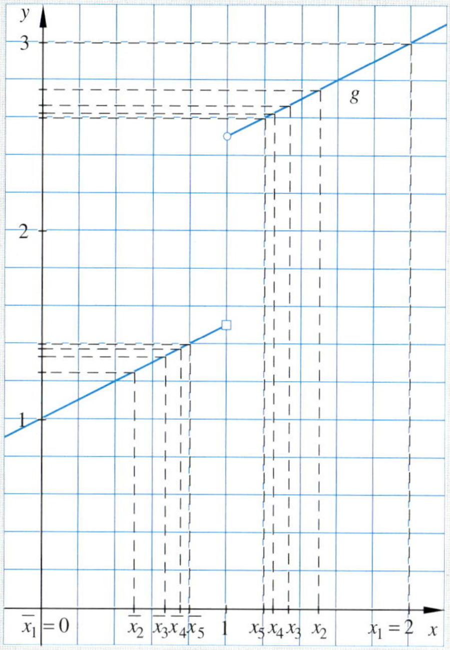

10

Für alle x_n gilt $x_n > 1$. Also ist $g(x_n) = \frac{1}{2}x_n + 2 = \frac{1}{2}\left(1 + \frac{1}{n}\right) + 2 = 2{,}5 + \frac{1}{2n}$

Für alle $\overline{x}_n$ gilt $\overline{x}_n < 1$. Also ist $g(\overline{x}_n) = \frac{1}{2}\overline{x}_n + 1 = \frac{1}{2}\left(1 - \frac{1}{n}\right) + 1 = 1{,}5 - \frac{1}{2n}$

Somit konvergiert die Folge $(g(x_n))$ gegen 2,5. Die Folge $(g(\overline{x}_n))$ ist ebenfalls konvergent, besitzt aber den Grenzwert 1,5.

5. **a)** Zeichnen Sie nochmals den Graphen der Funktion f aus Aufgabe 3, nunmehr jedoch auf dem Intervall $[0;2]$ mit 1 LE = 5 cm.
b) Stellen Sie auf der x-Achse die Glieder x_1 bis x_6 der Zahlenfolge (x_n) mit $x_n = 1 + \frac{1}{n}$ dar.
c) Markieren Sie auf der y-Achse die Werte $f(x_1)$ bis $f(x_6)$.
d) Geben Sie die Zuordnungsvorschrift der Folge $(f(x_n))$ an.
e) Untersuchen Sie, ob der Grenzwert $\lim\limits_{n \to \infty} (f(x_n))$ existiert und geben Sie gegebenenfalls seinen Wert an.
f) Wiederholen Sie die Schritte b) bis e) für die Folge $(\overline{x}_n)$ mit $\overline{x}_n = 1 - \frac{1}{n}$.

6. Wiederholen Sie die Schritte aus Aufgabe 5 für die Funktion h aus Aufgabe 3.

Die bisherigen Untersuchungen zeigen bei den Funktionen f, g und h ein völlig unterschiedliches Verhalten bei der Annäherung an die Stelle $x = 1$.

Wählt man $(x_n) = \left(1 + \frac{1}{n}\right)$ und $(\overline{x}_n) = \left(1 - \frac{1}{n}\right)$ so ergibt sich

für f: $\lim\limits_{n\to\infty} f(x_n)$ und $\lim\limits_{n\to\infty} f(\overline{x}_n)$ existieren und es gilt: $\lim\limits_{n\to\infty} f(x_n) = \lim\limits_{n\to\infty} f(\overline{x}_n) = 2$

für g: $\lim\limits_{n\to\infty} g(x_n)$ und $\lim\limits_{n\to\infty} g(\overline{x}_n)$ existieren und es gilt: $\lim\limits_{n\to\infty} g(x_n) \neq \lim\limits_{n\to\infty} g(\overline{x}_n)$

für h: $\lim\limits_{n\to\infty} h(x_n)$ und $\lim\limits_{n\to\infty} h(\overline{x}_n)$ existieren nicht.

Es erhebt sich nun die Frage, ob für die Funktion f auch bei jeder anderen gegen 1 konvergierenden Folge (x_n) gilt, dass $\lim\limits_{n\to\infty} f(x_n) = 2$ ist.

7. Begründen Sie die einzelnen Schritte der nachfolgenden Überlegung:
Es sei (x_n) eine beliebige Folge mit $\lim\limits_{n\to\infty} x_n = 1$ und $x_n \neq 1$ für alle n.
Dann gilt für jedes Glied der Folge der zugehörigen Funktionswerte $f(x_n) = \frac{x_n^2 - 1}{x_n - 1}$
und somit $f(x_n) = x_n + 1$.
Daraus folgt $\lim\limits_{n\to\infty} f(x_n) = \lim\limits_{n\to\infty} (x_n + 1) = \lim\limits_{n\to\infty} x_n + \lim\limits_{n\to\infty} 1 = 1 + 1 = 2$.

DEFINITION Es sei f eine Funktion, x_0 und g seien reelle Zahlen. f sei in einer Umgebung[1] von x_0 – eventuell unter Ausschluss von x_0 – definiert.
f* hat an der Stelle x_0 den Grenzwert *g genau dann,
wenn für **jede** Folge (x_n) mit $x_n \in D_f$ und $x_n \neq x_0$, die gegen x_0 konvergiert,
die Folge $(f(x_n))$ der zugehörigen Funktionswerte gegen g konvergiert.

Schreibweise: $\lim\limits_{x\to x_0} f(x) = g$ Sprechweise: Limes $f(x)$ für x gegen x_0 gleich g

Somit können wir unsere Untersuchungsergebnisse formulieren:

- Die Funktion f mit $f(x) = \frac{x^2 - 1}{x - 1}$ besitzt an der Stelle $x_0 = 1$ den Grenzwert 2, d.h. $\lim\limits_{x\to x_0} \frac{x^2 - 1}{x - 1} = 2$.
- Die Funktionen g mit $g(x) = \begin{cases} \frac{1}{2}x + 1 & \text{für } x < 1 \\ \frac{1}{2}x + 2 & \text{für } x \geq 1 \end{cases}$ und h mit $h(x) = \frac{1}{x - 1}$ besitzen an der Stelle $x_0 = 1$ keinen Grenzwert.

Beispiel: Wir untersuchen, ob die Funktion f mit $f(x) = x^3 - 6$ an der Stelle $x_0 = 2$ einen Grenzwert besitzt.

1. Schritt: Es sei (x_n) eine beliebige Folge mit $\lim\limits_{n\to\infty} x_n = 2$ und $x_n \neq 2$ für alle n.

2. Schritt: Wir bilden die Folge $(f(x_n))$ der zugehörigen Funktionswerte. Wir erhalten $(f(x_n)) = (x_n^3 - 6)$.

[1] Eine Umgebung von x_0 ist ein offenes Intervall, das x_0 enthält.

3. Schritt: Wir untersuchen, ob die Folge $(f(x_n))$ konvergent ist.
Nach den Grenzwertsätzen für Zahlenfolgen gilt
$\lim\limits_{n\to\infty}(x_n^3 - 6) = \lim\limits_{n\to\infty} x_n^3 - \lim\limits_{n\to\infty} 6 = 2^3 - 6 = 2$, da $\lim\limits_{n\to\infty} x_n = 2$ ist.

Wir haben damit nachgewiesen, dass für jede beliebige Folge (x_n) mit $\lim\limits_{n\to\infty} x_n = 2$ und $x_n \neq 2$ für alle n die Folge $(f(x_n))$ der zugehörigen Funktionswerte gegen 2 konvergiert.
Also ist $\lim\limits_{x\to 2} f(x) = 2$.

8. Ermitteln Sie den Grenzwert der Funktion f mit $f(x) = x^2 + 3$ an der Stelle $x_0 = 4$.

9. Ermitteln Sie die folgenden Grenzwerte:

a) $\lim\limits_{x\to 3} \frac{1}{x+1}$ **b)** $\lim\limits_{x\to 1} \frac{2x+3}{3x+1}$

10. Untersuchen Sie, ob folgende Grenzwerte $\lim\limits_{x\to x_0} f(x)$ existieren:

a) $f(x) = \begin{cases} 2x+3 & \text{für } x < 1 \\ 3x+2 & \text{für } x \geq 1 \end{cases}$; $x_0 = 1$ **b)** $f(x) = \begin{cases} 4x+1 & \text{für } x < 1 \\ 4x+3 & \text{für } x \geq 1 \end{cases}$; $x_0 = 1$

11. Untersuchen Sie, an welcher der genannten Stellen der Grenzwert existiert und an welcher nicht:

a) $f(x) = \frac{x+1}{x^2-1}$; $x_0 = -1$; $x_0 = 1$ **b)** $f(x) = \frac{x-4}{x^2+3x-4}$; $x_0 = 4$; $x_0 = 1$

12. Weisen Sie unter Verwendung der Definition nach, dass für die folgenden Funktionen der Grenzwert an der Stelle $x_0 = 2$ nicht existiert:

a) $f(x) = \frac{4}{2x-4}$ **b)** $f(x) = \frac{2}{x^2-4x+4}$

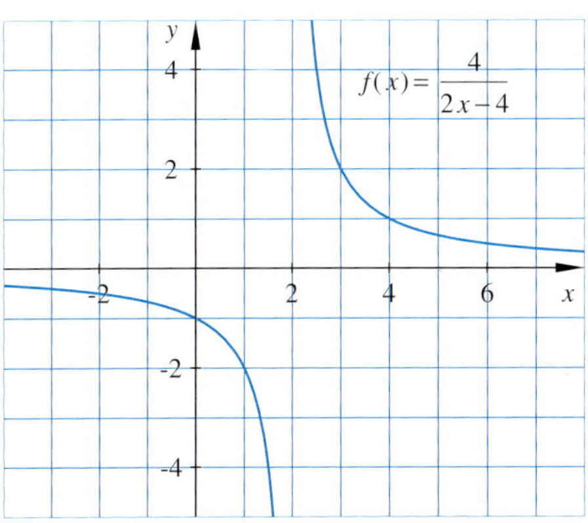

11

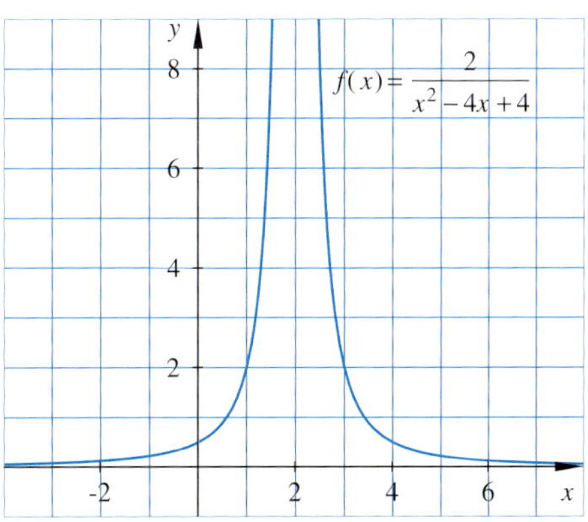

12

Die Berechnung von Funktionsgrenzwerten unter Verwendung der Definition ist recht aufwendig. Deshalb wäre es günstig – so wie schon bei der Berechnung von Grenzwerten von Zahlenfolgen – Sätze zur Verfügung zu haben, deren Benutzung die Grenzwertermittlung wesentlich erleichtern würde.

13. Im Kapitel A wurden Operationen für Funktionen definiert. Mit deren Hilfe ist es möglich, Funktionen in elementarere Funktionen zu zerlegen.

a) Schreiben Sie die folgenden Funktionen nur unter Verwendung der identischen Funktion $i(x) = x$ sowie konstanter Funktionen $k(x) = c$, wobei c eine feste reelle Zahl ist:

$$f(x) = 2x^3 + 4x^2 - 4x + 5 \qquad f(x) = \frac{3x^2 - 4x}{5x^3 + 6}$$

b) Begründen Sie:
Jede für alle x definierte konstante Funktion $f(x) = c$ hat an jeder Stelle x_0 den Grenzwert c.
Die Funktion f mit $f(x) = x$ hat an jeder Stelle x_0 den Grenzwert x_0.

c) Verallgemeinern Sie Ihr Vorgehen aus a) auf beliebige ganzrationale bzw. gebrochenrationale Funktionen. Vergleichen Sie dazu die Begriffsbildung in Kapitel A.
Geben Sie an, für welche algebraischen Verknüpfungen von Funktionen entsprechende Grenzwertsätze formuliert werden müssen, damit für alle rationalen Funktionen eine Grenzwertermittlung mit Hilfe dieser Sätze möglich ist.

SATZ 3: Grenzwertsätze für Funktionen

Haben die Funktionen u und v an der Stelle x_0 einen Grenzwert, so besitzen auch die Funktionen $u + v$, $u - v$ und $u \cdot v$ an der Stelle x_0 einen Grenzwert und es gilt:

$$\lim_{x \to x_0} (u(x) + v(x)) = \lim_{x \to x_0} u(x) + \lim_{x \to x_0} v(x)$$

$$\lim_{x \to x_0} (u(x) - v(x)) = \lim_{x \to x_0} u(x) - \lim_{x \to x_0} v(x)$$

$$\lim_{x \to x_0} (u(x) \cdot v(x)) = \lim_{x \to x_0} u(x) \cdot \lim_{x \to x_0} v(x).$$

Ist darüber hinaus $\lim\limits_{x \to x_0} v(x) \neq 0$, so besitzt auch die Funktion $\frac{u}{v}$ an der Stelle x_0 einen Grenzwert und es gilt: $\lim\limits_{x \to x_0} \frac{u(x)}{v(x)} = \frac{\lim\limits_{x \to x_0} u(x)}{\lim\limits_{x \to x_0} v(x)}$.

14. Geben Sie für jeden einzelnen Schritt eine Begründung an:

a) $\lim\limits_{x \to -2} (x^3 + 2x - 6) =$

$\lim\limits_{x \to -2} x^3 + \lim\limits_{x \to -2} 2x - \lim\limits_{x \to -2} 6 =$

$\lim\limits_{x \to -2} x \cdot \lim\limits_{x \to -2} x \cdot \lim\limits_{x \to -2} x + \lim\limits_{x \to -2} 2 \cdot \lim\limits_{x \to -2} x - \lim\limits_{x \to -2} 6 =$

$(-2) \cdot (-2) \cdot (-2) + 2 \cdot (-2) - 6 = -18$

b) $\lim\limits_{x \to \sqrt{2}} \frac{1}{x^2 - 3} = \frac{\lim\limits_{x \to \sqrt{2}} 1}{\lim\limits_{x \to \sqrt{2}} (x^2 - 3)} = \frac{\lim\limits_{x \to \sqrt{2}} 1}{\lim\limits_{x \to \sqrt{2}} x^2 - \lim\limits_{x \to \sqrt{2}} 3} = \frac{\lim\limits_{x \to \sqrt{2}} 1}{\lim\limits_{x \to \sqrt{2}} x \cdot \lim\limits_{x \to \sqrt{2}} x - \lim\limits_{x \to \sqrt{2}} 3} =$

$\frac{1}{\sqrt{2} \cdot \sqrt{2} - 3} = -1$

15. Berechnen Sie folgende Grenzwerte:

a) $\lim\limits_{x \to -3} (1 - x^2)$ **b)** $\lim\limits_{x \to 2} (5x^4 - 2x^3 - x^2 + 7)$ **c)** $\lim\limits_{x \to -0,5} (x^4 - 4x^2 + 8x)$

d) $\lim\limits_{x \to 2} \frac{1}{2 + x^2}$ **e)** $\lim\limits_{x \to -2} \frac{x^2 - 4}{x^2 + 4}$ **f)** $\lim\limits_{x \to 2} \left(4x - 2 + \frac{3}{x - 1}\right)$

16. a) Begründen Sie, dass für jede ganzrationale Funktion an jeder beliebigen Stelle der Grenzwert durch Anwendung der Grenzwertsätze ermittelt werden kann.

b) Begründen Sie, dass für jede gebrochenrationale Funktion an jeder Stelle des Definitionsbereiches der Grenzwert durch Anwendung der Grenzwertsätze ermittelt werden kann.

c) Nennen Sie drei rationale Funktionen, deren Grenzwert an einer Stelle x_0 nicht durch unmittelbare Anwendung der Grenzwertsätze ermittelt werden kann.
Verallgemeinern Sie, welche Ausnahmen bei gebrochenrationalen Funktionen existieren.

17. Begründen Sie die einzelnen Schritte der nachfolgenden Beispiele.

Beispiele: In den folgenden Beispielen wird jeweils der Grenzwert einer gebrochenrationalen Funktion an einer nicht zum Definitionsbereich gehörende Stelle x_0 ermittelt.

a) Zu ermitteln ist der Grenzwert der Funktion $f(x) = \frac{x^2 + 4x}{x^2 - 6x}$ $(x \neq 0)$ an der Stelle $x_0 = 0$.

$$\lim_{x \to 0} f(x) = \lim_{x \to 0} \frac{x^2 + 4x}{x^2 - 6x} = \lim_{x \to 0} \frac{x(x+4)}{x(x-6)} = \lim_{x \to 0} \frac{x+4}{x-6} = -\frac{2}{3}$$

b) Zu ermitteln ist der Grenzwert der Funktion f mit $f(h) = \frac{(x_0 + h)^3 - x_0^{\,3}}{h}$ $(h \neq 0)$ an der Stelle $h_0 = 0$.

Für $h \neq 0$ gilt: $f(h) = \frac{(x_0 + h)^3 - x_0^{\,3}}{h} = \frac{x_0^{\,3} + 3x_0^{\,2}h + 3x_0h^2 + h^3 - x_0^{\,3}}{h}$

$$= \frac{h(3x_0^{\,2} + 3x_0h + h^2)}{h} = 3x_0^{\,2} + 3x_0h + h^2$$

Also ist $\lim_{h \to 0} f(h) = \lim_{h \to 0} (3x_0^{\,2} + 3x_0h + h^2) = 3x_0^{\,2}$.

c) Zu ermitteln ist der Grenzwert der Funktion $f(x) = \frac{x^2 - 5x + 6}{x^2 - 2x - 3}$ $(x \neq 3)$ an der Stelle $x_0 = 3$.

$$\lim_{x \to 3} f(x) = \lim_{x \to 3} \frac{x^2 - 5x + 6}{x^2 - 2x - 3} = \lim_{x \to 3} \frac{(x-2)(x-3)}{(x+1)(x-3)} = \lim_{x \to 3} \frac{(x-2)}{(x+1)} = \frac{1}{4}$$

18. Ermitteln Sie folgende Grenzwerte:

a) $\lim_{x \to 0} \frac{4x^2 - 6x}{5x^2 + 4x}$ **b)** $\lim_{x \to 0} \frac{2x^3 - 4x^2}{3x^3 + 8x^2}$

c) $\lim_{h \to 0} \frac{h}{h+1}$ **d)** $\lim_{h \to 0} \frac{h^2 + h}{h}$

e) $\lim_{h \to 0} \frac{(x_0 + h)^2 - x_0^{\,2}}{h}$ **f)** $\lim_{h \to 0} \frac{(3 + h)^3 - 27}{h}$

19. Ermitteln Sie die folgenden Grenzwerte:

a) $\lim_{x \to -4} \frac{x^2 + 6x + 8}{x^2 + 3x - 4}$ **b)** $\lim_{x \to 2} \frac{x^2 - 4x + 4}{x^2 - 4}$

c) $\lim_{x \to -4} \frac{x^2 + x - 12}{x^2 + 2x - 8}$ **d)** $\lim_{x \to -1} \frac{x^3 + 2x^2 + x}{x^3 - x}$

e) $\lim_{x \to -3} \frac{x^2 + 5x + 6}{x^2 + 2x - 3}$ **f)** $\lim_{x \to 5} \frac{x^2 - 25}{x^2 - 6x + 5}$

20.* Ermitteln Sie folgende Grenzwerte (Zerlegen Sie dazu Zähler und Nenner in Linearfaktoren.):

a) $\lim\limits_{x \to -3} \dfrac{x^2 + x - 6}{x^2 + 2x - 3}$ **b)** $\lim\limits_{x \to 1} \dfrac{x^2 - 3x + 2}{x^2 + 3x - 4}$

c) $\lim\limits_{x \to -2} \dfrac{x^3 - x^2 - 10x - 8}{x^3 - 3x^2 - 4x + 12}$ **d)** $\lim\limits_{x \to -6} \dfrac{-2x^3 + 72x}{2x^3 + 13x^2 + 6x}$

Abbildungen zur Linsengleichung

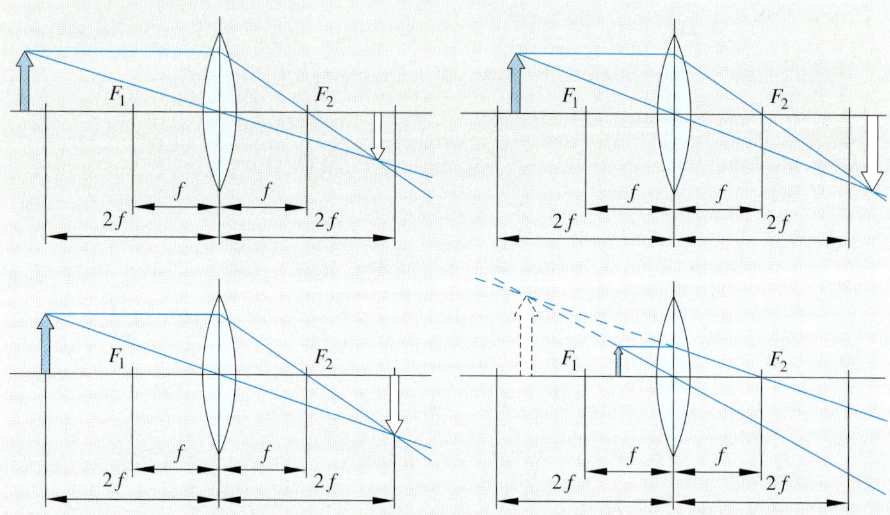

13

21. Für die Bildentstehung an Sammellinsen gilt der Zusammenhang
$\dfrac{1}{f} = \dfrac{1}{g} + \dfrac{1}{b}$ (Linsengleichung). g – Gegenstandsweite; b – Bildweite; f – Brennweite

a) Erläutern Sie die darin auftretenden Größen.

b) Leiten Sie die Beziehung $b = \dfrac{f \cdot g}{g - f}$ aus der Linsengleichung her.

c) Betrachten Sie diejenige Funktion, die der Gegenstandsweite g bei konstanter Brennweite $f = 10$ cm die Bildweite b zuordnet. Geben Sie die Funktionsgleichung an. Übertragen und vervollständigen Sie die Wertetabelle. Zeichnen Sie den Funktionsgraphen. Falls erforderlich, berechnen Sie noch weitere Funktionswerte.

g in cm	100	80	60	40	20	15	10	5	1
b in cm									

d) Wie verhält sich die Funktion $b(g)$ für die Fälle $g = 2f$ bzw. $g = f$?
Was bedeutet das physikalisch?

e) Welche Aussagen für b folgen aus $g > 2f$, $2f > g > f$ bzw. $f > g$?
Interpretieren Sie auch diese Fälle physikalisch.

f) Untersuchen Sie, ob der Grenzwert $\lim\limits_{g \to 10} b(g)$ existiert.

g) Wie verhält sich die Bildweite b, wenn die Gegenstandsweite g unbeschränkt wächst?

4 Stetige Funktionen

In der vorangegangenen Lerneinheit haben wir das Verhalten einer Funktion in der Umgebung einer Stelle x_0 untersucht. Dieses Verhalten wurde mit dem Grenzwert der Funktion an einer Stelle beschrieben.
Wir beziehen nun noch den Funktionswert an der Stelle x_0 – falls die Funktion an dieser Stelle definiert ist – in unsere Überlegungen mit ein.
Zunächst schauen wir uns 4 **Beispiele** an:

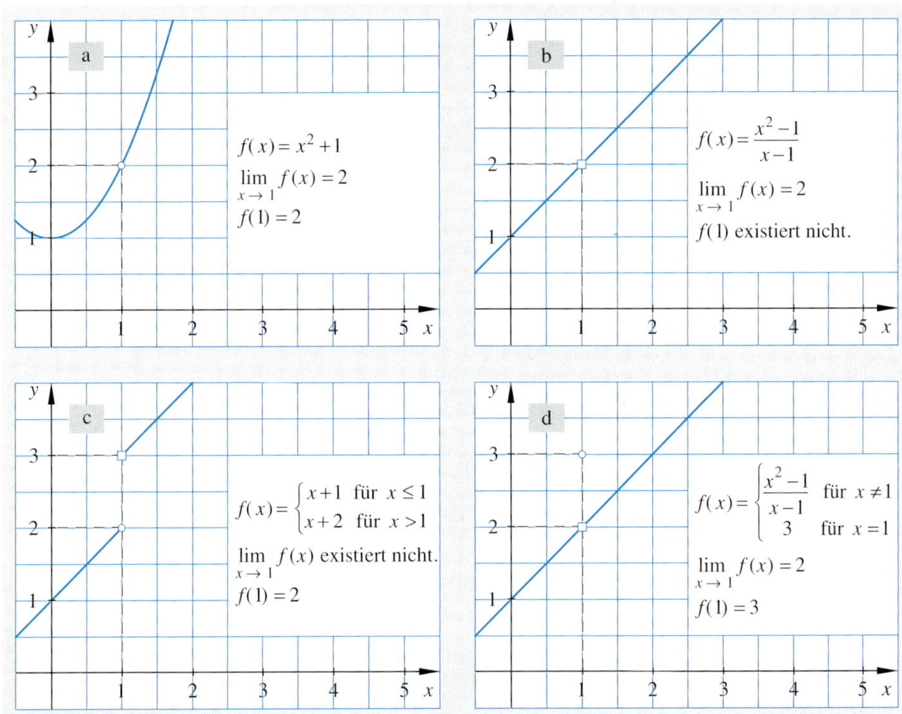

14

1. **a)** Betrachten Sie die Beispiele und erläutern Sie die Unterschiede des Verhaltens der Funktionen nahe bei der Stelle 1.
b) Vergleichen Sie die vier Beispiele danach, unter welchen Bedingungen sich der Graph der Funktion in einer Umgebung der Stelle 1 ohne Absetzen des Stiftes durchzeichnen lässt.

2. Vergleichen Sie folgende Funktionen mit den vier Funktionen im vorangehenden Beispiel. Welcher der Fälle a), b), c) oder d) liegt vor, wenn Sie $\lim\limits_{x \to 3} f(x)$ bilden?

a) $f(x) = \begin{cases} x + 2 & \text{für } x \neq 3 \\ 4 & \text{für } x = 3 \end{cases}$

b) $f(x) = \begin{cases} x + 2 & \text{für } x < 3 \\ x + 1 & \text{für } x \geq 3 \end{cases}$

c) $f(x) = \begin{cases} x + 2 & \text{für } x \neq 3 \\ 5 & \text{für } x = 3 \end{cases}$

d) $f(x) = x + 2$ für $x \neq 3$

Funktionen, deren Graph sich in einer Umgebung einer Stelle x_0 ohne Absetzen des Stiftes zeichnen lassen, werden als stetig bezeichnet. Diese anschauliche Vorstellung lässt sich durch einen Vergleich der Beispiele a) bis d) präzisieren:

DEFINITION f sei eine Funktion, x_0 eine reelle Zahl. f sei in einer Umgebung der Stelle x_0 definiert.
f* ist stetig an der Stelle *x₀ genau dann, wenn (1) $\lim\limits_{x \to x_0} f(x)$ existiert

und

(2) $\lim\limits_{x \to x_0} f(x) = f(x_0)$

Ist auch nur eine der Bedingungen (1) oder (2) nicht erfüllt, so heißt f an der Stelle x_0 **unstetig**.

Beispiele: Zu untersuchen ist, ob die jeweilige Funktion an der Stelle 1 stetig ist:

a) $f(x) = x^2 + 1$ **b)** $f(x) = \frac{x^2 - 1}{x - 1}$ **c)** $f(x) = \begin{cases} \frac{x^2 - 1}{x - 1} & \text{für } x \neq 1 \\ 3 & \text{für } x = 1 \end{cases}$

Zu a): $f(x) = x^2 + 1$ ist in jeder Umgebung der Stelle 1 definiert, denn es ist ja $D_f = \mathbb{R}$.
Nun prüfen wir, ob die Bedingungen (1) und (2) aus der Definition erfüllt sind.
(1) Es ist $\lim\limits_{x \to 1} f(x) = \lim\limits_{x \to 1} (x^2 + 1) = 2$, also der Grenzwert der Funktion an der Stelle 1 existiert.
(2) Es ist $f(1) = 2$. Damit gilt $\lim\limits_{x \to 1} f(x) = f(1)$.
Ergebnis: Beide Bedingungen sind erfüllt, also ist f an der Stelle 1 stetig.

Zu b): Die Funktion $f(x) = \frac{x^2 - 1}{x - 1}$ ist an der Stelle 1 nicht definiert, da im Term $\frac{x^2 - 1}{x - 1}$ für $x = 1$ der Nenner 0 wird.
Folglich kann die Funktion dort nicht stetig sein.

Zu c): Die Funktion $f(x) = \begin{cases} \frac{x^2 - 1}{x - 1} & \text{für } x \neq 1 \\ 3 & \text{für } x = 1 \end{cases}$ ist in jeder Umgebung von 1 definiert ($D_f = \mathbb{R}$). Die Bedingung (1) ist erfüllt, denn es ist $\lim\limits_{x \to 1} f(x) = 2$. Wegen $f(1) = 3$ ist aber $\lim\limits_{x \to 1} = f(x) \neq f(1)$, also die Bedingung (2) nicht erfüllt.

3. Untersuchen Sie, ob die Funktion f an der Stelle x_0 stetig ist:

a) $f(x) = x + 1$, $x_0 = 0$ **b)** $f(x) = x + 2$, $x_0 = 2$
c) $f(x) = x^2$, $x_0 = 1$ **d)** $f(x) = x^2 - 1$, $x_0 = 2$
e) $f(x) = \frac{x^2}{x}$, $x_0 = 0$ **f)** $f(x) = \frac{x^2}{x}$, $x_0 = 1$
g) $f(x) = \begin{cases} x - 1 & \text{für } x \leq 2 \\ x + 1 & \text{für } x > 2 \end{cases}$, $x_0 = 2$ **h)** $f(x) = \frac{x^2 - 4}{x - 2}$, $x_0 = 2$

4. Es sei $f(x) = \begin{cases} x+1 & \text{für } x \leq 0 \\ x & \text{für } x > 0 \end{cases}$

a) Geben Sie den Definitionsbereich von f an.
b) Gibt es eine Stelle im Definitionsbereich, an der f unstetig ist? Begründen Sie Ihre Antwort.

Die Funktion $f(x) = \frac{1}{x}$ ist an der Stelle $x = 0$ nicht stetig, da sie an dieser Stelle gar nicht definiert ist. Sie ist jedoch an anderen Stellen stetig, also an jeder Stelle ihres Definitionsbereiches. Ist eine Funktion f an jeder Stelle ihres Definitionsbereiches stetig, so sagt man kurz: ***f* ist stetig** oder ***f* ist eine stetige Funktion**.

5. Beweisen Sie, dass die Funktion f stetig ist (d.h. an **jeder** Stelle ihres Definitionsbereiches stetig ist):

a) $f(x) = x$ **b)** $f(x) = 3x + 4$ **c)** $f(x) = 3$ **d)** $f(x) = \frac{1}{x^2}$
e) $f(x) = x^2$ **f)** $f(x) = 2x^2 - 1$ **g)** $f(x) = -2$ **h)** $f(x) = x - 7$

Die Funktion $f(x) = \begin{cases} x+1 & \text{für } x \leq 1 \\ x & \text{für } x > 1 \end{cases}$ ist nicht an jeder Stelle ihres Definitionsbereiches stetig. Sie ist an der Stelle 1 unstetig, weil der Grenzwert $\lim\limits_{x \to 1} f(x)$ nicht existiert. Wir finden jedoch Intervalle I derart, dass f an jeder Stelle von I stetig ist. Ein solches Intervall ist z.B. $]2;3[$, aber auch $]1;4[$. Ist eine Funktion f an jeder Stelle eines Intervalls stetig, so sagt man kurz: ***f* ist in *I* stetig.**[1]

6. Geben Sie drei verschiedene Intervalle an, in denen die Funktion f stetig ist:

a) $f(x) = \frac{1}{(x-1)(x-2)}$ **b)** $f(x) = \begin{cases} x & \text{für } x \leq 2 \\ x+1 & \text{für } x > 2 \end{cases}$

7. Entscheiden Sie, ob die Funktion f an der Stelle x_0 stetig oder unstetig ist:

a) $f(x) = \begin{cases} \frac{x^2 - 9}{x+3} & \text{für } x \neq -3 \\ 3 & \text{für } x = -3 \end{cases}$ **b)** $f(x) = \begin{cases} \frac{1}{x-2} & \text{für } x \neq 2 \\ 0{,}5 & \text{für } x = 2 \end{cases}$

c) $f(x) = \begin{cases} \frac{1}{x} & \text{für } x \neq 0 \\ 1 & \text{für } x = 0 \end{cases}$ **d)** $f(x) = \begin{cases} \frac{x^2 - 4}{x-2} & \text{für } x \neq 2 \\ 2 & \text{für } x = 2 \end{cases}$

Die Grenzwertsätze für Funktionen liefern ein rationelles Mittel für den Nachweis der Stetigkeit der rationalen Funktionen. Die beiden folgenden Aussagen sind dabei grundlegend:
(1) Jede konstante Funktion ist stetig (d.h. an jeder Stelle ihres Definitionsbereiches).
(2) Die identische Funktion $f(x) = x$ ist stetig.
Mit Hilfe der Grenzwertsätze kann man auf (1) und (2) gestützt nachweisen, dass jede rationale Funktion stetig ist.

---

[1] Ist I ein abgeschlossenes Intervall $[a;b]$, so fordert man $\lim\limits_{n \to \infty} f(x_n) = f(a)$ bzw. $\lim\limits_{n \to \infty} f(x_n) = f(b)$ nur für solche Folgen (x_n), die ganz im Intervall verlaufen und gegen a bzw. b konvergieren. Das bedeutet, dass man sich der Zahl a nur von rechts und der Zahl b nur von links nähert.

Beispiel: Gegeben sei die Funktion f mit $f(x) = \frac{x^2 + 3x - 2}{x + 5}$.
Man zeige, dass f stetig ist.
Es sind nach (1) und (2) die Funktionen $f_1(x) = x$, $f_2(x) = 3$, $f_3(x) = -2$ und $f_4(x) = 5$ stetig. Nach den Grenzwertsätzen für Funktionen folgt daraus:
Ist x_0 eine beliebige Stelle des Definitionsbereiches der gegebenen Funktion f (also $x_0 \neq -5$) so gilt:

$$\lim_{x \to x_0} x^2 = \lim_{x \to x_0} [f_1(x) \cdot f_1(x)] = \lim_{x \to x_0} f_1(x) \cdot \lim_{x \to x_0} f_1(x) = x_0 \cdot x_0$$

$$\lim_{x \to x_0} 3x = \lim_{x \to x_0} [f_2(x) \cdot f_1(x)] = \lim_{x \to x_0} f_2(x) \cdot \lim_{x \to x_0} f_1(x) = 3x_0$$

$$\lim_{x \to x_0} (x^2 + 3x - 2) = \lim_{x \to x_0} x^2 + \lim_{x \to x_0} 3x + \lim_{x \to x_0} (-2) = x_0^2 + 3x_0 - 2$$

$$\lim_{x \to x_0} (x + 5) = \lim_{x \to x_0} [f_1(x) + f_4(x)] = \lim_{x \to x_0} f_1(x) + \lim_{x \to x_0} f_4(x) = x_0 + 5$$

und schließlich

$$\lim_{x \to x_0} f(x) = \lim_{x \to x_0} \frac{x^2 + 3x - 2}{x + 5} = \frac{\lim_{x \to x_0} (x^2 + 3x - 2)}{\lim_{x \to x_0} (x + 5)} = \frac{x_0^2 + 3x_0 - 2}{x_0 + 5} = f(x_0)$$

8. **a)** Beweisen Sie die Aussage (1).
b) Beweisen Sie die Aussage (2).

9. Beweisen Sie, dass die Funktion f mit $f(x) = \frac{x^3 - 1}{x}$ stetig ist. (Hinweis: Orientieren Sie sich an dem vorangehenden Beispiel.)

10. Beweisen Sie, dass die Funktion f mit $f(x) = \frac{1}{x^2 + 6}$ stetig ist.

11.* Widerlegen Sie die folgende Behauptung:
Sind f_1 und f_2 an der Stelle x_0 unstetig, so ist auch die Funktion $f_1 + f_2$ an der Stelle x_0 unstetig.
(Hinweis: Betrachten Sie dazu die Funktionen

$$f_1(x) = \begin{cases} x & \text{für } x \leq 1 \\ x + 1 & \text{für } x > 1 \end{cases} \quad \text{und}$$

$$f_2(x) = \begin{cases} x + 2 & \text{für } x \leq 1 \\ x + 1 & \text{für } x > 1 \end{cases} \quad \text{an der Stelle } x_0 = 1.)$$

12. f_1 und f_2 seien Funktionen, die an der Stelle x_0 stetig sind.
Begründen Sie folgende Aussagen:
a) $f_1 + f_2$ ist an der Stelle x_0 stetig.
b) $f_1 - f_2$ ist an der Stelle x_0 stetig.
c) $f_1 \cdot f_2$ ist an der Stelle x_0 stetig.
d) $\frac{f_1}{f_2}$ ist an der Stelle x_0 stetig, falls $f_2(x_0) \neq 0$ ist.

Ist eine Funktion in einem abgeschlossenen Intervall stetig, so ergeben sich daraus interessante Eigenschaften für die Funktion. Wir wollen zunächst mit Bezug auf die Anschauung eine solche Eigenschaft gewinnen.

Gegeben sei die Funktion $f(x) = x^3 - x - 2$. Hat diese Funktion im Intervall $[0; 2]$ eine Nullstelle?
Es ist $f(0) = -2$ und $f(2) = 4$. Zum Graphen der Funktion gehören also die Punkte $(0; -2)$ und $(2; 4)$. Der eine Punkt liegt unterhalb, der andere oberhalb der x-Achse. Da die Funktion im Intervall stetig ist, wird man beim Zeichnen des Graphen im betreffenden Intervall $[0; 2]$ wenigstens einmal die x-Achse schneiden müssen. Das bedeutet, dass der Graph von f im Intervall $[0; 2]$ wenigstens einen Schnittpunkt mit der x-Achse haben muss. Also hat f im Intervall eine Nullstelle. Diese hier anschaulich gewonnene Eigenschaft gilt tatsächlich für stetige Funktionen:

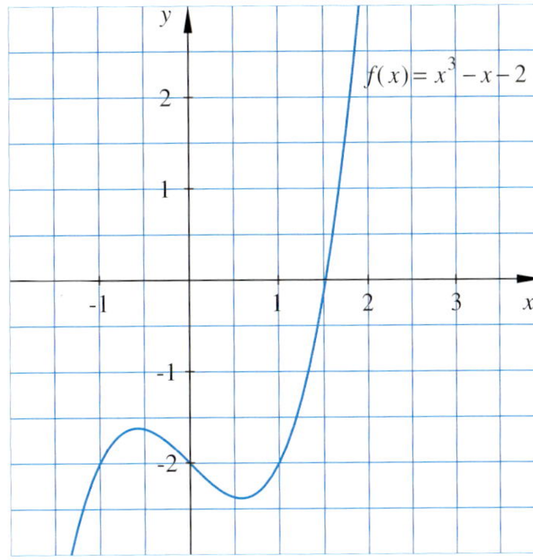

15

> **SATZ 4 (Nullstellensatz):** f sei eine Funktion, $[a; b]$ ein abgeschlossenes Intervall. Wenn f in $[a; b]$ stetig ist und $f(a)$ und $f(b)$ unterschiedliche Vorzeichen haben, so hat f im Intervall $[a; b]$ wenigstens eine Nullstelle.

Auf eine Ausführung des Beweises verzichten wir hier.

13. Zeigen Sie mit dem Beispiel $f(x) = \begin{cases} x - 3 & \text{für } x \leq 2 \\ x + 3 & \text{für } x > 2 \end{cases}$ im Intervall $[0; 3]$, dass die Stetigkeit eine notwendige Voraussetzung für die Behauptung im Nullstellensatz ist.

14. Zeigen Sie anhand des Beispiels $f(x) = \begin{cases} \frac{1}{2} & \text{für } x \neq 0 \\ -2 & \text{für } x = 0 \end{cases}$ im Intervall $]0; 2[$, dass für die Behauptung im Nullstellensatz die Stetigkeit von f im offenen Intervall $]a; b[$ nicht ausreichend ist.

Die Aussage des Nullstellensatzes kann noch verallgemeinert werden. Ist z.B. $f(a) < 0$ und $f(b) > 0$, so ist 0 nur ein spezieller Wert zwischen $f(a)$ und $f(b)$. Ist y irgendeine Zahl zwischen $f(a)$ und $f(b)$, so muss auch diese unter den Funktionswerten der im Intervall $[a; b]$ stetigen Funktion vorkommen.
Dabei ist es gar nicht von Bedeutung, dass $f(a) < 0$ und $f(b) > 0$ ist, sondern lediglich, dass $f(a) \neq f(b)$ ist. Damit erhalten wir:

> **SATZ 5** (Satz über die Annahme der Zwischenwerte[1] oder kurz **Zwischenwertsatz**):
> f sei eine Funktion, $[a; b]$ ein abgeschlossenes Intervall.
> Wenn f stetig in $[a; b]$ und $f(a) \neq f(b)$ ist, so nimmt f im Intervall $[a; b]$ jeden Wert zwischen $f(a)$ und $f(b)$ wenigstens einmal an.

[1] Man findet dieses Satz auch unter der Bezeichnung *Satz von Bolzano*.

16.* Begründen Sie, dass der Nullstellensatz ein Sonderfall des Zwischenwertsatzes ist.

Im Hinblick auf Funktionsuntersuchungen im folgenden Kapitel wollen wir noch eine weitere Eigenschaft stetiger Funktionen hervorheben.

SATZ 6 (Satz vom Maximum und Minimum):
f sei eine Funktion, $[a; b]$ ein abgeschlossenes Intervall.
Wenn f stetig in $[a; b]$ ist, so hat f in $[a; b]$ ein Maximum und ein Minimum.

Die Aussage des letzten Satzes bedeutet, dass die Menge der Funktionswerte, die f im Intervall $[a; b]$ annimmt, einen größten und einen kleinsten Wert enthält. Man kann also eine Zahl x mit $x \in [a; b]$ derart finden, dass $f(x)$ die größte Zahl unter den Funktionswerten ist, die im Intervall $[a; b]$ angenommen werden, und man kann eine Zahl x^* derart finden, dass $f(x^*)$ die kleinste Zahl unter den Funktionswerten ist, die im Intervall $[a; b]$ angenommen werden.
Auch hier werden wir auf einen Beweis verzichten.

Beispiel: Die Funktionen
a) $f(x) = 2x + 4$ und
b) $f(x) = x^2 - 2x - 3$
sind im abgeschlossenen Intervall $[0; 3]$ stetig. Man ermittle den größten und den kleinsten Funktionswert in dem Intervall.
a) Für alle x aus dem Intervall $[0; 3]$ gilt $4 = f(0) \leq f(x) \leq f(3) = 10$.
b) Für alle x aus dem Intervall $[0; 3]$ gilt $-4 = f(1) \leq f(x) \leq f(3) = 0$.

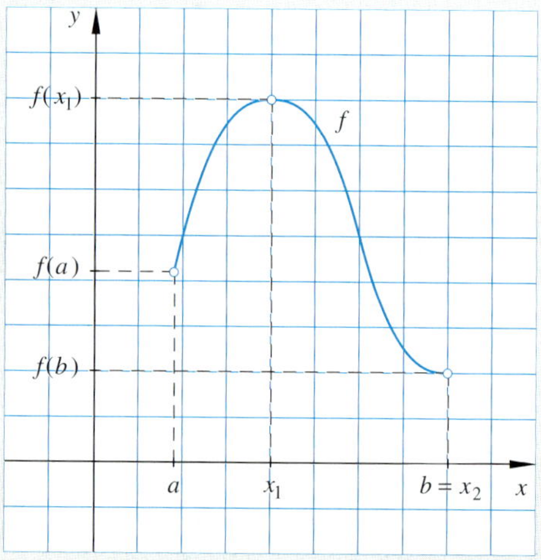

16

17. Begründen Sie mit dem Beispiel $f(x) = \frac{1}{x}$ im offenen Intervall $]0; 2[$, dass die Abgeschlossenheit des Intervalls für die Behauptung eine notwendige Voraussetzung ist.

18. Begründen Sie folgende Aussagen:
a) Wenn f eine im Intervall $[a; b]$ streng monoton wachsende Funktion ist, so ist $f(a)$ der kleinste Funktionswert und $f(b)$ der größte Funktionswert im Intervall $[a; b]$.
b) Wenn f eine quadratische Funktion ist und die Abszisse x_s des Scheitelpunktes im Intervall $[a; b]$ liegt, so ist $f(x_s)$ entweder kleinster oder größter Funktionswert von f im Intervall $[a; b]$.

5 Näherungsverfahren

Häufig gelangt man zur Lösung eines Problems durch das Ermitteln von Nullstellen oder Extremstellen einer Funktion.

1. **a)** Ein Dieselmotor treibt eine Pumpe zur Entwässerung einer Baustelle an. Er benötigt pro Stunde 5,7 l Dieselöl. Nach welcher Zeit ist der Vorrat an Kraftstoff aufgebraucht, wenn zu Beginn 160 l Dieselöl im Tank sind?

b) Die Flugbahn der Kugel, die Ulf Timmermann bei seinem Weltrekord im Kugelstoßen 1985 stieß, wird in etwa durch die Funktion $f(x) = -0{,}0483x^2 + x - 2{,}1$ beschrieben. Dabei ist x die Flugweite und $f(x)$ die Flughöhe des Schwerpunktes der Kugel, jeweils in Meter gemessen. Welche Weite erreichte Ulf Timmermann damals mit der Kugel?

c) Frau Wiegel schließt mit ihrer Bank einen Sparvertrag ab. Drei Jahre lang zahlt sie zu Jahresbeginn 2000 DM ein. Die Bank verzinst die Geldanlage mit 4%. Nach drei Jahren kann Frau Wiegel über ihr Sparguthaben verfügen. Die Bank behält jedoch 1% des Guthabens als Bearbeitungsgebühr ein.
Wie hoch ist der effektive Jahreszins, den Frau Wiegel bei dem Sparguthaben hat?

Um die Nullstellen einer linearen oder quadratischen Funktion zu ermitteln, sind lineare oder quadratische Gleichungen zu lösen. Für solche Gleichungen kennen wir Lösungsverfahren, die in einer übersehbaren Zahl von Schritten alle Lösungen der Gleichung liefern. Viele praktische Probleme führen aber auf Gleichungen, für die wir kein Lösungsverfahren mittels äquivalenter Umformungen kennengelernt haben bzw. für die es ein solches Verfahren gar nicht gibt. Dann kommen Verfahren zur Anwendung, mit denen man näherungsweise Lösungen der Gleichung ermitteln kann. So führt z.B. die Lösung der Aufgabe 1c) auf eine Gleichung dritten Grades, für die wir kein Lösungsverfahren kennengelernt haben.

Beispiel: Es ist die Lösung zu Aufgabe 1c) gesucht.
Unter dem effektiven Jahreszins versteht man den Zinssatz, der auf den Betrag führt, den der Bankkunde ausgezahlt bekommt.
Zuerst ermitteln wir also den Betrag, den Frau Wiegel nach drei Jahren von der Bank zurückerhält.

	Guthaben zu Beginn des Jahres	Zinsen	Guthaben zum Ende des Jahres
1. Jahr	2000 DM	4%	2080 DM
2. Jahr	4080 DM	4%	4243,20 DM
3. Jahr	6243,20 DM	4%	6492,93 DM

Die Bank behält von der Entsumme 1%, also 64,93 DM ein. Zur Auszahlung kommen folglich 6428,00 DM.
Die Frage ist, mit welchem Zins – ohne Bearbeitungsgebühr – bei gleichen Einzahlungen nach drei Jahren genau 6428 DM erreicht werden.

Bezeichnen wir den gefragten effektiven Zinssatz mit p und setzen wir der Übersichtlichkeit wegen $1 + \frac{p}{100} = x$, so ergibt sich:

	Guthaben zu Beginn des Jahres	Guthaben zum Ende des Jahres
1. Jahr	2000 DM	$x \cdot 2000$ DM
2. Jahr	$x \cdot 2000$ DM + 2000 DM	$x(x \cdot 2000 + 2000)$ DM
3. Jahr	$x(x \cdot 2000 + 2000)$ DM + 2000 DM	$x[x(x \cdot 2000 + 2000) + 2000]$ DM

Für welche x ist $x[x(x \cdot 2000 + 2000) + 2000] = 6428$?
Gleichbedeutend mit der gestellten Frage ist: Für welche x hat die Funktion $f(x) = 2000x^3 + 2000x^2 + 2000x - 6428$ eine Nullstelle?
Es ist $f(1) < 0$ und $f(2) > 0$. Da die Funktion stetig ist, folgt nach dem Nullstellensatz, dass im Intervall $[1,2]$ eine Nullstelle sein muss. Berechnen wir jetzt $f(1{,}5)$, erhalten wir $f(1{,}5) = 7822 > 0$. Wiederum nach dem Nullstellensatz liegt im Intervall $[1; 1{,}5]$ eine Nullstelle der Funktion. Nun probieren wir es mit $f(1{,}2)$ und erhalten $f(1{,}2) = 2308$. Folglich muss eine Nullstelle im Intervall $[1; 1{,}2]$ liegen. Wir setzen das Probieren weiter fort:
$f(1{,}1) = 854$, $f(1{,}05) = 192{,}25$, $f(1{,}01) = -307{,}198$, $f(1{,}02) = -184{,}784$, $f(1{,}03) = -60{,}746$, $f(1{,}04) = 64{,}928$.
Eine Nullstelle muss im Intervall $[1{,}03; 1{,}04]$ liegen. Weiter erhalten wir $f(1{,}035) = 1{,}88575$ und $f(1{,}034) = -10{,}67$. Wir schließen nach dem Nullstellensatz auf $x \approx 1{,}035$. Für p ermitteln wir dann $p = 3{,}5\%$.

2. Überprüfen Sie durch Nachrechnen des Beispiels, dass der Zinssatz 3,5% beträgt.

3. Welches Guthaben erzielt Frau Wiegel im Beispiel mit dem effektiven Jahreszins von 3,5% tatsächlich?

4. Beschreiben Sie das im Beispiel angewendete Näherungsverfahren zur Errechnung einer Nullstelle.

Beispiel: Es ist eine Nullstelle der Funktion $f(x) = x^3 - x - 3$ zu ermitteln.
Zunächst ermitteln wir durch Probieren ein Ausgangsintervall $[a; b]$, für das $f(a) \cdot f(b) < 0$ ist. Offenbar ist $f(0) < 0$, aber auch $f(1) = -3 < 0$. Dagegen ist $f(2) = 3 > 0$. Damit haben wir ein geeignetes Ausgangsintervall gefunden, nämlich $[1; 2]$. Da f in dem Intervall $[1; 2]$ stetig ist, muss nach dem Nullstellensatz in diesem Intervall eine Nullstelle liegen. Wir wollen nun schrittweise ein immer kleineres Intervall suchen, in dem nach dem Nullstellensatz eine Nullstelle liegen muss. Wir errechnen den Funktionswert in der Mitte des Intervalls. Die Mitte ist 1,5. Es gilt $f(1{,}5) = -1{,}125 < 0$. Folglich hat f im Intervall $[1{,}5; 2]$ eine Nullstelle. Wir ermitteln wieder die Mitte des Intervalls: $\frac{1{,}5 + 2}{2} = 1{,}75$. Es ist $f(1{,}75) = 0{,}609375 > 0$. Also muss eine Nullstelle im Intervall $[1{,}5; 1{,}75]$ zu finden sein. Suchen wir wieder die Mitte des Intervalls und errechnen an dieser Stelle den Funktionswert, so erhalten wir: $f(1{,}625) = -0{,}33398 < 0$.

Eine Nullstelle der Funktion liegt im Intervall [1,625; 1,75]. Setzen wir das Verfahren fort, erhalten wir nacheinander die Intervalle:
[1,625; 1,6875], [1,65625; 1,6875], [1,65625; 1,671875], [1,6640625; 1,671875], [1,66796875; 1,671875], [1,6699; 1,6719], [1,6709; 1,6719].
Wir erhalten so den Näherungswert $x_0 \approx 1{,}67$.

5. Ermitteln Sie nach dem Näherungsverfahren im Beispiel jeweils eine Nullstelle der Funktion f:

a) $f(x) = x^3 - 2x + 1$ **b)** $f(x) = x^4 + x - 12$
c) $f(x) = 3x^3 - 4x - 1$ **d)** $f(x) = x^3 - 3x + 1$
e) $f(x) = x^4 + 2x - 15$ **f)** $f(x) = 2x^3 + x - 15$

6. Ermitteln Sie die Intervalllängen der im Beispiel errechneten Intervalle. Was stellen Sie fest?

7. **a)** Was halten Sie von dem Vorschlag, zur Verkleinerung des Intervalls [1; 2] im Beispiel der Reihe nach die Funktionswerte an den Stellen 1,1; 1,2; 1,3; …zu berechnen, bis man erstmalig einen positiven Funktionswert findet. In diesem Fall ist $f(1{,}7) > 0$ und damit eine Nullstelle im Intervall [1,6; 1,7]. Nun ermittelt man der Reihe nach die Funktionswerte an den Stellen 1,61; 1,62; …, bis man erstmalig einen positiven Funktionswert findet usw.

b) Verfahren Sie nach dem Vorschlag im Aufgabenteil a) zur Berechnung einer Nullstelle der Funktion $f(x) = x^4 - x^3 - 5$.

c) Verfahren Sie nach dem Vorschlag im Aufgabenteil a) zur Berechnung einer Nullstelle der Funktion $f(x) = x^3 + 3x - 17$.

8. **a)** Herr A. zahlt bei einer Bank drei Jahre lang jeweils zu Jahresbeginn 5000 DM ein. Am Ende des dritten Jahres erhält er 16311,51 DM von der Bank zurück. Ermitteln Sie den effektiven Jahreszins.

b) Frau B. zahlt bei ihrer Sparkasse vier Jahre lang jeweils zu Jahresbeginn 3000 DM ein. Am Ende des vierten Jahres lässt sie sich ihr Guthaben auszahlen. Sie erhält 13120 DM. Berechnen Sie den effektiven Jahreszins.

9. Ermitteln Sie mit einem graphikfähigen Taschenrechner je eine Nullstelle der in Aufgabe 7 b) und c) genannten Funktionen.

Das Ermitteln einer Nullstelle nach dem Intervallhalbierungsverfahren ist recht aufwendig. Um gute Näherungswerte zu erhalten, ist eine große Schrittzahl notwendig. Die Entwicklung rechentechnischer Hilfsmittel in den letzten Jahrzehnten hat jedoch dazu geführt, dass moderne Rechner eine große Anzahl von Rechenschritten in einem Bruchteil einer Sekunde bewältigen. Das sich auf den Nullstellensatz stützende Intervallhalbierungsverfahren kann für die Funktion $f(x) = x^3 - x - 3$ und das Ausgangsintervall [1; 2] durch das folgende Basic-Programm realisiert werden. Dabei ist $f(x_2) - f(x_1) < \varepsilon$ die Abbruchbedingung, d.h. wenn die Differenz der Zahlen $f(x_2)$ und $f(x_1)$ kleiner als eine vorgegebene Zahl ε ist, wird der Algorithmus abgebrochen.

```
1 PRINT "Eingabe Epsilon": INPUT ep
2 PRINT "Eingabe x1": INPUT x1
3 PRINT "Eingabe x2": INPUT x2
4 xs = (x1 + x2) / 2
5 IF (xs ^ 3 – xs – 3) < 0 THEN GOTO 8
6 x2 = xs
7 GOTO 9
8 x1 = xs
9 IF (x2 ^ 3 – x2 – x1 ^ 3 + x1) > ep THEN GOTO 4
10 PRINT "Lösung xs="; (x1 + x2) / 2
```

10. Verwenden Sie das Programm auf einem Rechner und ermitteln Sie eine Nullstelle für $\varepsilon = 0{,}001$.

11. Passen Sie das Programm der folgenden Aufgabe an und nutzen Sie es zur Lösung der Aufgabe. Es ist eine Nullstelle der Funktion $f(x) = x^3 - 3x^2 + 1$ im Intervall $[2; 3]$ zu ermitteln.

12. Ersetzt man in dem Basic-Programm die Zeilen 4 bis 10 durch

```
4 a1 = x1 ^ 3 + 2 * x1 – 4
5 a2 = x2 ^ 3 + 2 * x2 – 4
6 xs = x1 – a1 * (x2 – x1)/(x2 – a1)
7 IF(xs ^ 3 + 2 * xs – 4) < 0
  THEN GOTO 10
8 x2 = xs
9 GOTO 10
10 x1 = xs
11 IF ABS(xs ^ 3 + 2 * xs – 4) > ep
   THEN GOTO 4
12 PRINT "Lösung xs ="; xs
```

so erhält man ein Basic-Programm zur Berechnung einer Nullstelle der Funktion f im Intervall $[1; 2]$ nach der regula falsi (siehe auch Kap. A, Seite 37).

a) Wählen Sie $\varepsilon = 0{,}05$. Ermitteln sie eine Nullstelle der Funktion $f(x) = x^3 - x - 3$ im Intervall $[1; 2]$ nach dem geänderten Programm auf einem Rechner.

13. Ermitteln Sie eine Nullstelle der stetigen Funktion im angegebenen Intervall unter Verwendung des Halbierungsverfahrens bzw. der regula falsi.

a) $f(x) = x^4 - 3x^2 + 2x - 5$; Intervall $[1; 2]$

b) $f(x) = x^3 + 2x - 4$; Intervall $[1; 2]$

14. Die Funktion $f(x) = 0{,}5x^3 + x - 1$ hat eine Nullstelle bei $x_0 \approx 0{,}771$.

a) Überprüfen Sie durch Einsetzen, dass x_0 annähernd eine Nullstelle der Funktion ist.

b) Bestätigen Sie die Nullstellen, indem Sie den Graphen der Funktion im Intervall $[-1; 2]$ zeichnen.

c) Berechnen Sie die Nullstelle, indem Sie das oben abgebildete Basic-Programm für die gegebene Funktion anpassen und dann anwenden.

d) Berechnen Sie die Nullstelle, indem Sie das Basic-Programm für die regula falsi (vgl. Aufgabe 11) für die Funktion anpassen und anwenden.

e) Vergleichen Sie die Ergebnisse von b), c) und d) miteinander.

ZUSAMMENFASSUNG:

Begriffe	**Beispiele**
$\lim\limits_{x \to x_0} f(x) = g$ bedeutet: Für jede Folge (x_n), die gegen x_0 konvergiert ($x_n \in D_f$ und $x_n \neq x_0$ für alle n), konvergiert die Folge $(f(x_n))$ der zugehörigen Funktionswerte gegen g.	$\lim\limits_{x \to 1}(x^2 + 2) = 3$
f sei eine Funktion, x_0 eine reelle Zahl. f sei in einer Umgebung der Stelle x_0 definiert. ***f* ist stetig an der Stelle x_0** genau dann, wenn (1) $\lim\limits_{x \to x_0} f(x)$ existiert und (2) $\lim\limits_{x \to x_0} f(x) = f(x_0)$	f mit $f(x) = x^2 + 2$ ist an der Stelle 1 stetig, denn f ist in einer Umgebung von 1 definiert, $\lim\limits_{x \to 1}(x^2 + 2)$ existiert und $\lim\limits_{x \to 1}(x^2 + 2) = f(1)$.
Ist eine Funktion f an jeder Stelle ihres Definitionsbereiches stetig, so sagt man kurz: ***f* ist stetig** oder ***f* ist eine stetige Funktion**.	f mit $f(x) = \frac{1}{x}$ ist eine stetige Funktion.

Sätze

Nullstellensatz
f sei eine Funktion, $[a; b]$ ein abgeschlossenes Intervall.
Wenn f in $[a; b]$ stetig ist und $f(a)$ und $f(b)$ unterschiedliche Vorzeichen haben, so hat f im Intervall $[a; b]$ wenigstens eine Nullstelle.

Satz über die Annahme der Zwischenwerte (Zwischenwertsatz)
f sei eine Funktion, $[a; b]$ ein abgeschlossenes Intervall.
Wenn f stetig in $[a; b]$ und $f(a) \neq f(b)$ ist, so nimmt f im Intervall $[a; b]$ jeden Wert zwischen $f(a)$ und $f(b)$ wenigstens einmal an.

Satz vom Maximum und Minimum
f sei eine Funktion, $[a; b]$ ein abgeschlossenes Intervall.
Wenn f stetig in $[a; b]$ ist, so hat f in $[a; b]$ ein Maximum und ein Minimum.

D

Einführung in die Differenzialrechnung

1 Die Ableitung einer Funktion

Zwei Beispiele zur Einführung

1. Bild 1 zeigt das Weg-Zeit-Diagramm einer gleichmäßig beschleunigten Bewegung.

a) Interpretieren Sie die Bewegung. Um welchen realen Vorgang könnte es sich handeln?

b) Berechnen Sie die mittlere Geschwindigkeit (Durchschnittsgeschwindigkeit) im Intervall $[1, 3]$.

c) Wie ändert sich die mittlere Geschwindigkeit, wird anstelle von $[1, 3]$ ein Intervall $[1, t]$ mit $1 < t < 3$ betrachtet? Begründen Sie Ihre Aussage.

d) Geben Sie die mittlere Geschwindigkeit im Intervall $[1, t]$ für $1 < t \leq 3$ in Abhängigkeit von t an.

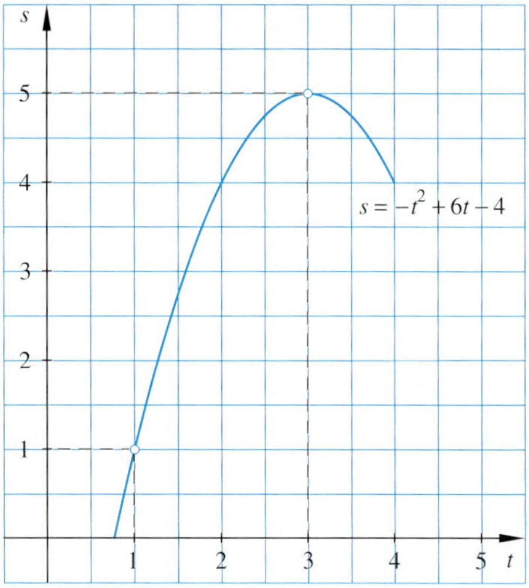

1

e) Der Grenzwert der in d) gefundenen Funktion für $t \to 1$ ist die Geschwindigkeit (Augenblicksgeschwindigkeit) zum Zeitpunkt $t = 1$. Berechnen Sie diese Geschwindigkeit.

2. Bild 2 zeigt einen Temperaturverlauf während eines bestimmten Zeitraumes.

a) Klaus behauptet, dass sich die Temperatur zwischen 6.00 und 8.00 Uhr stärker verändert hat als zwischen 9.00 und 16.00 Uhr. Dieter ist gegenteiliger Meinung. Finden Sie Argumente, mit denen beide ihre Aussage begründen können.

b) Wer von beiden hat Recht, wenn man nach der mittleren Temperaturänderung vergleicht?

c) Zu welcher Zeit etwa erfolgte die stärkste Temperaturänderung?

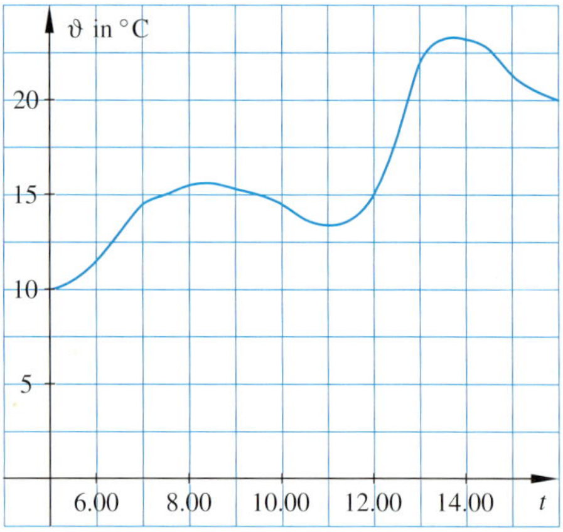

2

Mittlerer Anstieg einer Funktion, Differenzenquotient

Eine Gerade, die mit dem Graphen einer Funktion f (mindestens) zwei Punkte $P_1(x_1, f(x_1))$ und $P_2(x_2, f(x_2))$ gemeinsam hat, heißt eine **Sekante** des Graphen (Bild 3). Den Anstieg $m = \frac{f(x_2) - f(x_1)}{x_2 - x_1}$ der Sekante nennt man den **mittleren Anstieg** der Funktion f im Intervall $[x_1, x_2]$. (Dabei wird $x_1 < x_2$ und $[x_1, x_2] \subseteq D(f)$ vorausgesetzt.)

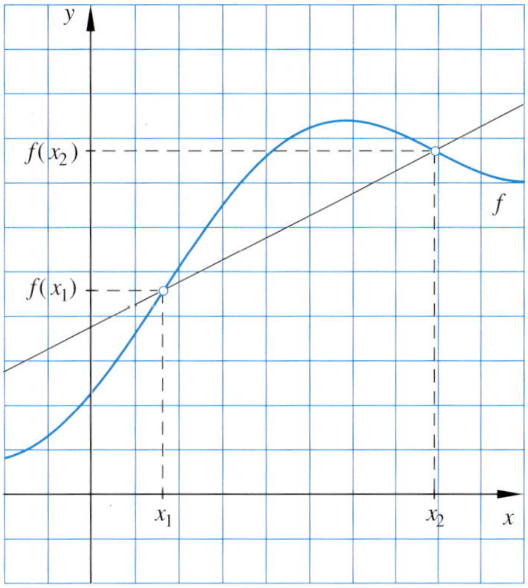

3

Beispiel: Wir berechnen den mittleren Anstieg m der Funktion $f(x) = \sqrt{x}$ im Intervall $[1, 4]$.
Es ist $m = \frac{f(4) - f(1)}{4 - 1} = \frac{\sqrt{4} - \sqrt{1}}{4 - 1} = \frac{1}{3}$.

3. Berechnen Sie den mittleren Anstieg von f im Intervall $[x_1, x_2]$ und skizzieren Sie den Graphen der Funktion und die jeweilige Sekante:

a) $f(x) = x^2;\ x_1 = 0,\ x_2 = 2$
b) $f(x) = x^2;\ x_1 = 0,\ x_2 = 3$
c) $f(x) = x^2;\ x_1 = -1,\ x_2 = 4$
d) $f(x) = x^2 - 2;\ x_1 = -1,\ x_2 = 4$
e) $f(x) = x^2 + 2x - 3;\ x_1 = -2,\ x_2 = 0$
f) $f(x) = 2\sin x;\ x_1 = \frac{\pi}{6},\ x_2 = \frac{5\pi}{3}$
g) $f(x) = \sqrt{|x| + 2};\ x_1 = -1,\ x_2 = 10$
h) $f(x) = \frac{-4}{x^2 + 2};\ x_1 = -3,\ x_2 = 1$

4. Ermitteln Sie eine Zahl x_2, so dass f im Intervall $[x_1, x_2]$ den mittleren Anstieg m hat:

a) $f(x) = x^2 - 6x + 9;\ x_1 = 1,\ m = -1$
b) $f(x) = x^3;\ x_1 = -1,\ m = 1$
c) $f(x) = \cos x;\ x_1 = -\frac{\pi}{4},\ m = 0$
d) $f(x) = \frac{3}{x^2 + 1};\ x_1 = -3,\ m = \frac{3}{5}$
e) $f(x) = \frac{1}{|x|};\ x_1 = -4,\ m = \frac{1}{6}$
f) $f(x) = \sqrt{x};\ x_1 = 1,\ m = \frac{1}{4}$

5. Überprüfen Sie, ob die folgenden Geraden Sekanten der jeweiligen Funktionen sind und ermitteln Sie gegebenenfalls ein Intervall, in dem die Gerade Sekante ist:

a) $y = \frac{1}{2}x - \frac{1}{2};\ f(x) = \sqrt{x - 1}$
b) $y = x + 8;\ f(x) = x^3 + 2x^2 - 3x$
c) $y = 2x + 2;\ f(x) = x^3 - 3x^2 + 3x - 1$
d) $y = -2x + 3;\ f(x) = \frac{1}{x^2}$
e) $y = 2x;\ f(x) = \frac{1}{x}$
f) $y = 1;\ f(x) = \cos x$

6. Ermitteln Sie die Gleichung der Sekante von f im Intervall $[a, b]$:

a) $f(x) = x^2 + 1;\ a = -1,\ b = 2$
b) $f(x) = \frac{3}{x - 1};\ a = 2,\ b = 7$
c) $f(x) = kx^3 + x^2\ (k \in \mathbb{R});\ a = 1,\ b = 2$
d) $f(x) = \sin x;\ a = 0,\ b = \frac{\pi}{2}$

7. Die Gerade mit der Gleichung $y = mx + n$ sei Sekante der Funktion f im Intervall $[a, b]$. Geben Sie eine Gleichung der Sekante von g in $[a, b]$ an:

a) $g(x) = f(x) + c \ (c \in \mathbb{R})$ **b)** $g(x) = -f(x)$ **c)** $g(x) = -f(x) + c \ (c \in \mathbb{R})$

8. **a)** Berechnen Sie den mittleren Anstieg von $f(x) = \sqrt{2x + 1}$ sowie von $g(x) = 3\sqrt{2x + 1}$ jeweils im Intervall $[1, 4]$.

b) Beweisen Sie: Hat die Funktion $f(x)$ im Intervall $[x_1, x_2]$ den mittleren Anstieg m, so hat $g(x) = c \cdot f(x) \ (c \in \mathbb{R})$ den mittleren Anstieg $c \cdot m$.

c) Es seien $f(x) = -x^3$ und $g(x) = x^2$.
Berechnen Sie den mittleren Anstieg der Funktionen f, g und $f + g$ im Intervall $[1, 2]$.

d) Die Funktionen f und g mögen in $[x_1, x_2]$ den mittleren Anstieg m_f bzw. m_g haben. Welchen Anstieg hat die Sekante von $f + g$ in $[x_1, x_2]$? Beweisen Sie Ihre Behauptung.

9. Gegeben ist die Funktion $f(x) = x^2$.

a) Ermitteln Sie den Anstieg der Sekante im Intervall $[2, 2 + h]$ für $h = 1$ und für $h = \frac{1}{4}$.

b) Ermitteln Sie den Anstieg der Sekante im Intervall $[2 + h, 2]$ für $h = -2$ und für $h = -\frac{1}{2}$.

c) Geben Sie für $h > 0$ den Anstieg der Sekante im Intervall $[2, 2 + h]$ sowie für $h < 0$ den Anstieg der Sekante im Intervall $[2 + h, 2]$ in Abhängigkeit von h an.
Zeigen Sie, dass man in beiden Fällen dasselbe Resultat erhält.

DEFINITION Es sei f eine an der Stelle x_0 definierte Funktion und $h \neq 0$ eine Zahl, so dass das Intervall $[x_0, x_0 + h]$ (für $h > 0$) bzw. $[x_0 + h, x_0]$ (für $h < 0$) im Definitionsbereich von f enthalten ist.
Dann heißt $\frac{f(x_0 + h) - f(x_0)}{h}$ der **Differenzenquotient** von f an der Stelle x_0.

Bemerkungen:

1. Der Differenzenquotient von f an der Stelle x_0 ist damit eine Funktion, deren Definitionsbereich aus allen Zahlen h $(h \neq 0)$ mit $[x_0, x_0 + h] \subseteq D(f)$ bzw. $[x_0 + h, x_0] \subseteq D(f)$ besteht. Diese Funktion beschreibt den Anstieg der Sekante und damit den mittleren Anstieg von f im Intervall $[x_0, x_0 + h]$ bzw. $[x_0 + h, x_0]$.

2. Bezeichnet man die Zahl $x_0 + h$ mit x, so nimmt der Differenzenquotient die Form $\frac{f(x) - f(x_0)}{x - x_0}$ an. In der Form $\frac{f(x) - f(x_0)}{x - x_0}$ wird die Bezeichnung „Differenzenquotient" verständlich: im Nenner steht die Differenz der Argumente x und x_0, im Zähler steht die Differenz der zugehörigen Funktionswerte.

10. Bilden Sie den Differenzenquotienten von f an der Stelle x_0 jeweils in der Form $\frac{f(x_0 + h) - f(x_0)}{h}$ und in der Form $\frac{f(x) - f(x_0)}{x - x_0}$:

a) $f(x) = x^2,\ x_0 = 3$ **b)** $f(x) = -x^2,\ x_0 = 3$ **c)** $f(x) = \frac{3}{x},\ x_0 = 1$

d) $f(x) = \sin x,\ x_0 = \pi$ **e)** $f(x) = x,\ x_0$ beliebig **f)** $f(x) = \frac{1}{2}\sqrt{x},\ x_0 = 2$

Anstieg einer Funktion an einer Stelle, Differenzialquotient

11. Gegeben ist die Funktion $f(x) = x^2$.

a) Ermitteln Sie den Anstieg der Sekante im Intervall $[2, 2 + h]$ für folgende Werte von h: $2, 1, \frac{1}{2}, \frac{1}{10}, \frac{1}{100}$.

b) Ermitteln Sie den Anstieg der Sekante im Intervall $[2 + h, 2]$ für folgende Werte von h: $-\frac{3}{2}, -1, -\frac{1}{4}, -\frac{1}{10}, -\frac{1}{100}$.

c) Beschreiben Sie das Verhalten des Differenzenquotienten von f an der Stelle 2. Beweisen Sie Ihre Aussage.

Existiert der Grenzwert $\lim\limits_{h \to 0} \frac{f(x_0 + h) - f(x_0)}{h}$, so nennt man diesen Grenzwert den **Anstieg von f an der Stelle x_0**.

12. Bilden Sie für die folgenden Funktionen den Differenzenquotienten von f an der Stelle x_0. Prüfen Sie, ob der Grenzwert $\lim\limits_{h \to 0} \frac{f(x_0 + h) - f(x_0)}{h}$ existiert und berechnen Sie ihn gegebenenfalls:

a) $f(x) = x^2,\ x_0 = 2$
b) $f(x) = x^2,\ x_0 = -2$
c) $f(x) = 2x^2,\ x_0 = -1$
d) $f(x) = 2x^2,\ x_0 = 0$
e) $f(x) = |x|,\ x_0 = 0$
f) $f(x) = |x|, x_0 = -2$
g) $f(x) = 3x - 1,\ x_0$ beliebig
h) $f(x) = x^3 + 3,\ x_0 = 2$

Mit dem Anstieg von f an der Stelle x_0 ist jetzt die **Tangente an f an der Stelle x_0** definierbar:
Die Gerade durch den Punkt $P_0(x_0, f(x_0))$ mit dem Anstieg

$$m = \lim_{h \to 0} \frac{f(x_0 + h) - f(x_0)}{h}$$

heißt **Tangente** an f im Punkt P_0 (oder auch Tangente an f an der Stelle x_0). Bild 4 beinhaltet eine geometrische Veranschaulichung dieses Sachverhalts: Die Tangente ergibt sich als Grenzlage der Sekanten.

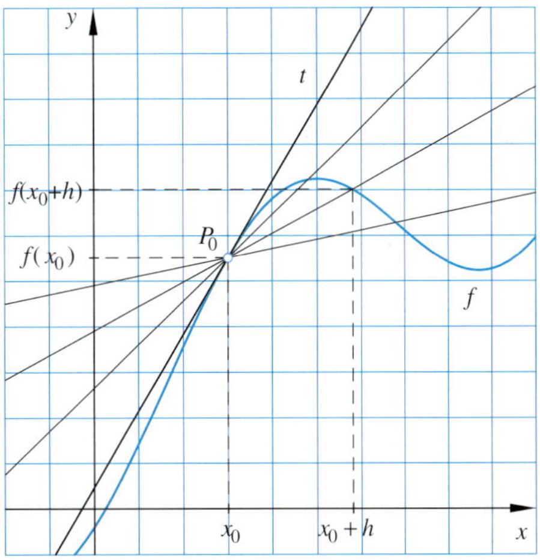

4

13. Welchen Anstieg haben die folgenden Funktionen an der Stelle x_0?

a) $f(x) = x^2,\ x_0 = 3$

b) $f(x) = x^2,\ x_0 = -3$
c) $f(x) = \frac{1}{2}x^2 + 1,\ x_0 = 2$
d) $f(x) = x^3 - 1,\ x_0 = 1$

14. Zeichnen Sie den Graphen der Funktion f und legen Sie an der Stelle x_0 die Tangente an f. Ermitteln Sie aus der grafischen Darstellung näherungsweise den Tangentenanstieg und überprüfen Sie Ihren Wert durch Rechnung:

a) $f(x) = x^3 + 1,\ x_0 = \frac{1}{2}$
b) $f(x) = \frac{1}{x},\ x_0 = 1$

15. a) Ermitteln Sie eine Gleichung der Geraden durch den Punkt $P(3,2)$ mit dem Anstieg 2.
b) Die Gleichung $y = m(x - x_0) + y_0$ beschreibt die Gerade durch den Punkt $P_0(x_0, y_0)$ mit dem Anstieg m. Beweisen Sie diese Behauptung.

Beispiel: Die Funktion $f(x) = x^3 + 1$ hat an der Stelle $x_0 = \frac{1}{2}$ den Anstieg $m = \frac{3}{4}$ (siehe Aufgabe 14a). Die Tangente an f an der Stelle $\frac{1}{2}$ wird dann durch die Gleichung $y = m\left(x - \frac{1}{2}\right) + f\left(\frac{1}{2}\right)$ beschrieben, also durch $y = \frac{3}{4}\left(x - \frac{1}{2}\right) + \left(\frac{1}{2}\right)^3 + 1$ bzw. $y = \frac{3}{4}x + \frac{3}{4}$.

16. Geben Sie für folgende Funktionen die Gleichung der Tangente an der Stelle x_0 an:
a) $y = x^2;\ x_0 = 2$ **b)** $y = 2x^2;\ x_0 = -1$ **c)** $y = 3x - 1;\ x_0 = 2$
d) $y = x^3;\ x_0 = 0$ **e)** $y = x^3;\ x_0 = 1$ **f)** $y = |x|,\ x_0 \neq 0$

17. Erläutern Sie, warum die aus der Elementargeometrie bekannte Definition einer Tangente an einen Kreis für Tangenten an Funktionen nicht übernommen werden kann. Benutzen Sie die Beispiele aus Aufgabe 16.

Augenblicksgeschwindigkeit und Anstieg einer Funktion an einer Stelle sind Beispiele dafür, wie mit Hilfe von Grenzwerten neue Begriffe gebildet werden. Die mathematische Bezeichnung der hier betrachteten Eigenschaft von Funktionen heißt **Differenzierbarkeit**, das darauf basierende Gebiet der Mathematik wird **Differenzialrechnung** genannt[1].

DEFINITION Die Funktion f sei in einer Umgebung von x_0 definiert.
Existiert der Grenzwert $\lim\limits_{h \to 0} \frac{f(x_0 + h) - f(x_0)}{h}$, so wird diese Zahl die **1. Ableitung der Funktion f an der Stelle x_0** oder auch der **Differenzialquotient von f an der Stelle x_0** genannt und mit $f'(x_0)$ (Lies: f Strich von x_0) bezeichnet. Die Funktion f heißt dann an der Stelle x_0 **differenzierbar**.

Bemerkungen:
1. Mit $x = x_0 + h$ nimmt der Differenzialquotient die Form $f'(x_0) = \lim\limits_{x \to x_0} \frac{f(x) - f(x_0)}{x - x_0}$ an.
2. Anstelle von „1. Ableitung" sagt man auch oft nur „Ableitung".
3. Anstelle von $f'(x_0)$ sind weitere Bezeichnungen gebräuchlich, z.B. $\left.\frac{\mathrm{d}y}{\mathrm{d}x}\right|_{x=x_0}$ (gelesen: dy nach dx an der Stelle x_0) oder $\frac{\mathrm{d}f}{\mathrm{d}x}(x_0)$. Ist f eine Funktion von der Zeit, wird in der Physik das Argument meist mit t und die Ableitung von f an der Stelle t_0 mit $\dot{f}(t_0)$ bezeichnet.
4. Mit der Erklärung auf Seite 105 ergibt sich: Eine Funktion ist genau dann an der Stelle x_0 differenzierbar, wenn sie an dieser Stelle eine Tangente besitzt.

[1] Die Bezeichnung Differenzialrechnung geht auf den deutschen Mathematiker und Philosophen Gottfried Wilhelm Leibniz (1646–1716) zurück. Leibniz und der englische Physiker und Mathematiker Isaac Newton (1643–1727) entwickelten unabhängig voneinander die Grundzüge dieser Theorie, die aus der modernen Mathematik und ihren Anwendungen nicht mehr wegzudenken ist.

Beispiel: Wir zeigen, dass die Funktion $f(x) = 3x^2 + 2x$ an der Stelle 3 differenzierbar ist. Wir betrachten den Differenzenquotienten von f an der Stelle 3. Für $h \neq 0$ gilt:

$$\frac{f(3+h) - f(3)}{h} = \frac{[3(3+h)^2 + 2(3+h)] - [3 \cdot 3^2 + 2 \cdot 3]}{h} = \frac{3(9 + 6h + h^2) + 6 + 2h - 33}{h}$$

$= \frac{3h^2 + 20h}{h} = 3h + 20$. Der Grenzwert des Differenzenquotienten an der Stelle 3 existiert, es ist $\lim\limits_{h \to 0} \frac{f(3+h) - f(3)}{h} = \lim\limits_{h \to 0} (3h + 20) = 20$. Die Funktion f ist also an der Stelle 3 differenzierbar und es ist $f'(3) = 20$.

18. a) Worauf beruht im obigen Beispiel der Schluss $\lim\limits_{h \to 0} (3h + 20) = 20$?

b) Untersuchen Sie die Funktion $f(x) = 3x^2 + 2x$ auch an der Stelle 2 auf Differenzierbarkeit.

19. Zeigen Sie, dass f an der Stelle x_0 differenzierbar ist und ermitteln Sie $f'(x_0)$:

a) $f(x) = x^3;\ x_0 = \sqrt{3}$ **b)** $f(x) = -3x^2 + x;\ x_0 = -1$

c) $f(x) = mx + n\ (m, n \in \mathbb{R});\ x_0 = \frac{1}{2}$ **d)** $f(x) = \frac{1}{x};\ x_0 = 2$

Beispiel: Für jede reelle Zahl x bezeichnet $f(x) = [x]$ den größten ganzen Teil von x. Die Zahl $[x]$ ist diejenige ganze Zahl g, für die $x - 1 < g \leq x$ gilt (Bild 5). Es ist zu zeigen, dass die Funktion $f(x) = [x]$ an der Stelle 2 nicht differenzierbar ist.

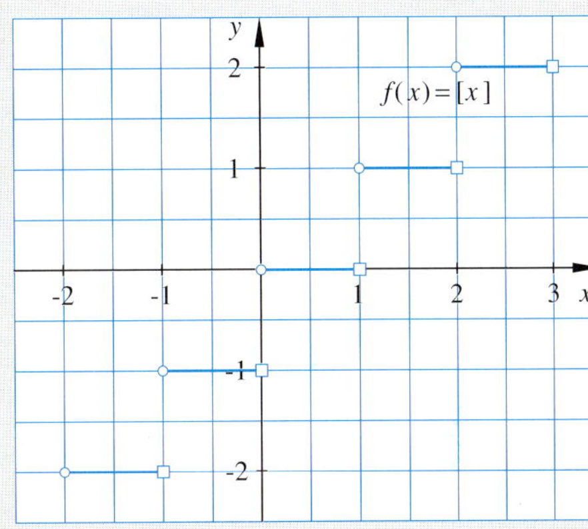

5

Der Grenzwert $\lim\limits_{h \to 0} \frac{f(2+h) - f(2)}{h}$ existiert genau dann, wenn die Folge $\left(\frac{f(2+h_n) - f(2)}{h_n}\right)$ für jede Nullfolge (h_n) ($h_n \neq 0$ für alle n) denselben Grenzwert hat. Das ist aber nicht der Fall, wie die folgende Überlegung zeigt:

Wir betrachten zuerst eine Nullfolge (h_n) mit positiven Gliedern. Dann gibt es eine natürliche Zahl n_0, so dass für alle n mit $n \geq n_0$ die Zahl h_n im Intervall $(0, 1)$ liegt, also $2 < 2 + h_n < 3$ gilt. Dann ist $\frac{f(2+h_n) - f(2)}{h_n} = \frac{[2+h_n] - [2]}{h_n} = \frac{2-2}{h_n} = 0$; die Folge $\left(\frac{f(2+h_n) - f(2)}{h_n}\right)$ ist konstant und hat den Grenzwert 0. Ist aber nun (h_n) eine Nullfolge mit negativen Gliedern, dann gibt es ein n_0 derart, dass für alle $n \geq n_0$ die Zahl h_n im Intervall $(-1, 0)$ liegt, also $1 < 2 + h_n < 2$ gilt. Dann ist $\frac{f(2+h_n) - f(2)}{h_n} = \frac{[2+h_n] - [2]}{h_n} = \frac{1-2}{h_n} = \frac{-1}{h_n}$; die Folge $\left(\frac{f(2+h_n) - f(2)}{h_n}\right)$ divergiert.

20. Welche geometrische Bedeutung hat (im Fall $h_n < 0$ für alle n) die Divergenz der Folge $\left(\frac{f(2+h_n) - f(2)}{h_n}\right)$ im obigen Beispiel? Betrachten Sie dazu die Sekante im Intervall $[2 + h_n, 2]$ und deren Grenzlage für $n \to \infty$.

21. Die Bilder 6 und 7 zeigen die Graphen der Funktionen

$$f(x) = \begin{cases} x^2 & \text{für } x \le 1 \\ x^3 & \text{für } x > 1 \end{cases} \quad \text{und } g(x) = \begin{cases} -x+2 & \text{für } x \le 1 \\ \dfrac{1}{x} & \text{für } x > 1 \end{cases}$$

mit zunehmender Vergrößerung jeweils in einer Umgebung der Stelle 1.

a) Beschreiben Sie anschaulich das unterschiedliche Verhalten beider Funktionen an der Stelle 1.

b) Zeigen Sie, dass f an der Stelle 1 nicht differenzierbar ist. Orientieren Sie sich am Vorgehen im letzten Beispiel.

c) Zeigen Sie, dass g an der Stelle 1 differenzierbar ist.

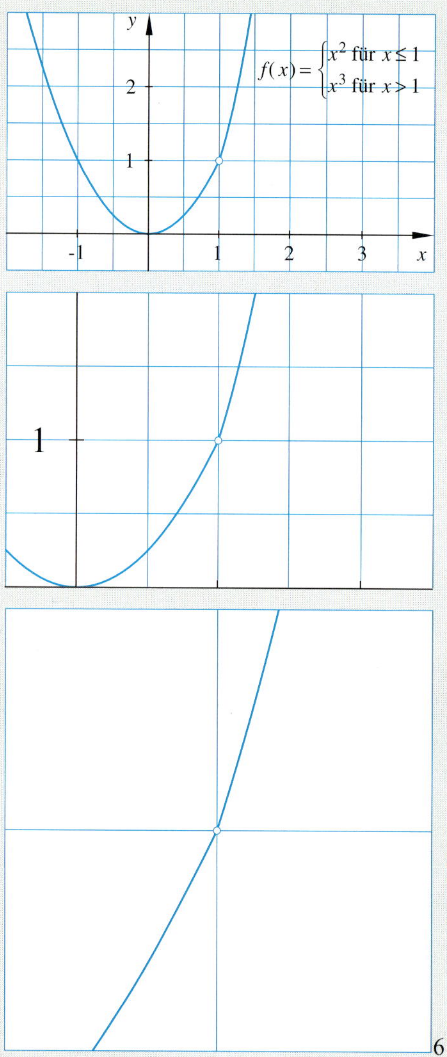

6

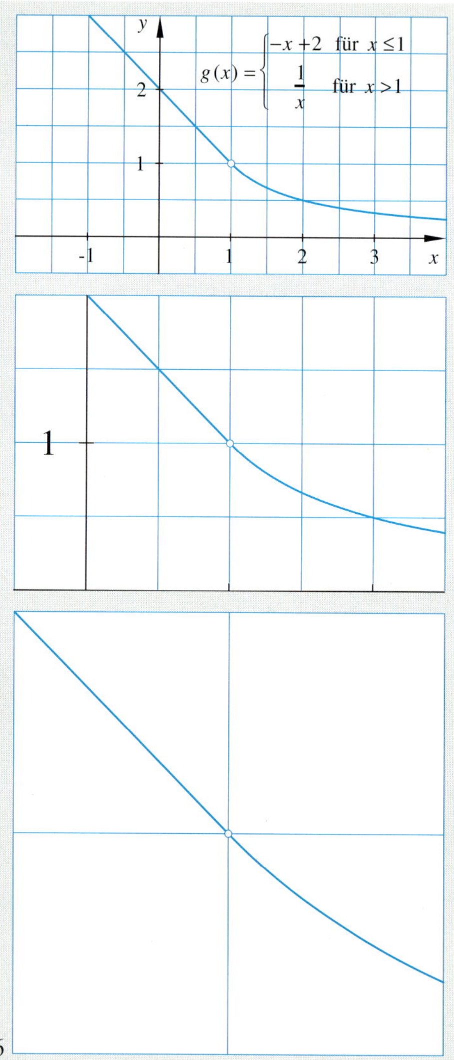

7

22. Skizzieren Sie die Graphen der folgenden Funktionen und untersuchen Sie die Funktionen auf Differenzierbarkeit an der Stelle x_0:

a) $f(x) = \begin{cases} 2x & \text{für } x \leq 3 \\ \frac{3}{2}x & \text{für } x > 3 \end{cases}; \quad x_0 = 3$ **b)** $f(x) = \begin{cases} x^2 & \text{für } x < 0 \\ x & \text{für } x \geq 0 \end{cases}; \quad x_0 = 0$

c) $f(x) = \begin{cases} x^2 & \text{für } x \leq 0 \\ 0 & \text{für } x > 0 \end{cases}; \quad x_0 = 0$ **d)** $f(x) = \begin{cases} x+1 & \text{für } x \leq 1 \\ x^2 & \text{für } x > 1 \end{cases}; \quad x_0 = 1$

e) $f(x) = \begin{cases} 2x-1 & \text{für } x < 1 \\ x^2 & \text{für } x \geq 1 \end{cases}; \quad x_0 = 1$ **f)** $f(x) = \begin{cases} [x] & \text{für } x \leq 2 \\ (x-2)^2 + 2 & \text{für } x > 2 \end{cases}; \quad x_0 = 2$

g) $f(x) = \begin{cases} -x+2 & \text{für } x \leq 1 \\ (x-2)^2 & \text{für } x > 1 \end{cases}; \quad x_0 = 1$ **h)** $f(x) = \begin{cases} x^2 & \text{für } x < \frac{2}{3} \\ x^3 + \frac{4}{27} & \text{für } x \geq \frac{2}{3} \end{cases}; \quad x_0 = \frac{2}{3}$

23. Begründen Sie, warum das Weg-Zeit-Diagramm in Bild 8 nicht die Beschreibung der Fahrt eines Autos sein kann.

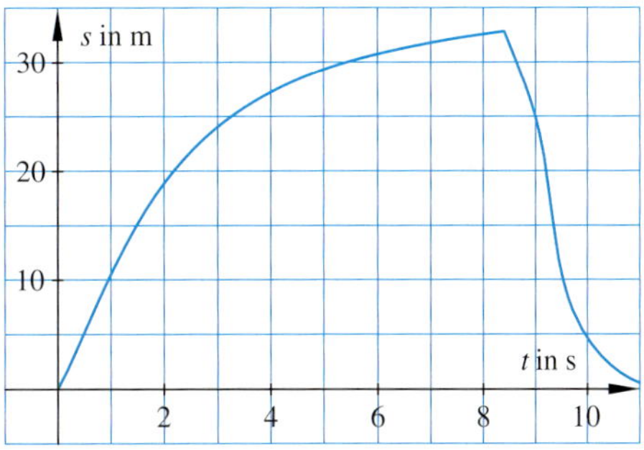

8

Wir untersuchen jetzt den Zusammenhang zwischen Differenzierbarkeit und Stetigkeit einer Funktion an einer Stelle.

24. Prüfen Sie, ob die Funktionen aus Aufgabe 22 an der jeweiligen Stelle x_0 stetig sind.

Die bisherigen Beispiele zeigen, dass eine an einer Stelle x_0 stetige Funktion dort nicht differenzierbar sein muss, man sagt: Aus der Stetigkeit folgt nicht die Differenzierbarkeit. Es gilt aber die Umkehrung:

SATZ: Ist eine Funktion f an der Stelle x_0 differenzierbar, so ist f in x_0 stetig.

Beweis: Wir müssen $\lim\limits_{x \to x_0} f(x) = f(x_0)$ bzw. $\lim\limits_{x \to x_0} (f(x) - f(x_0)) = 0$ zeigen.

Für $x \neq x_0$ ist $f(x) - f(x_0) = \frac{f(x) - f(x_0)}{x - x_0} \cdot (x - x_0)$. Mit Hilfe der Grenzwertsätze für Funktionen erhalten wir:

$$\lim_{x \to x_0} (f(x) - f(x_0)) = \lim_{x \to x_0} \frac{f(x) - f(x_0)}{x - x_0} \cdot \lim_{x \to x_0} (x - x_0) = f'(x_0) \cdot 0 = 0.$$

Die 1. Ableitung als Funktion

Beispiel: Wir zeigen, dass die Funktion $f(x) = \frac{1}{x}$ an jeder Stelle x_0 ihres Definitionsbereiches differenzierbar ist.
Es sei x_0 eine beliebige von Null verschiedene reelle Zahl. Wir betrachten den Differenzenquotienten von f an der Stelle x_0:

$$\frac{f(x)-f(x_0)}{x-x_0} = \frac{\frac{1}{x}-\frac{1}{x_0}}{x-x_0} = \frac{\frac{x_0-x}{xx_0}}{x-x_0} = \frac{-(x-x_0)}{xx_0(x-x_0)} = -\frac{1}{xx_0}.$$

Anwendung der Grenzwertsätze für Funktionen ergibt:

$$f'(x_0) = \lim_{x\to x_0} \frac{f(x)-f(x_0)}{x-x_0} = \lim_{x\to x_0}\left(-\frac{1}{xx_0}\right) = -\frac{1}{x_0{}^2}.$$

25. Welche Grenzwertsätze wurden im obigen Beispiel sowie im Beweis zuvor benutzt?

26. **a)** Berechnen Sie für $f(x) = \frac{1}{x}$ die Ableitung an der Stelle x_0 noch einmal, indem Sie den Differenzenquotienten in der Form $\frac{f(x_0+h)-f(x_0)}{h}$ benutzen.

b) Zeigen Sie, dass die Funktion f mit $f(x) = x^2$ an jeder Stelle $x_0 \in \mathbb{R}$ differenzierbar ist. Arbeiten Sie dabei mit beiden Formen des Differenzenquotienten.

c) Berechnen Sie für eine beliebige Stelle x_0 die 1. Ableitung von $f(x) = 3x^2 + 2x$. Überzeugen Sie sich davon, dass ihr Ergebnis für $f'(x_0)$ für die Stelle $x_0 = 3$ das schon bekannte Resultat $f'(3) = 20$ (vgl. Beispiel auf S. 107) liefert.

27. Berechnen Sie $f'(x_0)$ für eine beliebige Stelle $x_0 \in D(f)$:

a) $f(x) = x^2$ **b)** $f(x) = x^3$ **c)** $f(x) = 2x^3 - 1$

d) $f(x) = ax + b \ (a, b \in \mathbb{R})$ **e)** $f(x) = \frac{2}{x}$ **f)** $f(x) = \frac{1}{2x}$

g) $f(x) = \sqrt{x}$, $x_0 > 0$ (Hinweis: Benutzen Sie zur Umformung des Differenzenquotienten die Formel $(a-b)(a+b) = a^2 - b^2$.)

Die Funktion f', die allen Argumenten $x \in D(f)$, für die f differenzierbar ist, die Zahl $f'(x)$ zuordnet, nennt man die **1. Ableitung von *f*** (oder kurz **Ableitung von *f***). Für „die Ableitung von f bilden" sind auch die Redeweisen „die Funktion f ableiten" oder „f differenzieren" üblich.
Es gilt stets $D(f') \subseteq D(f)$. Wenn $D(f') = D(f)$ gilt, d.h. wenn f im gesamten Definitionsbereich differenzierbar ist, nennt man f eine **differenzierbare Funktion**. Eine Funktion f wird in einem Intervall I **differenzierbar** genannt, wenn f für jedes $x \in I$ differenzierbar ist.
Nach den Ergebnissen von Aufgabe 27b) und g) gilt also beispielsweise:

- Die Funktion f mit $f(x) = x^3$ ist eine differenzierbare Funktion; die Ableitung von f ist die Funktion f' mit $f'(x) = 3x^2$.
- Die Ableitung der Funktion f mit $f(x) = \sqrt{x}$ ist die Funktion f' mit $f'(x) = \frac{1}{2\sqrt{x}}$.

Um zum Beispiel die 1. Ableitung von $f(x) = x^3$ an der Stelle 2 zu ermitteln, haben wir jetzt zwei Möglichkeiten:

1. Berechnen des Differenzialquotienten $\lim\limits_{h \to 0} \dfrac{(2+h)^3 - 2^3}{h}$ von f an der Stelle 2 liefert das Resultat $f'(2) = 12$.

2. Differenzieren von f ergibt $f'(x) = 3x^2$. Einsetzen von $x = 2$ ergibt $f'(2) = 12$.

Letzteres Vorgehen ist sicher dann vorteilhafter, wenn man die Ableitung einer Funktion an mehreren Stellen benötigt. Außerdem können Grenzwertberechnungen sehr aufwendig werden; hier helfen sogenannte Differenziationsregeln weiter; diese sind Gegenstand der nächsten Abschnitte und ermöglichen das Differenzieren von Funktionen ohne Grenzwertberechnungen.

28. **a)** Welche Augenblicksgeschwindigkeit erreicht ein Körper im freien Fall nach 3 (5, 10) Sekunden? (Die Weg-Zeit-Funktion wird durch $s = \frac{1}{2}gt^2$ beschrieben.)

b) Wie tief ist etwa der Brunnen, wenn man den Aufprall eines fallenden Steines auf die Wasseroberfläche nach 4 Sekunden hört?

c) Mit welcher Geschwindigkeit prallt ein Körper auf, der aus einer Höhe von 10 (20, 50) Metern auf die Erde fällt?

d) Ein Aufprall mit dem Auto bei 100 km/h auf ein festes Hindernis entspricht einem Absturz aus einer bestimmten Höhe – aus welcher?

29. Ermitteln Sie den Anstieg und die Gleichung der Tangente an f an der Stelle x_0:

a) $f(x) = (x-1)^2,\ x_0 = -2$ **b)** $f(x) = |x+2|,\ x_0 = -3$

c) $f(x) = \sqrt{x} + x,\ x_0 = 4$ **d)** $f(x) = \frac{3}{x} + 1,\ x_0 = \frac{1}{2}$

30. Geben Sie jeweils zwei Funktionen mit folgenden Eigenschaften an:

a) f ist an der Stelle 3 stetig, aber nicht differenzierbar.

b) f ist an zwei Stellen des Definitionsbereiches nicht differenzierbar.

c) f ist im Intervall (1, 2) differenzierbar, aber nicht an der Stelle 1.

d) f ist für alle $x > 0$ differenzierbar und es ist $f'(x) < 0$ für alle $x > 0$.

31. Für welche Werte von a und b ist f eine differenzierbare Funktion?

a) $f(x) = \begin{cases} \sqrt{x} & \text{für } x \geq 4 \\ ax + b & \text{für } x < 4 \end{cases}$ **b)** $f(x) = \begin{cases} ax^2 + b & \text{für } x > 0 \\ x^3 & \text{für } x \leq 0 \end{cases}$

c) $f(x) = \begin{cases} 2x & \text{für } x \geq 0 \\ ax^2 + bx & \text{für } x < 0 \end{cases}$ **d)** $f(x) = \begin{cases} \sqrt{x+1} & \text{für } x \geq -1 \\ \frac{a}{x} + bx & \text{für } x < -1 \end{cases}$

32. Ermitteln Sie alle Stellen, an denen die Funktion f den Anstieg m hat:

a) $f(x) = x^2,\ m = -3$ **b)** $f(x) = x^3,\ m = 6$ **c)** $f(x) = 3x^2 + 2x,\ m = 0$

d) $f(x) = \frac{1}{x},\ m = -4$ **e)** $f(x) = \frac{1}{2x},\ m = -\frac{1}{18}$ **f)** $f(x) = \sqrt{x} - x,\ m = 1$

ZUSAMMENFASSUNG:

Differenzenquotient

Voraussetzung:
f ist in einer Umgebung von x_0 definiert.
Differenzenquotient von f an der Stelle x_0:

$$\frac{f(x_0 + h) - f(x_0)}{h}$$

($h \neq 0$, f definiert zwischen x und $x_0 + h$)

bzw. $\frac{f(x) - f(x_0)}{x - x_0}$ $\quad (x \neq x_0)$

Der Differenzenquotient gibt den Anstieg der Sekante im Intervall $[x_0, x_0 + h]$ an.

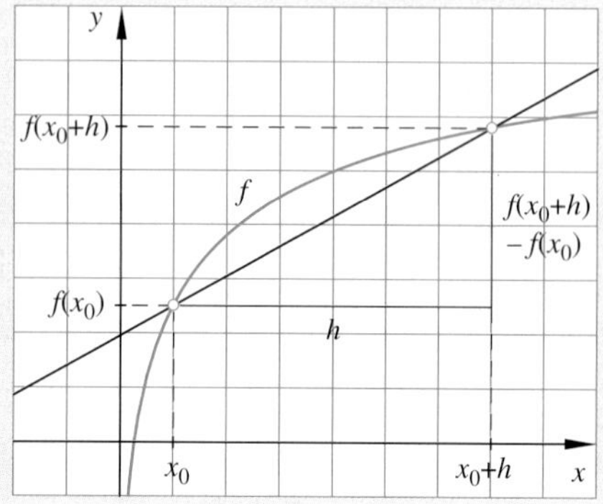

9

Ableitung einer Funktion

Existiert der Grenzwert

$$\lim_{h \to 0} \frac{f(x_0 + h) - f(x_0)}{h}$$

bzw. $\lim\limits_{x \to x_0} \frac{f(x) - f(x_0)}{x - x_0}$, so heißt diese Zahl Ableitung von f an der Stelle x_0.
Bezeichnung: $f'(x_0)$
$f'(x_0)$ ist der Anstieg der Tangente an f in x_0 ($f'(x_0) = \tan \alpha$).
Tangentengleichung:
$y = f'(x_0)(x - x_0) + f(x_0)$

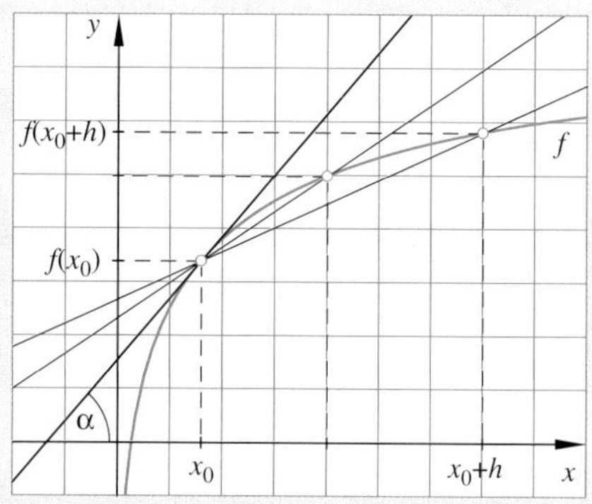

10

Berechnen der Ableitung von f in x_0: $\quad f(x) = \sqrt{x}$, $x_0 = 2$

1. Bilden des Differenzenquotienten

$$\frac{f(2+h) - f(2)}{h} = \frac{\sqrt{2+h} - \sqrt{2}}{h}$$

2. Umformen des Differenzenquotienten

$$\frac{f(2+h) - f(2)}{h} = \frac{(\sqrt{2+h} - \sqrt{2})(\sqrt{2+h} + \sqrt{2})}{h(\sqrt{2+h} + \sqrt{2})}$$

$$= \frac{2 + h - 2}{h(\sqrt{2+h} + \sqrt{2})} = \frac{1}{\sqrt{2+h} + \sqrt{2}}$$

3. Berechnen des Grenzwertes des Differenzenquotienten für $h \to 0$

$$\lim_{h \to 0} \frac{f(2+h) - f(2)}{h} = \lim_{h \to 0} \frac{1}{\sqrt{2+h} + \sqrt{2}}$$

$$= \frac{1}{\lim\limits_{h \to 0} (\sqrt{2+h} + \sqrt{2})} = \frac{1}{2\sqrt{2}}$$

Ordnet man jeder Stelle $x \in D(f)$, an der f differenzierbar ist, die Zahl $f'(x)$ zu, erhält man die Ableitung f' von f.

Die Ableitung der Funktion f mit $f(x) = \sqrt{x}$ $(x \geq 0)$ ist die Funktion f' mit $f'(x) = \frac{1}{2\sqrt{x}}$ $(x > 0)$.

2 Differenziationsregeln

Differenziationsregeln für Summe und Produkt von Funktionen

Die Überlegungen in dieser Lerneinheit haben das Ziel, die Ableitung von Funktionen zu berechnen, die sich aus einfacheren Funktionen zusammensetzen, deren Ableitungen bereits bekannt sind.

1. Es sei c eine beliebige reelle Zahl und f die konstante Funktion mit $f(x) = c$. Ermitteln Sie die Ableitung von f.

2. a) Differenzieren Sie die Funktionen $f_1(x) = -2x^2$, $f_2(x) = x^2$ und $f_3(x) = 3x^2$. Vergleichen Sie die Ableitungen miteinander.

b) Betrachten Sie die Funktion g mit $g(x) = c \cdot f(x)$ ($c \in \mathbb{R}$) unter der Voraussetzung, dass f an einer Stelle x_0 differenzierbar ist. Formulieren Sie eine Vermutung über die Differenzierbarkeit der Funktion g an der Stelle x_0.

c) Bestätigen Sie Ihre Vermutung für die Funktionen $f_1(x) = \frac{1}{x}$, $f_2(x) = \frac{2}{x}$ und $f_3(x) = \frac{1}{2x}$.

d) Es seien u und v zwei an der Stelle x_0 differenzierbare Funktionen. f sei die Summe dieser Funktionen, d.h. es ist $f(x) = u(x) + v(x)$. Formulieren Sie eine Vermutung über die Differenzierbarkeit von f an der Stelle x_0.

e) Bestätigen Sie Ihre Vermutung für $u(x) = 3x$ und $v(x) = 5x^2$.

f) Versuchen Sie Ihre Vermutung zu beweisen.

Die Aufgaben 1 und 2 beinhalten Aussagen, die man Differenziationsregeln nennt, zum Beispiel gilt die Summenregel:

> **SATZ: (Summenregel)** Die Funktionen u und v seien an der Stelle x_0 differenzierbar. Dann ist auch die Funktion f mit $f(x) = u(x) + v(x)$ an der Stelle x_0 differenzierbar und es ist $f'(x_0) = u'(x_0) + v'(x_0)$.

Anmerkung: Als Kurzform für diese Regel schreibt man auch $(u + v)' = u' + v'$. Verbal formuliert heißt das: Die Ableitung der Summe zweier Funktionen ist die Summe der Ableitungen dieser Funktionen.

Beweis der Summenregel: Wir bilden den Differenzenquotienten von f an der Stelle x_0 und formen um:

$$\frac{f(x_0 + h) - f(x_0)}{h} = \frac{[u(x_0 + h) + v(x_0 + h)] - [u(x_0) + v(x_0)]}{h}$$

$$= \frac{[u(x_0 + h) - u(x_0)] + [v(x_0 + h) - v(x_0)]}{h} = \frac{u(x_0 + h) - u(x_0)}{h} + \frac{v(x_0 + h) - v(x_0)}{h}$$

Für den Grenzwert des Differenzenquotienten ergibt sich:

$$f'(x_0) = \lim_{h \to 0} \frac{f(x_0 + h) - f(x_0)}{h} = \lim_{h \to 0} \frac{u(x_0 + h) - u(x_0)}{h} + \lim_{h \to 0} \frac{v(x_0 + h) - v(x_0)}{h} = u'(x_0) + v'(x_0).$$

3. **a)** Drücken Sie das Ergebnis der obigen Umformung des Differenzenquotienten verbal aus.
b) Welcher Satz wird beim Beweis der Summenregel benutzt?

4. **a)** Formulieren und beweisen Sie eine „Konstantenregel“ (vergl. Aufgabe 1).
b) Formulieren und beweisen Sie eine „Faktorregel“ (vergl. Aufgabe 2b).

5. Ermitteln Sie $f'(x_0)$ für eine beliebige Stelle $x_0 \in D(f)$. Welche Regeln benutzen Sie?

a) $f(x) = x^2 + 3$ **b)** $f(x) = 2x^2 + x + 1$ **c)** $f(x) = \frac{1}{x} + 4x^3$

d) $f(x) = -\sqrt{x} - 5x^2$ **e)** $f(x) = 2\sqrt{x} + 7x$ **f)** $f(x) = \frac{a}{x} - bx \ (a, b \in \mathbb{R})$

g) $f(x) = -2(x^3 + 3x^{-1})$ **h)** $f(x) = \sqrt{2x} + \frac{1}{2x}$ **i)** $f(x) = (3x-1)^2$

j) $f(x) = 2x(1 + x^2)$ **k)** $f(x) = \sqrt{4x} - \left(\frac{1}{3}x\right)^2$ **l)** $f(x) = \sqrt{\frac{x}{3}} - \frac{5}{2x}$

6. Gegeben ist die Funktion f mit $f(x) = x^3 - 2x$.
a) Berechnen Sie den Anstieg von f an den Stellen 1, -3, $\sqrt{3}$.
b) Ermitteln Sie jeweils eine Gleichung der Tangente an den angegebenen Stellen und deren Schnittwinkel mit der x-Achse.
c) Berechnen Sie, an welchen Stellen und unter welchen Winkeln der Graph von f die x-Achse schneidet.
d) Ermitteln Sie alle Stellen, an denen die Funktion den Anstieg 10 hat.
e) Geben Sie für jede Tangente an die Funktion f, die parallel zur x-Achse verläuft, eine Gleichung an.
f) Skizzieren Sie den Graphen der Funktion f.

7. Gegeben ist die Funktion f mit $f(x) = \frac{1}{x} + 2x$.
a) Zeigen Sie, dass es genau eine Stelle x_0 gibt, für die die Tangente an die Funktion durch die Gleichung $y = \frac{3}{2}x + \sqrt{2}$ beschrieben wird.
b) Berechnen Sie diejenige Zahl x_1, für die die Tangente an f in x_1 parallel zur Tangente an f in x_0 verläuft.

8. Formulieren und beweisen Sie mit Hilfe der Ihnen bekannten Differenziationsregeln eine „Differenzenregel“.

9. **a)** Es sei f eine differenzierbare Funktion und es sei $g(x) = f(x) + c \ (c \in \mathbb{R})$. Vergleichen Sie die Ableitungen von f und g.
b) Interpretieren Sie das Ergebnis von a) geometrisch.

10. **a)** Es seien f_1, f_2 und f_3 in x_0 differenzierbar. Begründen Sie, dass auch die Funktion f mit $f(x) = f_1(x) + f_2(x) + f_3(x)$ in x_0 differenzierbar ist.
b) Verallgemeinern Sie die Summenregel auf Funktionen $f_1, f_2, \ldots, f_n$ und beweisen Sie Ihre Aussage durch vollständige Induktion.

11. Zeigen Sie, dass man keine Produktregel der Form $(uv)' = u'v'$ formulieren kann. Benutzen Sie dazu die Funktionen $u(x) = x^2$ und $v(x) = 3x$.

Das Produkt zweier Funktionen wird nach der folgenden Produktregel abgeleitet:

> **SATZ: (Produktregel)** Die Funktionen u und v seien an der Stelle x_0 differenzierbar. Dann ist auch die Funktion f mit $f(x) = u(x) \cdot v(x)$ an der Stelle x_0 differenzierbar und es gilt: $f'(x_0) = u'(x_0) \cdot v(x_0) + u(x_0) \cdot v'(x_0)$.

Kurzform der Produktregel: $(uv)' = u'v + uv'$

12. Die Produktregel zeigt sehr deutlich, wie mathematische Symbolik die übersichtliche und einfache Darstellung von Sachverhalten ermöglicht. Überzeugen Sie sich davon, indem Sie zum Vergleich die Produktregel verbal formulieren.

Beweis der Produktregel: Wir betrachten den Differenzenquotienten von f an der Stelle x_0:

$$\frac{f(x_0+h)-f(x_0)}{h} = \frac{(uv)(x_0+h)-(uv)(x_0)}{h} = \frac{u(x_0+h)\cdot v(x_0+h)-u(x_0)\cdot v(x_0)}{h}$$

Um die Differenzierbarkeit von u und v in x_0 auszunutzen, formen wir den Differenzenquotienten so um, dass die Differenzenquotienten von u und v vorkommen. Das erreichen wir durch folgenden „Trick": Im Zähler wird das Produkt $u(x_0)\cdot v(x_0+h)$ zuerst subtrahiert und dann wieder addiert. Damit erhalten wir:

$$\begin{aligned}
&\frac{f(x_0+h)-f(x_0)}{h}\\
&= \frac{u(x_0+h)\cdot v(x_0+h)-u(x_0)\cdot v(x_0+h)+u(x_0)\cdot v(x_0+h)-u(x_0)\cdot v(x_0)}{h}\\
&= \frac{[u(x_0+h)-u(x_0)]\cdot v(x_0+h)+u(x_0)\cdot[v(x_0+h)-v(x_0)]}{h}\\
&= \frac{u(x_0+h)-u(x_0)}{h}\cdot v(x_0+h)+u(x_0)\cdot\frac{v(x_0+h)-v(x_0)}{h}
\end{aligned}$$

Für den Grenzwert des Differenzenquotienten ergibt sich:

$$\begin{aligned}
f'(x_0) &= \lim_{h\to 0}\frac{f(x_0+h)-f(x_0)}{h}\\
&= \lim_{h\to 0}\left(\frac{u(x_0+h)-u(x_0)}{h}\cdot v(x_0+h)+u(x_0)\cdot\frac{v(x_0+h)-v(x_0)}{h}\right)\\
&= \lim_{h\to 0}\frac{u(x_0+h)-u(x_0)}{h}\cdot v(x_0+h)+\lim_{h\to 0}u(x_0)\cdot\frac{v(x_0+h)-v(x_0)}{h}\\
&= \lim_{h\to 0}\frac{u(x_0+h)-u(x_0)}{h}\cdot\lim_{h\to 0}v(x_0+h)+\lim_{h\to 0}u(x_0)\cdot\lim_{h\to 0}\frac{v(x_0+h)-v(x_0)}{h}\\
&= u'(x_0)\cdot v(x_0)+u(x_0)\cdot v'(x_0).
\end{aligned}$$

13. **a)** Welche Grenzwertsätze kommen im Beweis der Produktregel zur Anwendung?
b) Welche Eigenschaft der Funktion v gestattet den Schluss $\lim\limits_{h\to 0} v(x_0+h) = v(x_0)$?

Warum ist diese Eigenschaft von v hier erfüllt?

Beispiel: Die Ableitung der Funktion f mit $f(x) = (3x^2 + x) \cdot \sqrt{x}$ ist zu ermitteln.
f ist das Produkt der Funktionen u und v mit $u(x) = 3x^2 + x$ und $v(x) = \sqrt{x}$. Die Funktion u ist an jeder Stelle $x \in \mathbb{R}$ differenzierbar, v ist an jeder Stelle $x > 0$ differenzierbar, f demnach an jeder Stelle $x > 0$.
Die Ableitung von u ergibt sich mit Hilfe von Faktor- und Summenregel, es ist $u'(x) = 3 \cdot 2x + 1$. Die Ableitung von v ist $v'(x) = \frac{1}{2\sqrt{x}}$. Nach der Produktregel gilt nun für alle $x > 0$: $f'(x) = u'(x)v(x) + u(x)v'(x) = (6x + 1)\sqrt{x} + (3x^2 + x)\frac{1}{2\sqrt{x}}$.

14. Differenzieren Sie die folgenden Funktionen:

a) $f(x) = 4x^3(1 - x)$
b) $f(x) = (x^2 + 1)(x + 3)$
c) $f(x) = (3x^2 + 4)^2$
d) $f(x) = 5\left(\frac{\sqrt{x}}{2} - x^3\right)$
e) $f(x) = (-7x + 7x^3)\sqrt{2x}$
f) $f(x) = 2\left(x + \frac{1}{x}\right)$
g) $f(x) = \frac{1}{x^2}$
h) $f(x) = \frac{3\sqrt{x}}{-x^2}$

15. Berechnen Sie $f'(x)$ einmal mit und einmal ohne Verwendung der Produktregel:

a) $f(x) = (x - 1)(2x + 1)$
b) $f(x) = (\sqrt{x} + 1)^2$
c) $f(x) = x^2(2 - x)$
d) $f(x) = \left(\sqrt{\frac{x}{2}} + 1\right)^2$

16. Gegeben ist die Funktion $f(x) = (2x - 3)\sqrt{x}$.

a) Geben Sie die Nullstellen von f an.
b) Welchen Anstieg hat die Funktion f an ihren Nullstellen?
c) Zeigen Sie, dass es genau eine Tangente an f gibt, die den Anstieg Null hat. Geben Sie die Gleichung dieser Tangente und den Berührungspunkt mit der Funktion f an.

17. Leiten Sie die Faktorregel noch einmal unter Ausnutzung der Produktregel her.

18. Leiten Sie die Regel $(uvw)' = u'vw + uv'w + uvw'$ zur Ableitung einer aus drei Faktoren bestehenden Funktion her. Fassen Sie dazu das Produkt uvw durch Setzen von Klammern als ein Produkt von zwei Faktoren auf.

19. Berechnen Sie die Ableitung der folgenden Funktionen:

a) $f(x) = x^3(x^2 + 4)\sqrt{x}$
b) $f(x) = \left(x + \frac{2}{x}\right)(1 - \sqrt{x})(x^2 - 1)$

20. **a)** Bilden Sie die Ableitung der Potenzfunktion $f(x) = x^4$ mit Hilfe der Produktregel, indem Sie $u(x) = x^3$ setzen.
b) Verfahren Sie in gleicher Weise mit $f(x) = x^5$.
c) Stellen Sie eine Vermutung für die Ableitung von $f(x) = x^6$ auf und beweisen Sie Ihre Vermutung.

SATZ: (Potenzregel) Jede Potenzfunktion f mit $f(x) = x^n$ ($n \in \mathbb{N}$) ist differenzierbar und für alle $x \in \mathbb{R}$ gilt: $f'(x) = nx^{n-1}$.

Bemerkung: Wir werden sehen, dass die Potenzregel auch für ganzzahlige Exponenten (siehe Seite 119, Aufgabe 39) sowie für gebrochene und rationale Exponenten (siehe Seite 123, Aufgabe 52). Sie gilt sogar sogar für beliebige reelle Exponenten.

21. Beweisen Sie obigen Satz durch vollständige Induktion.

22. Differenzieren Sie die Funktion f. Welche Regeln haben Sie verwendet?

a) $f(x) = x^9$ **b)** $f(x) = 5x^6$

c) $f(x) = \sqrt{3}x^4 - 4x^2$ **d)** $f(x) = (3x^3 - x)(5x - 7x^4)$

e) $f(x) = -\frac{1}{2}x^5 + \frac{\sqrt{2}}{2}x^3 - \frac{\sqrt{2}}{x}$ **f)** $f(x) = x^3(x^2 + 1)(2x + 3)$

23. Ermitteln Sie eine Funktion f, deren Ableitung die gegebene Funktion f' ist. Entscheiden Sie, ob es mehrere solche Funktionen gibt:

a) $f'(x) = x^6$ **b)** $f'(x) = 5x^3$ **c)** $f'(x) = x^4 - x^3$

24. Ermitteln Sie die Gleichung der Tangente an f an den Stellen x_1 und x_2. Berechnen Sie für jede dieser Tangenten den Schnittpunkt und den Schnittwinkel mit der x-Achse:

a) $f(x) = x^4,\ x_1 = 2,\ x_2 = -2$ **b)** $f(x) = 3x^4,\ x_1 = \frac{1}{2},\ x_2 = -\frac{1}{2}$

c) $f(x) = x^3,\ x_1 = \sqrt{2},\ x_2 = -\sqrt{2}$ **d)** $f(x) = x^5,\ x_1 = 1,\ x_2 = -1$

25. Gegeben ist die Funktion $f(x) = x^3 - 1$.

a) In welchen Punkten schneidet der Graph von f die Koordinatenachsen?

b) Berechnen Sie die Anstiege der Tangenten an f in den Schnittpunkten mit den Koordinatenachsen.

c) Gibt es eine weitere Tangente an f, die den gleichen Anstieg wie die Tangente im Schnittpunkt mit der x-Achse hat?

26. a) Begründen Sie: Jede ganze rationale Funktion ist differenzierbar in $\mathbb{R}$.

b) Was lässt sich über den Grad der Ableitung einer ganzrationalen Funktion sagen?

27. a) Wenden Sie die Produktregel auf den Spezialfall $u = v$ an.

b) Leiten Sie die Funktion $f(x) = (7x^5 - 4x^3)^2$ ab.

28. Zeigen Sie, dass die im obigen Satz formulierte Regel zur Differenziation einer Potenzfunktion auch für die Exponenten -1, -2, und $\frac{1}{2}$ richtig ist.

29. Ermitteln Sie jeweils eine Funktion f, die die angegebenen Bedingungen erfüllt. Wie viele solcher Funktionen gibt es?

a) $f'(x) = 2x^2$ **b)** $f'(x) = 2x^2,\ f(0) = 3$

c) $f'(x) = 2x^2,\ f(1) = 3$ **d)** $f'(x) = x^2 + x,\ f(-3) = 1$

e) $f'(x) = x^2 + x$ **f)** $f'(x) = 4$

Differenziationsregel für den Quotienten von Funktionen

30. Gegeben sei die Funktion $f(x) = x^2$ $(f(x) = \sqrt{x})$.

a) Differenzieren Sie die Funktion $\frac{1}{f(x)}$. Nutzen Sie dazu die Umformung $\frac{1}{x^2} = \frac{1}{x} \cdot \frac{1}{x}$ $\left(\frac{1}{\sqrt{x}} = \frac{1}{x} \cdot \sqrt{x}\right)$.

b) Formen Sie Ihr Ergebnis so um, dass im Nenner das Quadrat von $f(x)$ steht.

c) Leiten Sie als Vermutung eine Regel zur Differenziation einer Funktion $\frac{1}{f(x)}$ ab.

SATZ: (Reziprokenregel) Die Funktion v sei an der Stelle x_0 differenzierbar und es sei $v(x_0) \neq 0$. Dann ist auch die Funktion f mit $f(x) = \frac{1}{v(x)}$ an der Stelle x_0 differenzierbar und es gilt $f'(x_0) = -\frac{v'(x_0)}{v^2(x_0)}$.

Kurzform: $\left(\frac{1}{v}\right)' = -\frac{v'}{v^2}$

Bemerkung: Für das Produkt $v \cdot v$ der Funktion v mit sich selbst schreibt man v^2. (Diese Schreibweise wurde zum Beispiel bereits bei der Sinusfunktion benutzt.)

31. Beweisen Sie die Reziprokenregel. Anleitung:

a) Bilden Sie den Differenzenquotienten von f an der Stelle x_0.

b) Zeigen Sie durch Umformung des Differenzenquotienten, dass

$$\frac{f(x_0 + h) - f(x_0)}{h} = -\frac{1}{v(x_0 + h) \cdot v(x_0)} \cdot \frac{v(x_0 + h) - v(x_0)}{h}$$ gilt.

c) Nutzen Sie Grenzwertsätze für Funktionen zur Berechnung des Grenzwertes des Differenzenquotienten.

32. Leiten Sie folgende Funktionen ab. Welche Regeln benutzen Sie?

a) $f(x) = \frac{1}{x^2}$ **b)** $f(x) = \frac{1}{x^3 - x}$ **c)** $f(x) = \frac{1}{\sqrt{x}}$ **d)** $f(x) = \frac{-2}{4x + 3}$

e) $y = \frac{1}{x^2 + 1}$ **f)** $y = \frac{5}{3\sqrt{x}}$ **g)** $y = \frac{3\sqrt{x}}{1 - x^2}$ **h)** $y = 2x \cdot \frac{1}{x^2 - 3}$

33. a) Leiten Sie die Funktion $f(x) = \frac{x^3}{x^2 + 5}$ mittels Produkt- und Reziprokenregel ab.

b) Leiten Sie die Funktion $f(x) = \frac{u(x)}{v(x)}$ mittels Produkt- und Reziprokenregel ab.

SATZ: (Quotientenregel) Die Funktionen u und v seien an der Stelle x_0 differenzierbar und es sei $v(x_0) \neq 0$. Dann ist auch die Funktion f mit $f(x) = \frac{u(x)}{v(x)}$ an der Stelle x_0 differenzierbar und es gilt $f'(x_0) = \frac{u'(x_0)v(x_0) - u(x_0)v'(x_0)}{v^2(x_0)}$.

Kurzform: $\left(\frac{u}{v}\right)' = \frac{u'v - uv'}{v^2}$

34. Berechnen Sie die 1. Ableitung der folgenden Funktionen. An welchen Stellen sind die Funktionen nicht differenzierbar?

a) $f(x) = \frac{x}{x^2 - 1}$ **b)** $f(x) = \frac{2x^2}{x^3 + 2}$ **c)** $f(t) = \frac{t-1}{t+1}$

d) $f(x) = \frac{\sqrt{x}}{1-x}$ **e)** $f(z) = \frac{z^3 + 7z - 5}{z+1}$ **f)** $f(z) = \frac{z+1}{3\sqrt{z}}(z^2 - 1)$

35. Zeigen Sie, dass die Reziprokenregel ein Spezialfall der Quotientenregel ist.

36. a) Führen Sie die Polynomdivision $(x^3 - 1) : (x - 1)$ aus.

b) Leiten Sie die Funktion f mit $f(x) = \frac{x^3 - 1}{x - 1}$ einmal mit und einmal ohne Quotientenregel ab. Überzeugen Sie sich davon, dass man dasselbe Resultat erhält.

c) Worauf ist bei der Angabe von f' zu achten, wenn man vor der Differenziation die Polynomdivision ausführt?

37. Begründen Sie, dass jede rationale Funktion an jeder Stelle ihres Definitionsbereiches differenzierbar ist.

38. Warum ist die folgende Begründung der Quotientenregel nicht korrekt? Beachten Sie, dass die Behauptung der Quotientenregel aus zwei Teilen besteht.

Aus $f(x_0) = \frac{u(x_0)}{v(x_0)}$ folgt $u(x_0) = f(x_0) \cdot v(x_0)$. Mittels Produktregel erhält man $u'(x_0) = f'(x_0) \cdot v(x_0) + f(x_0) \cdot v'(x_0)$. Einsetzen von $\frac{u(x_0)}{v(x_0)}$ für $f(x_0)$ und Multiplikation beider Seiten mit $v(x_0)$ führt auf $u'(x_0) \cdot v(x_0) = f'(x_0) \cdot v^2(x_0) + u(x_0) \cdot v'(x_0)$. Daraus ergibt sich durch Auflösen nach $f'(x_0)$ die Quotientenregel.

Wir können jetzt die Regel zur Differenziation einer Potenzfunktion auch für negative ganzzahlige Exponenten beweisen.

39. a) Skizzieren Sie die Graphen der Funktionen $f(x) = x^n$ für $n = -1, -2, -3, -4$.

b) Berechnen Sie die Ableitungen der Funktionen unter a).

c) Zeigen Sie: Für alle $n \in \mathbb{N}$ $(n \geq 1)$ ist die Potenzfunktion f mit $f(x) = x^{-n}$ für alle $x \neq 0$ differenzierbar und es ist $f'(x) = -n \cdot x^{-n-1}$.

40. Gegeben ist die Funktion $f(x) = x^{-2}$.

a) Geben Sie die Gleichung der Tangente an der Stelle 2 an.

b) Unter welchem Winkel und an welchen Stellen schneidet die Tangente die Koordinatenachsen?

c) Ermitteln Sie die Gleichung der Tangente an f an einer beliebigen Stelle $x_0 > 0$. Berechnen Sie die Nullstelle dieser Tangente.

d) Für welches x_0 bilden die Schnittpunkte der Tangente mit den Koordinatenachsen und der Koordinatenursprung ein gleichschenkliges Dreieck?

41. Gegeben ist die Funktion f mit $f(x) = x^{-3}$.

a) Für welche Zahlen $m \in \mathbb{R}$ gibt es eine Tangente an f mit dem Anstieg m?

b) Zeigen Sie, dass für alle $x_0 \neq 0$ gilt: $f'(x_0) = f'(-x_0)$.

c) Wo schneidet die Tangente an f in x_0 $(x_0 \neq 0)$ die y-Achse?

Kettenregel

42. Gegeben sind Funktionen g und h. Bilden Sie jeweils die Verkettung $g \circ h$, d.h. die Funktion f mit $f(x) = g(h(x))$. Geben Sie den Definitionsbereich von g, h und der Verkettung f an.

a) $g(x) = \sqrt{x}$; $h(x) = 3x + 1$

b) $g(x) = 3x + 1$; $h(x) = \sqrt{x}$

c) $g(x) = x^3$; $h(x) = \frac{1}{x} + 2$

d) $g(x) = \frac{1}{x^2}$; $h(x) = \sqrt[3]{x}$

e) $g(x) = x^{-1}$; $h(x) = x^{-1}$

f) $g(x) = x^2 - x$; $h(x) = \sqrt{x}$

In der Verkettung $f = g \circ h$ wird g die **äußere** und h die **innere Funktion** genannt.

Beispiel: Es sei $f(x) = \sqrt{(x+5)^3}$. f lässt sich als Verkettung der äußeren Funktion g mit $g(x) = \sqrt{x}$ und der inneren Funktion h mit $h(x) = (x+5)^3$ deuten. Überprüfen lässt sich das durch Einsetzen von „innen nach außen“ in der Form $g(h(x)) = g((x+5)^3) = \sqrt{(x+5)^3}$ oder durch Einsetzen von „außen nach innen“ durch $g(h(x)) = \sqrt{h(x)} = \sqrt{(x+5)^3}$.

Das Beispiel zeigt ferner, dass unterschiedliche Verkettungen von Funktionen dasselbe Resultat ergeben können, denn f kann auch als Verkettung von $g(x) = \sqrt{x^3}$ mit $h(x) = x + 5$ aufgefasst werden.

43. Deuten Sie die Funktion f als Verkettung einer äußeren Funktion g mit einer inneren h. Überprüfen Sie Ihre Überlegung durch Einsetzen von „außen nach innen“ und von „innen nach außen“:

a) $f(x) = (5x^2 + 2x)^5$

b) $f(x) = 3(x-1)^2$

c) $f(x) = \sqrt{\frac{1}{x^3}}$

d) $f(x) = \sin 3x$

e) $f(x) = \frac{1}{\sqrt{1 - x^2}}$

f) $f(x) = |\sin x|^2$

Um eine Vermutung über die Ableitung einer Verkettung zu gewinnen, betrachten wir ein Beispiel für eine Funktion, die mit den bisherigen Mitteln differenziert werden kann. Es sei $f(x) = (3x-1)^2$. Wegen $f(x) = 9x^2 - 6x + 1$ findet man $f'(x) = 18x - 6$. Nun ist $f(x) = g(h(x))$ mit $g(x) = x^2$ und $h(x) = 3x - 1$. Es ist naheliegend zu versuchen, die Ableitung von f mit den Ableitungen von g und h zu finden. Es ist $h'(x) = 3$ und $g'(x) = 2x$, also $g'(h(x)) = 2h(x) = 2(3x-1)$. Man erkennt, dass in unserem Beispiel das Produkt $g'(h(x)) \cdot h'(x)$ zum richtigen Resultat führt, denn es ist $g'(h(x)) \cdot h'(x) = 2(3x-1) \cdot 3 = 18x - 6 = f'(x)$.
Als Vermutung ergibt sich die folgende Kettenregel:

SATZ: (Kettenregel) Die Funktion h sei an der Stelle x_0 und die Funktion g an der Stelle $h(x_0)$ differenzierbar. Dann ist auch die Funktion f mit $f(x) = g(h(x))$ an der Stelle x_0 differenzierbar und es gilt $f'(x_0) = g'(h(x_0)) \cdot h'(x_0)$.

Anmerkung: Die Ableitung der äußeren Funktion g wird auch äußere Ableitung, die Ableitung der inneren Funktion h innere Ableitung genannt.

44. Bestätigen Sie die Kettenregel anhand folgender Beispiele, indem Sie die Ableitung zuerst ohne Verwendung der Kettenregel ermitteln und dann f in geeigneter Weise als Verkettung betrachten:

a) $f(x) = (x^2 + x)^3$ **b)** $f(x) = \frac{1}{3 - x}$ **c)** $f(x) = \sqrt{\frac{2}{x}}$

Beweis der Kettenregel: Wir führen den Beweis unter einer zusätzlichen Voraussetzung für die Funktion h, die bei unseren Anwendungen in der Regel immer erfüllt sein wird: Es existiere eine Umgebung U von x_0, so dass für alle $x \in U$ mit $x \neq x_0$ gilt: $h(x) \neq h(x_0)$.
Wir bilden den Differenzenquotienten von f an der Stelle x_0 und formen so um, dass die Differenzenquotienten von g an der Stelle $h(x_0)$ und von h an der Stelle x_0 vorkommen:

$$\frac{f(x) - f(x_0)}{x - x_0} = \frac{g(h(x)) - g(h(x_0))}{x - x_0} = \frac{g(h(x)) - g(h(x_0))}{h(x) - h(x_0)} \cdot \frac{h(x) - h(x_0)}{x - x_0}.$$

Für $x \to x_0$ gilt $h(x) \to h(x_0)$; damit erhalten wir:

$$f'(x_0) = \lim_{x \to x_0} \frac{f(x) - f(x_0)}{x - x_0} = \lim_{h(x) \to h(x_0)} \frac{g(h(x)) - g(h(x_0))}{h(x) - h(x_0)} \cdot \lim_{x \to x_0} \frac{h(x) - h(x_0)}{x - x_0}$$
$$= g'(h(x_0)) \cdot h'(x_0).$$

Beispiele:

1. Die Ableitung der Funktion $f(x) = (x^3 - 1)^4$ an der Stelle -1 ist zu berechnen.
f ist die Verkettung der Funktionen g und h mit $g(x) = x^4$ und $h(x) = x^3 - 1$. Für jedes $x \in \mathbb{R}$ gilt: h ist differenzierbar in x und g ist differenzierbar in $h(x)$. Nach der Kettenregel ist dann f in x differenzierbar und es ist $f'(x) = g'(h(x)) \cdot h'(x)$. Es ist $g'(x) = 4x^3$, also $g'(h(x)) = 4(h(x))^3$, ferner $h'(x) = 3x^2$. Damit erhalten wir
$f'(x) = 4(h(x))^3 \cdot 3x^2 = 12(x^3 - 1)^3 \cdot x^2$.
Die Ableitung von f an der Stelle -1 ist dann
$f'(-1) = 12 \cdot ((-1)^3 - 1)^3 \cdot (-1)^2 = 12 \cdot (-2)^3 = -96$.

2. Die Ableitung der Funktion f mit $f(x) = \sqrt{4x - 2}$ ist zu ermitteln.
f ist die Verkettung der Funktionen g und h mit $g(x) = \sqrt{x}$ und $h(x) = 4x - 2$. Diese Verkettung ist definiert für alle x mit $h(x) \geq 0$, also für $x \geq \frac{1}{2}$. Die Funktion h ist überall differenzierbar, die Funktion g für alle x mit $h(x) > 0$. Nach der Kettenregel ist dann f für alle $x > \frac{1}{2}$ differenzierbar und es gilt
$f'(x) = g'(h(x)) \cdot h'(x) = \frac{1}{2\sqrt{h(x)}} \cdot 4 = \frac{2}{\sqrt{4x - 2}}$.

45. Begründen Sie, dass es im zweiten Beispiel keine Tangente an die Funktion f gibt, die parallel zur x-Achse verläuft.

46. Entscheiden Sie, an welchen Stellen die folgenden Funktionen differenzierbar sind und berechnen Sie die 1. Ableitung:

a) $f(x) = (x^2 + 1)^5$ **b)** $f(x) = (-2x + 2)^{-3}$ **c)** $f(x) = \frac{3}{(7x^2 - x)^5}$

d) $f(x) = 3(x - 1)^2$ **e)** $f(x) = \sqrt{7 - x}$ **f)** $f(x) = \sqrt{\frac{1}{x^3}}$

g) $f(x) = \frac{1}{\sqrt{1 - x^2}}$ **h)** $f(x) = \sqrt{x^3(1 - x)^2}$ **i)** $f(x) = \sqrt{3x}(x + 1)$

Häufig kommen beim Differenzieren mehrere Regeln zur Anwendung. Um zu entscheiden, welche Regeln zum Ziel führen, muss die Struktur der Funktion analysiert werden.

Beispiel: $f(x) = \frac{2x^3 + x}{\sqrt{x^2 - 1}}$ $(|x| > 1)$

f ist der Quotient der Funktionen $u(x) = 2x^3 + x$ und $v(x) = \sqrt{x^2 - 1}$.

Die Ableitung von f erhält man mit Hilfe der Quotientenregel: $f'(x) = \frac{u'(x)v(x) - u(x)v'(x)}{v^2(x)}$.

Diese Regel wird nun konsequent „abgearbeitet", wir müssen zuerst $u'(x)$ bilden. Wir erhalten: $f'(x) = \frac{(6x^2 + 1)\ldots}{\ldots}$. Wir ergänzen entsprechend der Quotientenregel $v(x)$ und $u(x)$: $f'(x) = \frac{(6x^2 + 1) \cdot \sqrt{x^2 - 1} - (2x^3 + x)\ldots}{\ldots}$. Nun ist v zu differenzieren. v ist eine Verkettung, also kommt die Kettenregel zur Anwendung. Als Ableitung von f erhalten wir schließlich $f'(x) = \frac{(6x^2 + 1) \cdot \sqrt{x^2 - 1} - (2x^3 + x) \cdot \frac{1}{2\sqrt{x^2 - 1}} \cdot 2x}{x^2 - 1}$.

47. Differenzieren Sie die folgenden Funktionen und geben Sie $D(f)$ und $D(f')$ an:

a) $f(x) = (x^2 + 3x)^3$ **b)** $f(x) = (3 - 2x)(x^3 + 1)^2$ **c)** $f(x) = \sqrt{1 + \frac{1}{x}}$

d) $f(x) = (3 + x)\sqrt{3 - x}$ **e)** $f(x) = \frac{x^2 + 1}{(x^2 + 1)^3}$ **f)** $f(x) = 4\sqrt{x - x^2}$

g) $f(x) = x(5x^4 - 7x^2)^4$ **h)** $f(x) = \left(\frac{x^2 - 1}{x^2 + 1}\right)^3$ **i)** $f(x) = \sqrt{x^4 - \sqrt{x + 1}}$

48. Ermitteln Sie alle Stellen, an denen die Tangente an f parallel zur x-Achse verläuft:

a) $f(x) = \sqrt{x^2 - x + 1}$ **b)** $f(x) = \sqrt{x + 3}$ **c)** $f(x) = (3x^2 + x)^5$

d) $f(x) = \frac{x^2 - 1}{x + 2}$ **e)** $f(x) = \frac{x}{\sqrt{1 - x^2}}$ **f)** $f(x) = \frac{2x - 4}{2 - x}$

g) $f(x) = \sqrt{(x - 1)(x + 3)}$ **h)** $f(x) = (x - 1)\sqrt{1 + x}$ **i)** $f(x) = (x + 5)\sqrt{1 + x}$

49. a) Welches Resultat liefert die Verkettung einer umkehrbaren Funktion f mit ihrer Umkehrfunktion $\bar{f}$? Bestätigen Sie Ihre Aussage für eine lineare Funktion und für zwei weitere Beispiele.

b) Beweisen Sie: Die Ableitung von f mit $f(x) = \sqrt[3]{x}$ ist f' mit $f'(x) = \frac{1}{3 \cdot \sqrt[3]{x^2}}$.

Hinweis: Leiten Sie die Funktion g mit $g(x) = (f(x))^3$ mit Hilfe der Kettenregel ab. Bemerkung: Dieses Verfahren zur Berechnung der Ableitung von $f(x) = \sqrt[3]{x}$ setzt allerdings voraus, dass f für $x > 0$ differenzierbar ist. Auf den Nachweis wird hier verzichtet; eine Veranschaulichung des Sachverhaltes beinhaltet Aufgabe 50.

c) Zeigen Sie, dass die Regel zur Differenziation einer Potenzfunktion mit ganzzahligem Exponenten auch für die Funktion $f(x) = \sqrt[3]{x} = x^{\frac{1}{3}}$ gilt.

50. a) Bild 11a zeigt die Graphen einer differenzierbaren Funktion f und ihrer Umkehrfunktion $\overline{f}$ sowie die Tangente t an f in x_0 und die Tangente $\overline{t}$ an $\overline{f}$ in $y_0 = f(x_0)$. Welcher geometrische Zusammenhang besteht zwischen den Graphen von f und $\overline{f}$? Welcher Zusammenhang ergibt sich daraus anschaulich für t und $\overline{t}$?

b) Welchen Anstieg hat die Gerade t? Welcher Anstieg ergibt sich daraus für $\overline{t}$? Beschreiben Sie diesen Sachverhalt durch eine Gleichung.

c) Überprüfen Sie Ihr Ergebnis von b) für die Funktion $f(x) = \sqrt[3]{x}$ und für eine lineare Funktion.

d) Welche Überlegung ergibt sich aus Bild 11b?

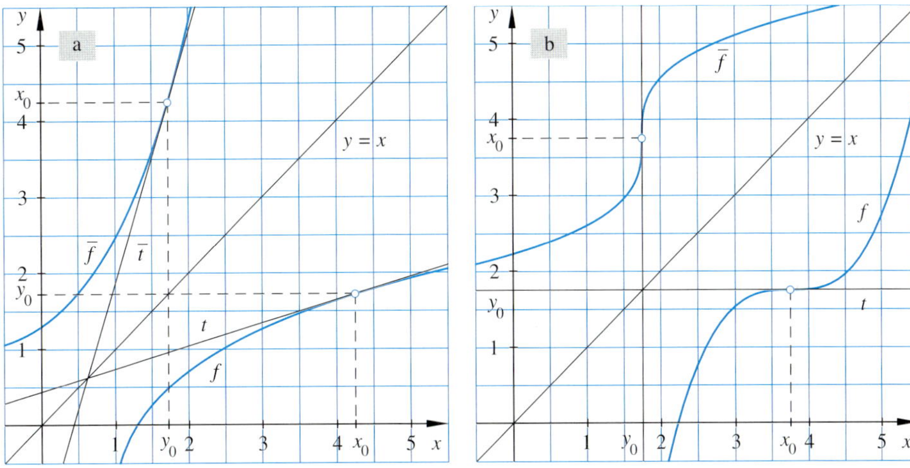

11

51. a) Berechnen Sie die Ableitung von $f(x) = x^{-4}$ mit Hilfe der Kettenregel unter Verwendung der Ableitung von $y = x^4$ und $y = \frac{1}{x}$.

b) Bestätigen Sie die in Aufgabe 39 gewonnene Regel zur Differenziation von $f(x) = x^{-n}$ für $n \geq 2$ mit Hilfe der Kettenregel.

Wir können jetzt die Regel zur Differenziation einer Potenzfunktion für beliebige rationale Exponenten beweisen.

52. a) Zeigen Sie, dass die Funktion $f(x) = x^{\frac{1}{n}} = \sqrt[n]{x}$ $(n \in \mathbb{N},\ n \geq 2,\ x \geq 0)$ die Ableitung $f'(x) = \frac{1}{n} x^{\frac{1}{n} - 1}$ $(x > 0)$ hat. (Die Differenzierbarkeit von f sei vorausgesetzt.)

b) Differenzieren Sie die Potenzfunktion $f(x) = x^{\frac{m}{n}}$ $(m, n \in \mathbb{N};\ m > 1,\ n \geq 2)$ mit Hilfe der Kettenregel.

c) Überlegen Sie, was für den Beweis der folgenden Aussage noch gezeigt werden muss: Ist r eine beliebige rationale Zahl, so ist die Funktion $f(x) = x^r$ für alle $x > 0$ differenzierbar und es ist $f'(x) = rx^{r-1}$:

d) Vervollständigen Sie den Beweis der Aussage von c).

53. Leiten Sie folgende Funktionen ab. Welche Regeln benutzen Sie?

a) $f(x) = \sqrt[4]{x}$ **b)** $f(x) = \sqrt[3]{x+1}$ **c)** $f(x) = -x \cdot \sqrt[4]{3x}$

d) $f(x) = 3x^2 \cdot \sqrt[5]{x^3}$ **e)** $f(x) = (2x-1)^{-\frac{1}{3}}$ **f)** $f(x) = \sqrt[3]{\sqrt{x}}$

g) $f(x) = \dfrac{1}{\sqrt[4]{(x-2)^3}}$ **h)** $f(x) = \sqrt[3]{\dfrac{1}{x}}$ **i)** $f(x) = \dfrac{x^2}{\sqrt{x^{\frac{1}{5}}}}$

54. Ermitteln Sie die Gleichung der Tangente an f in x_0.

a) $f(x) = \sqrt[3]{2x-1},\ x_0 = 1$ **b)** $f(x) = \sqrt[3]{2x} - 1,\ x_0 = \sqrt{2}$ **c)** $f(x) = \sqrt[3]{2} \cdot x - 1,\ x_0 = 2$

55. h sei eine differenzierbare Funktion. Differenzieren Sie f.

a) $f(x) = 5 \cdot h(x)$ **b)** $f(x) = h^2(x)$ **c)** $f(x) = \sqrt{h(x)}$

d) $f(x) = h(\sqrt{x})$ **e)** $f(x) = h^2(\sqrt{x})$ **f)** $f(x) = h(x) \cdot \sqrt{x}$

56. Die Funktion h sei an der Stelle x_0, die Funktion g an der Stelle $h(x_0)$ und die Funktion f an der Stelle $g(h(x_0))$ differenzierbar. Welche Ableitung hat die Funktion F mit $F(x) = f(g(h(x)))$ an der Stelle x_0?

57. Es sei u eine differenzierbare Funktion, die nur positive Funktionswerte annimmt. f sei die durch $f(x) = \sqrt{u(x)}$ definierte Funktion.

a) Geben Sie $D(f)$ und $D(f')$ an.

b) Zeigen Sie: Für alle $x \in D(f')$ gilt $2 \cdot f'(x) \cdot f(x) = u'(x)$.

58. **a)** Geben Sie eine ausführliche Formulierung für eine Differenziationsregel an, die man mit der Kurzform $(f^n)' = n \cdot f^{n-1} \cdot f'$ beschreiben kann.

b) Interpretieren Sie diese Regel als Spezialfall der Kettenregel.

c) Führen Sie einen Beweis dieser Regel ohne Verwendung der Kettenregel.

59. Leiten Sie die Funktion f einmal mit und einmal ohne Verwendung der Kettenregel ab. Zeigen Sie, dass man dasselbe Resultat erhält:

a) $f(x) = (3x-5)^2$ **b)** $f(x) = (x^3)^4$ **c)** $f(x) = \sqrt{x^7}$

d) $f(x) = \sqrt{x^{-7}}$ **e)** $f(x) = \dfrac{3}{x^2+1}$ **f)** $f(x) = \dfrac{1}{\sqrt{x}}$

Differenziationsregeln	**Beispiel**	
$c' = 0\ (c \in \mathbb{R})$	$f(x) = 5$	$f'(x) = 0$
$(cf)' = cf'$	$f(x) = 3x^2$	$f'(x) = 3 \cdot (2x)$
$(u+v)' = u' + v'$	$f(x) = x^2 + 6x$	$f'(x) = 2x + 6$
$(uv)' = u'v + uv'$	$f(x) = x^2\sqrt{x}$	$f'(x) = 2x \cdot \sqrt{x} + x^2 \cdot \dfrac{1}{2\sqrt{x}}$
$\left(\dfrac{u}{v}\right)' = \dfrac{u'v - uv'}{v^2}$	$f(x) = \dfrac{x^3}{x^2-1}$	$f'(x) = \dfrac{3x^2 \cdot (x^2-1) - x^3 \cdot 2x}{(x^2-1)^2}$
$f(x) = g(h(x)) : f'(x) = g'(h(x)) \cdot h'(x)$	$f(x) = \sqrt{1-x^2}$	$f'(x) = \dfrac{1}{2\sqrt{1-x^2}} \cdot (-2x)$
$(x^r)' = rx^{r-1}\ (r \in \mathbb{Q})$	$f(x) = x^{-\frac{3}{2}}$	$f'(x) = -\dfrac{3}{2}x^{-\frac{5}{2}}$
(Beachte: Der Definitionsbereich hängt von r ab.)		

3 Höhere Ableitungen

Die 1. Ableitung der Funktion f mit $f(x) = x^4$ ist die Funktion f' mit $f'(x) = 4x^3$. f' ist wiederum eine differenzierbare Funktion; deren Ableitung wird die zweite Ableitung von f genannt und mit f'' bezeichnet. Im Beispiel gilt also $f''(x) = 12x^2$. Man sagt, f ist zweimal differenzierbar. Ganz analog erhält man den Begriff der dritten oder allgemein der **Ableitung *n*-ter Ordnung**, kurz auch ***n*-te Ableitung** genannt. Für $n = 3$ ist die Bezeichnung f''', für $n \geq 4$ die Bezeichnung $f^{(n)}$ üblich. Im Beispiel ist $f'''(x) = 24x$, $f^{(4)}(x) = 24$, und für $n \geq 5$ gilt $f^{(n)}(x) = 0$.

1. Berechnen Sie die ersten drei Ableitungen von f:

a) $f(x) = 7x^4 - 3x^2 + 3$ **b)** $f(x) = -\sqrt{3}x^2 + 17x + 1$ **c)** $f(x) = (2x+3)^5$

d) $f(x) = \frac{2}{x}$ **e)** $f(x) = \sqrt{x}$ **f)** $f(x) = \frac{3x-4}{5}$

g) $f(x) = (x^2-2)(x^2+3)$ **h)** $f(x) = (x-1)(x-2)(x-3)$

2. Berechnen Sie die 2. Ableitung von f an der Stelle x_0:

a) $f(x) = (x^3-1)^3$, $x_0 = 2$ **b)** $f(x) = 3x^2 \cdot \sqrt{x}$, $x_0 = 4$

c) $f(x) = \frac{x^2+5x-7}{2x^2+x+10}$, $x_0 = -1$ **d)** $f(x) = \frac{x-1}{x^2+1}$, $x_0 = 1$

e) $f(x) = x + \sqrt{x}$, $x_0 = 2$ **f)** $f(x) = \sqrt[3]{1-x}$, $x_0 = 0$

3. Ermitteln Sie für die folgenden Funktionen $f''(x)$ und $f^{(n)}(x)$ $(n \geq 1)$:

a) $f(x) = x^2$ **b)** $f(x) = \frac{1}{x}$ **c)** $f(x) = \sqrt{x}$

4. Gewinnen Sie durch mehrmaliges Differenzieren von f eine Vermutung für die n-te Ableitung und beweisen Sie Ihre Vermutung durch vollständige Induktion:

a) $f(x) = \frac{1}{1-x}$ **b)** $f(x) = \frac{1}{1+x}$

c) $f(x) = \frac{1}{(x-3)^2}$ **d)** $f(x) = \frac{x+1}{x-1}$

5. Geben Sie alle quadratischen Funktionen an, die die folgenden Bedingungen erfüllen:

a) $f(0) = 2,\ f'(0) = 3,\ f''(0) = 4$ **b)** $f(1) = 1,\ f'(1) = 0,\ f''(1) = 2$

c) $f'(3) = 4,\ f''(3) = -8$ **d)** $f(2) = 0,\ |f'(2)| = 1,\ f''(2) = -2$

e) $f(0) = 6,\ f(2) = 0,\ f'(3) = -f'(5)$ **f)** $f'(3) = f'(5)$

6. Zeigen Sie, dass es genau eine ganzrationale Funktion dritten Grades mit den angegebenen Bedingungen gibt:

a) $f(0) = 1,\ f'(0) = -1,\ f''(0) = 4,\ f'''(0) = 6$

b) $f(1) = 5,\ f'(0) = 1,\ f''(-1) = 2,\ f'''(3) = 6$

c) $f(1) = -5,\ f'(0) = -1,\ f''(-1) = -2,\ f'''(3) = -6$

d) $f(0) = -4,\ f'\left(\frac{1}{2}\right) = 0,\ f''(-1) = 8,\ f'''(0) = 6$

7. Bilden Sie von den folgenden Funktionen jeweils die Ableitungen, die die angegebene Bedingung erfüllen:

a) $y = \frac{1}{8}x^4 - 2x^3 + 7x - 0{,}2$; alle nicht verschwindenden Ableitungen.

b) $y = 0{,}1x^2 - 0{,}01x + 0{,}001$; diejenige Ableitung, die eine Konstante ungleich Null ist.

c) $y = \frac{3}{4} - 5x^2 + \frac{1}{6}x^5 + \frac{2}{3}x^7$; alle Ableitungen gerader Ordnung, die nicht verschwinden.

d) $y = \left(\frac{1}{2}x - 2\right)\left(\frac{1}{3}x - 3\right)\left(\frac{1}{4}x - 4\right)$; alle Ableitungen ungerader Ordnung, die nicht verschwinden.

e) $y = (0{,}1x^2 - 0{,}05)^2$; die Ableitung, die eine lineare Funktion ist.

8. Wie heißt von folgenden unecht gebrochen rationalen Funktionen diejenige Ableitung, die als erste eine echt gebrochen rationale Funktion ist? Können Sie im voraus angeben, für welche Ableitung das zutrifft?

a) $f(x) = \dfrac{5 - x^2}{3x - 6}$ **b)** $f(x) = \dfrac{x^3 - 2x + 1}{2x^3 - 5}$

c) $f(x) = x + \dfrac{x}{x^2 + 2}$ **d)** $f(x) = \dfrac{x^3 - 27}{x^2}$

9. Die Funktionen u und v seien an der Stelle x_0 zweimal differenzierbar. Berechnen Sie die zweite Ableitung der Funktion f mit $f(x) = u(x) \cdot v(x)$ an der Stelle x_0.

10. $f \circ g$ sei die Verkettung zweier zweimal differenzierbarer Funktionen f und g. Ermitteln Sie die zweite Ableitung von $f \circ g$.

11. Berechnen Sie den Anstieg der 1. Ableitung von f an der Stelle x_0:

a) $f(x) = \dfrac{x^2 - 3}{x - 2}$, $x_0 = -1$ **b)** $f(x) = \dfrac{x - 4}{2 - x}$, $x_0 = -3$

c) $f(x) = 4x + \dfrac{1}{x^2 + 1}$, $x_0 = 0$ **d)** $f(x) = 5\sqrt{x}(x + 2)$, $x_0 = 4$

12. Zeigen Sie, dass die zweite Ableitung von f keine Nullstellen hat:

a) $f(x) = x^4 + x^2$ **b)** $f(x) = \sqrt{x}$ **c)** $f(x) = -\dfrac{3}{x^5}$

13. Bilden Sie von den folgenden Funktionen die 2., 3., 5. und 10. Ableitung an den Stellen $x_0 = 1$, $x_1 = -2$, $x_2 = -\frac{1}{5}$, $x_3 = 0{,}1$ und $x_4 = \sqrt{3}$.

a) $y = \dfrac{1}{120}x^5 - \dfrac{1}{24}x^4$ **b)** $y = 0{,}02x^{10} + 0{,}01x^5 - x^2 + 4$

14. Berechnen Sie die 1. und 2. Ableitung folgender Funktionen und geben Sie jeweils den Definitionsbereich von f, von f' und von f'' an.

a) $f(x) = \dfrac{1}{\sqrt{1 - x^2}}$ **b)** $f(x) = \sqrt[3]{1 - x^2}$ **c)** $f(x) = \dfrac{1}{\sqrt[4]{1 - x}}$

4 Vermischte Aufgaben

1. An die folgenden Funktionen sollen Tangenten mit dem Anstieg m_1 bzw. m_2 gelegt werden. Berechnen Sie die Koordinaten der Berührungspunkte:

a) $y = x^4;\ m_1 = -\frac{1}{2};\ m_2 = 4$ **b)** $y = x^5;\ m_1 = 80;\ m_2 = \frac{4}{5}$

c) $y = x^{-3};\ m_1 = 3;\ m_2 = -\frac{3}{16}$ **d)** $y = 3\sqrt{x};\ m_1 = \frac{1}{3};\ m_2 = 3$

2. An die folgenden Funktionen sollen Tangenten mit dem Anstieg m gelegt werden. An welchen Stellen ist das möglich?

a) $f(x) = (x-1)^3;\ m = 6$ **b)** $f(x) = (x^2-1)(x^2+1);\ m = -8$

c) $f(x) = \sqrt{2x+3};\ m = 1$ **d)** $f(x) = \sqrt{2x+3};\ m = -1$

3. An die folgenden Funktionen sind Tangenten zu legen, die die x-Achse unter dem Winkel α schneiden. Welche Koordinaten haben die Berührungspunkte?

a) $y = x^2;\ \alpha = 30°$ **b)** $y = -x^4 - x^3 - x^2 - x;\ \alpha = 135°$

c) $y = x^{-4};\ \alpha = 75°$ **d)** $y = \frac{x^2-1}{x+3};\ \alpha = 0°$

4. Gegeben ist die Funktion f mit $f(x) = 3x^3 + kx^2 - 3$.

a) Für welche Zahl k schneidet die Tangente an f an der Stelle -1 die x-Achse unter einem Winkel von 45°?

b) Für welche Zahlen k existiert im Intervall $(0, 1)$ eine Tangente an f, die parallel zur x-Achse verläuft?

5. Es sei $f(x) = \frac{1}{2x+a}$ $(a \in \mathbb{R})$. Für welche Zahlen a ist $f'(2) = -\frac{1}{2}$?

6. **a)** Welchen Anstieg hat die Funktion $f_n(x) = \frac{1}{x^n}$ $(n \in \mathbb{N},\ n \geq 1)$ an der Stelle 1?

b) Wie verändert sich die Lage der Tangente mit wachsendem n?

c) Für jedes $n \geq 1$ schneidet die Tangente an f_n an der Stelle 1 die x-Achse an einer Stelle a_n. Entnehmen Sie einer grafischen Darstellung eine Vermutung über die Konvergenz der Folge (a_n). Bestätigen Sie Ihre Vermutung rechnerisch.

7. Ermitteln Sie den Berührungspunkt für jede Tangente an f, die die Nullstelle z hat.

a) $f(x) = x^2,\ z = 3$ **b)** $f(x) = x^2 + 1,\ z = 1$

c) $f(x) = \frac{1}{x},\ z = 4$ **d)** $f(x) = x^3,\ z = -1$

8. f sei eine auf $\mathbb{R}$ definierte, differenzierbare Funktion. Überprüfen Sie die folgenden Gleichungen und korrigieren Sie sie gegebenenfalls:

a) $f'(t) = \lim\limits_{k \to 0} \frac{f(t+k) - f(t)}{k}$ **b)** $f'(k) = \lim\limits_{t \to 0} \frac{f(k) - f(t)}{k - t}$

c) $f'(x_0) = \lim\limits_{x_0 \to x} \frac{f(x_0) - f(x)}{x_0 - x}$ **d)** $f'(5) = \lim\limits_{x \to 0} \frac{f(x+5) - f(5)}{x}$

Wenn sich die Graphen zweier differenzierbarer Funktionen f_1 und f_2 in einem Punkt $P(x_0, f_1(x_0)) = P(x_0, f_2(x_0))$ schneiden, so versteht man unter dem Schnittwinkel der Graphen dieser Funktionen an der Stelle x_0 den Schnittwinkel der Tangenten an f_1 und f_2 in x_0 (Bild 12).

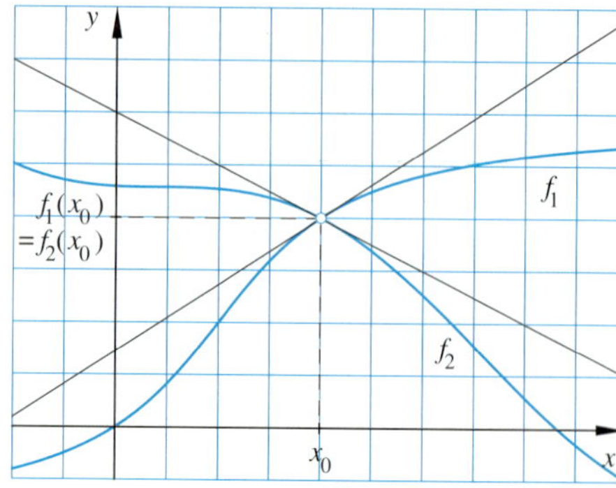

12

9. Berechnen Sie die Schnittpunkte der Graphen der Funktionen f_1 und f_2 und die zugehörigen Schnittwinkel:

a) $f_1(x) = x^2$; $f_2(x) = -0{,}5x^2 + 1{,}5x$

b) $f_1(x) = x^2 - 2x - 1$; $f_2(x) = 3x + 4$

c) $f_1(x) = x^3 + 2x - 1$; $f_2(x) = 4x^3 + 3x^2 - x - 1$

d) $f_1(x) = \sqrt{6x - 2}$; $f_2(x) = \dfrac{2}{x}$

10. **a)** Bestimmen Sie eine nach unten geöffnete Parabel, die mit der Parabel $y = x^2$ genau den Punkt $P(2,4)$ gemeinsam hat.

b) Berechnen Sie für beide Parabeln den Anstieg an der Stelle 2. Deuten Sie das Ergebnis geometrisch.

11. Es sei $f(x) = x^2$ und $g(x) = x^3$.

a) Geben Sie eine Tangente t_1 an f und eine Tangente t_2 an g an, die zueinander parallel verlaufen.

b) Gibt es Stellen $x_0 \in \mathbb{R}$, so dass die Tangente t_1 an f in x_0 und die Tangente t_2 an g in x_0 parallel zueinander verlaufen?

c) Geben Sie alle Geraden an, die gleichzeitig Tangente an f und an g sind.

Haben zwei an der Stelle x_0 differenzierbare Funktionen an dieser Stelle eine gemeinsame Tangente, so sagt man, dass sich die beiden Funktionen an dieser Stelle berühren.

12. **a)** Bestimmen Sie zwei Parabeln, die sich an der Stelle 0 berühren.

b) Zeigen Sie, dass sich die Funktionen $y = x^3$, $y = x^4$ und $y = -x^3$ an der Stelle 0 berühren.

c) Bestimmen Sie drei quadratische Funktionen, die sich im Punkt $P(1,1)$ berühren.

d) Zeigen Sie, dass es genau eine Normalparabel gibt, die die Funktion $y = \sqrt{x}$ an der Stelle 1 berührt.

e) Es sei $f_1(x) = \dfrac{1}{x}$ $(x > 0)$ und $f_2(x) = \dfrac{1}{x}$ $(x < 0)$. Verschieben Sie den Graphen von f_2 um zwei Einheiten nach rechts und um zwei Einheiten nach oben. Zeigen Sie durch Rechnung, dass die neue Funktion f_1 berührt.

13. Worin unterscheiden sich die Ableitungen der Funktionen f und g mit $f(x) = 7x^2 \cdot \dfrac{1}{x}$ und $g(x) = 7x$?

14. Finden Sie jeweils verschiedene Möglichkeiten, f zu differenzieren:

a) $f(x) = (x+1)^3$ **b)** $f(x) = x \cdot \sqrt{x}$ **c)** $f(x) = \sqrt{\frac{2}{x^4}}$

d) $f(x) = (x^2 - 3x)(2 - 7x)$ **e)** $f(x) = \frac{3}{(5x^3 - 1)^2}$ **f)** $f(x) = \frac{x+1}{\sqrt{x}}$

15. An die folgenden Funktionen sollen Tangenten gelegt werden, die die x-Achse unter dem Winkel α bzw. die y-Achse unter dem Winkel β schneiden. In welchen Punkten ist das möglich?

a) $f(x) = 2x^2 + 1,\ \alpha = 30°$ **b)** $f(x) = \frac{x^2 - 3}{2x},\ \beta = 135°$

c) $f(x) = x^3 + 3x^2 + 2x,\ \alpha = 45°$ **d)** $f(x) = \frac{x^2 + x + 14}{x + 2},\ \alpha = 135°$

e) $f(x) = \sqrt{4x - 3},\ \alpha = 120°$ **f)** $f(x) = \frac{x - \frac{1}{2}\sqrt{3}}{x + \frac{1}{2}\sqrt{3}},\ \alpha = 60°,\ \beta = 120°$

16. Es sei $f(x) = x^2$ und $g(x) = \sqrt{x}$.

a) An welcher Stelle hat g denselben Anstieg wie f an der Stelle 0,6?

b) Berechnen Sie den Schnittpunkt der Tangente an f an der Stelle 3 mit der Tangente an g an der Stelle 9. Können Sie vor der Rechnung eine Aussage über die Koordinaten dieses Schnittpunktes treffen?

17. Ermitteln Sie eine ganzrationale Funktion f dritten Grades, so dass die Tangente an f an der Stelle 3 die x-Achse unter einem Winkel von 30° schneidet.

18. a) Welchen Anstieg hat die Funktion $f(x) = x^2 - 5x + 7$ an der Stelle 2,5? Interpretieren Sie das Ergebnis geometrisch.

b) Zeigen Sie, dass die Tangente im Scheitelpunkt der Parabel $y = ax^2 + bx + c$ $(a, b, c \in \mathbb{R},\ a \neq 0)$ den Anstieg Null hat, während jede andere Tangente einen von Null verschiedenen Anstieg hat.

19. Gegeben ist die Funktion $f(x) = x^2 - 6x + 7$.

a) Skizzieren Sie den Graphen der Funktion.

b) Betrachten Sie die Tangenten der Funktion in ihren Nullstellen x_1 und x_2. Äußern Sie eine Vermutung über die Anstiege beider Tangenten und über den Schnittpunkt.

c) Bestätigen Sie Ihre Vermutung rechnerisch.

20.* Verallgemeinern Sie die Ergebnisse von Aufgabe 19.

a) Betrachten Sie eine beliebige quadratische Funktion mit zwei Nullstellen.

b) Ersetzen Sie die Nullstellen durch symmetrisch zur Parabelachse gelegene Stellen x_1 und x_2.

21. Für welche reelle Zahl a hat die Ableitung von $f(x) = x^3 - ax^2 + 2$ an der Stelle 2 eine Nullstelle?

22. Berechnen Sie die Koordinaten des Berührungspunktes für jede Tangente an die Funktion f durch den Punkt P:

a) $f(x) = x^2$; $P(0, -1)$ **b)** $f(x) = x^2$; $P(0, -2)$ **c)** $f(x) = ax^2$ $(a \neq 0)$; $P(0, -1)$
d) $f(x) = x^2$; $P(-1, -1)$ **e)** $f(x) = \sqrt{x}$; $P(0, 1)$ **f)** $f(x) = \sqrt{x}$; $P(-1, 1)$
g) $f(x) = \sqrt{x}$; $P(2, 2)$ **h)** $f(x) = \frac{1}{x}$; $P(1, -1)$ **i)** $f(x) = \frac{1}{x}$; $P\left(\sqrt{3}, \frac{\sqrt{3}}{3}\right)$

23. Es sei $f(x) = \sqrt{x}$ und $P(x_0, f(x_0))$ $(x_0 > 0)$ ein Punkt des Graphen von f. Ferner sei t die Tangente an f im Punkt P und g die zu t orthogonale Gerade durch P.

a) Wo schneidet die Gerade g die x-Achse?

b) Skizzieren Sie den Graphen von f und nutzen Sie das Ergebnis von a) zur Konstruktion der Tangente an f an der Stelle x_0 $(x_0 > 0)$.

24. Finden Sie eine Konstruktion der Tangente an die Funktion f an einer beliebigen Stelle, indem Sie zuerst die Nullstelle der Tangente berechnen:

a) $f(x) = \frac{1}{x}$ **b)** $f(x) = x^2$

25. Es sei $f(x) = x^2$. Ermitteln Sie diejenige Zahl x_0, für die gilt: Die Tangente an f an der Stelle x_0 ist orthogonal zur Tangente an f an der Stelle 2.

26. Ist f eine an der Stelle x_0 differenzierbare Funktion, so nennt man die Gerade durch den Punkt $P_0(x_0, f(x_0))$, die senkrecht zur Tangente an f in x_0 verläuft, die **Normale zu f in x_0**.
Ermitteln Sie jeweils eine Gleichung der Normalen:

a) $f(x) = x^2,\ x_0 = 2$ **b)** $f(x) = 3\sqrt{x},\ x_0 = 1$
c) $f(x) = (x^3 - 4x)^2,\ x_0 = -3$ **d)** $f(x) = \frac{x^2 - 3}{1 - x},\ x_0 = 0$
e) $f(x) = -x^3,\ x_0 = 0$ **f)** $f(x) = \sqrt[3]{x^4},\ x_0 = -2$

27. Es sei $f(x) = x^2$ und t die Tangente an f an der Stelle 3. Ermitteln Sie eine Umgebung U von 3, so dass für alle $x \in U$ die Ungleichung $f(x) - t(x) < s$ gilt:

a) $s = 1$ **b)** $s = \frac{1}{10}$ **c)** $s = \frac{1}{100}$

28.* Betrachten Sie zu dem Körper in Bild 13 die folgende Funktion f: Mit x werde die Höhe eines Teilkörpers bezeichnet, der aus dem ursprünglichen durch einen zu Grund- und Deckfläche (die parallel vorausgesetzt seien) parallelen Schnitt entsteht. $f(x)$ sei das Volumen dieses Teilkörpers. Welche geometrische Interpretation ergibt sich im Falle der Differenzierbarkeit von f für die Ableitung $f'(x)$?

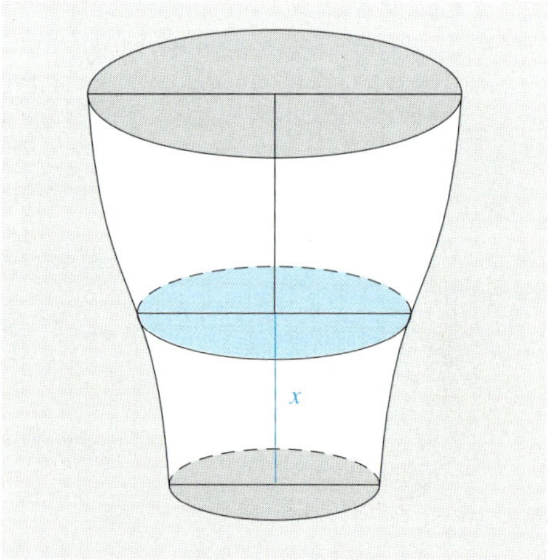

13

5 Über Minima und Maxima von Funktionen

Minimale und maximale Funktionswerte

1. Untersuchen Sie, ob die folgenden Funktionen in den angegebenen Intervallen ein Maximum und ein Minimum haben. Ermitteln Sie gegebenenfalls diese Funktionswerte und die Stellen, an denen sie angenommen werden:

a) $f(x) = x^2 - 4x + 2$; $I_1 = [1,4]$, $I_2 = [-3,1]$, $I_3 = [1,3]$, $I_4 =]1,3[$, $I_5 = [0,5[$

b) $f(x) = \frac{3}{x}$; $I_1 = \left[\frac{1}{2},4\right]$, $I_2 = \left]\frac{1}{2},4\right[$, $I_3 = [-3,3]$, $I_4 = [-2,0]$

c) $f(x) = x^3 + c$ $(c \in \mathbb{R})$; $I_1 = [-1,1]$, $I_2 = [0,5]$, $I_3 = [0,5[$

d) $f(x) = mx + n$ $(m,n \in \mathbb{R})$, $I = [a,b]$ $(a,b \in \mathbb{R})$

Beispiel: Wie müssen die Abmessungen eines rechteckigen Zwingers gewählt werden, wenn eine Seite des Zwingers von einer Mauer begrenzt wird, die anderen drei Seiten mit einer Rolle Maschendraht der Länge 32 m eingezäunt werden und dabei die Zwingerfläche möglichst groß sein soll?

Wir bezeichnen die Seitenlängen des Rechtecks mit a bzw. b (Bild 14). Wir müssen untersuchen, für welche Werte von a und b das Produkt $A = ab$ seinen maximalen Wert erreicht. Die Zahlen a und b müssen der Bedingung $2a + b = 32$ genügen; damit lässt sich A in Abhängigkeit von a darstellen: $A = f(a) = a(32 - 2a)$; dabei ist $a > 0$ und $2a < 32$, also $a < 16$. Es bleibt zu ermitteln, an welcher Stelle die quadratische Funktion f mit $f(a) = -2a^2 + 32a$ im Intervall $]0,16[$ ihr Maximum annimmt.

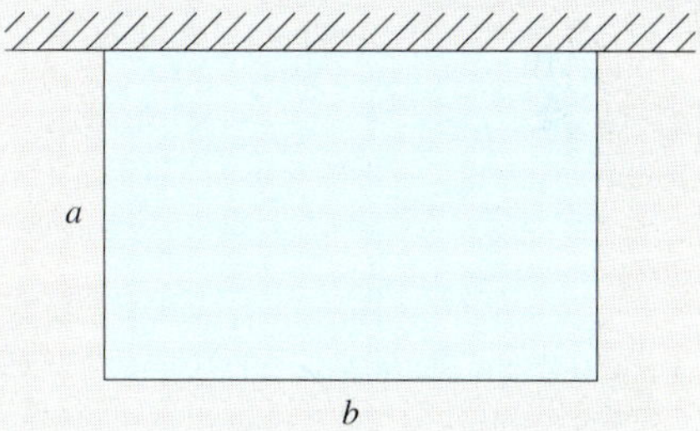

14

2. Wie sind a und b im obigen Beispiel zu wählen?

3. Aus einem 1 m langen Draht soll ein Kantenmodell eines Quaders gebastelt werden. Dabei soll eine Kantenlänge 10 cm betragen. Wie müssen die anderen Kantenlängen gewählt werden, damit ein möglichst großes Volumen erreicht wird?

Häufig lässt sich die Ermittlung von Maximum oder Minimum einer Funktion auf die Betrachtung einer einfacheren Funktion zurückführen.

4. Ermitteln Sie Minimum und Maximum der Funktionen g und f in $[a,b]$:

a) $g(x) = 3x + 4$; $f(x) = \sqrt{3x+4}$; $a = -1$, $b = 2$

b) $g(x) = -x^2 + 13x - 30$; $f(x) = \sqrt{-x^2 + 13x - 30}$; $a = 4$, $b = 10$

c) $g(x) = (x+1)^2$; $f(x) = 5(x+1)^2$; $a = -2$, $b = 2$

d) $g(x) = \sqrt{-x^2 + 10}$; $f(x) = c\sqrt{-x^2 + 10}$ $(c \in \mathbb{R})$; $a = -1$, $b = 3$

e) $g(x) = 3x^2 - 5$; $f(x) = \sqrt{\frac{4}{3x^2 - 5}}$; $a = 2$, $b = 8$

Lokale Extremwerte

Beispiel: Gegeben ist die Funktion f mit $f(x) = kx^2$ $(k > 0)$. Den Graphen dieser Funktion in einem Intervall $[-a, a]$ $(a > 0)$ nennt man ein Parabelsegment. Diesem Parabelsegment werde entsprechend Bild 15 ein Rechteck einbeschrieben. Welche maximale Rechteckfläche ist erreichbar?
Die Fläche A des Rechtecks ist
$A = 2x(f(a) - f(x)) = 2x(ka^2 - kx^2)$
$= 2k(a^2x - x^3)$ $(0 \leq x \leq a)$.
Ein konstanter positiver Faktor beeinflusst das Maximum einer Funktion, nicht aber die Stelle, an der dieses angenommen wird. Für die Lösung des Problems genügt es demnach zu untersuchen, an welchen Stellen des Intervalls $[0, a]$ die Funktion g mit $g(x) = a^2x - x^3$ ihr Maximum erreicht.

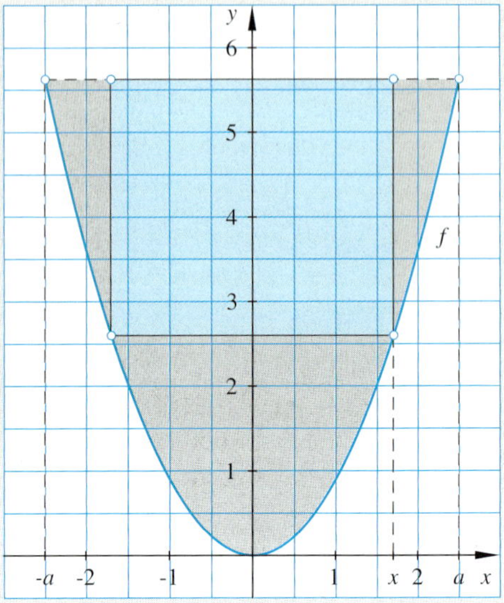

15

5. Setzen Sie im obigen Beispiel $a = 3$; skizzieren Sie den Graphen von g in $[0, a]$ und ermitteln Sie aus der grafischen Darstellung näherungsweise den Wert von x, für den die Funktion g ihr Maximum annimmt. Haben Sie eine Vermutung, wie man die Stelle berechnen kann?

Im betrachteten Beispiel ist das gesuchte Maximum der Funktion g gleichzeitig ein **lokales** Maximum.

DEFINITION Die Funktion f hat an der Stelle x_0 ein **lokales Maximum** genau dann, wenn es **eine Umgebung U von x_0** gibt mit $U \subseteq D(f)$, so dass für alle $x \in U$ gilt:
$f(x) \leq f(x_0)$.

Bemerkungen:

1. Analog definiert man „lokales Minimum" einer Funktion.
2. Hat eine Funktion f in x_0 ein lokales Maximum oder ein lokales Minimum, so sagt man auch: f hat in x_0 ein **lokales Extremum** oder einen **lokalen Extremwert**. x_0 heißt dann **lokale Extremstelle**; der lokale Extremwert ist der zugehörige Funktionswert $f(x_0)$.

Beispiel: Die Funktion $f(x) = x^2 - 4x + 5$ hat an der Stelle 2 ein lokales Minimum (Bild 16a).
Die Funktion g mit $g(x) = \cos x$ und $D(g) = [-2\pi, 2\pi]$ hat an der Stelle 0 ein lokales Maximum und an den Stellen $-\pi$ sowie π jeweils ein lokales Minimum (Bild 16b).

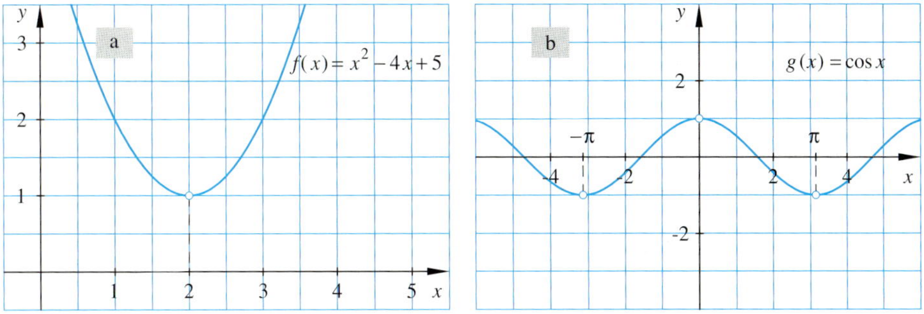

16

6. Geben Sie alle lokalen Extremstellen der folgenden Funktionen an.

a) $f(x) = 3x^2 - 4$ **b)** $f(x) = ax^2 + bx + c$ $(a, b, c \in \mathbb{R},\ a \neq 0)$ **c)** $f(x) = c$ $(c \in \mathbb{R})$

d) $f(x) = x^n$ $(n \in \mathbb{N},\ n > 0)$ **e)** $f(x) = |x|$ **f)** $f(x) = \sin x$

g) $f(x) = \sqrt{x}$ **h)** $f(x) = \sqrt{|x|}$ **i)** $f(x) = x^3 - x^2$

7. Welche der Funktionen aus Aufgabe 6 haben ein Maximum bzw. ein Minimum? Welche Zahl ist das Maximum bzw. Minimum und wo nimmt die jeweilige Funktion ihr Maximum bzw. Minimum an?

Eine Funktion kann mehrere lokale Maxima haben, aber stets höchstens ein Maximum. Um den Unterschied zwischen einem lokalen Maximum einer Funktion und ihrem Maximum hervorzuheben, wird das Maximum auch als **globales** Maximum bezeichnet. Entsprechendes gilt für die Minima.

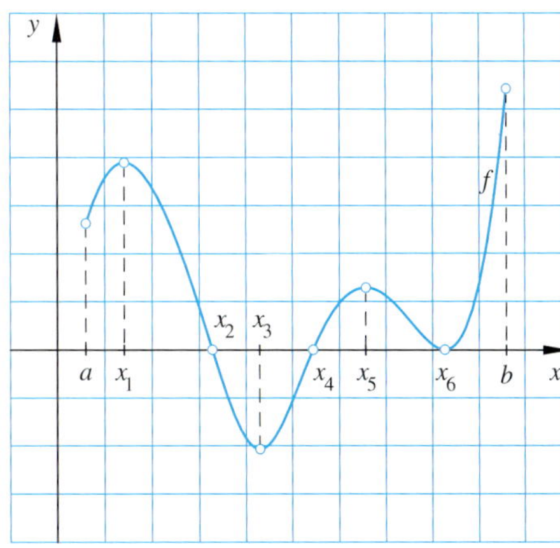

17

8. Welche lokalen und globalen Extremwerte hat die Funktion f in Bild 17 im Intervall I?

a) $I = [a, b]$ **b)** $I =]a, b[$

c) $I = [a, x_6]$ **d)** $I =]a, x_6[$

e) $I = [x_2, x_4]$ **f)** $I = [x_2, x_4[$

g) $I = [x_4, x_6]$ **h)** $I = [x_3, x_6]$

Viele mathematische und praktische Probleme führen zu der Aufgabe, das Maximum oder das Minimum einer Funktion in einem bestimmten Intervall zu ermitteln. Bei einem solchen **Extremwertproblem** interessieren stets die globalen Extremwerte (bzw. die Stellen, an denen diese angenommen werden). In vielen Fällen ist aber das gesuchte globale Extremum gleichzeitig ein lokales. Es gilt die folgende Bemerkung:

> Ist die Funktion f auf dem abgeschlossenen Intervall $[a, b]$ definiert und hat f an der Stelle $x_0 \in [a, b]$ ein Maximum, so ist x_0 entweder ein Randpunkt oder ein lokales Maximum.

Kennt man die lokalen Extremstellen einer Funktion f im Intervall $[a, b]$, so findet man nach diesem Satz die globalen Extremwerte von f (sofern solche existieren), indem man die lokalen Extremwerte mit $f(a)$ und $f(b)$ vergleicht.

9. Begründen Sie die obige Bemerkung.

Berechnung lokaler Extremstellen; eine notwendige Bedingung

Von quadratischen Funktionen wissen wir, dass an einer lokalen Extremstelle die Ableitung verschwindet (vgl. Aufgabe 18, Abschnitt 4). Geometrisch zeigt sich das im horizontalen Verlauf der Tangente an dieser Stelle. Es ist zu erwarten, dass dieser Zusammenhang auf andere Funktionen übertragbar ist.

10. Berechnen Sie für die Funktion g mit $g(x) = a^2x - x^3$ im Falle von $a = 3$ die Nullstellen der Ableitung. Vergleichen Sie mit Ihrer Näherungslösung von Aufgabe 5.

Der folgende Satz ist ein wesentliches Hilfsmittel für die Berechnung lokaler Extremstellen.

SATZ: Es sei f eine in x_0 differenzierbare Funktion.
Wenn f an der Stelle x_0 ein lokales Extremum hat, so gilt $f'(x_0) = 0$.

Beweis: Wir führen den Beweis für den Fall, dass f in x_0 ein lokales Maximum hat. Das bedeutet, es gibt eine Umgebung U von x_0, so dass für alle $x \in U$ die Ungleichung $f(x) \leq f(x_0)$ erfüllt ist. Da f in x_0 differenzierbar ist, gilt für jede im Definitionsbereich von f verlaufende und gegen x_0 konvergierende Folge (x_n), deren Glieder von x_0 verschieden sind:

$$\lim_{n\to\infty} \frac{f(x_n) - f(x_0)}{x_n - x_0} = f'(x_0).$$

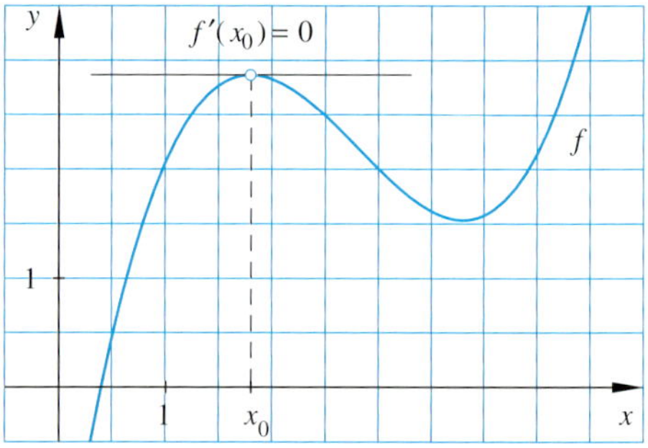

18

Wir wählen nun eine Folge (x_n), die in U verläuft und von links gegen x_0 konvergiert, d.h. wir setzen $x_n < x_0$ für alle n voraus. Dann gelten für alle n die Ungleichungen $x_n - x_0 < 0$ und $f(x_n) - f(x_0) \leq 0$. Daraus folgt $\frac{f(x_n) - f(x_0)}{x_n - x_0} \geq 0$ für alle n. Der Grenzwert einer Folge mit nichtnegativen Gliedern kann nicht negativ sein, also gilt $f'(x_0) \geq 0$. Eine entsprechende Betrachtung für eine von rechts gegen x_0 konvergierende Folge (x_n) ergibt $f'(x_0) \leq 0$. Da gleichzeitig $f'(x_0) \geq 0$ und $f'(x_0) \leq 0$ gilt, ist $f'(x_0) = 0$.

11. Führen Sie den Beweis für den Fall, dass f in x_0 ein lokales Minimum hat.

12. Zeigen Sie am Beispiel der Funktion $f(x) = x^3$, dass aus dem Verschwinden der Ableitung an einer Stelle x_0 nicht auf das Vorliegen eines lokalen Extremums in x_0 geschlossen werden darf.

Ist f eine differenzierbare Funktion und ist $f'(x_0) \neq 0$, so kann f nach obigem Satz an der Stelle x_0 kein lokales Extremum haben. Man sagt, die Bedingung $f'(x_0) = 0$ ist eine **notwendige Bedingung** für das Vorhandensein eines lokalen Extremums an der Stelle x_0. Aus $f'(x_0) = 0$ folgt aber nicht, dass x_0 eine lokale Extremstelle von f ist; man sagt, die Bedingung ist **nicht hinreichend**.

In vielen Fällen gestattet dieses Kriterium dennoch die Lösung eines Extremwertproblems.

Beispiel: Es ist das Maximum der Funktion g mit $g(x) = a^2x - x^3$ $(a > 0)$ im Intervall $[0, a]$ zu ermitteln (vergl. Beispiel S. 132).
1. Lösungsmöglichkeit:
Es ist $g(0) = g(a) = 0$. Für $0 < x < a$ gilt $g(x) > 0$ (warum?). Das gesuchte Maximum von g wird daher im Inneren des Intervalles angenommen und ist somit gleichzeitig ein lokales Maximum. Da g differenzierbar ist, muss an der gesuchten Stelle die Ableitung g' verschwinden. In $[0, a]$ existiert aber genau eine Nullstelle von g', nämlich $x_0 = \frac{a}{\sqrt{3}}$.
Folglich ist das die gesuchte Stelle; das Maximum von g in $[0, a]$ ist
$g\left(\frac{a}{\sqrt{3}}\right) = a^2 \cdot \frac{a}{\sqrt{3}} - \left(\frac{a}{\sqrt{3}}\right)^3 = \frac{a^3}{\sqrt{3}} - \frac{a^3}{3\sqrt{3}} = \frac{2a^3}{3\sqrt{3}} = \frac{2\sqrt{3}}{9}a^3$.
2. Lösungsmöglichkeit:
Das Maximum von g ist entweder $g(0)$ oder $g(a)$ oder ist ein lokales Maximum und wird dann, da g differenzierbar ist, an einer Nullstelle von g' angenommen. Einzige Nullstelle von g' in $[0, a]$ ist $x_0 = \frac{a}{\sqrt{3}}$. Der Vergleich der drei Funktionswerte $g(0)$, $g(x_0)$ und $g(a)$ führt zur Lösung der Aufgabe.

13. Vergleichen Sie im obigen Beispiel beide Lösungsmöglichkeiten. Worin unterscheiden sie sich?

14. Berechnen Sie Minimum und Maximum von f im Intervall $[a, b]$
a) $f(x) = x^3 - 3x^2 + 2x$; $a = 0$, $b = 1$ **b)** $f(x) = x^3 - 3x^2 + 2x$; $a = 0$, $b = 3$
c) $f(x) = x + \frac{1}{x}$; $a = \frac{1}{10}$, $b = 4$ **d)** $f(x) = x + \frac{1}{x}$; $a = -5$, $b = -2$

Berechnung lokaler Extremstellen; eine hinreichende Bedingung

15. Die Funktion $f(x) = x + \frac{d}{x}$ $(d > 0)$ sei für alle $x > 0$ definiert.
a) Zeigen Sie, dass f' genau eine Nullstelle x_0 hat.
b) Zeigen Sie, dass für jedes $x > 0$ mit $x \neq x_0$ die Ungleichung $f(x) > f(x_0)$ gilt.

16. Gegeben ist die Funktion f mit $f(x) = x^2(x - 1)$.
a) Zeigen Sie: f' hat die Nullstellen $x_1 = 0$ und $x_2 = \frac{2}{3}$.
b) Ermitteln Sie eine Umgebung U von x_1, so dass für alle $x \in U$ $(x \neq 0)$ die Ungleichung $f(x) < 0$ gilt. Was heißt das für die Stelle x_1?
c) Zeigen Sie, dass f an der Stelle x_2 ein lokales Minimum hat, indem Sie das Minimum von f im Intervall $[0, 1]$ berechnen.

17. Ermitteln Sie die lokalen Extremstellen der Funktion f. Entscheiden Sie jeweils, ob es sich um ein lokales Minimum oder um ein lokales Maximum handelt:
a) $f(x) = x^3 - 3x^2 - 3x$ **b)** $f(x) = x^4 - 2x^2$ **c)** $f(x) = 3x^5 - 20x^3$

Wie die Aufgaben 15 bis 17 zeigen, ist es mit den bisherigen Mitteln unter Umständen recht aufwendig zu entscheiden, ob eine Nullstelle der Ableitung einer Funktion f eine lokale Extremstelle von f ist.

Nun trifft man in vielen Fällen an einer lokalen Extremstelle x_0 einer Funktion f auf folgende Situation: In einer linksseitigen Umgebung von x_0 wächst f streng monoton, während in einer rechtsseitigen Umgebung von x_0 f streng monoton fällt (Bild 19). Offenbar kann man daraus schließen, dass an der Stelle x_0 ein lokales Maximum vorliegt. Entsprechendes gilt für lokale Minima. Die geometrische Bedeutung der Ableitung als Tangentenanstieg legt die Vermutung nahe, dass es einen Zusammenhang zwischen Monotonie und Ableitung gibt.

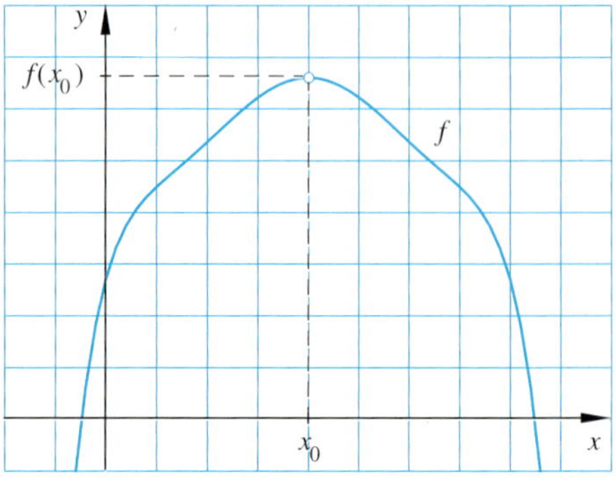

19

18. **a)** Welches Monotonieverhalten zeigt die Funktion f in Bild 20 im Intervall $[a, b]$?

b) Was können Sie über $f'(x_0)$ für eine beliebige Stelle $x_0 \in [a, b]$ sagen?

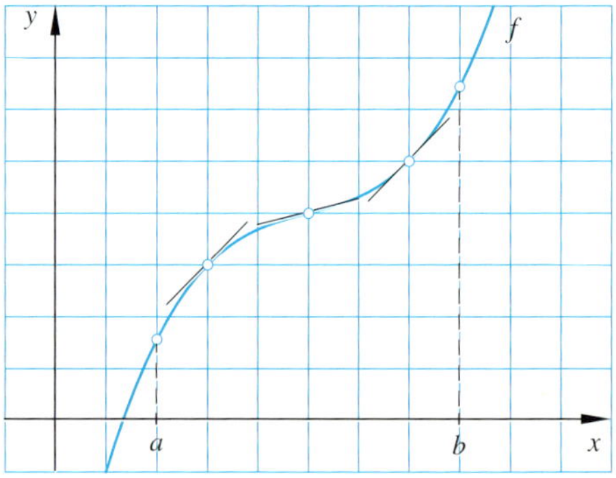

20

19. Die Funktion f sei im Intervall I streng monoton wachsend und an der Stelle $x_0 \in I$ differenzierbar.
(x_n) sei eine beliebige gegen x_0 konvergierende Folge ($x_n \neq x_0$, $x_n \in I$ für alle n).

a) Begründen Sie:
Für alle n gilt $\frac{f(x_n) - f(x_0)}{x_n - x_0} > 0$.

b) Welche Folgerung erhalten Sie für den Grenzwert $\lim\limits_{n \to \infty} \frac{f(x_n) - f(x_0)}{x_n - x_0} = f'(x_0)$?

c) Zeigen Sie durch ein Beispiel, dass die Folgerung $f'(x_0) > 0$ falsch ist.

20. Zeigen Sie: Ist eine differenzierbare Funktion f in einem Intervall I streng monoton fallend, so gilt für alle $x \in I$: $f'(x) \leq 0$.

Im folgenden Satz wird umgekehrt von der Ableitung einer Funktion auf deren Monotonieverhalten geschlossen.

SATZ: (Monotoniesatz) f sei eine in einem Intervall I differenzierbare Funktion.
Dann gilt: **a)** Ist $f'(x) > 0$ für alle $x \in I$, so wächst f in I streng monoton.
b) Ist $f'(x) < 0$ für alle $x \in I$, so fällt f in I streng monoton.

(Beweis: siehe Aufgabe 25)

Beispiel: Welche lokalen Extremstellen hat die Funktion $f(x) = \frac{1}{3}x^3 - x^2 - 3x + 2$?

Es ist $f'(x) = x^2 - 2x - 3$. Die Nullstellen von f' sind $x_1 = -1$ und $x_2 = 3$. Nur diese Stellen kommen als lokale Extremstellen infrage. Der Graph von f' ist eine nach oben geöffnete Parabel. Daraus folgern wir: Für alle $x < -1$ und für alle $x > 3$ gilt $f'(x) > 0$; für alle x mit $-1 < x < 3$ gilt $f'(x) < 0$. Demnach ist f in den Bereichen $x < -1$ bzw. $x > 3$ streng monoton wachsend, im Intervall $]-1, 3[$ hingegen streng monoton fallend. Aus dieser Betrachtung ergibt sich: f hat an der Stelle x_1 ein lokales Maximum und an der Stelle x_2 ein lokales Minimum.

Die Überlegungen im obigen Beispiel können wir zu einem hinreichenden Kriterium für die Existenz lokaler Extremstellen verallgemeinern.

SATZ: Die Funktion f sei differenzierbar in einer Umgebung U der Stelle x_0. Für alle $x \in U$ mit $x < x_0$ gelte $f'(x) > 0$; für alle $x \in U$ mit $x > x_0$ gelte $f'(x_0) < 0$. Dann hat f an der Stelle x_0 ein lokales Maximum.

Bemerkung: Für die im Satz genannte Eigenschaft der Ableitung sagt man auch: f' wechselt an der Stelle x_0 das Vorzeichen (Bild 21b).

21. a) Beweisen Sie den obigen Satz. Warum muss die Differenzierbarkeit an der Stelle x_0 vorausgesetzt werden?

b) Formulieren und beweisen Sie ein hinreichendes Kriterium für die Existenz eines lokalen Minimums von f in x_0.

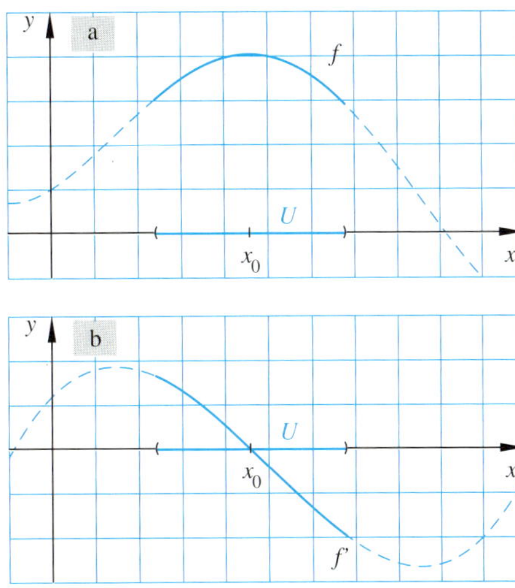

21

22. Untersuchen Sie das Monotonieverhalten folgender Funktionen und ermitteln Sie die lokalen Extremstellen:

a) $f(x) = \frac{1}{3}x^3 + x^2 - 2x$ **b)** $f(x) = x^4 + 2x^3$ **c)** $f(x) = x + \frac{4}{x}$

d) $f(x) = \sqrt{x} - x$ **e)** $f(x) = -\sqrt{x} - x$ **f)** $f(x) = \frac{x^2+1}{x^2-1}$

23. Zeigen Sie, dass die Ableitung der Funktion $f(x) = \frac{x}{1-x^2}$ stets positiv ist, aber die Funktion dennoch nicht streng monoton wächst. Woran liegt das? Beschreiben Sie das Monotonieverhalten von f.

24. Gegeben ist die Funktion $f(x) = \frac{1}{2}x^4 + \frac{2}{3}x^3 - 2x^2$.

a) Berechnen Sie die Nullstellen von f.
b) Ermitteln Sie die Linearfaktorzerlegung der Ableitung von f.
c) Ermitteln Sie die Monotonieeigenschaften, die lokalen Extremstellen sowie die zugehörigen Extremwerte.
d) Skizzieren Sie den Graphen der Funktion. Wählen Sie dabei das Intervall so, dass sich die wesentlichen Eigenschaften von f im Bild widerspiegeln.

25.* Beweisen Sie die Aussage a) des Monotoniesatzes.
Beginnen Sie mit folgender Überlegung:
Es sei f im Intervall I differenzierbar und es gelte $f'(x) > 0$ für alle $x \in I$. Es ist zu zeigen, dass f in I streng monoton wächst, d.h. dass für alle $x_1, x_2 \in I$ gilt: wenn $x_1 < x_2$, so $f(x_1) < f(x_2)$. Wir nehmen nun an, f wächst nicht streng monoton. Dann gibt es Zahlen $a, b \in I$, für die zwar $a < b$, aber nicht $f(a) < f(b)$ gilt; also gilt $f(a) \geq f(b)$. Betrachten Sie nun das in I enthaltene Teilintervall $[a, b]$:
- Begründen Sie zunächst, dass f in $[a, b]$ ein Maximum hat.
- Zeigen Sie dann für beide sich jetzt ergebenden Möglichkeiten, dass man einen Widerspruch zu der Voraussetzung $f'(x) > 0$ für alle $x \in I$ erhält.

  1. f nimmt das Maximum in $[a, b]$ am Rand des Intervalles und damit an der Stelle a an. Wählen Sie eine Folge (x_n), die von rechts gegen a konvergiert und betrachten Sie den Grenzwert $\lim\limits_{n \to \infty} \frac{f(x_n) - f(a)}{x_n - a}$.

  2. f nimmt das Maximum in $[a, b]$ im Inneren des Intervalles an.

Berechnung lokaler Extremwerte; eine weitere hinreichende Bedingung

26. Beschreiben Sie das Monotonieverhalten der Ableitung einer quadratischen Funktion in einer Umgebung des Scheitelpunktes. Welche Folgerung ergibt sich für die zweite Ableitung?

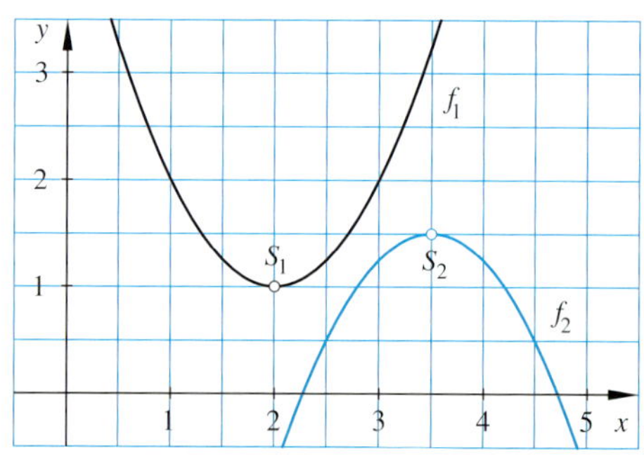

22

Im folgenden Satz wird umgekehrt von Eigenschaften der 2. Ableitung einer Funktion f auf Eigenschaften von f geschlossen.

SATZ: f sei eine an der Stelle x_0 zweimal differenzierbare Funktion; f'' sei an der Stelle x_0 stetig und es gelte $f'(x_0) = 0$. Dann gilt:
a) Wenn $f''(x_0) < 0$, so hat f an der Stelle x_0 ein lokales Maximum.
b) Wenn $f''(x_0) > 0$, so hat f an der Stelle x_0 ein lokales Minimum.

Beweis: Wir beweisen a). Wir benutzen dabei folgende, anschaulich einleuchtende Aussage:
Ist eine Funktion f stetig an der Stelle x_0 und gilt $f(x_0) < 0$, so gibt es eine Umgebung U von x_0, in der f nur negative Funktionswerte annimmt. Diese Aussage wenden wir auf die Funktion f'' an (vgl. Bild 25) und erhalten:
Da f'' an der Stelle x_0 stetig ist, folgt aus $f''(x_0) < 0$: Es existiert eine Umgebung U von x_0, so dass $f''(x) < 0$ für alle $x \in U$ gilt. Dann fällt die Funktion f' streng monoton in U und mit $f'(x_0) = 0$ ergibt sich: $f'(x) > 0$ für alle $x \in U$ mit $x < x_0$, d.h. in diesem Bereich wächst f streng monoton, und $f'(x) < 0$ für alle $x \in U$ mit $x > x_0$, d.h. in diesem Bereich fällt f streng monoton.

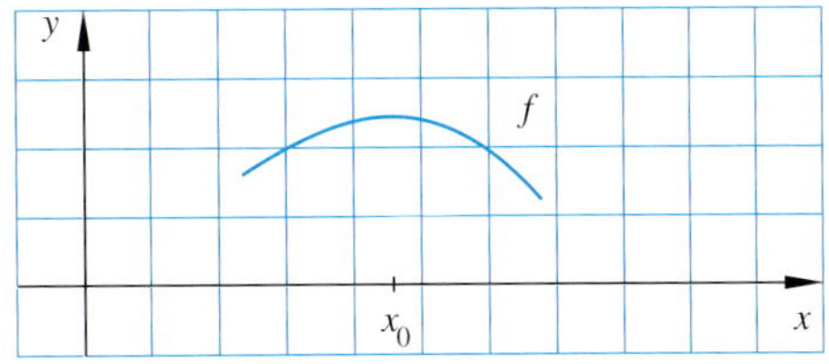

23

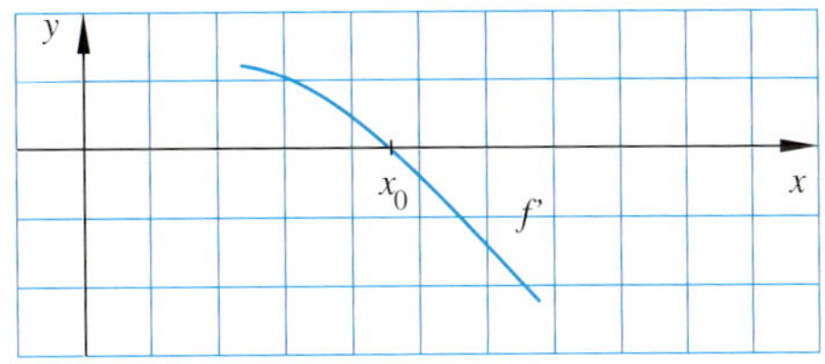

24

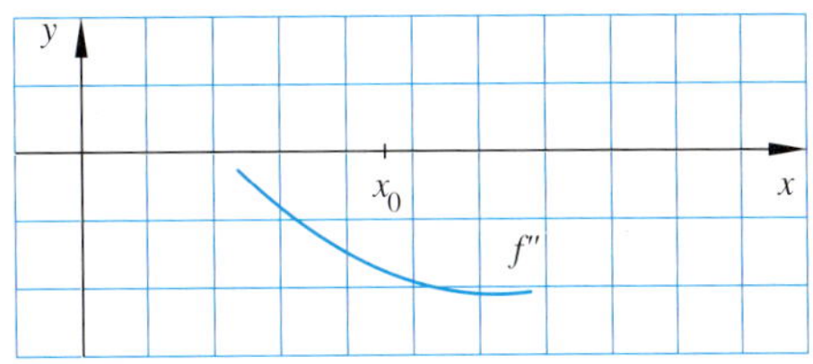

25

27. Beweisen Sie die Aussage b) des Satzes.

28. Belegen Sie durch Beispiele Ihnen bekannter Funktionen, dass die Bedingung $f''(x_0) \neq 0$ kein notwendiges Kriterium dafür ist, dass x_0 lokale Extremstelle ist.

29. Bearbeiten Sie die Aufgabe 24 noch einmal mit Hilfe des neuen Kriteriums.

30. Ermitteln Sie die lokalen Extremstellen folgender Funktionen. Nutzen Sie verschiedene Möglichkeiten zur Entscheidung, ob an einer Nullstelle der 1. Ableitung ein lokales Extremum vorliegt:

a) $f(x) = x^3 - 13x + 27$ **b)** $f(x) = 2x^4 - 32x^2 - 10$

c) $f(x) = \frac{1}{2}x^4 - 2x^3 + 3x^2 - 2x$ **d)** $f(x) = x^3 - 6x^2 + 12x - 3$

e) $f(x) = x^4 + 4x$ **f)** $f(x) = \sqrt{x^2 + 1}$

g) $f(x) = \frac{x^3}{1 - x}$ **h)** $f(x) = \frac{x^2 - 1}{x^2 + 1}$

i) $f(x) = |x^3 - 4x|$ **j)** $f(x) = -6x^7 + 32$

31. Ermitteln Sie alle lokalen Extremstellen von f:

a) $f(x) = x^4 + 1$ **b)** $f(x) = (x - 1)^3$ **c)*** $f(x) = (x + 2)^3 x^4$

d) $f(x) = \sqrt{|x|}$ **e)** $f(x) = |x|^3$ **f)** $f(x) = \frac{1}{x} \cdot \sqrt{x}$

Extremwertaufgaben

Beispiel: Von allen geraden Kreiskegeln, deren Mantellinien $s = 12$ cm lang sind, wird derjenige mit dem größten Volumen gesucht. Es sind die Höhe h, der Grundkreisradius r und das Volumen V dieses Kegels zu berechnen.

Das Volumen des Kegels ist $V = \frac{1}{3}\pi r^2 h$.

Mit Hilfe des Satzes von Pythagoras erhalten wir einen Zusammenhang zwischen r, h und s (Bild 26);
es ist $s^2 = h^2 + r^2$.
Diese Beziehung ermöglicht es uns, das Volumen in Abhängigkeit von nur einer Variablen darzustellen:

$$V = \frac{1}{3}\pi(s^2 - h^2)h = \frac{1}{3}\pi(144 - h^2)h.$$

$$= \frac{1}{3}\pi(144h - h^3).$$

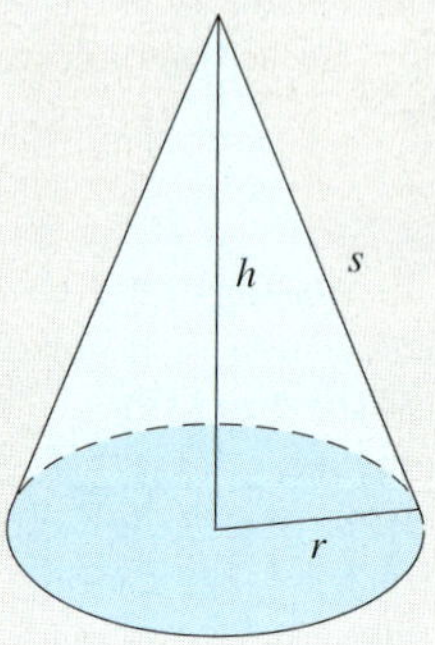

26

(Wir rechnen mit den Maßzahlen.) Das Volumen wird maximal, wenn der Faktor $144h - h^3$ seinen maximalen Wert erreicht, wobei h Werte zwischen 0 und s annehmen kann.
Damit lautet unsere Aufgabe jetzt: An welcher Stelle des Intervalls $]0, 12[$ nimmt die Funktion f mit $f(h) = 144h - h^3$ ihr Maximum an?
Die Ableitung von f ist $f'(h) = 144 - 3h^2$. Die Gleichung $144 - 3h^2 = 0$ hat die Lösungen $\pm 4\sqrt{3}$. Im Intervall $]0, 12[$ existiert demnach genau eine Nullstelle von f', nämlich $h_0 = 4\sqrt{3}$. Im **abgeschlossenen** Intervall $[0, 12]$ nimmt f an der Stelle h_0 das Maximum an, denn es ist $f(0) = f(12) = 0$ und $f(4\sqrt{3}) = 144 \cdot 4\sqrt{3} - (4\sqrt{3})^3 = 144 \cdot 4\sqrt{3} - (4\sqrt{3})^2 \cdot 4\sqrt{3} = 144 \cdot 4\sqrt{3} - 48 \cdot 4\sqrt{3} > 0$. Dann nimmt aber f auch im **offenen** Intervall $]0, 12[$ an derselben Stelle das Maximum an.
Wir berechnen r und V für $h = 4\sqrt{3}$. Es ist $r^2 = s^2 - h^2 = 96$, also $r = 4\sqrt{6}$. Für das Volumen ergibt sich $V = \frac{1}{3}\pi r^2 h = \frac{1}{3}\pi \cdot 96 \cdot 4\sqrt{3} = 128\pi \cdot \sqrt{3}$. Bei der Formulierung des Ergebnisses orientieren wir uns hinsichtlich der Genauigkeit an der Aufgabenstellung: Der gesuchte Kegel hat eine Höhe von 6,9 cm, einen Grundkreisradius von 9,8 cm und ein Volumen von 696,5 cm^3.

32. **a)** Warum ist es im obigen Beispiel günstiger, das Volumen in Abhängigkeit von h anstelle in Abhängigkeit von r darzustellen?
b) Überzeugen Sie sich durch Rechnung davon, dass man dasselbe Resultat erhält, wenn man V in Abhängigkeit von r darstellt.

33. **a)** Begründen Sie, dass die folgende Aussage falsch ist:
Die Funktion f nehme im Intervall $[a, b]$ ihr Maximum an der Stelle x_0 an. Dann nimmt f auch in $]a, b[$ an der Stelle x_0 das Maximum an.
b) Unter welcher zusätzlichen Bedingung ist die Aussage in a) wahr?

34. **a)** Skizzieren Sie eine Funktion f in einem Intervall I mit folgenden Eigenschaften: f hat in I genau ein lokales Maximum und f hat in I ein Maximum, welches mit dem lokalen Maximum übereinstimmt.

b) Die Funktion f sei differenzierbar im Intervall I. An der Stelle $x_0 \in I$ existiere ein lokales Maximum. Ferner existiere eine Zahl $x_1 \in I$ mit $f(x_1) > f(x_0)$. Begründen Sie: Zwischen x_0 und x_1 existiert eine Stelle x_2 mit $f'(x_2) = 0$.

c) Die Funktion f sei differenzierbar im Intervall I und habe an der Stelle $x_0 \in I$ ein lokales Maximum. x_0 sei einzige Nullstelle von f' in I. Begründen Sie: $f(x_0)$ ist das Maximum von f in I.

Auf die Situation in Aufgabe 34c) trifft man häufig bei der Bearbeitung von Extremwertaufgaben.

35. Nutzen Sie das Ergebnis von Aufgabe 34c) zur Berechnung des Maximums der Funktion f mit $f(h) = 144h - h^3$ im Intervall $]0, 12[$ (vgl. obiges Beispiel).

36. Die Funktion f sei differenzierbar im Intervall $[a, b]$. An der Stelle $x_0 \in]a, b[$ nehme die Funktion ihr Minimum an. Ferner sei x_0 einzige Nullstelle von f'.

a) Beschreiben Sie zwei verschiedene Wege, wie man das Minimum von f in $[a, b]$ finden kann.

b) Unter welchen Umständen könnte der eine Weg, unter welchen Umständen der andere Weg günstiger sein?

37. **a)** Aus einem quadratischen Stück Blech mit der Seitenlänge 90 cm soll ein oben offener Kasten hergestellt werden, indem an den Ecken gleiche Quadrate herausgeschnitten und die entstehenden Ränder nach oben gebogen werden. Welches maximale Volumen kann ein solcher Kasten haben?

b) Lösen Sie Aufgabe a) für eine beliebige Seitenlänge a des Bleches.

38. Aus einem Baumstamm (der der Einfachheit halber mit durchgängig gleich großem kreisförmigem Querschnitt angenommen wird) soll ein Balken mit rechteckigem Querschnitt von möglichst großer Tragfähigkeit geschnitten werden. Die Tragfähigkeit ist proportional zur Balkenbreite und zum Quadrat der Balkenhöhe. In welchem Verhältnis müssen Breite und Höhe des Balkens zueinander stehen?

39. Welcher Punkt des Graphen von $f(x) = \sqrt{x}$ hat vom Punkt $P(2, 0)$ den kleinsten Abstand? Wie groß ist dieser Abstand?

40. **a)** Entlang einer geradlinig verlaufenden Straße befindet sich eine Telefonleitung. Von einer Stelle der Straße aus soll ein Anschluss nach zwei Punkten A und B verlegt werden. Wo sollte die Verzweigung erfolgen? (Bild 27)

b) Lösen Sie Aufgabe a) auch ohne Hilfsmittel der Differentialrechnung.

c) Lösen Sie die Aufgabe für beliebige Werte von a, b, c.

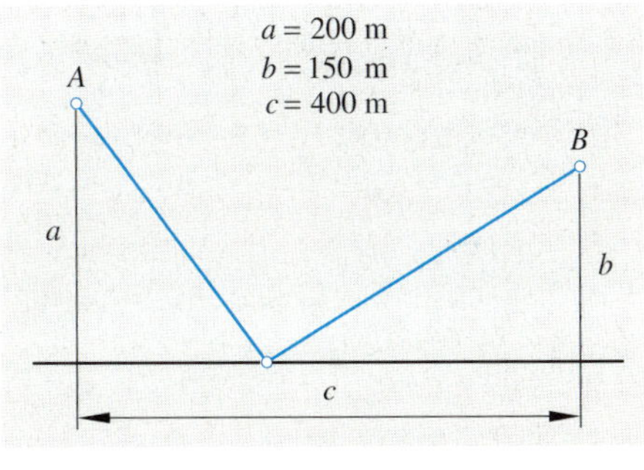

27

41. Einem Trapez soll ein Rechteck so einbeschrieben werden, dass eine Rechteckseite parallel zu den beiden parallelen Seiten des Trapezes verläuft (Bild 28). Welcher maximale Flächeninhalt ist erreichbar?
Hinweis: Berechnen Sie den Flächeninhalt des Trapezes und stellen Sie diesen als Summe der Flächeninhalte der drei Teilfiguren dar. Gewinnen Sie daraus einen Zusammenhang zwischen x und y.

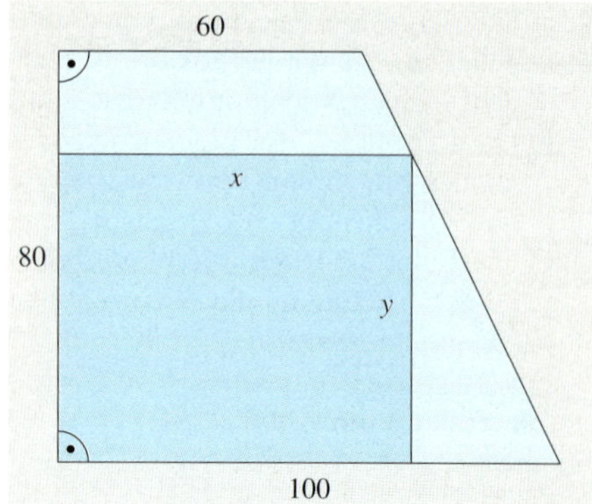

28

42. Aus einem Kreis soll ein Sektor herausgeschnitten und daraus ein Kegel geformt werden. Bei welchem Zentriwinkel des Sektors erhält man den Kegel mit dem größten Volumen?

43. **a)** Bestätigen Sie die im Beispiel der nachfolgenden Zusammenfassung angegebenen Resultate durch die entsprechenden Rechnungen und Begründungen.
b) Zeigen Sie, dass die Beziehung $h_0 = 2r_0$ nicht nur näherungsweise, sondern genau gilt.
c) Zeigen Sie, dass bei beliebigem gegebenen Volumen V derjenige Zylinder die kleinste Oberfläche hat, für den ein durch die Zylinderachse gelegter Schnitt ein Quadrat ist.

ZUSAMMENFASSUNG:

Lokale Extrema

Voraussetzung: f ist eine differenzierbare Funktion

Notwendiges Kriterium für „x_0 ist lokale Extremstelle von f“: $f'(x_0) = 0$

Hinreichende Kriterien für „x_0 ist lokale Extremstelle von f“:
a) f' wechselt an der Stelle x_0 das Vorzeichen.
b) $f'(x_0) = 0$ und $f''(x_0) \neq 0$

Maximum und Minimum einer Funktion f in einem Intervall I

Wichtige Sonderfälle für differenzierbare Funktionen sind:

1. f' hat in I genau eine Nullstelle x_0. Hat f in x_0 ein lokales Maximum (lokales Minimum), so ist $f(x_0)$ das Maximum (Minimum) von f in I.
2. Ist I ein abgeschlossenen Intervall, so nimmt f das Maximum (Minimum) am Rand von I an, oder das Maximum (Minimum) ist gleichzeitig ein lokales Maximum (Minimum).

Strategie zur Lösung von Extremwertaufgaben

allgemeine Lösungsschritte	**Beispiel:** Welche Abmessungen muss eine zylindrische Konservendose mit einem Fassungsvermögen von 1 l haben, damit zu ihrer Herstellung möglichst wenig Blech verbraucht wird?
Welche Größe soll maximal bzw. minimal werden?	Der Oberflächeninhalt der Dose muss minimal werden.
Beschreibung dieser Größe durch eine Gleichung	$A_0 = 2\pi r^2 + 2\pi rh$ (r ist der Grundkreisradius, h die Höhe des Zylinders.)
Darstellung der maßgeblichen Größe in Abhängigkeit von einer Variablen	$V = \pi r^2 h$ (V ist das Volumen des Zylinders.) $h = \frac{1000}{\pi r^2}$ (Einheit: cm) $A_0 = 2(\pi r^2 + 1000r^{-1})$
Welche Funktion muss extremal werden? In welchem Intervall?	$f(r) = \pi r^2 + 1000r^{-1}$, $I =]0, \infty[$
Wo nimmt f in I das Maximum bzw. Minimum an?	$f'(r) = 2\pi r - 1000r^{-2}$ Einzige Nullstelle von f' in I ist $r_0 = \sqrt[3]{\frac{500}{\pi}}$. $f''(r) = 2\pi + 2000r^{-3} > 0$ für alle $r > 0$. f nimmt an der Stelle r_0 das Minimum an.
Angabe der Resultate (Wonach wird gefragt: Extremstelle? Extremwert?)	Abmessungen der Dose: $r_0 \approx 5{,}4$ cm; $h_0 = \frac{1000}{\pi r_0^2} \approx 10{,}8$ cm

Aufgaben zur Berechnung von Extremwerten

44. Es soll ein Sportplatz, bestehend aus einem möglichst großen rechteckigen Spielfeld und einer 400-m-Laufbahn, angelegt werden. Das zur Verfügung stehende Gelände lässt aber höchstens eine Spielfeldbreite von 50 m zu. Wie ist der Sportplatz anzulegen? Welchen Flächeninhalt hat das Spielfeld?

45. Beweisen Sie, dass von allen Rechtecken mit dem gleichen Umfang U das Quadrat mit der Seitenlänge $\frac{U}{4}$ den größten Flächeninhalt hat.

46. Ermitteln Sie die maximale Höhe eines Gegenstandes, der mit einer Anfangsgeschwindigkeit v_0 senkrecht nach oben geworfen wird.
(Das Weg-Zeit-Gesetz für den senkrechten Wurf nach oben lautet $s(t) = v_0 t - \frac{g}{2}t^2$. Der Luftwiderstand bleibt unberücksichtigt.)

47. Aus einem 4,80 m langen Stück Winkeleisen soll das Kantengerüst für ein Aquarium hergestellt werden. Die Kanten der Bodenfläche sollen im Verhältnis 2:3 stehen. Welche Abmessungen muss das Aquarium haben, damit sein Volumen möglichst groß wird?

48. Gegeben sei ein Quadrat $ABCD$. Es sei A_1 ein Punkt der Seite $\overline{AB}$, B_1 ein Punkt von $\overline{BC}$, C_1 ein Punkt von $\overline{CD}$ und D_1 ein Punkt von $\overline{DA}$.

a) Zeigen Sie: Werden die Punkte A_1, B_1, C_1, D_1 so gewählt, dass die Strechen $\overline{AA_1}, \overline{BB_1}, \overline{CC_1}$ und $\overline{DD_1}$ dieselbe Länge haben, so ist auch das Viereck $A_1B_1C_1D_1$ ein Quadrat.

b) Beweisen Sie die Umkehrung der Aussage a).

c) Für welche Punkte A_1, B_1, C_1, D_1 erhält man das Quadrat mit minimalem Umfang? Hinweis: Berechnen Sie die Seitenlänge des Quadrates $ABCD$ mit a und die Länge der Strecke $\overline{AA_1}$ mit x. Stellen sie dann den Umfang des Quadrates $A_1B_1C_1D_1$ in Abhängigkeit von x dar.

49. a) Für welche Zahl z nimmt der Term $z^2 - 4z$ seinen kleinsten Wert an?

b) Nutzen Sie das Ergebnis von a) zur Ermittlung des Minimums von $f(x) = x^4 - 4x^2 - 3$ im Intervall $[0, 20]$.

50. Einem Halbkreis mit dem Radius r ist ein Rechteck einzubeschreiben (Bild 29).
Welchen maximalen Flächeninhalt kann man erreichen?

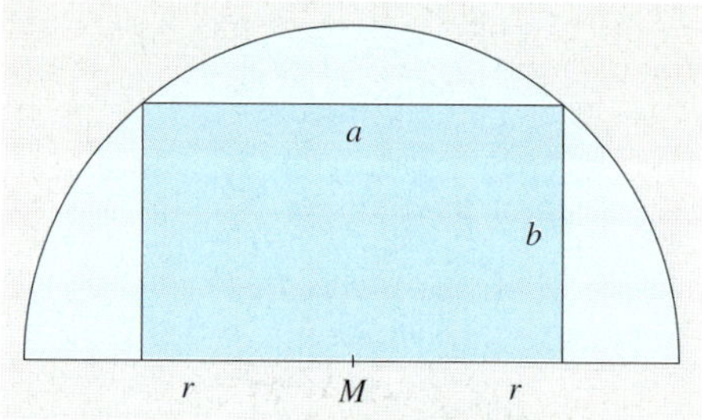

29

51. Welcher Kreiszylinder hat bei gegebener Oberfläche A_0 das größte Volumen? Berechnen Sie das Verhältnis von Grundkreisradius und Höhe.

52. Warum können die Funktionen $f(x) = \frac{x-1}{x+1}$ und $g(x) = \frac{1}{\sqrt{x+1}}$ keine lokalen Extremwerte haben?

53. Wie viele lokale Extremstellen kann eine ganzrationale Funktion n-ten Grades haben?

54. a) Zeigen Sie, dass die Funktion $f(x) = x^3 + bx$ für $b > 0$ keine lokalen Extremstellen besitzt.

b) Geben Sie eine Bedingung für die Zahlen a und b an, so dass die Funktion $f(x) = ax^3 + bx$ keine lokalen Extremstellen besitzt.

55. a) Die Funktion $f(x) = ax^3 + bx^2 + cx + d$ habe an der Stelle 0 ein lokales Maximum. Welche Folgerung können Sie über die Koeffizienten a, b, c, d ziehen?

b) Die Funktion $f(x) = x^3 + bx^2 + cx$ habe lokale Extrema an den Stellen 0 und 2. Ermitteln Sie b und c.

c) Die Funktion $f(x) = x^3 + bx^2 + cx$ habe lokale Extrema an den Stellen 4 und -4. Ermitteln Sie b und c.

56. a) Geben Sie eine Bedingung für die Zahlen a und b an, so dass die Funktion $f(x) = ax^3 + bx$ streng monoton wächst.

b) Zeigen Sie: Sind a, b und c negative Zahlen, so fällt die Funktion f mit $f(x) = ax^5 + bx^3 + cx$ streng monoton.

c) Gilt auch die Umkehrung der Aussage von b)?

57. Für welche Zahlen a hat f an der Stelle x_0 ein lokales Extremum? Handelt es sich um ein lokales Maximum oder um ein lokales Minimum?

a) $f(x) = x^3 - ax^2 + 4x,\ x_0 = 2$ **b)** $f(x) = -x^4 + 2ax^3 - ax^2,\ x_0 = -1$

c) $f(x) = \frac{a}{x} + x,\ x_0 = -2$ **d)** $f(x) = \sqrt{ax^2 + x},\ x_0 = 1$

58. Geben Sie jeweils eine ganzrationale Funktion f dritten Grades an, die die geforderte Bedingung erfüllt.

a) Die Ableitung von f ist die Funktion f' mit $f'(x) = (x-1)(x+1)$.

b) f hat an der Stelle 3 ein lokales Maximum und an der Stelle 6 ein lokales Minimum.

c) f hat die lokalen Extremstellen -2 und 4 und der Graph von f geht durch den Punkt $P(1, 1)$.

59. An welcher Stelle des Intervalles I nimmt die Funktion f ihr Maximum an?

a) $f(x) = -x^4 + 3x^3 - 10x^2,\ I =]-1, 3[$ **b)** $f(x) = \frac{1}{5}x^5 - x^3 + 2x,\ I = \left[0, \frac{3}{2}\right]$

c) $f(x) = x^3 - 8x^2 + 19x - 12,\ I = [0, 5]$ **d)** $f(x) = x^5 - 5x^3 + 5x,\ I = [1, 3]$

60. a) Zeigen Sie, dass sich die Graphen der Funktionen $f(x) = x^4$ und $g(x) = 4x - 5$ nicht schneiden.
Hinweis: Weisen Sie nach, dass die Funktion d mit $d(x) = f(x) - g(x)$ ein positives Minimum hat.

b) Für welche $a \in \mathbb{R}$ schneiden sich die Graphen von $f(x) = x^4$ und $g(x) = 4x - a$?

61. Zeigen Sie, dass die folgenden Gleichungen keine Lösungen haben:

a) $x^4 + 3 = x^3 + x + 1$ **b)** $x^4 + 2 = 2x^3$

62. Ein Wasserbehälter besteht aus einem auf der Spitze stehenden Kreiskegel mit aufgesetztem Kreiszylinder. Der Zylinder soll eine Höhe von 2 m, die Mantellinie des Kegels eine Länge von 6 m haben. Welches Fassungsvermögen ist im Höchstfall möglich?

63. a) Von einem 3 m breiten Flur geht rechtwinklig ein zweiter Flur der Breite 2 m ab. Lässt sich ein 6,50 m langes Rohr waagrecht von einem Flur in den anderen tragen?

***b)** Lösen Sie die Aufgabe für beliebige Flurbreiten.

***c)** Lösen Sie die Aufgabe für den Fall, dass beide Flure die gleiche Breite haben, auch ohne Hilfsmittel der Differenzialrechnung.

64. Beweisen Sie, dass von allen rechtwinkligen Dreiecken mit gleicher Summe der Kathetenlängen das gleichschenklige den größten Flächeninhalt hat.

65. Einem gleichschenkligen Dreieck ist entsprechend Bild 30 ein Rechteck einzubeschreiben. Welcher maximale Flächeninhalt ist möglich?

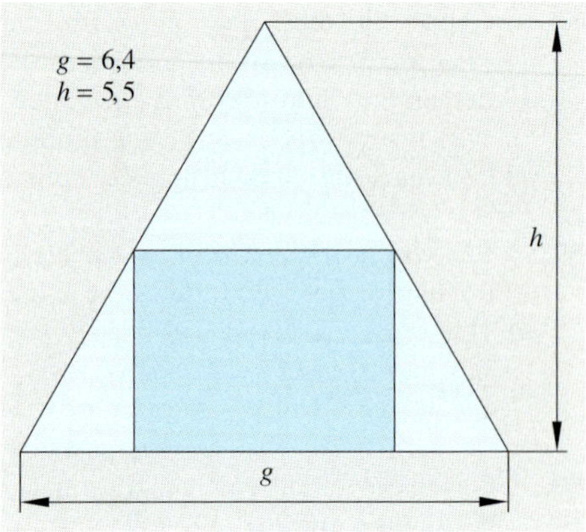

30

66. Einem geraden Kreiskegel mit der Höhe 12 cm und dem Grundkreisradius 4 cm soll ein quadratisches gerades Prisma maximalen Volumens einbeschrieben werden. Berechnen Sie die Kantenlängen, das Volumen und den Oberflächeninhalt des Prismas.

67. Einer Kugel mit dem Radius r soll ein Kreiszylinder mit maximalem Volumen einbeschrieben werden. Berechnen Sie das Verhältnis von Grundkreisradius und Höhe des Zylinders.

68. Die Breite eines Quaders soll halb so groß wie seine Länge sein. Welche Abmessungen muss der Quader haben, damit bei vorgegebenem Volumen der Oberflächeninhalt minimal wird?

69. Der Flächeninhalt eines Rechtecks soll 1 m^2 betragen. Keine Seite des Rechtecks soll länger als 2 m sein. Für welche Seitenlängen hat ein solches Rechteck maximalen Umfang?

70. Ein Abwasserkanal soll einen Querschnitt von 1 m^2 in Form eines Rechtecks mit aufgesetztem Halbkreis haben. Für welche Abmessungen werden die Baukosten minimal? (Die Baukosten werden als proportional zum Umfang vorausgesetzt).

6 Kurvendiskussionen

Krümmung von Funktionen, Wendepunkte

1. Gegeben ist die Funktion f mit $f(x) = \frac{1}{6}x^3 - \frac{7}{4}x^2 + 5x$ und $D(f) = [0,6]$.

a) Ermitteln Sie die Nullstellen von f.
b) Berechnen Sie die lokalen Extremstellen und die zugehörigen lokalen Extremwerte.
c) Skizzieren Sie den Graphen von f.
d) Beschreiben Sie das Krümmungsverhalten der Funktion. Wo etwa ändert sich das Krümmungsverhalten?

Kann man das Krümmungsverhalten einer Funktion beschreiben, ohne den Graphen zu zeichnen? Kann man insbesondere auch berechnen, wo der Graph einer Funktion von Rechts- zu Linkskrümmung (oder umgekehrt) übergeht? Zur Beantwortung dieser Fragen ist zunächst eine Präzisierung der Begriffe „Linkskrümmung“ und „Rechtskrümmung“ erforderlich.

2. **a)** Zeichnen Sie eine in einem Intervall I differenzierbare, linksgekrümmte Funktion.
b) Legen Sie an mehreren Stellen in I die Tangente an die Funktion. Vergleichen Sie die Anstiege der Tangenten miteinander. Welche Eigenschaft der Ableitung erkennen Sie?

DEFINITION f sei eine im Intervall I differenzierbare Funktion.
f heißt in I **linksgekrümmt**, falls die Ableitung f' von f in I streng monoton wächst.

Bemerkungen:
1. Analog definiert man Rechtskrümmung.
2. Wir haben den Begriff der Krümmung damit nur für differenzierbare Funktionen definiert. Die Differenzierbarkeit sei im weiteren stets vorausgesetzt, wenn von links- oder rechtsgekrümmten Funktionen die Rede ist.

3. Beschreiben Sie das Krümmungsverhalten von f, indem Sie die Ableitung auf Monotonie untersuchen:

a) $f(x) = x^2$ **b)** $f(x) = x^3$ **c)** $f(x) = x^4 - x$
d) $f(x) = \frac{1}{x}$ **e)** $f(x) = \sqrt{x}$ **f)** $f(x) = -\sqrt{x}$

4. Welche Aussage ergibt sich aus obiger Definition über das Krümmungsverhalten einer linearen Funktion?

5. **a)** Beweisen Sie, dass die Funktion $f(x) = \frac{1}{11}x^{11} + \frac{3}{5}x^5 + x$ streng monoton wächst.
b) Begründen Sie mit Hilfe von a), dass die Funktion g mit $g(x) = \frac{1}{132}x^{12} + \frac{1}{10}x^6 + \frac{1}{2}x^2$ im gesamten Definitionsbereich linksgekrümmt ist.
c) Formulieren Sie eine hinreichende Bedingung für Links- bzw. Rechtskrümmung einer Funktion f in einem Intervall I.

SATZ: Die Funktion f sei im Intervall I zweimal differenzierbar. Dann gilt:
a) Ist $f''(x) > 0$ für alle $x \in I$, so ist f in I linksgekrümmt.
b) Ist $f''(x) < 0$ für alle $x \in I$, so ist f in I rechtsgekrümmt.

6. Beweisen Sie den Satz.

7. Untersuchen Sie das Krümmungsverhalten der folgenden Funktionen:

a) $f(x) = -x^3 + 6x^2 + 15x + 10$ **b)** $f(x) = x^4 + x^3 + x^2 + x + 1$

c) $f(x) = \frac{1}{4}x^4 - \frac{1}{3}x^3 - \frac{1}{2}x^2 + x - 3$ **d)** $f(x) = \frac{3}{5}x^5 + 3x^4 - 2x^3 - 18x^2$

e) $f(x) = (2x - 4)^8$ **f)** $f(x) = \frac{x}{x + 3}$

g) $f(x) = \frac{1}{x^2}$ **h)** $f(x) = (x + 3)\sqrt{x + 1}$

Ändert eine Funktion f an einer Stelle x_0 ihr Krümmungsverhalten, d.h. geht f von Rechts- zu Linkskrümmung über oder umgekehrt, so nennt man x_0 eine **Wendestelle** von f und den Punkt $P(x_0, f(x_0))$ einen **Wendepunkt** von f. Ist f an der Stelle x_0 differenzierbar, heißt die Tangente an f in x_0 **Wendetangente**, ist überdies noch $f'(x_0) = 0$, spricht man von einer **horizontalen Wendetangente**.

Beispiele:

1. Die Funktion $f(x) = x^3 - 3x^2 + 3x$ hat den Wendepunkt $P(1, 1)$. Die zugehörige Wendetangente verläuft horizontal (Bild 31).

2. Die Funktion $f(x) = \frac{1}{4}x^4 - 2x^3$ hat die Wendestellen $x_1 = 0$ und $x_2 = 2$. Die Wendetangente zu x_1 ist die x-Achse; die Wendetangente zu x_2 hat die Gleichung $y = -4x+4$ (Bild 32).

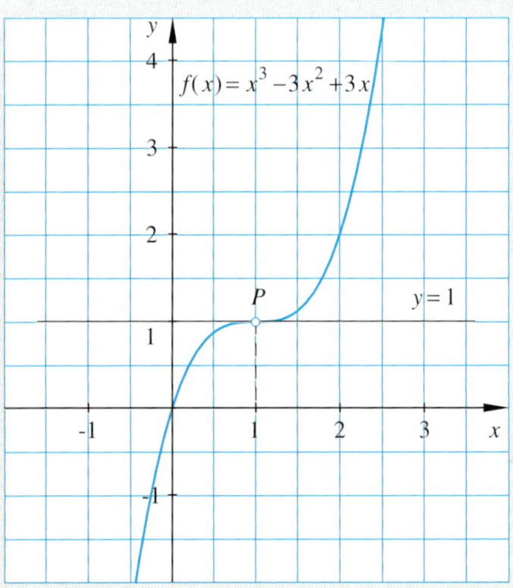

31

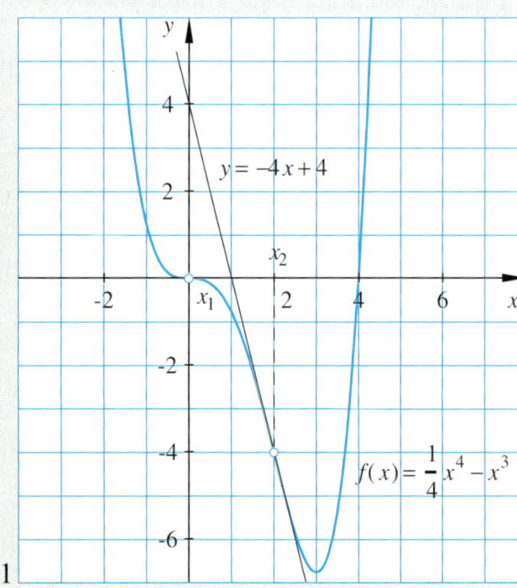

32

8. Bestätigen Sie durch Rechnung die in den Beispielen angegebenen Ergebnisse.

9. **a)** Zeigen Sie am Beispiel der Funktion $f(x) = \begin{cases} \sqrt{x} & \text{für } x \geq 0 \\ -\sqrt{-x} & \text{für } x \leq 0 \end{cases}$, dass eine Funktion an einer Wendestelle nicht differenzierbar sein muss.

b) Bilden Sie die Umkehrfunktion von f. Welche Wendestellen hat diese?

Ist x_0 eine Wendestelle der Funktion f, so heißt das nach obiger Erklärung, dass Zahlen a, b mit $a < x_0 < b$ existieren, so dass f in (a, x_0) und in (x_0, b) unterschiedliches Krümmungsverhalten aufweist. Daraus ergibt sich folgender Satz:

SATZ: Die Funktion f sei in einer Umgebung von x_0 differenzierbar. Dann gilt: Ist x_0 eine Wendestelle von f, so ist x_0 eine lokale Extremstelle von f'.

10. **a)** Beweisen Sie den Satz.

b) Nach diesem Satz ist „x_0 ist lokale Extremstelle von f'“ eine notwendige Bedingung für „x_0 ist Wendestelle von f“. Welche notwendige Bedingung ergibt sich daraus für das Vorliegen eines Wendepunktes an der Stelle x_0, falls f in x_0 zweimal differenzierbar ist?

Wir können nun Wendestellen in analoger Weise wie lokale Extremstellen berechnen.

SATZ: f sei eine an der Stelle x_0 dreimal differenzierbare Funktion, f''' sei an der Stelle x_0 stetig. Dann gilt:
Wenn $f''(x_0) = 0$ und $f'''(x_0) \neq 0$, so ist x_0 eine Wendestelle von f.

11.*a) Beweisen Sie obigen Satz. Sehen Sie sich dazu noch einmal den Beweis des entsprechenden Kriteriums für lokale Extremstellen (S. 139) an.
Anmerkung: Der Schluss, dass unter den gegebenen Voraussetzungen x_0 eine lokale Extremstelle von f' und folglich aufgrund des vorherigen Satzes eine Wendestelle von f ist, ist nicht richtig. Das liegt daran, dass die Umkehrung dieses Satzes nicht gilt.

b) Was kann man zusätzlich über das Krümmungsverhalten einer Funktion f aussagen, wenn man unter den Bedingungen des Satzes nicht nur $f'''(x_0) \neq 0$, sondern zusätzlich $f'''(x_0) > 0$ bzw. $f'''(x_0) < 0$ weiß?

12. Zeigen Sie am Beispiel der Funktion $f(x) = x^5$, dass die Bedingung $f'''(x_0) \neq 0$ nicht notwendig für das Vorliegen eines Wendepunktes an der Stelle x_0 ist.

13. Beweisen Sie das folgende hinreichende Kriterium für die Existenz eines Wendepunktes einer Funktion f an der Stelle x_0:
Die Funktion f sei in einer Umgebung von x_0 zweimal differenzierbar. Wenn f'' an der Stelle x_0 das Vorzeichen wechselt, so ist x_0 eine Wendestelle von f.

14. Ermitteln Sie die Wendepunkte der folgenden Funktionen:

a) $f(x) = x^3 - 6x^2 + 13x - 8$ **b)** $f(x) = -(x-4)^4$

c) $f(x) = \frac{1}{20}x^5 - \frac{1}{4}x^4 + 2x^2 + x$ **d)** $f(x) = \begin{cases} x^2 & \text{für } x \leq 0 \\ \sqrt{x} & \text{für } x \geq 0 \end{cases}$

e) $f(x) = x + \sqrt{x}$ **f)** $f(x) = x^2 + \sqrt{x}$ **g)** $f(x) = \frac{x}{1+x^2}$

h) $f(x) = \frac{1}{1+x^2}$ **i)** $f(x) = \sqrt{|x|}$ **j)** $f(x) = 3(x+3)^5 - 1$

15. Gegeben ist die Funktion $f(x) = ax^3 + bx^2 + cx + d$ $(a, b, c, d \in \mathbb{R})$.

a) Es sei $a = 1$. Welche Bedingung müssen die Koeffizienten b, c, d erfüllen, wenn 3 eine Wendestelle von f sein soll?

b) Geben Sie drei Möglichkeiten für a und b an, so dass 1 Wendestelle von f ist.

c) Ermitteln Sie eine Bedingung für a und b, so dass -4 Wendestelle von f ist.

d) Ermitteln Sie eine Bedingung für a, b, c, so dass 1 lokale Extremstelle von f ist.

e) Geben Sie Zahlen a, b, c, d an, so dass -4 Wendestelle und 1 lokale Extremstelle von f ist.

16. a) Zeigen Sie, dass es keine ganzrationale Funktion dritten Grades gibt, für die 0 und 3 lokale Extremstellen sind und 1 Wendestelle ist.

b) Eine ganzrationale Funktion dritten Grades habe die Wendestelle 0 und die lokale Extremstelle e. Welche zweite lokale Extremstelle hat die Funktion? Beweisen Sie Ihre Vermutung.

17. Ermitteln Sie für jede Wendetangente von f eine Gleichung:

a) $f(x) = -\frac{1}{8}x^3 - \frac{3}{4}x^2$ **b)** $f(x) = 30x^5 + 70x^4 + 40x^3 + 1$

c) $f(x) = x^3 - 13x - 27$ **d)** $f(x) = 2x^4 - 32x^2 - 10$

e) $f(x) = -x^4 + 3x^3 - \frac{15}{8}x^2 + x - 1$ **f)** $f(x) = x^2 + \frac{1}{x}$

Symmetrieeigenschaften von Funktionen

Grundlegende Eigenschaften gerader bzw. ungerader Funktionen finden Sie in Kapitel A, Seite 40ff.

18. a) Geben Sie je drei Beispiele für gerade bzw. ungerade Funktionen an.

b) Differenzieren Sie diese Funktionen. Zu welcher Vermutung kommen Sie?

19. Zeigen Sie:

a) Ist f eine gerade differenzierbare Funktion, so ist f' ungerade.

b) Ist f eine ungerade differenzierbare Funktion, so ist f' gerade.

c) Die Umkehrung von b) ist falsch.

Ist eine Funktion weder gerade noch ungerade, so kann sie dennoch Symmetrieeigenschaften haben.

20. Beschreiben Sie die Symmetrieeigenschaften folgender Funktionen.

a) $f(x) = (x-4)^2$ **b)** $f(x) = x^2 - 8x + 16$ **c)** $f(x) = |x+2|$

d) $f(x) = -x^3 + 1$ **e)** $f(x) = (x+1)^3$ **f)** $f(x) = x^4 - x^2$

g) $f(x) = 2x^4 + x^2 - 1$ **h)** $f(x) = x^5 - x^3$ **i)** $f(x) = x^5 - x^3 + 2x$

j) $f(x) = \frac{1}{x}$ **k)** $f(x) = \frac{1}{x-2}$ **l)** $f(x) = \frac{1}{x-2} - 3$ **m)** $f(x) = \frac{x-1}{x-2}$

21. Wie kann man bei einer ganzrationalen Funktion aus der Funktionsgleichung ablesen, ob die Funktion gerade bzw. ungerade oder weder gerade noch ungerade ist?

22. Beschreiben Sie die folgende Symmetrieeigenschaft analytisch. Geben Sie jeweils zwei Funktionen mit dieser Eigenschaft an:

a) Der Graph von f liegt symmetrisch zur Geraden mit der Gleichung $x = 2$.

b) Der Graph von f liegt punktsymmetrisch zum Punkt $P(2,0)$.

Kurvendiskussionen

Die bisherigen Ergebnisse bei der Untersuchung von Funktionen sollen nun für Kurvendiskussionen genutzt werden. Ziel einer Kurvendiskussion ist es, sich einen Überblick über die wichtigsten Eigenschaften einer Funktion zu verschaffen und den Graphen zu zeichnen. Zu den Charakteristika einer Funktion gehören insbesondere **Nullstellen**, **lokale Extrema** und **Krümmungsverhalten**, aber auch Symmetrieeigenschaften, eventuell vorhandene Unstetigkeitsstellen, Periodizität, Asymptoten. Es ist von Fall zu Fall zu entscheiden, welche Eigenschaften für die jeweilige Funktion relevant sind.

Beispiel: Es ist eine Kurvendiskussion für die Funktion f mit $f(x) = \frac{1}{2}x^4 + \frac{2}{3}x^3 - 2x^2 + \frac{5}{6}$ und $D(f) = [-3, 2]$ durchzuführen.

- Nullstellen

Die Nullstellen von f sind die Lösungen der Gleichung $\frac{1}{2}x^4 + \frac{2}{3}x^3 - 2x^2 + \frac{5}{6} = 0$ im Intervall $[-3, 2]$. Multiplikation mit 6 ergibt die leichter zu übersehende Gleichung $3x^4 + 4x^3 - 12x^2 + 5 = 0$; eine Lösung ist $x_1 = 1$. Durch Ausführen der Polynomdivision $(3x^4 + 4x^3 - 12x^2 + 5) : (x-1)$ erhält man $3x^4 + 4x^3 - 12x^2 + 5 = (x-1)(3x^3 + 7x^2 - 5x - 5)$. Der zweite Faktor verschwindet für $x = 1$; wir können erneut den Linearfaktor $x - 1$ ausklammern. Wiederum durch Polynomdivision erhält man $3x^3 + 7x^2 - 5x - 5 = (x-1)(3x^2 + 10x + 5)$. Die Lösungen der Gleichung $3x^2 + 10x + 5 = 0$ sind $x_2 = \frac{-5+\sqrt{10}}{3} \approx -0{,}61$ und $x_3 = \frac{-5-\sqrt{10}}{3} \approx -2{,}72$. Die Funktion f hat die Nullstellen $x_1 = 1$, $x_2 \approx -0{,}61$ und $x_3 \approx -2{,}72$.

- Lokale Extrema

Da f differenzierbar ist, können lokale Extrema nur an Nullstellen von f' auftreten. Es ist $f'(x) = 2x^3 + 2x^2 - 4x = 2x(x^2 + x - 2)$. Die Nullstellen von f' sind $x_4 = 0$, $x_5 = 1$ und $x_6 = -2$. Zur Entscheidung, ob diese Stellen lokale Extremstellen sind, kann die zweite Ableitung von f herangezogen werden. Es ist $f''(x) = 6x^2 + 4x - 4$; man findet $f''(0) < 0$, $f''(1) > 0$ und $f''(-2) > 0$. f hat demnach an den Stellen 1 und -2 lokale Minima und an der Stelle 0 ein lokales Maximum. Die lokalen Minima sind $f(1) = 0$ und $f(-2) = -4{,}5$, das lokale Maximum ist $f(0) = \frac{5}{6}$.

• Krümmungsverhalten, Wendepunkte

Da f zweimal differenzierbar ist, können Wendestellen nur Nullstellen von f'' sein. Die Lösungen der Gleichung $f''(x) = 6x^2 + 4x - 4 = 0$ sind $x_7 = \frac{-1+\sqrt{7}}{3} \approx 0{,}55$ und $x_8 = \frac{-1-\sqrt{7}}{3} \approx -1{,}22$. Um zu überprüfen, ob an diesen Stellen Wendepunkte vorliegen, kann die dritte Ableitung von f herangezogen werden. Es ist $f'''(x) = 12x + 4$; f''' hat die einzige Nullstelle $-\frac{1}{3}$, weshalb $f'''(x_7) \neq 0$ und $f'''(x_8) \neq 0$ gilt. Folglich sind x_7 und x_8 Wendestellen von f. Die zugehörigen Funktionswerte sind $f(x_7) \approx 0{,}39$ und $f(x_8) \approx -2{,}23$.

Wir berechnen noch die Funktionswerte in den Randpunkten des Definitionsbereiches; es ist $f(-3) \approx 5{,}33$ und $f(2) \approx 6{,}17$. Aus den ermittelten Eigenschaften von f erhält man eine recht gute Vorstellung vom Verlauf des Graphen (Bild 33).

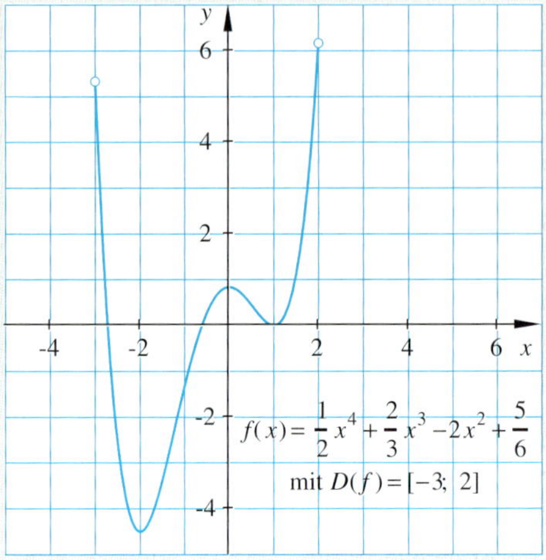

33

23. Begründen Sie, dass man für die Funktion im obigen Beispiel die Wendestellen auch ohne Verwendung der dritten Ableitung ermitteln kann.

24. Führen Sie für die folgenden Funktionen eine Kurvendiskussion durch:

a) $f(x) = \frac{1}{4}(x^3 - x^2 - 6x),\ D(f) = [-3, 4]$

b) $f(x) = -\frac{1}{24}x^3 + \frac{1}{8}x + \frac{3}{4},\ D(f) = [-2, 4]$

c) $f(x) = x^3 + 3x^2 + 4x + 2,\ D(f) = [-3, 1]$

d) $f(x) = x^4 - 3x^3 + x^2 + 3x - 2,\ D(f) = \left[-\frac{3}{4}, \frac{5}{2}\right]$

Bei jeder Kurvendiskussion sollten auch Zweckmäßigkeitsüberlegungen eine Rolle spielen. Beispielsweise ist es sinnvoll, bei einer ganzrationalen Funktion die Bestätigung einer Nullstelle der zweiten Ableitung als Wendestelle mit Hilfe der dritten Ableitung zu versuchen. Bei anderen Funktionen werden die Funktionsgleichungen für die höheren Ableitungen immer komplizierter und es empfiehlt sich, auch andere Entscheidungsmöglichkeiten einzubeziehen.

Beispiel: Die Funktion f mit $f(x) = x\sqrt{9 - x^2}$ ist zu diskutieren.

• Definitionsbereich

f ist definiert für alle $x \in \mathbb{R}$ mit $9 - x^2 \geq 0$, d.h. für alle $x \in \mathbb{R}$ mit $x^2 \leq 9$ bzw. $|x| \leq 3$. Es ist $D(f) = [-3, 3]$.

- Nullstellen

Die Nullstellen von f sind $x_1 = 0$, $x_2 = -3$ und $x_3 = 3$.

- Symmetrieeigenschaften

Der Term $\sqrt{9-x^2}$ liefert für entgegengesetzte Argumente $x = x_0$ und $x = -x_0$ denselben Wert; nach Multiplikation mit x unterscheiden sich die Funktionswerte $f(x_0)$ und $f(-x_0)$ nur durch das Vorzeichen. f ist also eine ungerade Funktion.

- Lokale Extrema

f ist differenzierbar im Intervall $(-3, 3)$, es ist $f'(x) = \sqrt{9-x^2} + x \cdot \frac{-2x}{2\sqrt{9-x^2}} = \frac{9-2x^2}{\sqrt{9-x^2}}$.
f' verschwindet an den Stellen $x_4 = -\frac{3}{2}\sqrt{2} \approx -2{,}12$ und $x_5 = \frac{3}{2}\sqrt{2} \approx 2{,}12$; nur an diesen Stellen können lokale Extremwerte vorliegen.

Das Vorzeichen von $f'(x)$ wird vom Zähler $9 - 2x^2$ bestimmt, da der Nenner $\sqrt{9-x^2}$ stets positiv ist. Die Parabel $p(x) = 9 - 2x^2$ ist nach unten geöffnet, nimmt also zwischen ihren Nullstellen x_4 und x_5 positive Werte an.
Wir erhalten:
Es ist $f'(x) < 0$ für $x < x_4$ und für $x > x_5$; in diesen Bereichen fällt die Funktion f streng monoton. Für $x_4 < x < x_5$ ist $f'(x) > 0$; hier wächst f streng monoton. Daraus ergibt sich, dass f an der Stelle x_4 ein lokales Minimum und an der Stelle x_5 ein lokales Maximum hat. Das lokale Minimum ist

$$f(x_4) = f\left(-\frac{3}{2}\sqrt{2}\right) = -\frac{3}{2}\sqrt{2} \cdot \sqrt{9-\frac{9}{2}} = -\frac{3}{2}\sqrt{2} \cdot \sqrt{\frac{9}{2}} = -\frac{3}{2}\sqrt{2} \cdot \frac{3}{\sqrt{2}} = -4{,}5.$$

Das lokale Maximum ist $f(x_5)$, da f ungerade ist und $x_5 = -x_4$, folgt $f(x_5) = -f(x_4) = 4{,}5$.

- Krümmungsverhalten, Wendepunkte

Im Intervall $(-3, 3)$ ist f zweimal differenzierbar. Es ist

$$f''(x) = \frac{-4x\sqrt{9-x^2} - (9-2x^2) \cdot \frac{-2x}{2\sqrt{9-x^2}}}{\left(\sqrt{9-x^2}\right)^2} = \frac{\frac{-4x(9-x^2) + x(9-2x^2)}{\sqrt{9-x^2}}}{\left(\sqrt{9-x^2}\right)^2} = \frac{x(2x^2-27)}{\left(\sqrt{9-x^2}\right)^3}.$$

Die Gleichung $x(2x^2 - 27) = 0$ hat die Lösungen 0 und $\pm\sqrt{13{,}5}$; davon liegt nur 0 im Intervall $(-3, 3)$, d.h. 0 ist einzige Nullstelle von f''. Für $x < 0$ ist $f''(x) > 0$, folglich f' streng monoton wachsend und f linksgekrümmt. Für $x > 0$ ist $f''(x) < 0$, folglich f' streng monoton fallend und f rechtsgekrümmt; 0 ist Wendestelle von f. Um genauer zeichnen zu können, kann man noch einige ausgewählte Funktionswerte berechnen, in diesem Falle etwa $f(1)$ und $f(-1)$. Es ist $f(1) = \sqrt{8} \approx 2{,}83$ und $f(-1) = -f(1) \approx -2{,}83$. Bild 34 zeigt den Graphen von f.

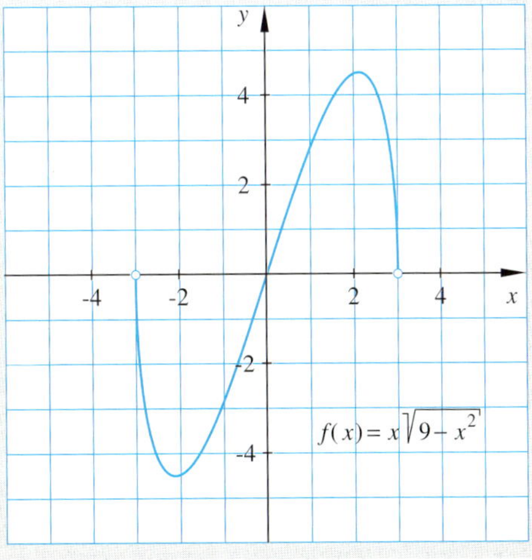

34

25. Bestätigen Sie im obigen Beispiel mit Hilfe der dritten Ableitung, dass die Funktion f an der Stelle 0 einen Wendepunkt hat.

26. Führen Sie für die folgenden Funktionen eine Kurvendiskussion durch:

a) $f(x) = \frac{1}{2}\sqrt{16 - x^2}$ **b)** $f(x) = -3x\sqrt{4x - x^2}$ **c)** $f(x) = \sqrt{x^2(25 - x^2)}$

27. Welche Eigenschaften der in den beiden Beispielen und in den Aufgaben 24 und 26 diskutierten Funktionen ermöglichen es, den gesamten Graphen der jeweiligen Funktion (und nicht nur einen Ausschnitt) zu zeichnen?

Verhalten im Unendlichen, Asymptoten

28. a) Es sei (a_n) die für alle $n \in \mathbb{N}$ durch $a_n = \frac{3n^2 - 2n}{2n^2 + 3}$ definierte Zahlenfolge. Beweisen Sie: $\lim\limits_{n \to \infty} a_n = \frac{3}{2}$.

b) Es sei f die für alle $x \in \mathbb{R}$ durch $f(x) = \frac{3x^2 - 2x}{2x^2 + 3}$ definierte Funktion. Es sei (x_n) die Folge der natürlichen Zahlen. Beschreiben Sie das Verhalten der Folge $(f(x_n))$ für $n \to \infty$.

c) Untersuchen Sie das Verhalten der Folge $(f(x_n))$ für $n \to \infty$, wenn (x_n) die Folge $(2n)$ ist.

d) Es sei (x_n) eine beliebige Folge mit der Eigenschaft $x_n \to \infty$. Zeigen Sie, dass für die Folge $(f(x_n))$ gilt: $f(x_n) \to \frac{3}{2}$.

Für die in Aufgabe 28d) für die Funktion f durchgeführte Betrachtung ist die Redeweise üblich, dass man das Verhalten von f für unbeschränkt wachsende Argumente oder kurz das Verhalten von f im Unendlichen untersucht. Nähern sich für unbeschränkt wachsende Argumente x die Funktionswerte $f(x)$ einer Zahl $c \in \mathbb{R}$, schreiben wir dafür $\lim\limits_{x \to \infty} f(x) = c$. Entsprechend besagt $\lim\limits_{x \to -\infty} f(x) = c$, dass sich die Funktionswerte der Funktion f für unbeschränkt fallende Argumente der Zahl c nähern. (Eine genaue Definition ist in Analogie zum Grenzwert einer Funktion an einer Stelle x_0 mit Hilfe von Folgen möglich.)
Gilt gleichzeitig $\lim\limits_{x \to \infty} f(x) = c$ und $\lim\limits_{x \to -\infty} f(x) = c$, schreibt man dafür auch $\lim\limits_{x \to \pm\infty} f(x) = c$.
Für die Funktion $f(x) = \frac{3x^2 - 2x}{2x^2 + 3}$ gilt $\lim\limits_{x \to \pm\infty} f(x) = \frac{3}{2}$. Geometrisch zeigt sich dieses Verhalten von f im Unendlichen darin, dass der Graph von f die (waagerechte) Asymptote $y = \frac{3}{2}$ hat (Bild 35).

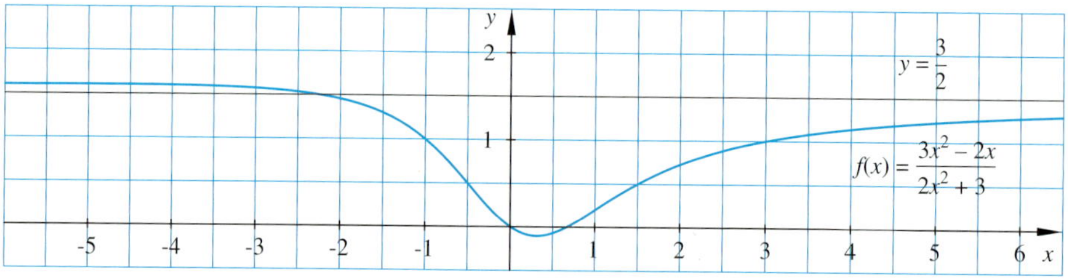

35

29. Geben Sie $\lim\limits_{x\to\infty} f(x)$ und $\lim\limits_{x\to-\infty} f(x)$ an:

a) $f(x) = \frac{1}{x}$ **b)** $f(x) = \frac{-3}{x^2}$ **c)** $f(x) = \frac{a}{x^3}$ $(a \in \mathbb{R})$

d) $f(x) = 2 + \frac{1}{x}$ **e)** $f(x) = \frac{x}{1+x^2}$ **f)** $f(x) = \frac{2x-3}{x+1}$

Die Grenzwertsätze für Funktionen gelten auch für Grenzwerte im Unendlichen. (Der Beweis erfolgt durch Rückführung auf die Grenzwertsätze für Folgen.)

Beispiel: Das Verhalten von $f(x) = \frac{5x^2 - 3x}{x^2 + 2x - 4}$ im Unendlichen ist zu untersuchen.

Für $x \neq 0$ ist $f(x) = \dfrac{5 - \frac{3}{x}}{1 + \frac{2}{x} - \frac{4}{x^2}}$. Unter Benutzung von Grenzwertsätzen und von $\lim\limits_{x\to\infty} \frac{1}{x} = 0$ schließen wir:

$$\lim_{x\to\infty} f(x) = \frac{\lim\limits_{x\to\infty}\left(5 - \frac{3}{x}\right)}{\lim\limits_{x\to\infty}\left(1 + \frac{2}{x} - \frac{4}{x^2}\right)} = \frac{\lim\limits_{x\to\infty} 5 - \lim\limits_{x\to\infty} \frac{3}{x}}{\lim\limits_{x\to\infty} 1 + \lim\limits_{x\to\infty} \frac{2}{x} - \lim\limits_{x\to\infty} \frac{4}{x^2}} = 5.$$

Analog erhalten wir $\lim\limits_{x\to-\infty} f(x) = 5$; insgesamt gilt $\lim\limits_{x\to\pm\infty} f(x) = 5$.

30. Beschreiben Sie das Verhalten der folgenden Funktionen im Unendlichen:

a) $f(x) = \frac{3x^2 - 1}{-x^2 + 4}$ **b)** $f(x) = \frac{x^4 + x^3}{7x^4 - 5}$ **c)** $f(x) = \frac{x^3 - x^5}{x^5 - x^3}$

d) $f(x) = \frac{x^3 - x + 1}{2x^3 - x^2}$ **e)** $f(x) = \frac{ax + b}{cx + d}$ $(a, b, c, d \in \mathbb{R},\ a \neq 0,\ c \neq 0)$

f) $f(x) = \frac{3x^2 - x}{4x^3 + 1}$ **g)** $f(x) = \frac{c}{\sqrt{x}}$ $(c \in \mathbb{R})$ **h)** $f(x) = \frac{3x^2 - 2x}{x + 3}$

31.*a) Definieren Sie $\lim\limits_{x\to\infty} f(x) = c$ in Analogie zu $\lim\limits_{x\to x_0} f(x) = c$.

b) Beweisen Sie: Ist $\lim\limits_{x\to\infty} f(x) = c$ und $\lim\limits_{x\to\infty} g(x) = d$, so existiert auch $\lim\limits_{x\to\infty} (f(x) + g(x))$ und es gilt $\lim\limits_{x\to\infty} (f(x) + g(x)) = c + d$.

32. Diskutieren Sie die folgenden Funktionen. Untersuchen Sie dabei auch das Verhalten der Funktionen für unbeschränkt wachsende bzw. fallende Argumente.

a) $f(x) = \frac{x^2 - 1}{x^2 + 1}$ **b)** $f(x) = \frac{x}{1 + x^2}$ **c)** $f(x) = \frac{x^2 + 2}{x^2 + 3}$

Die Funktion $f(x) = x^3$ hat im Unendlichen keinen Grenzwert; $\lim\limits_{x\to\infty} x^3$ existiert nicht, denn ein Grenzwert ist immer eine Zahl. Das Verhalten von f im Unendlichen wird aber dadurch charakterisiert, dass für unbeschränkt wachsende Argumente x auch die Funktionswerte $f(x)$ unbeschränkt wachsen. Für diesen Sachverhalt schreiben wir $\lim\limits_{x\to\infty} f(x) = \infty$; man spricht von einem uneigentlichen Grenzwert.

33. Geben Sie die uneigentlichen Grenzwerte $\lim\limits_{x\to\infty} f(x)$ und $\lim\limits_{x\to-\infty} f(x)$ an:

a) $f(x) = x^4$ **b)** $f(x) = -2x^3$ **c)** $f(x) = x^2(1-x)$

34. Geben Sie Beispiele für Funktionen an, die im Unendlichen keinen (eigentlichen) Grenzwert und auch keinen uneigentlichen Grenzwert haben.

35. Es sei $\lim\limits_{x\to\infty} f(x) = \infty$ und $\lim\limits_{x\to\infty} g(x) = c$ $(c \neq 0)$. Was lässt sich über $\lim\limits_{x\to\infty} (f(x)\cdot g(x))$ sagen?

Beispiel: Das Verhalten der ganzen rationalen Funktion $f(x) = a_n x^n + a_{n-1}x^{n-1} + \ldots + a_1 x + a_0$ $(n \in \mathbb{N};\ a_n, a_{n-1}, \ldots, a_1, a_0 \in \mathbb{R},\ a_n \neq 0)$ im Unendlichen ist zu untersuchen.

Für $x \neq 0$ ist $f(x) = x^n\left(a_n + \frac{a_{n-1}}{x} + \ldots + \frac{a_1}{x^{n-1}} + \frac{a_0}{x^n}\right)$. Es ist

$\lim\limits_{x\to\pm\infty}\left(a_n + \frac{a_{n-1}}{x} + \ldots + \frac{a_1}{x^{n-1}} + \frac{a_0}{x^n}\right) = a_n$. Das Verhalten von f im Unendlichen hängt damit nur vom Verhalten der Funktion $y = x^n$ und vom Vorzeichen von a_n ab.

36. Diskutieren Sie das Verhalten einer ganzen rationalen Funktion im Unendlichen in Abhängigkeit von n und a_n. Notieren Sie die Ergebnisse in Form einer Tabelle entsprechend dem nachfolgenden Muster. Geben Sie für jeden Fall ein Beispiel an.

n	gerade		ungerade	
a_n	$a_n > 0$	$a_n < 0$	$a_n > 0$	$a_n < 0$
$\lim\limits_{x\to\infty} f(x)$				
$\lim\limits_{x\to-\infty} f(x)$				
Beispiel				

37. Ermitteln Sie $\lim\limits_{x\to\infty} f(x)$ und $\lim\limits_{x\to-\infty} f(x)$:

a) $f(x) = -4x^3 + 3x^2 - 1$ **b)** $f(x) = 17x^4 + 2x^3 - x + 4$

c) $f(x) = 1{,}25x^{51} + 2000x^{47} - x^{10}$ **d)** $f(x) = -5x^{10} - 7x^5 + x$

38. Begründen Sie, dass eine ganzrationale Funktion ungeraden Grades stets mindestens eine Nullstelle hat.

39. Führen Sie für die folgenden Funktionen eine Kurvendiskussion durch:

a) $f(x) = x^3 - 3x^2 - 9x$ **b)** $f(x) = (x-2)(x^2 + 2x + 3)$

c) $f(x) = x^3 - 6x^2 + 9x$ **d)** $f(x) = 2x^3 + 6x + 8$

e) $f(x) = \frac{1}{2}x^4 + \frac{2}{3}x^3 - 2x^2$ **f)** $f(x) = \frac{1}{2}x^4 - 3x^2 + 4$

40. Ermitteln Sie $\lim\limits_{x\to\infty} f(x)$, $\lim\limits_{x\to\infty} g(x)$ und $\lim\limits_{x\to\infty} (f(x)\cdot g(x))$:

a) $f(x) = x^2,\ g(x) = \frac{1}{x}$ **b)** $f(x) = x^2,\ g(x) = -\frac{1}{x}$

c) $f(x) = -3x^3 + 1,\ g(x) = \frac{2}{x^3}$ **d)** $f(x) = 3x^2 + x,\ g(x) = -x^3$

41. Untersuchen Sie folgende Funktionen für unbeschränkt wachsende bzw. fallende Argumente:

a) $f(x) = \frac{2x^3 + 4x - 1}{x^2 + 3}$ **b)** $f(x) = \frac{2x^2 - 4x + 1}{3x^2 - 3}$

c) $f(x) = \frac{x^5 + x^4 - 2x^2}{-x^6 + x^4}$ **d)** $f(x) = \frac{-5x^4 + 3x^3 - x}{2x^2 + x}$

e) $f(x) = \frac{ax^4 - x^2}{x^3 - 1}\ (a \in \mathbb{R})$ **f)** $f(x) = \frac{ax^3 + 5x}{bx^2 + 4}\ (a, b \in \mathbb{R})$

42. Diskutieren Sie das Verhalten einer beliebigen rationalen Funktion

$$f(x) = \frac{a_n x^n + a_{n-1}x^{n-1} + \ldots + a_1 x + a_0}{b_m x^m + b_{m-1}x^{m-1} + \ldots + b_1 x + b_0} \quad (a_n, \ldots, a_0, b_m, \ldots, b_0 \in \mathbb{R},\ a_n \neq 0,\ b_m \neq 0)$$

im Unendlichen.

Anleitung: Klammern Sie (für $x \neq 0$) im Zähler den Faktor x^n und im Nenner den Faktor x^m aus. Betrachten Sie dann die Fälle $n = m$, $n < m$ und $n > m$. Notieren Sie für den Fall $n > m$ die Ergebnisse in Form einer Tabelle nach dem folgenden Muster. Geben Sie für jeden Fall ein Beispiel an.

$n - m$	gerade		ungerade	
$\frac{a_n}{b_m}$	$\frac{a_n}{b_m} > 0$	$\frac{a_n}{b_m} < 0$	$\frac{a_n}{b_m} > 0$	$\frac{a_n}{b_m} < 0$
$\lim\limits_{x\to\infty} f(x)$				
$\lim\limits_{x\to-\infty} f(x)$				
Beispiel				

43. Zerlegen Sie die Funktion f in eine Summe aus einer ganzrationalen Funktion g und einer echt gebrochen rationalen Funktion r. Wie zeigt sich die Eigenschaft $\lim\limits_{x\to\pm\infty} r(x) = 0$ der Funktion r in der grafischen Darstellung von f?

(Beachten Sie $r(x) = f(x) - g(x)$.)

a) $f(x) = \frac{x^2 + 2x - 5}{x + 4}$ **b)** $f(x) = \frac{2x^2 - 7x - 15}{x - 5}$

c) $f(x) = \frac{4x^3 + 6x^2 + 3x - 4}{2x^2 + 1}$ **d)** $f(x) = \frac{2x^3 - 5x^2 - 2x + 5}{x^2 - 1}$

Gilt für eine Funktion f und eine Gerade g mit der Gleichung $g(x) = ax + b$ $(a, b \in \mathbb{R})$ die Bedingung $\lim\limits_{x \to \pm\infty} (f(x) - g(x)) = 0$, so nähern sich für unbeschränkt wachsende bzw. fallende Argumente der Graph von f und die Gerade g immer weiter an; die Gerade ist **Asymptote** von f.

Beispiel: Welche Asymptote hat die Funktion $f(x) = \dfrac{2x^3 - 4x^2 + 3}{4x^2 + 2}$?

Dividiert man $2x^3 - 4x^2 + 3$ durch $4x^2 + 2$ mit Rest, erhält man

$f(x) = \frac{1}{2}x - 1 - \dfrac{x-5}{4x^2+2}$.

Mit $g(x) = \frac{1}{2}x - 1$ erhält man

$f(x) - g(x) = -\dfrac{x-5}{4x^2+2}$

und damit $\lim\limits_{x \to \pm\infty} (f(x) - g(x)) = 0$. Die Gerade $g(x) = \frac{1}{2}x - 1$ ist Asymptote von f (Bild 36).

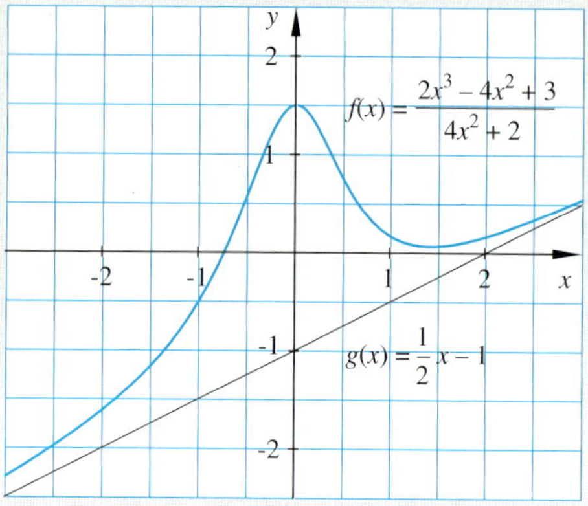

36

44. Ermitteln Sie die Asymptoten der folgenden Funktionen:

a) $f(x) = \dfrac{3x^3 - x^2 + 17x - 4}{x^2 + 5}$ **b)** $f(x) = \dfrac{1 - x^2}{x^2 + 1}$ **c)** $f(x) = \dfrac{(x-3)^3}{3(x^2+3)}$

d) $f(x) = \dfrac{x^2 + x - 12}{x - 3}$ **e)** $f(x) = \dfrac{x^3 - 6x + 5}{x^6 + 6}$ **f)** $f(x) = \dfrac{4x^3}{x^2 - 6x + 14}$

45. Warum können die in Bild 37a-c grafisch dargestellten Funktionen keine rationalen Funktionen sein?

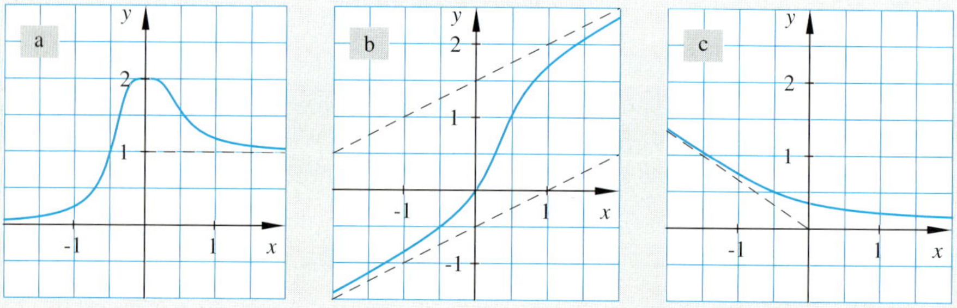

37

46. Geben Sie je zwei Beispiele für Funktionen an, für die die Gerade g Asymptote ist:

a) $g(x) = 3$ **b)** $g(x) = 7x + 1$ **c)** $g(x) = -x$

Polstellen

47. Gegeben seien die Funktionen $f_1(x) = \frac{1}{x^2}$ und $f_2(x) = \frac{1}{x-1}$.

a) Welche Polstellen haben f_1 und f_2?

b) Beschreiben Sie das Verhalten der Funktionswerte von f_1 und f_2 bei Annäherung des Argumentes an die jeweilige Polstelle.

c) Skizzieren Sie die Graphen beider Funktionen.

Ist x_0 eine Polstelle der rationalen Funktion $f(x) = \frac{u(x)}{v(x)}$, so gilt $\lim\limits_{x \to x_0} |f(x)| = \infty$. Das Verhalten von f bei Annäherung an x_0 hängt vom Vorzeichen der Funktionswerte $f(x)$ ab.

Beispiel: Das Verhalten der Funktion $f(x) = \frac{x+1}{x^3 - 4x^2 + 4x}$ bei Annäherung an die Polstellen ist zu beschreiben.

Es ist $f(x) = \frac{u(x)}{v(x)}$ mit $u(x) = x + 1$ und $v(x) = x^3 - 4x^2 + 4x$.

Es ist x_p Polstelle von f, falls $u(x_p) \neq 0$ und $v(x_p) = 0$ gilt.
Nun ist $v(x) = x(x^2 - 4x + 4) = x(x-2)^2$; die Funktion v hat die Nullstellen $x_1 = 0$ und $x_2 = 2$. Die Funktion u verschwindet nur für $x = -1$, also sind 0 und 2 Polstellen von f.
Wir untersuchen zuerst das Verhalten von f bei Annäherung des Argumentes x an die Polstelle 2. In diesem Fall ist $u(x) = x + 1 > 0$ und $v(x) = x(x-2)^2 > 0$. Damit erhalten wir $f(x) > 0$ und $\lim\limits_{x \to 2} f(x) = \infty$.
Nun untersuchen wir das Verhalten von f bei Annäherung des Argumentes x an die Polstelle 0. Es gilt wiederum $u(x) = x + 1 > 0$. Das Vorzeichen von $v(x)$ hängt davon ab, ob die Annäherung von links oder von rechts erfolgt. Für $x < 0$ ist $v(x) = x(x-2)^2 < 0$; wir erhalten $f(x) < 0$ und damit $\lim\limits_{\substack{x \to 0 \\ x<0}} f(x) = -\infty$. Für $x > 0$ ist $v(x) = x(x-2)^2 > 0$; wir erhalten $f(x) > 0$ und damit $\lim\limits_{\substack{x \to 0 \\ x>0}} f(x) = \infty$.

48. Es sei f die Funktion mit $f(x) = \frac{x+1}{x^3 - 4x^2 + 4x}$.

a) Nutzen Sie die im obigen Beispiel gewonnenen Ergebnisse über das Verhalten von f an den Polstellen zu einer groben Skizzierung des Funktionsgraphen. Beziehen Sie in Ihre Überlegungen auch die Nullstelle von f und das Verhalten im Unendlichen ein.

b) Was lässt sich über Anzahl, Art und ungefähre Lage lokaler Extremstellen sagen? Welches Krümmungsverhalten kann man vermuten?

c) Gewinnen Sie eine genauere Darstellung des Funktionsgraphen, indem Sie die lokalen Extremwerte berechnen.

49. Ermitteln Sie die Polstellen der Funktion f und untersuchen Sie das Verhalten von f bei Annäherung an diese Stellen:

a) $f(x) = \frac{-3}{x+1}$ **b)** $f(x) = \frac{x^2 - 4}{1 - x^2}$ **c)** $f(x) = \frac{x^2 - 4}{(1-x)^2}$

d) $f(x) = \frac{x^3 - 3x + 2}{x^2}$ **e)** $f(x) = \frac{x^2 - 3}{x^3 - x}$ **f)** $f(x) = \frac{x}{x^3 - 1}$

50. Entwerfen Sie für die Funktionen in Aufgabe 49 eine grobe Skizze des Funktionsgraphen. Beachten Sie neben den Polstellen insbesondere das Verhalten im Unendlichen.

51. Geben Sie eine Funktion f mit folgender Bedingung an:
a) 2 und -3 sind Polstellen von f **b)** 5 ist Polstelle und $f(x) > 0$ für alle $x \in \mathbb{R} \setminus \{5\}$

Beispiel: Die Funktion $f(x) = \frac{x^3}{6-2x^2}$ ist zu diskutieren.

Wir skizzieren den Lösungsweg ohne ausführliche Darstellung der Rechnungen.

- Nullstellen, Polstellen

Die Funktion $u(x) = x^3$ hat die einzige Nullstelle 0; diese ist auch Nullstelle von f. $v(x) = 6 - 2x^2$ hat die Nullstellen $-\sqrt{3}$ und $\sqrt{3}$; diese sind Polstellen von f. Für $x \to \sqrt{3}$ ist $x^3 > 0$. Für $x > \sqrt{3}$ gilt $x^2 > 3$, woraus $6 - 2x^2 < 0$ folgt und damit $\lim\limits_{\substack{x \to \sqrt{3} \\ x > \sqrt{3}}} f(x) = -\infty$.

Für $x < \sqrt{3}$ gilt $x^2 < 3$, woraus $6 - 2x^2 > 0$ folgt und damit $\lim\limits_{\substack{x \to \sqrt{3} \\ x < \sqrt{3}}} f(x) = \infty$.

In analoger Weise findet man $\lim\limits_{\substack{x \to -\sqrt{3} \\ x > -\sqrt{3}}} f(x) = -\infty$ und $\lim\limits_{\substack{x \to -\sqrt{3} \\ x < -\sqrt{3}}} f(x) = \infty$.

- Verhalten im Unendlichen

Aus der Funktionsgleichung ist $\lim\limits_{x \to \infty} f(x) = -\infty$ und $\lim\limits_{x \to -\infty} f(x) = \infty$ ersichtlich. Eine genauere Aussage ermöglicht die Umformung von $f(x)$ mittels Polynomdivision. Es ist $f(x) = -\frac{1}{2}x + \frac{3x}{6-2x^2}$; die Gerade $y = -\frac{1}{2}x$ ist Asymptote von f.

- Lokale Extrema

Es ist $f'(x) = \frac{-2x^2(x^2-9)}{(6-2x^2)^2}$. Die Nullstellen von f' sind 0, 3 und -3. Ferner ist ersichtlich: Für $x < -3$ und $x > 3$ gilt $f'(x) < 0$, für $-3 < x < 3$ $(x \neq 0)$ gilt $f'(x) > 0$. Demnach ist f im Bereich $x < -3$ streng monoton fallend, im Intervall $(-3, 3)$ streng monoton wachsend und im Bereich $x > 3$ wiederum streng monoton fallend. An der Stelle -3 hat f ein lokales Minimum und an der Stelle 3 ein lokales Maximum. Das lokale Minimum ist $f(-3) = \frac{9}{4}$; das lokale Maximum ist $f(3) = -\frac{9}{4}$. 0 ist keine lokale Extremstelle von f.

- Wendestellen, Krümmungsverhalten

Es ist $f''(x) = \frac{24x(x^2+9)}{(6-2x^2)^3}$. Einzige Nullstelle von f'' ist 0. Nun ist $f''(x) < 0$ für $-\sqrt{3} < x < 0$; in diesem Bereich ist folglich f' streng monoton fallend und damit f rechtsgekrümmt. Für $0 < x < \sqrt{3}$ ist $f''(x) > 0$; hier ist f linksgekrümmt. 0 ist damit Wendestelle von f. Ferner gilt $f''(x) > 0$ für $x < -\sqrt{3}$; hier ist f linksgekrümmt. Für $x > \sqrt{3}$ ist $f''(x) < 0$; hier ist f rechtsgekrümmt.

Bild 38 zeigt den Graphen von f.

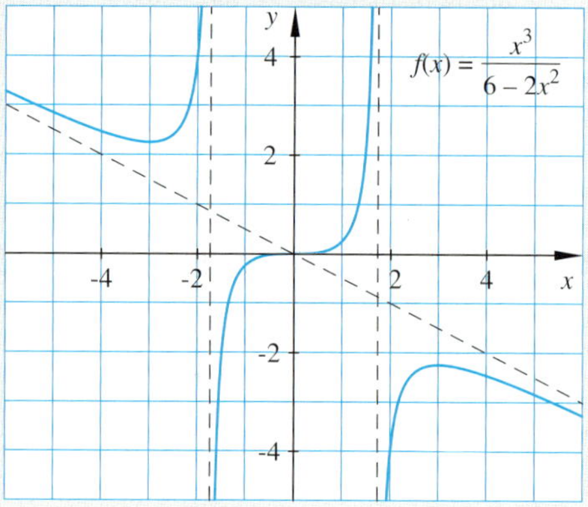

38

52. Führen Sie für die folgenden Funktionen eine Kurvendiskussion durch:

a) $f(x) = \frac{x^2+4}{1-x^2}$ **b)** $f(x) = \frac{x^2+1}{x^2-1}$ **c)** $f(x) = \frac{x^2+4x+3}{x^2}$

d) $f(x) = \frac{x}{1-x^2}$ **e)** $f(x) = \frac{x^3}{x^2-4}$ **f)** $f(x) = \frac{x^3-8}{4x}$

g) $f(x) = \frac{4x-2}{x^2}$ **h)** $f(x) = \frac{x^2+3}{x-1}$ **i)** $f(x) = \frac{1-x^2}{x^2-4x+4}$

53.* Die Funktion f sei der Quotient aus den Funktionen u und v. x_0 sei sowohl Nullstelle von u als auch von v. Zeigen Sie durch Beispiele, dass bei Annäherung an die Stelle x_0 unterschiedliches Verhalten von f auftreten kann. In welchem Zusammenhang haben Sie diese Situation bereits untersucht?

54. Begründen Sie, dass die x-Achse Asymptote der Funktion $f(x) = \frac{\sin x}{x}$ ist. Wodurch unterscheidet sich die Annäherung des Graphen von f an die Asymptote von den bisherigen Beispielen?

55. Die Bilder 39a bis d zeigen die Graphen der Funktionen $f_1(x) = \frac{3x^5-2x^3-7x^2}{x^4+2x^2+2}$, $f_2(x) = -x^5+x^4-3x^2-1$, $f_3(x) = \frac{3x^5-2x^3-7x^2}{x^4-2x^2-2}$, $f_4(x) = \frac{3x^5-2x^3-7x^2}{4x^5-x^4-3x^2-1}$.
Entscheiden Sie, welcher Graph zu welcher Funktion gehört.

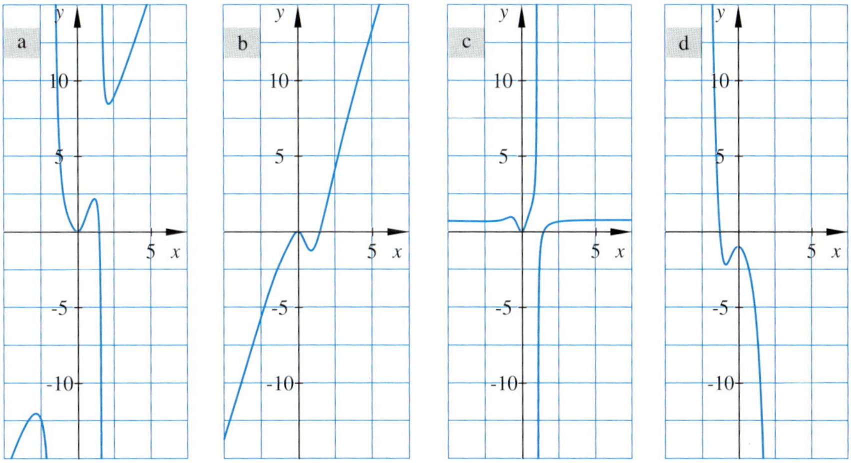

39

56. Begründen Sie, dass die folgenden Funktionen keine Asymptoten besitzen. Wie kann man dennoch das Verhalten im Unendlichen näher charakterisieren?

a) $f(x) = \frac{x^4+4x^2+1}{x^2+1}$ **b)** $f(x) = \frac{x^5+2x^3+1}{x^2+2}$

ZUSAMMENFASSUNG:

Diskussion einer Funktion *f*

Eigenschaften	Kriterien, Hinweise
Nullstellen	Lösungen der Gleichung $f(x) = 0$
Polstellen	x_p ist Polstelle von $f(x) = \frac{u(x)}{v(x)}$, falls $u(x) \neq 0$ und $v(x) = 0$.
	Es gilt $\lim\limits_{x \to x_p} \lvert f(x) \rvert = \infty$, die Gerade $x = x_p$ ist Asymptote von f.
	$\lim\limits_{x \to x_p} f(x)$ hängt vom Vorzeichen von $f(x)$ für $x \to x_p$ ab. (s. Bild 40)

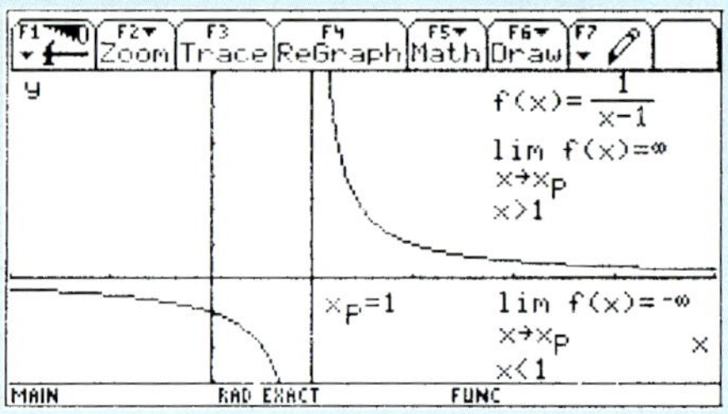

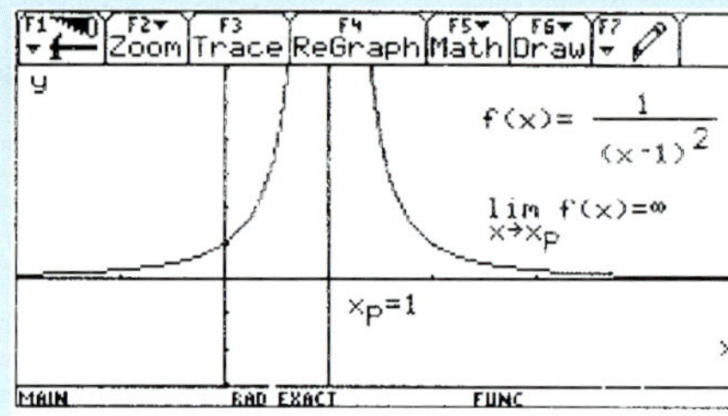

Lokale Extrema	Siehe Übersicht S. 142
Krümmungs-eigenschaften, Wendestellen	Voraussetzung: f ist zweimal differenzierbar – f ist im Intervall I linksgekrümmt, falls $f''(x) > 0$ für alle $x \in I$. – f ist im Intervall I rechtsgekrümmt, falls $f''(x) < 0$ für alle $x \in I$. Notwendiges Kriterium für „x_0 ist Wendestelle von f“: $f''(x_0) = 0$ Hinreichendes Kriterien für „x_0 ist Wendestelle von f“: a) f'' wechselt an der Stelle x_0 das Vorzeichen. b) $f''(x_0) = 0$ und $f'''(x_0) \neq 0$
Verhalten im Unendlichen	Die Gerade $y = c$ ist Asymptote von f, falls $\lim\limits_{x \to \infty} f(x) = c$. (s. Bild 41)

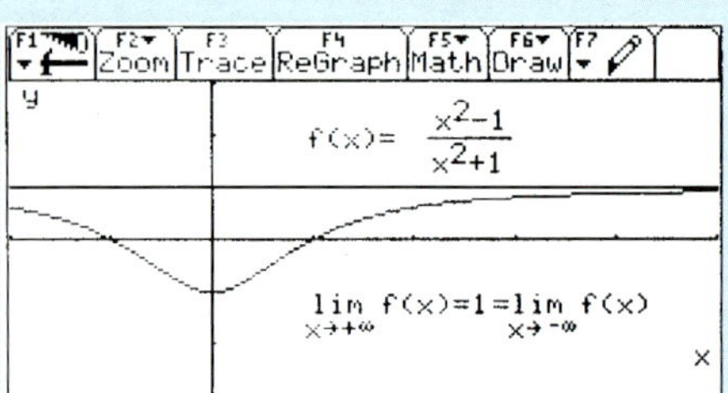

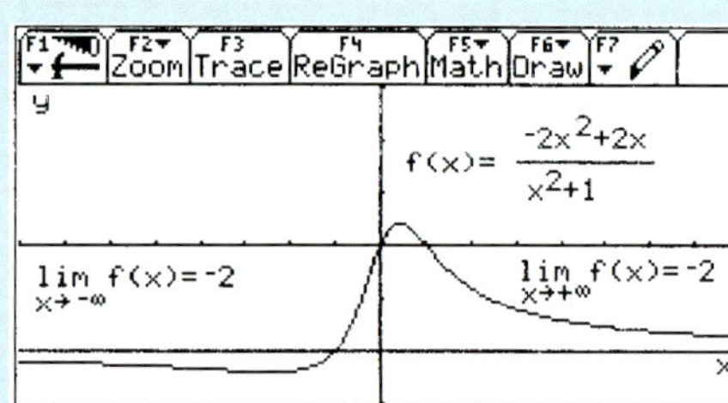

7 Vermischte Aufgaben

1. Welcher Punkt des Graphen von $f(x) = x^2$ hat von der Geraden mit der Gleichung $y = 7x - 8$ den kleinsten Abstand?

2. Es sei $f(x) = \frac{1}{x}$. Für jedes $x_0 > 0$ bildet die Tangente an f an der Stelle x_0 mit den Koordinatenachsen ein Dreieck.

a) Zeigen Sie, dass der Flächeninhalt dieses Dreiecks unabhängig von x_0 ist.

b) Untersuchen Sie, ob eine entsprechende Aussage auch für das Volumen des Kegels gilt, der durch Rotation des Dreiecks um die y-Achse entsteht.

3. **a)** Für jede Zahl $x \in]0, 10[$ bilden die Punkte $P_1(x, 0)$, $P_2(10, 0)$, $P_3(10, \sqrt{x})$ und $P_4(x, \sqrt{x})$ ein Rechteck. Für welches x_1 erhält man das Rechteck mit maximalem Flächeninhalt?

b) Bei Rotation des Rechtecks $P_1P_2P_3P_4$ um die x-Achse entsteht ein Zylinder. Für welches x_2 erhält man den Zylinder mit maximalem Volumen? Versuchen Sie, vor der Rechnung zu begründen, dass x_2 größer als x_1 ist.

c) Für welches x_3 erhält man bei Rotation des Rechtecks um die y-Achse den Rotationskörper mit maximalem Volumen? Versuchen Sie, vor der Rechnung zu begründen, dass x_3 kleiner als x_1 ist.

4. Widerlegen Sie jeweils durch ein Beispiel die folgenden Aussagen:

a) Fällt eine differenzierbare Funktion f im Intervall I streng monoton, so ist $f'(x) < 0$ für alle $x \in I$.

b) Eine ganzrationale Funktion hat eine Nullstelle mehr als lokale Extremstellen.

c) Ist 0 Wendestelle von f, so ist f ungerade.

d) Eine ganzrationale Funktion hat mindestens eine Wendestelle.

e) Hat die Funktion f genau eine Nullstelle und gilt $\lim\limits_{x\to\infty} f(x) = \infty$, so gilt $\lim\limits_{x\to-\infty} f(x) = -\infty$.

f) Gilt $\lim\limits_{x\to\infty} f(x) = \infty$ und $\lim\limits_{x\to-\infty} f(x) = -\infty$, so hat f mindestens eine Nullstelle.

5. Es sei $f(x) = ax^5 - bx^3 + cx$ ($a, b, c \in \mathbb{R}$, $a > 0$, $b > 0$). Zeigen Sie, dass f drei Wendepunkte hat und dass diese auf einer Geraden liegen.

6. Die Funktion f sei zweimal differenzierbar. Für eine Zahl $x_0 \in D(f)$ gelte $f(x_0) > 0$, $f'(x_0) = 0$ und $f''(0) > 0$. Zeigen Sie mit Hilfe der 1. und 2. Ableitung der Funktion f^2, dass f^2 an der Stelle x_0 ein lokales Minimum hat.

7. **a)** Ermitteln Sie die lokalen Extremstellen der Funktion $f(x) = \frac{x}{a} + \frac{a}{x}$ $(a \neq 0)$.

b) Beschreiben Sie das Krümmungsverhalten von f.

c) Welche Asymptoten hat f?

d) Skizzieren Sie den Graphen für $a = 2$ und für $a = -0{,}5$.

8. Untersuchen Sie, wie viele Lösungen die Gleichung $x^3 - 6x^2 + 9x + a = 0$ $(a \in \mathbb{R})$ hat. Diskutieren Sie dazu die Funktion $f(x) = x^3 - 6x^2 + 9x + a$.

9. Beschreiben Sie die Monotonieeigenschaften der Funktion $f(x) = (x-a)^8$ $(a \in \mathbb{R})$.

10. Es sei $P(x, f(x))$ ein Punkt des Graphen von $f(x) = 3x + 2$.

a) Ermitteln Sie den Anstieg der Geraden durch die Punkte P und $Q(2, 0)$.

b) Welchen Grenzwert hat dieser Anstieg für $x \to \infty$?

11. Geben Sie jeweils zwei Funktionen an, die die folgenden Bedingungen erfüllen.

a) f ist in $\mathbb{R}$ rechtsgekrümmt.

b) f ist im Bereich $x < 1$ rechtsgekrümmt und im Bereich $x > 1$ linksgekrümmt.

c) f ist im Bereich $x < 0$ linksgekrümmt, im Intervall $]0, 3[$ rechtsgekrümmt und im Bereich $x > 3$ linksgekrümmt.

d) f ist im Bereich $x < 0$ rechtsgekrümmt, im Intervall $]0, 3[$ linksgekrümmt und im Bereich $x > 3$ rechtsgekrümmt.

e) f ändert das Krümmungsverhalten an drei Stellen.

f) f ist im Bereich $x > 0$ rechtsgekrümmt und f ist keine rationale Funktion.

g) f ist für $x < 0$ linksgekrümmt und f ist für $x > 0$ linksgekrümmt, aber f ist nicht in $\mathbb{R}$ linksgekrümmt.

12. Geben Sie, falls möglich, jeweils eine ganzrationale Funktion f dritten Grades an, die den folgenden Bedingungen genügt:

a) f hat genau einen Wendepunkt, und zwar an der Stelle 5.

b) f hat die Wendestelle 5 und an der Stelle 1 einen lokalen Extremwert.

c) f hat die Wendestelle 3 und 0 und 6 sind lokale Extremstellen.

d) f hat die Wendestelle 3, die zugehörige Wendetangente hat den Anstieg 1, und 0 und 6 sind lokale Extremstellen.

e) f hat die Wendestelle 3, die zugehörige Wendetangente hat den Anstieg 1, und 0 und 6 sind lokale Extremstellen, 5 ist lokales Minimum und 1 ist Nullstelle von f.

13. a) Zeigen Sie, dass es unendlich viele ganzrationale Funktionen vierten Grades gibt, für die 2 Wendestelle ist und deren Graph symmetrisch zur y-Achse liegt.

b) Zeigen Sie, dass eine ganzrationale Funktion vierten Grades mit den Wendestellen 2 und -4 keine gerade Funktion sein kann.

14. Der Graph einer Funktion f ist genau dann punktsymmetrisch zu einem Punkt $P(a, b)$, wenn für alle x mit $a + x \in D(f)$ gilt: $a - x \in D(f)$, und b ist das arithmetische Mittel von $f(a+x)$ und $f(a-x)$, d.h. es gilt $\frac{f(a+x) + f(a-x)}{2} = b$ (Bild 42).

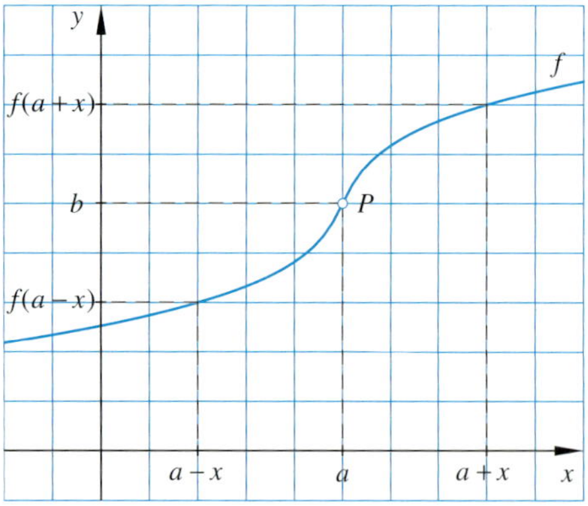

42

a) Welche Bedingung ergibt sich für den Fall, dass P der Koordinatenursprung ist?

b) Zeigen Sie, dass die Graphen der Funktionen $f(x) = (x+3)^3$ und $g(x) = x^3 - 6x^2 + 20$ punktsymmetrisch zum Wendepunkt von f bzw. g liegen.

E Einführung in die Integralrechnung

1 Flächeninhalt und bestimmtes Integral

Berechnen von Flächeninhalten

1. Berechnen Sie den Flächeninhalt der Figuren, die in den Bildern 1 bis 4 im Maßstab 1:10 dargestellt sind. (Hinweis: Die gekrümmten Linien sind Teile von Kreisen.)

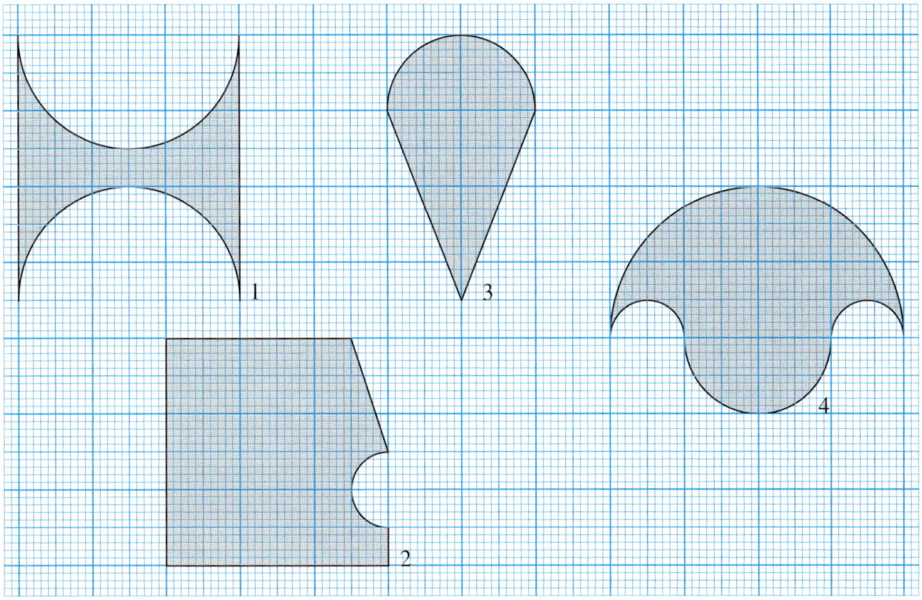

Kreise sind die bisher einzigen krummlinig begrenzten Figuren, deren Flächeninhalte wir mit Hilfe einer Formel ($A = \pi r^2$) berechnen können.

2. **a)** Zeichnen Sie einen Kreis mit dem Radius $r = 5$ cm auf Millimeterpapier. Ermitteln Sie näherungsweise den Flächeninhalt dieses Kreises, indem Sie zum einen alle Quadrate mit der Seitenlänge 1 cm auszählen, die vollständig innerhalb des Kreises liegen und zum anderen die Quadrate auszählen, die nötig sind, um den Kreis gerade zu überdecken.

b) Gehen Sie wie in a) vor, und benutzen Sie dabei Quadrate mit 0,5 cm Seitenlänge.

c) Werten Sie die Genauigkeit der in a) und b) beschriebenen Methode. Welches Ergebnis erhalten Sie mit Hilfe der Flächeninhaltsformel für den Kreis?

3. **a)** Ermitteln Sie für die in Bild 5 dargestellte Figur mit Hilfe der Methode aus Aufgabe 2 einen Näherungswert für den Flächeninhalt.

b) Welche Beziehung besteht zwischen dem Flächeninhalt aller einbeschriebenen Quadrate (Quadrate, die innerhalb der Figur liegen) und dem Flächeninhalt aller umschreibenden Quadrate (Quadrate, die zum Überdecken der Figur nötig sind) und dem wirklichen Flächeninhalt?

c) Wie wirkt sich eine Verkleinerung der Seitenlänge der Quadrate aus?

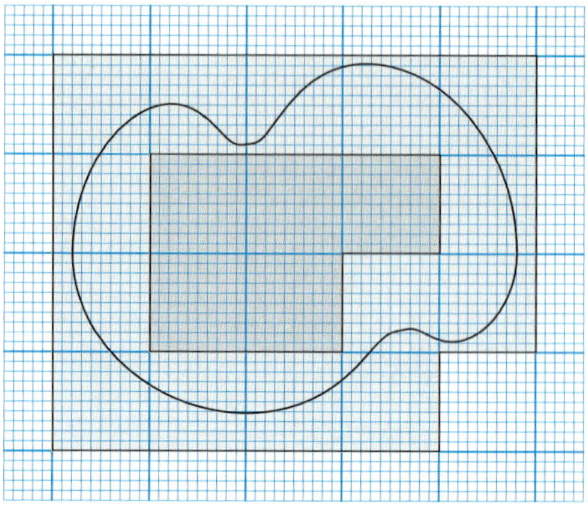

5

4. **a)** Zeichnen Sie die Graphen der folgenden Funktionen jeweils in ein Koordinatensystem. Arbeiten Sie dabei auf Millimeterpapier und wählen Sie als 1 Längeneinheit (LE) eine Länge von 5 cm:

$f(x) = 5$ $g(x) = 3x$ $h(x) = 0{,}25x + 3$ $k(x) = x^2$ $l(x) = x^2 + 2$ $m(x) = (x - 1)^2 + 3$

b) Markieren Sie die Punktmenge, die von dem Graphen der Funktion, der x-Achse, der y-Achse und der Parallelen zur y-Achse durch den Punkt $(1;0)$ begrenzt wird. Wir sprechen in diesem Fall auch von der **Punktmenge unter dem Graphen der Funktion** im Intervall $[0;1]$.

c) Berechnen Sie (falls es nicht genau möglich ist, näherungsweise) den Flächeninhalt der in b) beschriebenen Punktmenge.
Hinweis: Für eine Näherungslösung hilft Ihnen die Methode aus Aufgabe 2.

d) Geben Sie, falls möglich, eine Formel zur Berechnung der in b) genannten Punktmengen für alle b aus dem Intervall $[0; b]$, $b \in \mathbb{R}$ an. Für welche der Funktionen ist dies noch nicht möglich? Begründen Sie.

5. **a)** Berechnen Sie näherungsweise den Flächeninhalt A der Punktmenge M aus Bild 6.
Hinweis: Berechnen Sie dazu die Flächeninhalte der eingezeichneten Figuren.

b) Berechnen Sie näherungsweise den Flächeninhalt A der Punktmengen M aus Bild 7 bis 9. Hinweis: Orientieren Sie sich an dem Vorgehen in a).

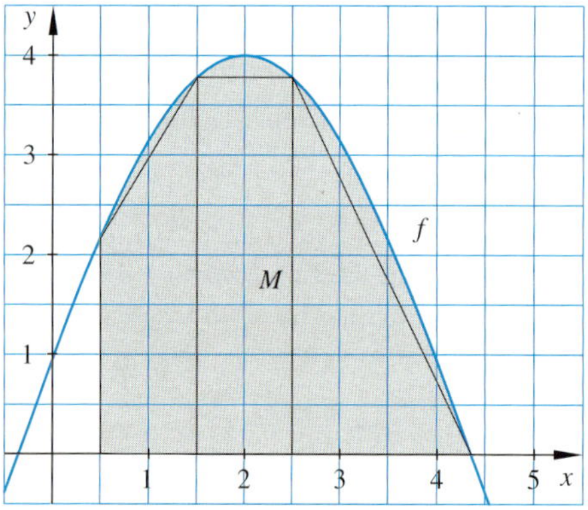

6

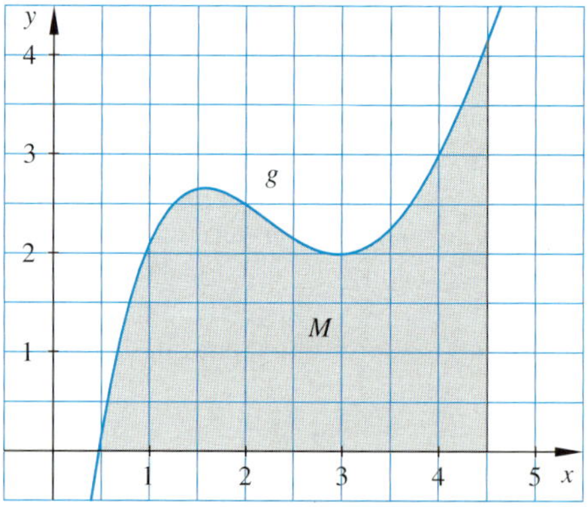

7

6. Die in Aufgabe 5 erhaltenen Näherungswerte für den Flächeninhalt A der jeweiligen Figur M waren kleiner als der wirkliche Flächeninhalt A. Ermitteln Sie nun Näherungswerte, die größer als A sind, indem Sie M vollständig mit solchen Teilfiguren überdecken, deren Flächeninhalt Sie berechnen können.

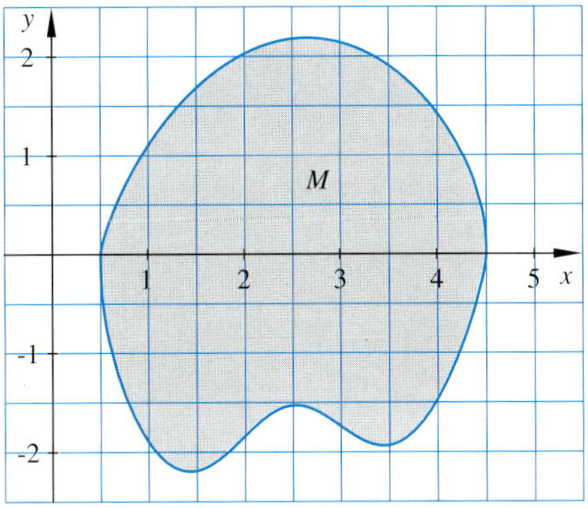

8

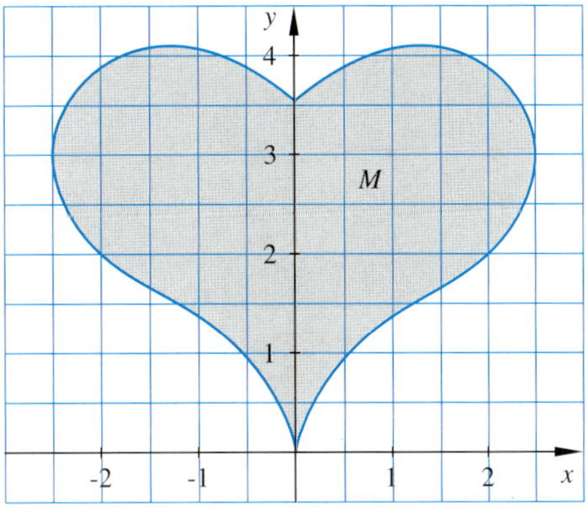

9

Berechnen eines Flächeninhalts mit Hilfe eines Grenzwertes

Beispiel: Es ist der Flächeninhalt A der Punktmenge M unter der Parabel mit $f(x) = x^2$ im Intervall [0; 1] zu ermitteln.

Mit Hilfe der in Aufgabe 2 beschriebenen Methode erhält man (mit Quadraten mit einer Seitenlänge von 0,25 LE) für den Flächeninhalt A der Punktmenge M einen Näherungswert, der zwischen 0,1875 Flächeneinheiten (FE) und 0,5626 FE liegt.
Anstelle der Quadrate können auch andere Figuren, deren Flächeninhalt man kennt, zur Ermittlung des Flächeninhalts A herangezogen werden.
Zur Vereinfachung der Rechnung arbeitet man oft mit Rechtecken (Streifen), deren Seiten zu den Koordinatenachsen parallel sind (siehe Bild 10). Dazu wird das Intervall [0; 1] in n ($n \in \mathbb{N}$) gleich lange Teilintervalle[1] zerlegt und der Flächeninhalt von bestimmten Rechtecken berechnet.

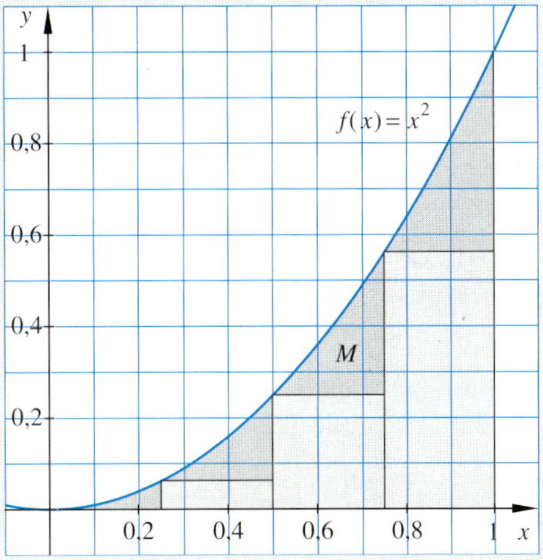

10

▶

[1] Das Verfahren funktioniert auch für Teilintervalle unterschiedlicher Länge, ist also nicht an **äquidistante** (lateinisch: gleiche Abstände aufweisende) Teilungen gebunden.

Es interessieren
1. die größten Rechtecke, die in dem betreffenden Teilintervall noch vollständig innerhalb von M liegen (siehe Bild 11) und
2. die kleinsten Rechtecke, die in dem betreffenden Teilintervall M vollständig überdecken (siehe Bild 12).

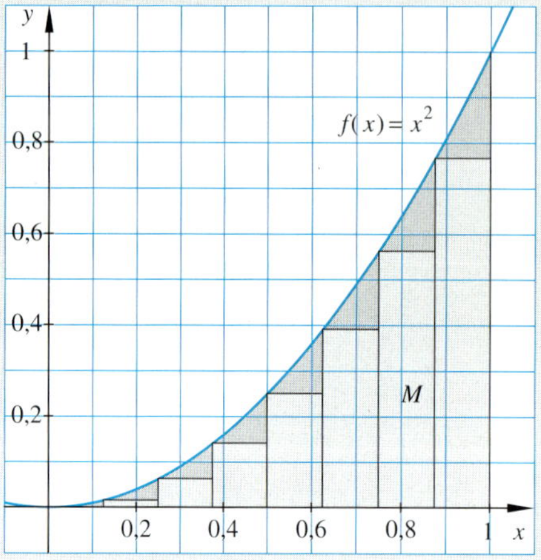

11

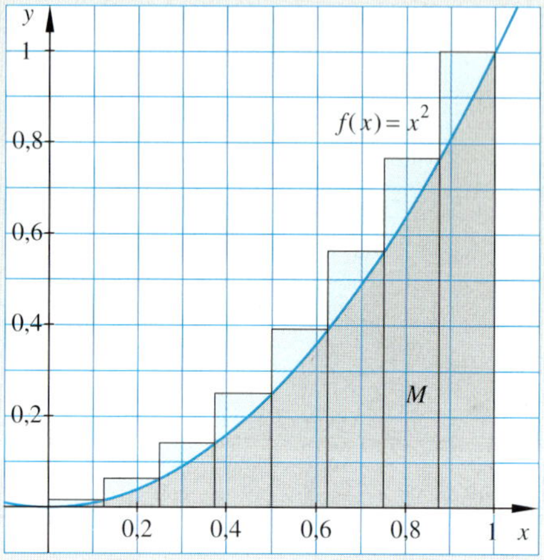

12

In beiden Fällen ist die Breite der Rechtecke identisch mit der Länge des Teilintervalls. Die Höhe der Rechtecke ist für den ersten Fall der jeweils kleinste Funktionswert von f in dem Teilintervall, im zweiten Fall der jeweils größte Funktionswert von f in dem Teilintervall (vgl. die Bilder 11 und 12). Dieses Vorgehen wird nach ihrem Erfinder als **Streifenmethode des Archimedes** bezeichnet (Archimedes von Syrakus, griechischer Mathematiker und Philosoph, um 285 v. Chr. bis 212 v. Chr.).

Wir sehen uns jetzt einige Teilungen an.
Für $\boldsymbol{n} = \mathbf{2}$ (siehe Bild 13): Es entstehen die zwei Teilintervalle $\left[0; \frac{1}{2}\right]$ und $\left[\frac{1}{2}; 1\right]$.
Jedes der Teilintervalle hat die Länge $\frac{1}{2}$.
Als Summe U_2 der Flächeninhalte der größten Rechtecke, die vollständig in M enthalten sind, ergibt sich:
$U_2 = \frac{1}{2} \cdot f(0) + \frac{1}{2} \cdot f\left(\frac{1}{2}\right) = \frac{1}{2} \cdot 0^2 + \frac{1}{2} \cdot \left(\frac{1}{2}\right)^2.$
Als Summe O_2 der Flächeninhalte der kleinsten Rechtecke, die gerade M überdecken, ergibt sich:
$O_2 = \frac{1}{2} \cdot f\left(\frac{1}{2}\right) + \frac{1}{2} f(1) = \frac{1}{2} \cdot \left(\frac{1}{2}\right)^2 + \frac{1}{2} \cdot 1^2.$

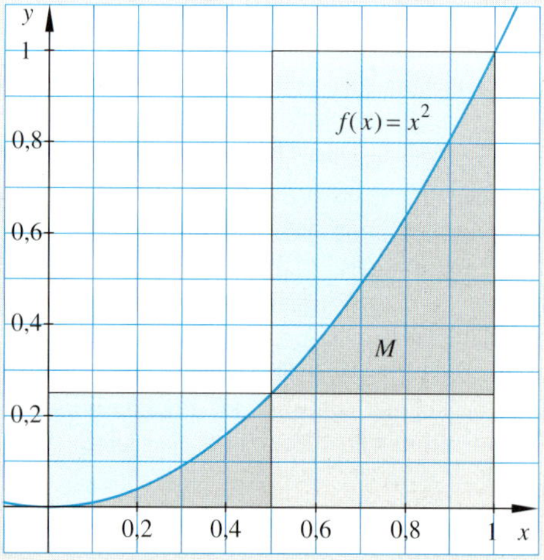

13

Der Flächeninhalt A liegt zwischen 0,125 FE und 0,625 FE. Indem man die Anzahl der Teilintervalle erhöht, kann man die Näherung für den Flächeninhalt verbessern.

Für $n = 3$ (siehe Bild 14): Es entstehen die drei Teilintervalle $\left[0; \frac{1}{3}\right]$, $\left[\frac{1}{3}; \frac{2}{3}\right]$ und $\left[\frac{2}{3}; 1\right]$.

Jedes der Teilintervalle hat die Länge $\frac{1}{3}$.

Als Summe U_3 ergibt sich:

$$U_3 = \frac{1}{3}\left(f(0) + f\left(\frac{1}{3}\right) + f\left(\frac{2}{3}\right)\right) = \frac{1}{3}\left(0 + \frac{1}{9} + \frac{4}{9}\right).$$

Als Summe O_3 ergibt sich

$$O_3 = \frac{1}{3}\left(f\left(\frac{1}{3}\right) + f\left(\frac{2}{3}\right) + f(1)\right) = \frac{1}{3}\left(\frac{1}{9} + \frac{4}{9} + 1\right).$$

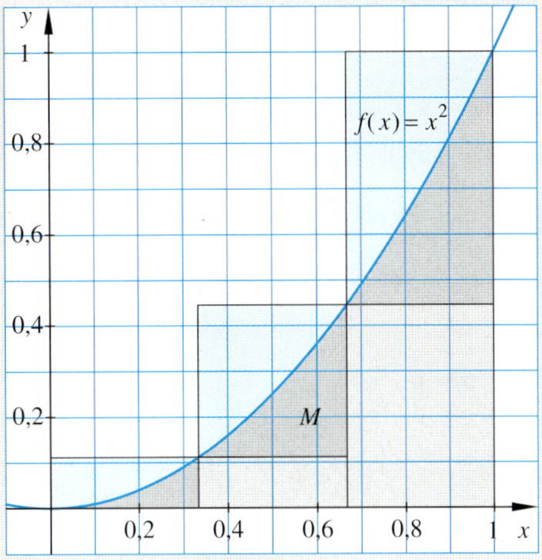

14

Damit ist $U_3 = \frac{5}{27} \leq A \leq \frac{14}{27} = O_3$ bzw. $0{,}185 \leq A \leq 0{,}519$.

Der Flächeninhalt A liegt zwischen 0,185 FE und 0,519 FE.
Das Ergebnis ist schon etwas besser.

7. Setzen Sie den im Beispiel beschriebenen Prozess für $n = 4$ fort. Wie lang ist jedes Teilintervall? Berechnen Sie die Zahlen U_4 und O_4. Sie können das Bild 10 nutzen.

Wir setzen nun den in dem Beispiel auf S. 167 begonnenen Prozess fort. Dafür wird das Intervall $[0; 1]$ in n gleich lange **Teilintervalle** zerlegt. Jedes Intervall hat dann die Länge $\frac{1}{n}$.
Als Summe U_n der Flächeninhalte der größten Rechtecke, die in M enthalten sind, ergibt sich:

$$U_n = \frac{1}{n}\left(f(0) + f\left(\frac{1}{n}\right) + f\left(\frac{2}{n}\right) + \ldots + f\left(\frac{n-1}{n}\right)\right) = \frac{1}{n}\left(0 + \frac{1^2}{n^2} + \frac{2^2}{n^2} + \ldots + \frac{(n-1)^2}{n^2}\right)$$

$$= \frac{1}{n}\left(\frac{1^2 + 2^2 + \ldots + (n-1)^2}{n^2}\right) = \frac{1}{n} \cdot \frac{1}{n^2}(1^2 + 2^2 + \ldots + (n-1)^2) = \frac{1}{6} \cdot \frac{(n-1)n(2n-1)}{n^3}$$

$$= \frac{1}{6} \cdot \frac{(n-1)(2n-1)}{n^2}.$$

(Eine Begründung für die Richtigkeit der benutzten Formel für die Summe der Quadratzahlen findet man in Kapitel B, Seite 68.)
Als Summe O_n der Flächeninhalte der kleinsten Rechtecke, die M überdecken, ergibt sich:

$$O_n = \frac{1}{n}\left(f\left(\frac{1}{n}\right) + f\left(\frac{2}{n}\right) + \ldots + f\left(\frac{n}{n}\right)\right) = \frac{1}{n}\left(\left(\frac{1}{n}\right)^2 + \left(\frac{2}{n}\right)^2 + \ldots + \left(\frac{n}{n}\right)^2\right)$$

$$= \frac{1}{n}\left(\frac{1^2 + 2^2 + \ldots + n^2}{n^2}\right) = \frac{1}{n^3}(1^2 + 2^2 + \ldots + n^2) = \frac{1}{6} \cdot \frac{(n+1)n(2n+1)}{n^3}$$

Damit gilt $U_n = \frac{1}{6} \cdot \frac{(n-1)(2n-1)}{n^2} \leq A \leq \frac{1}{6} \cdot \frac{(n+1)(2n+1)}{n^2} = O_n$.

Bemerkung: Obwohl O_n und U_n Flächeninhalte sind, werden manchmal nur die Maßzahlen betrachtet und folglich auf die Angabe FE verzichtet.

8. **a)** Durchdenken Sie das obige Beispiel und begründen Sie die einzelnen Umformungen.
b) Wie verändern sich die Zahlen U_n und O_n wenn n größer wird?
c) Was spricht dafür, dass die Folgen (U_n) und (O_n) konvergieren?

Nun zeigt sich, dass die Folgen (U_n) und (O_n) für $n \to \infty$ gegen ein und denselben Grenzwert konvergieren.
Es ist

$$\lim_{n\to\infty} U_n = \lim_{n\to\infty}\left(\frac{1}{6}\cdot\frac{(n-1)(2n-1)}{n^2}\right)$$

$$\lim_{n\to\infty} U_n = \lim_{n\to\infty}\left(\frac{1}{6}\cdot\frac{2n^2-3n+1}{n^2}\right)$$

$$\lim_{n\to\infty} U_n = \lim_{n\to\infty}\frac{1}{6}\cdot\lim_{n\to\infty}\left(\frac{2n^2}{n^2}-\frac{3n}{n^2}+\frac{1}{n^2}\right)$$

$$\lim_{n\to\infty} U_n = \frac{1}{6}\cdot 2 = \frac{1}{3}$$

$$\lim_{n\to\infty} O_n = \lim_{n\to\infty}\left(\frac{1}{6}\cdot\frac{(n+1)(2n+1)}{n^2}\right)$$

$$\lim_{n\to\infty} O_n = \lim_{n\to\infty}\left(\frac{1}{6}\cdot\frac{2n^2+3n+1}{n^2}\right)$$

$$\lim_{n\to\infty} O_n = \lim_{n\to\infty}\frac{1}{6}\cdot\lim_{n\to\infty}\left(\lim_{n\to\infty}\frac{2n^2}{n^2}+\frac{3n}{n^2}+\frac{1}{n^2}\right)$$

$$\lim_{n\to\infty} O_n = \frac{1}{6}\cdot 2 = \frac{1}{3}$$

Wir erhalten somit
$A = \frac{1}{3}$ FE als Flächeninhalt der Punktmenge M unter dem Graphen der Funktion f mit $f(x) = x^2$ im Intervall $[0; 1]$.

9. **a)** Geben Sie Begründungen für die Umformungen an, die in dem letzten Beispiel zu den Ergebnissen $\lim\limits_{n\to\infty} U_n = \frac{1}{3}$ und $\lim\limits_{n\to\infty} O_n = \frac{1}{3}$ geführt haben.
b) Die Zahlen U_n heißen **Untersummen** und die Zahlen O_n heißen **Obersummen**. Geben Sie eine Erklärung für diese Bezeichnungen.
c) Geben Sie die Differenz $D_n = O_n - U_n$ für $n = 1$, $n = 2$ und $n = 3$ an.
Wie ändert sich D_n mit wachsendem n? Führen Sie eine Grenzwertbetrachtung für $n \to \infty$ durch.
d) Deuten Sie die Folge (D_n) geometrisch.
e) Wie fällt der Vergleich zwischen irgendeiner Untersumme und dem Flächeninhalt A der Punktmenge M aus?
f) Wie fällt der Vergleich zwischen irgendeiner Obersumme und dem Flächeninhalt A der Punktmenge M aus?
g) Wie verändern sich die Flächeninhalte der der Punktmenge M einbeschriebenen Vielecksflächen mit wachsender Anzahl der Teilintervalle?
h) Wie verändern sich die Flächeninhalte der die Punktmenge M überdeckenden Vielecksflächen bei wachsender Anzahl der Teilintervalle?

10. Berechnen Sie mit der im vorangegangenen Beispiel beschriebenen Streifenmethode des Archimedes näherungsweise den Flächeninhalt der Punktmenge unter dem Graphen der jeweiligen Funktion in dem angegebenen Intervall $[a; b]$. Dabei ist n die Anzahl der Teilintervalle. Veranschaulichen Sie sich die jeweilige Situation.

$f(x) = x^2$; $[0; 2]$; $n = 3$ $\qquad$ $g(x) = \frac{1}{4}x + 3$; $[0; 4]$; $n = 4$

$h(x) = x^2 + 1$; $[0; 1]$; $n = 3$ $\qquad$ $i(x) = x^3 + 1$; $[0; 1]$; $n = 3$

$k(x) = x^2$; $[1; 2]$; $n = 3$ $\qquad$ $l(x) = \frac{1}{4}x + 3$; $[1; 4]$; $n = 4$

11. a) Ermitteln Sie den Flächeninhalt der in Aufgabe 10 beschriebenen Punktmengen durch einen Grenzprozess. (Hinweis: Für die Summe der ersten n Kubikzahlen gilt:
$1^3 + 2^3 + 3^3 + \ldots + (n-1)^3 + n^3 = \left(\frac{n(n+1)}{2}\right)^2$.)

b) Für welche der in Aufgabe 10 genannten Funktionen kann der gewünschte Flächeninhalt elementar berechnet werden?

12.* Die **Halbierungsmethode** stellt eine weitere Möglichkeit dar, ein Intervall in Teilintervalle zu zerlegen. Dabei entstehen im 1. Schritt 2 Intervalle, im 2. Schritt 4 Intervalle und im n-ten Schritt 2^n Intervalle.

a) Zerlegen Sie das Intervall [1; 5] nach der Halbierungsmethode.
Geben Sie für $n = 1, 2, 3, 4$ und 5 die entstehenden Teilintervalle an.

b) Zerlegen Sie das Intervall [0; 10] nach der Halbierungsmethode. Geben Sie jeweils die entstehenden Teilintervalle an, die bei den ersten 5 Unterteilungen entstehen.

13.*a) Auch bei der Halbierungsmethode (siehe Aufgabe 12) entstehen immer gleich lange Teilintervalle. Welche Länge haben die Teilintervalle im 1., 2., 3., 4. und 5. Schritt in Aufgabe 12a) bzw. in Aufgabe 12b)?

b) Betrachten Sie die Folge der Längen der Teilintervalle aus Aufgabe 12a). Geben Sie die ersten 5 Glieder der Folge an. Treffen Sie eine Aussage über die Konvergenz der Folge.

c) Im Beispiel auf Seite 167 wurde der Flächeninhalt der Punktmenge unter der Parabel mit $f(x) = x^2$ im Intervall [0; 1] ermittelt. Welche Näherungswerte für den Flächeninhalt erhält man bei Verwendung der Halbierungsmethode für $n = 2$, 3 und 4?

14.* Welche Gemeinsamkeiten und welche Unterschiede weisen die beiden bisher besprochenen Methoden (1. Zerlegung in n Teilintervalle, 2. Zerlegung in 2^n Teilintervalle) zur Intervallzerlegung auf?

15.*a) Berechnen Sie für die in Aufgabe 10 genannten Funktionen und Intervalle unter Verwendung der fortlaufenden Intervallhalbierung jeweils den Flächeninhalt zwischen dem Graphen und der Abszissenachse.

b) Warum ist es nicht überraschend, dass jetzt zwar manchmal andere Obersummen bzw. Untersummen entstehen, die Endergebnisse aber übereinstimmen?

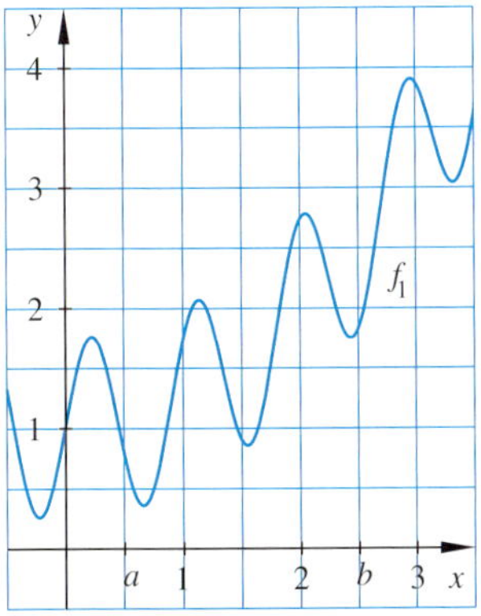

15

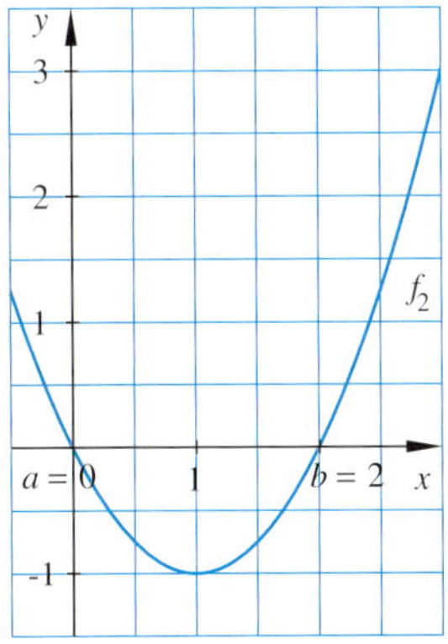

16

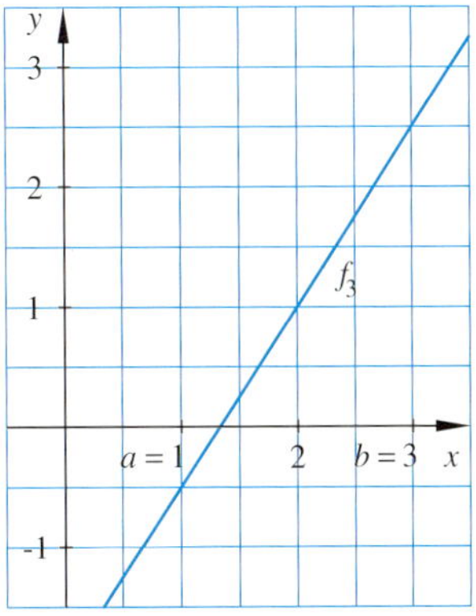

17

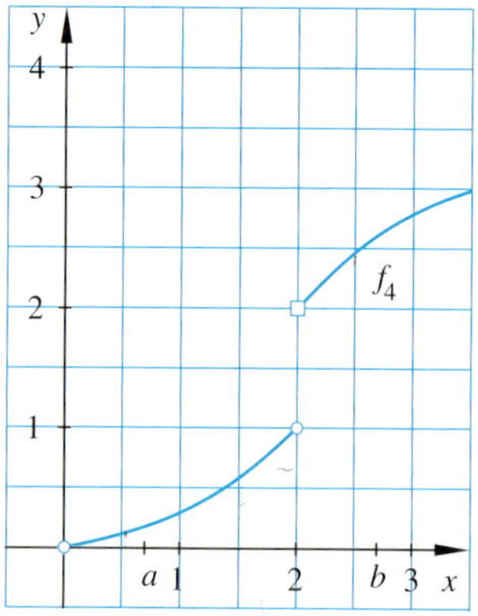

18

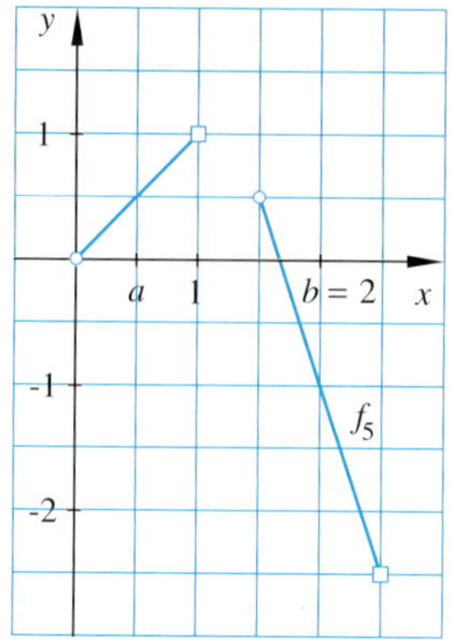

19

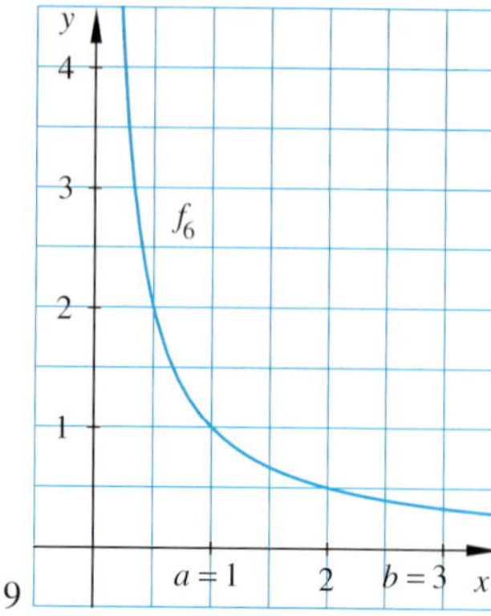

20

16. Gegeben seien die Graphen der Funktionen f_1 bis f_6 (vgl. die Bilder 15 bis 20).

a) Beschreiben Sie jeweils den Verlauf der Graphen der Funktionen.

b) Skizzieren Sie die Graphen der Funktionen. Schraffieren Sie (falls möglich) die Punktmenge, die vom Graphen der jeweiligen Funktion, der Abszissenachse und den Parallelen zur Ordinatenachse durch a und b begrenzt wird.

c) Für welche in b) betrachteten Punktmengen läßt sich ein Flächeninhalt nach der Streifenmethode von Archimedes berechnen? Begründen Sie Ihre Aussage.

d) Für welche der in den Bildern 15 bis 20 dargestellten Funktionen gilt, dass sie in jedem abgeschlossenen Teilintervall sowohl einen kleinsten als auch einen größten Funktionswert aufweisen?

e) Welche der in den Bildern 15 bis 20 dargestellten Funktionen haben im Intervall $[a; b]$ keine negativen Funktionswerte?

f sei eine im Intervall $[a; b]$ definierte Funktion, die in jedem abgeschlossenen Teilintervall von $[a; b]$ einen kleinsten und einen größten Funktionswert hat. Darüber hinaus sei $f(x) \geq 0$ für alle $x \in [a; b]$.

Man berechnet den **Flächeninhalt** A der Punktmenge, die vom Graphen der Funktion f, der Abszissenachse und den Parallelen zur Ordinatenachse durch die Intervallenden a und b begrenzt wird, indem man den gemeinsamen Grenzwert der Folgen von Untersummen (U_n) und der Folgen von Obersummen (O_n) berechnet.

$$A = \lim_{n \to \infty} U_n = \lim_{n \to \infty} O_n.$$

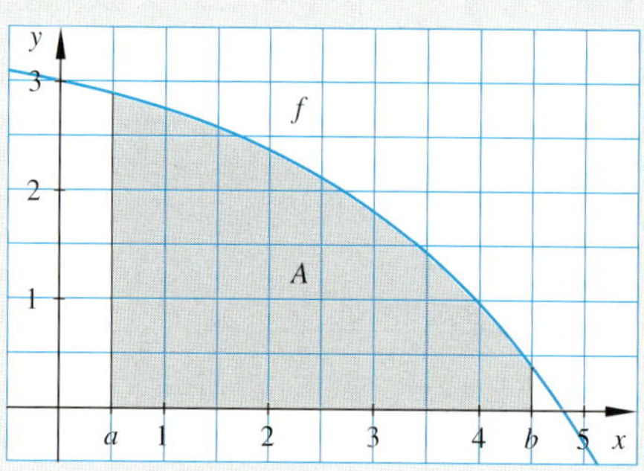

21

n	U_n	O_n
1	1,5995	11,5505
2	5,0441	10,0196
3	6,0572	9,3742
10	7,3534	8,3485
100	7,8145	7,9140

22

Definition des bestimmten Integrals

17. Stellen Sie eine Vermutung darüber an, für welche der Funktionen f_1 bis f_6 aus Aufgabe 16 die Grenzwerte $\lim_{n\to\infty} U_n$ und $\lim_{n\to\infty} O_n$ existieren und gleich sind.

18. Bild 16 zeigt die Funktion f mit $f(x) = x^2 - 2x$. Zerlegen Sie schrittweise das Intervall $[0; 2]$ in gleich lange Teilintervalle und berechnen Sie $\lim_{n\to\infty} U_n$ und $\lim_{n\to\infty} O_n$.

Das Ergebnis von Aufgabe 18 zeigt, dass auch für Funktionen mit negativen Funktionswerten die Grenzwerte $\lim_{n\to\infty} U_n$ und $\lim_{n\to\infty} O_n$ existieren und gleich sein können. Wir nutzen diese Situation für die folgende Definition.

DEFINITION f sei eine im Intervall $[a; b]$ definierte Funktion, die in jedem abgeschlossenen Teilintervall von $[a; b]$ einen kleinsten und einen größten Funktionswert hat. Haben die Folge der Untersummen (U_n) und die Folge der Obersummen (O_n) einen gemeinsamen Grenzwert, d.h., es gilt $\lim_{n\to\infty} U_n = \lim_{n\to\infty} O_n$, so heißt dieser gemeinsame Grenzwert das **bestimmte Integral der Funktion f im Intervall $[a; b]$**. Schreibweise: $\int_a^b f(x)\mathrm{d}x$

Das bestimmte Integral von f im Intervall $[a; b]$ wird durch $\int_a^b f(x)\mathrm{d}x$ bezeichnet.
Man spricht „Integral von f von $x\,\mathrm{d}x$ in den Grenzen von a bis b".
Dabei nennt man a und b die Integrationsgrenzen und x die Integrationsvariable. Das Zeichen $\int$ ist ein stilisiertes S und erinnert an die Summenbildung, die zum bestimmten Integral geführt hat.
Das oben definierte bestimmte Integral heißt auch **Riemannintegral**, zu Ehren des deutschen Mathematikers Bernhard Riemann (1826–1866).

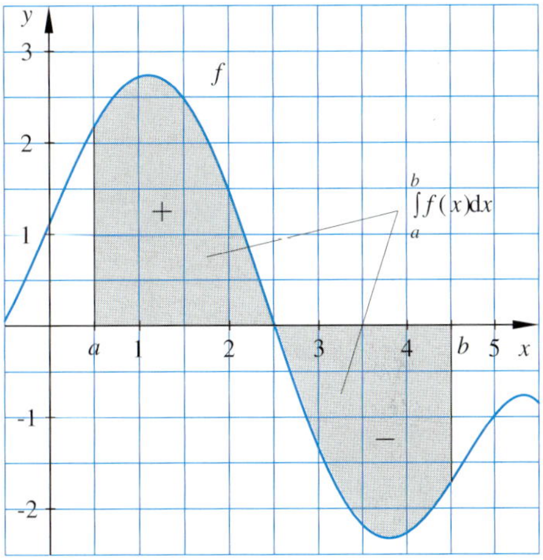

23

19. Schreiben Sie die Integrale mit Hilfe des Integralzeichens:
a) Das bestimmte Integral der Funktion $f(x) = 2x^2$ im Intervall $[1; 3]$.
b) Das bestimmte Integral der Funktion f mit $f(x) = 2x + 1$ im Intervall $[-1; 5]$.
c) Das bestimmte Integral der Funktion $f(t) = t^2$ im Intervall $[0{,}1; 0{,}4]$.

20.* Äußern Sie sich zu den folgenden Feststellungen:
a) Das bestimmte Integral einer Funktion f über einem Intervall $[a; b]$ ist der Grenzwert einer Folge von Obersummen.
b) Das bestimmte Integral einer Funktion f lässt sich durch endlich viele Rechteckflächen approximieren („approximieren" kommt aus dem Lateinischen, bedeutet soviel wie annähern).

21. Überprüfen Sie, ob die folgenden Behauptungen wahr sind (Hinweis: Veranschaulichen Sie sich die jeweilige Situation.):

a) $\int_0^4 \left(\frac{1}{4}x + 3\right)dx = 10$ **b)** $\int_0^4 (x-2)dx = 0$ **c)** $\int_1^4 (1{,}5x - 8)dx = -\frac{51}{4}$

d) $\int_0^2 (x-2)dx = 1$ **e)** $\int_0^4 \left(\frac{1}{4}x + 3\right)dx = 14$ **f)** $\int_0^1 (1{,}5x - 8)dx = -7{,}25$

g) $\int_{-1}^1 2dx = 3{,}9$ **h)** $\int_{-1}^1 x^2dx = \frac{2}{3}$ **i)** $\int_{-1}^1 (x^2+1)dx = 2$

j) $\int_0^1 -x^2dx = \frac{1}{3}$ **k)** $\int_0^b 1dx = b$ **l)** $\int_0^a x^2dx = \frac{a^3}{3}$

22. Im Beispiel auf Seite 167ff. wurde der Flächeninhalt A unter dem Graphen der Funktion $f(x) = x^2$ im Intervall $[0; 1]$ berechnet. Es ergab sich $A = \frac{1}{3}$ FE. Überzeugen Sie sich davon, dass auch $\int_0^1 x^2dx = \frac{1}{3}$ ist.

23. Gegeben seien die Funktionen f, g und h mit $f(x) = x^2$, $g(x) = 2x^2$ und $h(x) = 0{,}5x^2$.

a) Skizzieren Sie die Graphen der Funktionen f, g und h.

b) Vergleichen Sie die Graphen der Funktionen f, g und h miteinander.

c) Berechnen Sie $\int_0^1 f(x)dx$.

d) Berechnen Sie $\int_0^0 g(x)dx$.

e) Vergleichen Sie die bestimmten Integrale $\int_0^1 f(x)dx$ und $\int_0^1 g(x)dx$ miteinander.

f) Berechnen Sie $\int_0^1 h(x)dx$.

g) Vergleichen Sie die bestimmten Integrale $\int_0^1 f(x)dx$ mit $\int_0^1 h(x)dx$ miteinander.

h) Verallgemeinern Sie Ihre Ergebnisse der Aufgaben e) und g), indem Sie die Intervalle ändern.

i) Verallgemeinern Sie Ihre Ergebnisse der Aufgaben e) und g), indem Sie den Faktor in der Funktion g verändern.

24. Gegeben seien die Funktionen f und k mit $f(x) = x^2$ und $k(x) = c \cdot f(x)$, $c \in \mathbb{R}$, $c \neq 0$.

a) Berechnen Sie $\int_0^1 k(x)dx$ und $c \cdot \int_0^1 f(x)dx$.

Vergleichen Sie die Ergebnisse.

b) Zu welcher Vermutung kommen Sie, wenn Sie die bestimmten Integrale für die Funktionen f und k jeweils im Intervall $[a; b]$ betrachten?

25. Gegeben sind die Funktionen f und g mit $f(x) = x^2$ und $g(x) = 2x$.

a) Berechnen Sie $\int_0^4 f(x)\mathrm{d}x$.

b) Berechnen Sie $\int_0^4 g(x)\mathrm{d}x$.

c) Bilden Sie die Funktion h mit $h(x) = f(x) + g(x)$. Berechnen Sie $\int_0^4 h(x)\mathrm{d}x$.

d) Vergleichen Sie die Ergebnisse von a), b) und c) miteinander. Welche Beziehung stellen Sie fest?

e) Versuchen Sie Ihr Ergebnis aus d) zu begründen.

f) Welche Argumente sprechen dafür, dass sich das Ergebnis aus d) auch auf weitere Funktionen übertragen lässt?

Wichtige Eigenschaften des bestimmten Integrals einer Funktion

Die in den Aufgaben 23 bis 25 für spezielle Funktionen festgestellten Eigenschaften gelten allgemein für alle Funktionen, für die über einem Intervall $[a; b]$ das bestimmte Integral existiert.

SATZ 1: Seien f und g Funktionen, für die über dem Intervall $[a; b]$ jeweils das bestimmte Integral existiert. Dann gilt

(a) $\int_a^b c \cdot f(x)\mathrm{d}x = c \cdot \int_a^b f(x)\mathrm{d}x$ für jede reelle Zahl c.

(b) $\int_a^b (f(x) + g(x))\mathrm{d}x = \int_a^b f(x)\mathrm{d}x + \int_a^b g(x)\mathrm{d}x$.

26. a) Überzeugen Sie sich davon, dass die Behauptung (a) im vorangehenden Satz auch für negative Zahlen c gilt.

b) Überzeugen Sie sich davon, dass die Behauptung (a) im vorangehenden Satz auch für $c = 0$ gilt.

c) Interpretieren Sie die Behauptungen im vorangehenden Satz geometrisch.

Es gibt zwar Funktionen, für die das bestimmte Integral nicht existiert (siehe Beispiel auf Seite 178), aber für zwei große Gruppen von Funktionen existiert das bestimmte Integral immer.
Es gelten die hier ohne Beweis mitgeteilten Sätze.

SATZ 2: Wenn f eine im Intervall $[a; b]$ monotone Funktion ist, so existiert das bestimmte Integral $\int_a^b f(x)\mathrm{d}x$.

SATZ 3: Wenn f eine im Intervall $[a; b]$ stetige Funktion ist, so existiert das bestimmte Integral $\int_a^b f(x)\mathrm{d}x$.

Beispiel: Für eine streng monoton fallende Funktion werden Untersummen und Obersummen miteinander verglichen.

Sei f eine in dem Intervall $[a; b]$ streng monoton fallende Funktion. Das Intervall $[a; b]$ sei in n gleich lange Teilintervalle zerlegt. Die Endpunkte der Teilintervalle werden mit

$a_0 = a,\ a_1,\ \ldots,\ a_{n-1},\ a_n = b$

bezeichnet (siehe Bild 24). Es ergeben sich die Teilintervalle

$[a; a_1], [a_1; a_2], \ldots, [a_{n-1}; b]$

Das Intervall $[a; b]$ hat die Länge $b - a$. Damit hat jedes der n Teilintervalle dann die Länge $\frac{b-a}{n}$.

Als Obersumme ergibt sich

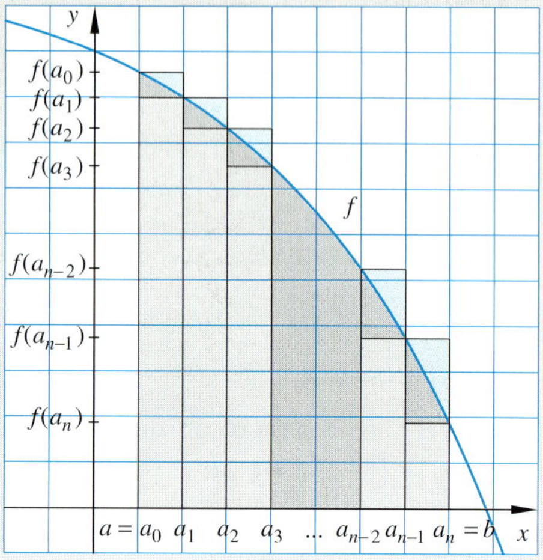

24

$$O_n = f(a_0)\frac{b-a}{n} + f(a_1)\frac{b-a}{n} + \ldots + f(a_{n-1})\frac{b-a}{n}.$$

Als Untersumme ergibt sich

$$U_n = f(a_1)\frac{b-a}{n} + f(a_2)\frac{b-a}{n} + \ldots + f(a_n)\frac{b-a}{n}.$$

Bildet man die Differenz, so ergibt sich

$$O_n - U_n = f(a_0)\frac{b-a}{n} - f(a_n)\frac{b-a}{n} = (f(a) - f(b))\frac{b-a}{n}.$$

Damit gilt $\lim\limits_{n \to \infty}(O_n - U_n) = 0$.

27. a) Durchdenken Sie das obige Beispiel und geben Sie für die einzelnen Schritte Begründungen an.

b) Setzen Sie voraus, dass die Folgen (O_n) und (U_n) in dem obigen Beispiel konvergieren. Welche Schlussfolgerungen ziehen Sie für die Grenzwerte dieser Folgen?

28.*a) Übertragen Sie die Überlegungen aus dem obigen Beispiel auf monoton fallende Funktionen, die nicht streng monoton fallend sind. Welche neue Situation entsteht?

b) Übertragen Sie die Überlegungen aus dem obigen Beispiel auf streng monoton wachsende Funktionen.

c) Übertragen Sie die Überlegungen aus dem obigen Beispiel auf monoton wachsende Funktionen, die nicht streng monoton wachsend sind. Welche neue Situation entsteht?

29. Für welche der in den Bildern 15 bis 20 dargestellten Funktionen können Sie entscheiden, dass in dem jeweils angegebenen Intervall das bestimmte Integral existiert? Vergleichen Sie Ihr Ergebnis mit den Vermutungen aus Aufgabe 17.

30. Gegeben sei die Funktion f mit $f(x) = \frac{1}{x}$ auf dem Intervall [1; 2].

a) Zeichnen Sie den Graphen von f im Intervall [1; 2]. Wählen Sie als eine Längeneinheit (LE) 10 cm.

b) Begründen Sie, dass das bestimmte Integral $\int_1^2 \frac{1}{x}\mathrm{d}x$ existiert. Wie groß ist es?

c) Begründen Sie, dass $\int_1^2 \frac{1}{x}\mathrm{d}x \geq 0{,}1$ und $\int_1^2 \frac{1}{x}\mathrm{d}x \leq 1$ ist.

d) Ermitteln Sie für das bestimmte Integral $\int_1^2 \frac{1}{x}\mathrm{d}x$ bessere Näherungswerte als 0,1 bzw. 1.

***e)** Geben Sie Näherungswerte an, die um weniger als 0,2 vom wahren Wert abweichen.

Durch die Aufgabe 30 wird eine Situation illustriert, die in der Integralrechnung häufig auftritt. Man weiß zwar, dass das bestimmte Integral einer Funktion auf einem abgeschlossenen Intervall mit endlicher Länge existiert, aber es gelingt nicht, den genauen Wert des Integrals anzugeben. In einem solchen Fall werden dann Näherungsverfahren eingesetzt, die oft ausreichend genaue Näherungswerte für das Integral liefern.
Für die Funktion in Aufgabe 30 werden Sie allerdings noch eine Möglichkeit der genauen Berechnung des bestimmten Integrals mit Hilfe der natürlichen Logarithmusfunktion kennenlernen.

31. Begründen Sie, dass folgende bestimmte Integrale existieren.

a) $\int_2^3 \frac{1}{x}\mathrm{d}x$ **b)** $\int_{\frac{\pi}{6}}^{\frac{\pi}{3}} \sin x\,\mathrm{d}x$ **c)** $\int_0^4 \sqrt{x}\,\mathrm{d}x$ **d)** $\int_{-2}^2 (x^3 - 2x)\mathrm{d}x$

32. Gegeben sei die Funktion f mit $f(x) = \begin{cases} \frac{1}{2}x + 1 & \text{für } -1 \leq x \leq 2 \\ x + 1 & \text{für } \ 2 < x \leq 4 \end{cases}$

a) Skizzieren Sie den Graphen dieser Funktion.

b) Begründen Sie, dass $\int_{-1}^4 f(x)\mathrm{d}x$ existiert, und berechnen Sie das bestimmte Integral.

33. Auf dem Intervall [0; 3] ist die Funktion $f(x) = \begin{cases} 1 & \text{für } 0 \leq x \leq 1 \\ 2 & \text{für } 1 < x < 2 \\ 1 & \text{für } 2 \leq x \leq 3 \end{cases}$ definiert.

a) Stellen Sie die Funktion in einem Koordinatensystem dar.
b) Begründen Sie, dass f weder monoton wachsend noch monoton fallend ist.
c) Begründen Sie, dass die Funktion nicht stetig ist.
d) Entscheiden Sie, ob das bestimmte Integral $\int_0^3 f(x)\mathrm{d}x$ existiert.

34.* Die in den beiden Sätze auf Seite 175 genannten Bedingungen sind hinreichend für die Existenz des bestimmten Integrals. Belegen Sie durch zwei Beispiele, dass diese Bedingungen nicht notwendig sind.

35. Sei f eine Funktion, für die das bestimmte Integral $\int_a^b f(x)\mathrm{d}x$ existiert. Äußern Sie sich über den Wahrheitsgehalt der folgenden Aussagen:

a) Jede Obersumme ist eine Summe von endlich vielen Produkten.

b) Jede Untersumme ist eine Summe von unendlich vielen Produkten.

c) Die Summanden einer Obersumme sind Flächeninhalte von Rechtecken.

d) Jede Obersumme ist ein Näherungswert für den Flächeninhalt zwischen Graph der Funktion und der x-Achse in dem betreffenden Intervall.

e) Jede Obersumme ergibt eine Zahl, die kleiner als $\int_a^b f(x)\mathrm{d}x$ ist.

***f)** Mit wachsender Anzahl der Teilintervalle wird die Differenz zwischen Obersumme O_n und Untersumme U_n immer kleiner. Die Intervalle $[U_n; O_n]$ ergeben eine Intervallschachtelung für $\int_a^b f(x)\mathrm{d}x$.

Das bestimmte Integral existiert nicht immer

Beispiel: Für die Funktion f mit $f(x) = \begin{cases} 1 & \text{falls } x \text{ eine rationale Zahl ist} \\ 0 & \text{falls } x \text{ eine irrationale Zahl ist} \end{cases}$ existiert das bestimmte Integral über dem Intervall $[0; 1]$ nicht[3].

In jedem Teilintervall von $[0; 1]$ gibt es sowohl rationale als auch irrationale Zahlen. Damit ist in jedem Teilintervall 0 der kleinste und 1 der größte Funktionswert.
Sei nun das Intervall $[0; 1]$ in n Teilintervalle zerlegt.

Da in jedem Summanden der Untersumme U_n der kleinste Funktionswert 0 als Faktor enthalten ist, ist jede Untersumme 0. Damit ist auch $\lim\limits_{n\to\infty} U_n = 0$.
Da in jedem Summanden der Obersumme O_n der größte Funktionswert 1 als Faktor enthalten ist, ist jede Obersumme gleich der Länge des Intervalls. Das betrachtete Intervall hat die Länge 1, also ist jede Obersumme gleich 1. Damit ist auch $\lim\limits_{n\to\infty} O_n = 1$.
Wegen $\lim\limits_{n\to\infty} U_n \neq \lim\limits_{n\to\infty} O_n$ existiert das bestimmte Integral $\int_0^1 f(x)\mathrm{d}x$ nicht.

36. a) Entscheiden Sie, ob für die Dirichlet-Funktion das bestimmte Integral über dem Intervall $[1; 2]$ existiert. Hinweis: Durchdenken Sie das vorangehende Beispiel.

b) Begründen Sie, dass es kein Intervall geben kann, über dem das bestimmte Integral für die Dirichlet-Funktion existiert.

[3] Diese Funktion wird zu Ehren des deutschen Mathematikers Peter Gustav Lejeune Dirichlet (1805–1859) Dirichlet-Funktion genannt.

2 Stammfunktionen und unbestimmte Integrale

Während durch die beiden auf Seite 175 genannten Sätze 2 und 3 die Existenz des bestimmten Integrals für viele Funktionen geklärt ist, haben wir bisher noch keine einfache Methode zur Berechnung von Integralen zur Verfügung.

Unter gewissen Voraussetzungen lässt sich $\int_a^b f(x)\mathrm{d}x$ relativ leicht berechnen. Man sucht dafür eine Funktion F mit $F'(x) = f(x)$. Es gilt dann $\int_a^b f(x)\mathrm{d}x = F(b) - F(a)$.

Jetzt werden zunächst Erkenntnisse über Funktionen F mit $F'(x) = f(x)$ erarbeitet.

Stammfunktionen

1. Nutzen Sie die nebenstehende Tabelle, um einen Zusammenhang zwischen den Funktionen f und F herzustellen.

2. Gilt für $f(x) = 2x + 3$ und $F(x) = x^2 + 3x$ auch die Beziehung wie für f und F in der Tabelle?

f	F
$f(x) = 4$	$F(x) = 4x$
$f(x) = 2x$	$F(x) = x^2$
$f(x) = 3x + 1$	$F(x) = \frac{3}{2}x^2 + x$
$f(x) = x^2$	$F(x) = \frac{x^3}{3}$

Die Beziehung zwischen den betrachteten Funktionen f und F führt zu der folgenden Definition:

DEFINITION Seien f und F in einem Intervall I definiert und F in I differenzierbar. Ist $F'(x) = f(x)$ für jedes $x \in I$, so heißt F eine **Stammfunktion** von f im Intervall I.

Der folgende Satz sichert für eine große Klasse von Funktionen die Existenz von Stammfunktionen. Auf einen Beweis des Satzes wird verzichtet.

SATZ 4: Wenn f in $[a; b]$ stetig ist, so besitzt f in $[a; b]$ eine Stammfunktion.

3. Zeigen Sie, dass F jeweils eine Stammfunktion von f ist.

a) $f(x) = x^2$, $F(x) = \frac{1}{3}x^3$

b) $f(x) = 1$; $F(x) = x + 7$

c) $f(x) = 3x^2 + x$; $F(x) = x^3 + \frac{x^2}{2}$

d) $f(x) = \frac{1}{2\sqrt{x}}$; $F(x) = \sqrt{x}$

e) $f(x) = \sqrt[3]{x^2}$; $F(x) = \frac{3}{5}\sqrt[3]{x^5}$

f) $f(x) = \frac{1}{x^2}$; $F(x) = -\frac{1}{x}$

4. Ermitteln Sie, falls möglich, für folgende Funktionen je eine Stammfunktion.

a) $f(x) = 4x$

b) $f(x) = -2x + 1$

c) $f(x) = x^2 - 3x + 4$

d) $f(x) = ax + b$ $(a, b \in \mathbb{R})$

e) $f(x) = \frac{1}{x}$; $x > 0$

f) $f(x) = 3x^2$

g) $f(x) = ax^2 + bx + c$ $(a, b, c \in \mathbb{R})$

h) $f(x) = x^3$

i) $f(x) = x^3 + 2x + 1$

5. Setzen Sie sich mit folgender Auffassung auseinander:
Eine Stammfunktion F für eine Funktion f zu finden, ist manchmal nicht einfach. Wenn man aber glaubt, eine Stammfunktion F gefunden zu haben, kann man relativ leicht prüfen, ob das Ergebnis richtig ist. Man braucht nur F zu differenzieren. Ergibt sich f, ist alles in Ordnung. Ergibt sich f nicht, kann man manchmal durch einen Vergleich der Ableitung der vermeintlichen Stammfunktion und der Funktion f einen Hinweis für einen neuen Ansatz für F erhalten.

6. Begründen Sie, dass f mit $f(x) = \frac{1}{x}$ für $x > 0$ eine Stammfunktion besitzt.

7. **a)** Zeigen Sie, dass die Funktion $F_1(x) = x^2 - 2x$, $F_2(x) = (x-1)^2 + 2$ und $F_3(x) = x^2 - 2x + \pi$ Stammfunktionen derselben Funktion f sind. Geben Sie f an.
b) Skizzieren Sie die Graphen der Funktionen F_1, F_2 und F_3. Beschreiben Sie Gemeinsamkeiten und Unterschiede.
c) Geben Sie drei weitere Stammfunktionen F_4, F_5 und F_6 der Funktion f an.
d) Zeigen Sie: Wenn F eine Stammfunktion von f im Intervall I ist, dann ist die Funktion $F + c$ für jede relle Zahl c ebenfalls eine Stammfunktion von f.

SATZ 5: Existiert zu einer gegebenen Funktion f in einem Intervall I eine Stammfunktion F, so ist auch $F + c$ $(c \in \mathbb{R})$ eine Stammfunktion von f.

8. Welche Konsequenzen hat Satz 5 für die Anzahl der Stammfunktionen F einer Funktion f?

9. Geben Sie zu der Funktion $f(x) = x^3$ drei Stammfunktionen an.

Das unbestimmte Integral einer Funktion f

Es ist üblich, für eine im Intervall I definierte Funktion f die Menge aller Stammfunktionen von f in I das **unbestimmte Integral dieser Funktion** zu nennen.

Das unbestimmte Integral einer Funktion f wird mit $\int f(x)\mathrm{d}x$ bezeichnet.

10. **a)** Seien F_1 und F_2 zwei Stammfunktionen der Funktion f über einem Intervall I. Berechnen Sie die Ableitung der Funktion $F_1 - F_2$. Gehen Sie dabei von selbstgewählten Beispielen aus und verallgemeinern Sie.
b) Welche Konsequenzen hat das Ergebnis von a) für die Funktion $F_1 - F_2$?

SATZ 6: Wenn F_1 und F_2 Stammfunktionen einer Funktion f über einem Intervall I sind, so gibt es eine Zahl $c \in \mathbb{R}$ derart, dass $F_2(x) = F_1(x) + c$ für alle $x \in I$ ist.

11. Wie viele Stammfunktionen F einer Funktion f muss man kennen, um das unbestimmte Integral von f beschreiben zu können?

Schreibweise für Stammfunktionen:
Ist f die Funktion $f(x) = x^2$, so schreibt man $\int x^2 \mathrm{d}x = \frac{1}{3}x^3 + c$. Dabei ist $c \in \mathbb{R}$ beliebig.

Achtung: Diese Schreibweise ist üblich, aber nicht besonders zweckmäßig. Es wird so nicht deutlich, dass das unbestimmte Integral einer Funktion eine Menge von Funktionen ist. Man muss die Begriffe „Stammfunktion einer Funktion" und „unbestimmtes Integral von einer Funktion" klar unterscheiden. Sei z.B. die Funktion f mit $f(x) = x^2$ gegeben. Dann ist die Funktion F_1 mit $F_1(x) = \frac{1}{3}x^3$ **eine** Stammfunktion und die Funktion F_2 mit $F_2(x) = \frac{1}{3}x^3 - 2$ eine andere Stammfunktion der Funktion f mit $f(x) = x^2$, aber das unbestimmte Integral $\int x^2 \mathrm{d}x$ ist **die Menge aller** Stammfunktionen F mit $F(x) = \frac{1}{3}x^3 + c$, wobei c eine beliebige reelle Zahl ist.

12. Wählen Sie sich eine konstante Funktion, eine lineare Funktion, eine quadratische Funktion und eine Funktion dritten Grades aus und geben Sie jeweils das unbestimmte Integral dieser Funktionen mit Hilfe von Stammfunktionen an.

13. Die Funktionen f mit $f(x) = x^n$, $x \in \mathbb{R}$, $n \in \mathbb{N}$, $n > 0$ heißen Potenzfunktionen mit natürlichem Exponenten.

a) Ermitteln Sie für $n = 1, 2, 3$ und 7 jeweils das unbestimmte Integral von f. Nutzen Sie dafür Stammfunktionen.

b) Verallgemeinern Sie Ihre Ergebnisse aus a) zu einer Formel für das unbestimmte Integral einer beliebigen Potenzfunktion mit natürlichem Exponenten.

14. Die Funktionen f mit $f(x) = x^{-n}$, $x \in \mathbb{R}$, $x \neq 0$, $n \in \mathbb{N}$ heißen Potenzfunktionen mit negativem ganzzahligem Exponenten.

a) Geben Sie für drei Beispiele solcher Funktionen Stammfunktionen an.

b) Kann auch für diese Funktionen die in Aufgabe 13b) gefundene Formel für die Ermittlung des unbestimmten Integrals immer benutzt werden?

15. Worin unterscheiden sich die Lösungen der Aufgaben:

(a) Geben Sie eine Stammfunktion der Funktion f auf dem Intervall $[a; b]$ an.

(b) Geben Sie das unbestimmte Integral der Funktion f auf dem Intervall $[a; b]$ an.

Unterschied zwischen bestimmtem und unbestimmtem Integral einer Funktion f

16. a) Berechnen Sie $\int_0^2 2\mathrm{d}x$. Bilden Sie das unbestimmte Integral $\int 2\mathrm{d}x$.

b) Berechnen Sie das bestimmte Integral $\int_0^2 2x\mathrm{d}x$. Bilden Sie $\int 2x\mathrm{d}x$.

c) Berechnen Sie das Integral $\int_0^2 3x^2\mathrm{d}x$. Bilden Sie das unbestimmte Integral $\int 3x^2\mathrm{d}x$.

d) Entscheiden Sie: Ist das bestimmte Integral $\int_a^b f(x)\mathrm{d}x$ eine Zahl, eine Funktion oder einer Menge von Funktionen?

e) Entscheiden Sie: Ist das unbestimmte Integral $\int f(x)\mathrm{d}x$ eine Zahl, eine Funktion oder eine Menge von Funktionen?

Die Berechnung bestimmter Integrale bzw. die Angabe unbestimmter Integrale führt, falls sie möglich ist, zu verschiedenen mathematischen Objekten:
Das bestimmte Integral einer Funktion f in einem Intervall $[a; b]$ ist eine reelle Zahl A.
$\left(\int_a^b f(x)\mathrm{d}x = A\right)$
Das unbestimmte Integral einer Funktion f ist eine Menge von unendlich vielen Funktionen.
$\left(\int f(x)\mathrm{d}x = F(x) + c,\ c \in \mathbb{R}\right)$

Allerlei Aufgaben

17. **a)** Gegeben sei f mit $f(x) = 2x^3 + \frac{1}{x} - \sqrt{3}$. Ermitteln Sie die Ableitungen f' und f''.

b) Gegeben sei die zweite Ableitung f'' mit $f''(x) = 4x^3 - 5x + 1$ einer Funktion f. Geben Sie eine Funktion f' an, die f'' als Ableitung besitzt.

c) Geben sie möglichst drei Funktionen f mit dieser zweiten Ableitung an.

d) Beschreiben Sie allgemein die Beziehung zwischen f'' und f' bzw. zwischen f' und f mit Hilfe des Begriffs „Stammfunktion".

18. Ermitteln Sie eine Funktion f, die den gegebenen Bedingungen genügt:

a) $f'(x) = \frac{x}{2} + 6;\ f(1) = 4$

b) $f'(x) = \frac{3}{4}x - \frac{3}{4};\ f\left(\frac{3}{4}\right) = \frac{3}{4}$

c) $f'(x) = \frac{x}{2};\ f(0) = 2$

d) $f'(x) = \frac{1}{2\sqrt{x}};\ f(1) = 1$

e) $f'(x) = \frac{x^2}{2};\ f(1) = 5$

f) $f''(x) = 7;\ f'(1) = 0;\ f(0) = 1$

g) $f'(x) = \sqrt{x};\ f(4) = \frac{16}{3}$

h) $f'(x) = \frac{1}{x^2};\ f(-1) = 1$

i) $f'(x) = \frac{1}{\sqrt{x}};\ f(9) = 6$

j) $f'(x) = \sqrt{5x-4};\ f\left(\frac{5}{4}\right) = \frac{9}{20}$

k) $f''(x) = (3x-2)^4;\ f'(1) = \frac{1}{15}$

l) $f''(x) = 4;\ f(0) = 2;\ f(1) = 0$

19. Zeigen Sie, dass F_1 und F_2 Stammfunktionen ein und derselben Funktion f sind. Geben Sie die Funktion f an. Hinweis: Sie können sich an dem Beispiel auf Seite 183 orientieren.

a) $F_1(x) = 6x^3 + 3x^2 - 4x - 2;\quad F_2(x) = (2x-2)(3x^2+1) + 9x^2 - 6x$

b) $F_1(x) = (2x-3)^2;\quad F_2(x) = 4x^2 - 12x + 2$

c) $F_1(x) = -\frac{1}{x^2+1};\quad F_2(x) = \frac{x^2}{x^2+1}$

d) $F_1(x) = \frac{31x^2-2}{7(2x^2+1)};\quad F_2(x) = \frac{3x^2-1}{2x^2+1}$

e) $F_1(x) = \frac{x^3-2x^2-20x+1}{(x+2)^2};\quad F_2(x) = x + 6 + \frac{25}{(x+2)^2}$

f) $F_1(x) = \frac{2x}{1-3x};\quad F_2(x) = \frac{2}{3(1-3x)}$

Beispiel:

$F_1(x) = \frac{3x}{1+2x}$ und $F_2(x) = -\frac{3}{2(1+2x)}$ sind Stammfunktionen von $f(x) = \frac{3}{(1+2x)^2}$.

Nach der Quotientenregel ergibt sich:

$$F_1'(x) = \frac{3(1+2x) - 3x \cdot 2}{(1+2x)^2} = \frac{3 + 6x - 6x}{(1+2x)^2} = \frac{3}{(1+2x)^2}.$$

$$F_2'(x) = -\frac{0 \cdot 2(1+2x) - 3 \cdot 2 \cdot 2}{4(1+2x)^2} = \frac{12}{4(1+2x)^2} = \frac{3}{(1+2x)^2}.$$

Nach Satz 6 unterscheiden sich die Stammfunktionen einer Funktion nur um eine Konstante. Das ist auch in diesem Beispiel der Fall, denn es gilt:

$$F_1(x) - F_2(x) = \frac{3x}{1+2x} - \left(-\frac{3}{2(1+2x)}\right) = \frac{6x+3}{2(1+2x)} = \frac{3(2x+1)}{2(1+2x)} = \frac{3}{2}$$

In der folgenden Tabelle sind wesentliche **Regeln zum Auffinden von Stammfunktionen** festgehalten. Dabei seien F bzw. G Stammfunktionen von f bzw. g.

Allgemein		**Beispiele**	
Funktion	Stammfunktion	Funktion	Stammfunktion
(1) $f(x) = x^n$; $n \in \mathbb{Z}$ $n \neq -1$	$F(x) = \frac{x^{n+1}}{n+1} + c$; $c \in \mathbb{R}$	$f(x) = 4x^3$; $g(x) = -\frac{3}{x^4}$; $x > 0$	$F(x) = x^4 + c$; $c \in \mathbb{R}$ $G(x) = \frac{1}{x^3} + c$; $c \in \mathbb{R}$
(2) $s(x) = f(x) + g(x)$	$S(x) = F(x) + G(x)$	$s(x) = \frac{1}{2\sqrt{x}} - \frac{1}{x^2}$; $x > 0$	$S(x) = \sqrt{x} + \frac{1}{x} + c$; $c \in \mathbb{R}$
(3) $p(x) = a \cdot f(x)$; $a \in \mathbb{R}$	$P(x) = a \cdot F(x)$	$p(x) = 5 \cdot 6x^2$	$P(x) = 5 \cdot 2x^3 + c$; $c \in R$
(4) $k(x) = f(ax+b)$; $a, b \in \mathbb{R}$; $a \neq 0$	$K(x) = \frac{1}{a} F(ax+b)$	$k(x) = (2x+1)^2$	$K(x) = \frac{1}{2} \frac{(2x+1)^3}{3} + c$; $c \in \mathbb{R}$

20. In der Tabelle ist für Potenzfunktionen mit ganzzahligem Exponenten die Regel (1) zum Finden von Stammfunktionen formuliert. Überprüfen Sie, ob diese Regel auch angewendet werden kann, wenn für Potenzfunktionen mit gebrochenem Exponenten Stammfunktionen gesucht werden.

21. **a)** Welchen Nutzen kann man aus den Regeln (2) und (3) für das Berechnen von Stammfunktionen ziehen?

b) Geben Sie allgemein eine ganzrationale Funktion n-ten Grades an. Wie lautet das unbestimmte Integral dieses Polynoms?

22. a) Differenzieren Sie die Funktion K mit $K(x) = \frac{1}{2}\frac{(2x+1)^3}{3} + c$.

Vergleichen Sie Ihr Ergebnis mit der Funktion k aus der Übersicht auf Seite 183.

b) Überzeugen Sie sich von der Korrektheit der Regel (4) in der Tabelle auf Seite 183, indem Sie die Funktion K mit $K(x) = \frac{1}{a}F(ax+b)$ differenzieren.

Welche Differenziationsregel benutzen Sie?

23. Geben Sie zu jeder der folgenden Funktionen eine Stammfunktion an. Welche Regel aus der Übersicht auf Seite 183 haben Sie verwendet?

a) $f(x) = 7x^4 + 3x^{-2}$ **b)** $f(x) = -3x^{-3}$

c) $f(x) = 2\sqrt{x} - x$ **d)** $f(x) = x^2 + \frac{1}{x^3}$

e) $f(x) = (7x+2)^8$ **f)** $g(x) = n \cdot x^{n-1};\ n \in \mathbb{N}$

g) $g(x) = ax^2 + bx + c;\ a, b, c \in \mathbb{R};\ a > 0$ **h)** $f(x) = \sqrt{a} - 3x^2 + 4a\sqrt{x};\ a > 0; x > 0$

24. Ermitteln Sie eine Stammfunktion F von f, die folgenden Bedingungen genügt:

a) $f(x) = 3;\ F(0{,}5) = 7$ **b)** $f(x) = \frac{3}{5}x^2 - 0{,}2x + 1;\ F(0) = 0$

c) $f(x) = x - \sqrt{5};\ F(\sqrt{2}) = -3\sqrt{7}$ **d)** $f(x) = \frac{1}{2\sqrt{x}} + \frac{1}{4}x^2;\ F(1) = 2$

e) $f(x) = x^3 + 2;\ F(-4) = 5$ **f)** $f(a) = ab + 2;\ F(b) = \frac{1}{2}b^3$

25. Gegeben sei die Funktion f mit $f(x) = x^2 - 1$, $x \in \mathbb{R}$.

a) Zeichnen Sie den Graphen der Funktion f und den Graphen derjenigen Stammfunktion F von f, der die Ordinatenachse an der Stelle 2 schneidet.

b) Ermiteln Sie die Funktionsgleichung derjenigen Stammfunktion F von f, die bei $x_0 = -3$ eine Nullstelle hat.

c) Zu welchen Stammfunktionen F von f gehört das Paar $(c; c)$, $c \in \mathbb{R}$?

26. Gegeben sei die Funktion f' mit $f'(x) = 3x^3 - 4x + 1$.

a) Geben Sie zu f' diejenige Funktion f an, für die $f(-1) = 2$ gilt.

b) An welcher Stelle hat f den Anstieg 1?

27. Geben Sie die Funktionsgleichung einer Funktion f zweiten Grades mit den folgenden drei Eigenschaften an:

(1) f hat an der Stelle $x = -\sqrt{2}$ ein Extremum.

(2) Die zweite Ableitung dieser Funktion nimmt an jeder Stelle x den Wert $2\sqrt{2}$ an.

(3) Es gilt $\int_0^1 f(x)\mathrm{d}x = 2$.

28. Gegeben sei die Funktion f mit $f(x) = x^3 - x + 2$. Geben Sie eine Stammfunktion F von f mit der jeweiligen Eigenschaft an.

a) $F(-1) = \frac{9}{4}$ ist das Minimum von F.

b) Der Punkt $W\left(\frac{1}{3}\sqrt{3}; -\frac{2}{3}\sqrt{3}\right)$ ist ein Wendepunkt von F.

29. Gegeben sei die Funktionenschar f_t mit $f_t(x) = t(x^3 - x^2)$; $t \in \mathbb{R}$, $t > 0$.

a) Geben Sie die Menge aller Stammfunktionen F_t von f_t an.

b) Für welche Stammfunktion F_t ist $\int_0^2 f_t(x)\,\mathrm{d}x = 1$?

c) Geben Sie den Parameter t so an, dass gilt: $\int_0^2 f_t(x)\,\mathrm{d}x = 5$.

Zusammenhang zwischen Differenzieren und Integrieren

30. a) Sprechen Sie mit Hilfe der unten stehenden Übersicht über den Zusammenhang zwischen Integrieren und Differenzieren.

b) Wählen Sie eine Funktion F und geben Sie Funktionen f und f' an.

c) Wählen Sie eine Funktion f und geben Sie Funktionen F und f' an.

d) Wählen Sie eine Funktion f' und geben Sie Funktionen f und F an.

Durch das **Differenzieren** wird einer gegebenen differenzierbaren Funktion f die Ableitungsfunktion f' zugeordnet, durch das **unbestimmte Integrieren** die Menge der Stammfunktionen $F + c$.

$F \xleftarrow[\text{Stammfunktionen suchen}]{\text{Integrieren}}$ f $\xrightarrow[\text{1. Ableitung bilden}]{\text{Differenzieren}} f'$

eine Stammfunktion — **die** Ableitungsfunktion

31. Geben Sie für f jeweils eine Stammfunktion F und die 1. Ableitung f' an:

a) $f(x) = 5x^7 - 3x^4 + 1$

b) $f(x) = 3\sqrt{x} - \frac{1}{x^5}$; $x > 0$

c) $f(t) = (2t - 3)^2$

d) $f(a) = \sqrt[3]{7a - 4}$; $a \geq \frac{4}{7}$

32. Geben Sie für f jeweils eine Stammfunktion F und die 1. Ableitung f' an. Hinweis: Manche Funktionsterme lassen sich vereinfachen.

a) $f(y) = \frac{8y^8 - 6y^4 + 4}{2y^2}$; $y \neq 0$

b) $f(x) = ax^4 - bx^3 - cx$; $a, b, c \in \mathbb{R}$

c) $f(c) = \frac{4c^2 + 8c + 4}{2c + 2}$; $c \neq -1$

d) $f(x) = \frac{2x^4 - 7x^3 - x^2 - 2x + 2}{2x - 1}$; $x \neq \frac{1}{2}$

33. Geben Sie für die folgenden Funktionen f jeweils eine Stammfunktion F an. Hinweis: Vereinfachen Sie zunächst die Funktionsterme.

a) $f(y) = \frac{3y^5 - 2y^4 - 3}{2y^3}$; $y \neq 0$

b) $f(x) = \frac{7x^2 - 14x}{7x^4}$; $x \neq 0$

c) $f(c) = \frac{4c^2 + 8c + 4}{2c + 2}$; $c \neq -1$

d) $f(x) = \frac{2x^4 - 7x^3 - 2x + 1}{2x + 1}$; $x \neq -\frac{1}{2}$

e) $f(x) = \frac{8x^2 + 8x + 2}{4x + 2}$; $x \neq -\frac{1}{2}$

f) $f(a) = \frac{2 - 9a^2}{-(\sqrt{2} - 3a)}$; $a \neq \frac{1}{3}\sqrt{2}$

g) $f_t(z) = \frac{tz^4 - z^3}{tz^2}$; $z \neq 0$; $t \neq 0$

***h)** $f_t(x) = \frac{tz^4 + t^2z^3 + 3tz^3 + 3t^2z^2 + 7z + 7t}{t + z}$; $t \neq -z$

34. Geben Sie, falls möglich, für die folgenden Funktionen f jeweils eine Funktion g mit den genannten Eigenschaften an. Begründen Sie anderenfalls, warum es eine solche Funktion nicht geben kann.

a) $f(x) = 3x^2 + 1$; g ist Stammfunktion mit $g(1) = 0$
b) $f(x) = -2x^3 + 6x$; g ist Ableitung einer Stammfunktion von f
c) $f(x) = \sqrt{x}$; g ist eine monoton fallende Stammfunktion von f
d) $f(x) = \frac{1}{x^2}$; g ist Stammfunktion von f mit $g(1) = 1$
e) $f(x) = 2x + 1$; g ist Stammfunktion von f'.
f) $f(x) = \sqrt{2x}$; g ist eine monoton wachsende Stammfunktion von f
g) $f(x) = 5x + \frac{1}{x^2}$; g ist die 2. Ableitung einer Stammfunktion von f.

35. Im folgenden ist entweder eine Funktion f oder ihre Ableitung f' oder eine ihrer Stammfunktionen F gegeben. Geben Sie jeweils die anderen Funktionen an.

a) $f(x) = 2\sqrt{x} + \frac{4}{x^2}$; $x > 0$
b) $f'(x) = \sqrt{x} + \frac{1}{x^3}$; $f(1) = \frac{1}{6}$; $F(1) = \frac{23}{30}$
c) $F(x) = \frac{2x+3}{x+1}$; $x \neq -1$
d) $F(x) = \sqrt{7x+2}$; $x > -\frac{2}{7}$
e) $f'(x) = 7$; $f(3) = 20$; $F(2) = 16$
f) $f(x) = \frac{9x^2 - 3}{3x + \sqrt{3}}$; $x \neq -\frac{1}{3}\sqrt{3}$; $F(\sqrt{3}) = \frac{3}{2}$
g) $f(x) = \sqrt[3]{x} - (2x+1)^5$; $x \geq 0$
h) $f'(x) = \frac{7x^4 - 3x}{7x} + \sqrt{x}$; $x > 0$

36. Im folgenden sind jeweils zwei Funktionen f und g gegeben. Dabei tritt ein Parameter t auf. Bestimmen Sie den Parameter so, dass g eine Stammfunktion von f ist.

a) $f(x) = tx^2 - x$; $g(x) = 2x^3 - \frac{x^2}{2}$
b) $f(x) = \frac{1}{2}x^3 + 2x + 1$; $g(x) = \frac{1}{8}x^4 + tx^2 + x$
c) $f(x) = tx - 2$; $g(x) = 5$
d) $f(x) = \sqrt{tx}$; $g(x) = \frac{1}{4\sqrt{x}}$
e) $f(x) = \frac{2}{x^t}$; $g(x) = \frac{-6}{x^4}$
f) $f(x) = -\frac{10x}{x^4 + 10x^2 + 25}$; $g(x) = \frac{5}{x^2 + t}$

37. Wählen Sie eine differenzierbare Funktion f, die gerade ist.

a) Bilden Sie eine Stammfunktion F von f und die Ableitung f' von f.
b) Prüfen Sie, ob f' oder F gerade oder ungerade sind.
c) Versuchen Sie Ihr Ergebnis aus b) zu verallgemeinern.
d) Wählen Sie weitere gerade Funktionen und prüfen Sie, ob Ihre Vermutung auch für diese Funktionen gilt.
e) Bilden Sie für f mit $f(x) = 3x^2$ eine Stammfunktion F mit $F(0) \neq 0$. Ist F gerade oder ungerade?

38. Wählen Sie eine differenzierbare Funktion f, die ungerade ist.

a) Bilden Sie eine Stammfunktion F von f und die Ableitung f' von f.
b) Prüfen Sie, ob f' oder F gerade oder ungerade sind.
c) Versuchen Sie Ihr Ergebnis aus b) zu verallgemeinern.
d) Wählen Sie weitere ungerade Funktionen und prüfen Sie, ob Ihre Vermutung auch für diese Funktionen gilt.

3 Hauptsatz der Differenzial- und Integralrechnung

Bisher haben wir noch keine einfache Methode zur Berechnung von bestimmten Integralen zur Verfügung.

Für stetige Funktionen kann das bestimmte Integral bzw. der Flächeninhalt unter dem Graphen für ein Intervall $[a; b]$ häufig mit Hilfe der Kenntnis von Stammfunktionen bestimmt werden.

1. Auf den Seiten 167–170 wurde mit $\int_0^1 x^2 \mathrm{d}x = \frac{1}{3}$ ein bestimmtes Integral berechnet.

a) Bestätigen Sie, dass sich mit den gleichen Überlegungen wie dort $\int_0^a x^2 \mathrm{d}x = \frac{a^3}{3}$ für jede positive Zahl a ergibt.

b) Bestätigen Sie, dass sich mit den gleichen Überlegungen wie dort $\int_a^b x^2 \mathrm{d}x = \frac{b^3}{3} - \frac{a^3}{3}$ für zwei beliebige Zahlen a und b mit $a < b$ ergibt.

Da F mit $F(x) = \frac{x^3}{3}$ eine Stammfunktion von f mit $f(x) = x^2$ ist, kann man für das Integral in Aufgabe 1b) auch $\int_a^b f(x)\mathrm{d}x = F(b) - F(a)$ schreiben. Das gilt auch für das folgende Beispiel.

Beispiel: Gegeben sei die Funktion f mit $f(x) = \frac{1}{5}x + 2$. Gesucht ist der Flächeninhalt der Punktmenge unter dem Graphen der Funktion f im Intervall $[2; 10]$ (siehe Bild 25).

F mit $F(x) = \frac{1}{10}x^2 + 2x$ ist eine Stammfunktion der Funktion f mit $f(x) = \frac{1}{5}x + 2$.

Nach dem obigen Muster ergibt sich:

$$\int_2^{10}\left(\frac{1}{5}x + 2\right)\mathrm{d}x = F(10) - F(2)$$

$$= \left(\frac{1}{10} \cdot 10^2 + 2 \cdot 10\right) - \left(\frac{1}{10} \cdot 2^2 + 2 \cdot 2\right)$$

$$= 30 - 4{,}4,$$

also $A = 25{,}6$ FE.

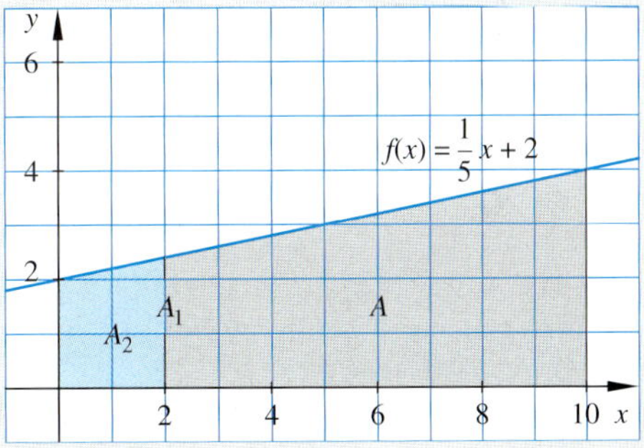

25

Da die betrachtete Punktmenge trapezförmig ist, kann der Flächeninhalt sogar elementar berechnet werden. Dabei wird das Ergebnis bestätigt. Es gilt

$$A = \frac{f(2) + f(10)}{2} \cdot (10 - 2)\ \text{FE} = \frac{2{,}4 + 4}{2} \cdot 8\ \text{FE} = 25{,}6\ \text{FE}.$$

2. **a)** Wählen Sie für das Beispiel auf Seite 187 zwei andere Stammfunktionen F_1 und F_2 von f und führen Sie die Rechnung durch. Formulieren Sie Ihr Ergebnis.

b) Zeigen Sie allgemein, dass das Ergebnis im Beispiel auf Seite 187 unabhängig von der Wahl der Konstanten c in der Stammfunktion F ist.

Die hier in zwei Beispielen benutzte Methode zur Berechnung von bestimmten Integralen gilt für eine Vielzahl von Fällen.

Hauptsatz der Differenzial- und Integralrechnung

Die Berechnung von bestimmten Integralen mit Hilfe von Stammfunktionen ist häufig wesentlich einfacher als über die Grenzwerte von Ober- bzw. Untersummen.

Allerdings müssen für die Funktion f, für die das bestimmte Integral zu berechnen ist, zwei Voraussetzungen erfüllt sein:
1. f muss stetig sein,
2. man muss eine Stammfunktion F von f kennen.

Es gilt der folgende Satz:

SATZ 7 (Hauptsatz der Differenzial- und Integralrechnung):
Ist f eine im Intervall $[a; b]$ stetige Funktion und F irgendeine Stammfunktion von f, so ist $\int\limits_a^b f(x)\mathrm{d}x = F(b) - F(a)$.

Auf einen Beweis verzichten wir hier.
Bemerkung: Für die Differenz $F(b) - F(a)$ schreibt man oft $\Big[F(x)\Big]_a^b$.

Somit ergibt sich für das bestimmte Integral aus dem Beispiel auf Seite 187

$$\int\limits_2^{10}\left(\frac{1}{5}x + 2\right)\mathrm{d}x = \left[\frac{1}{10}x^2 + 2x\right]_2^{10} = \left(\frac{1}{10}\cdot 10^2 + 2\cdot 10\right) - \left(\frac{1}{10}\cdot 2^2 + 2\cdot 2\right) = 25{,}6.$$

Beispiel: Gegeben sei die Funktion f mit $f(x) = x^2 + 1$. Gesucht ist der Flächeninhalt der Punktmenge unter dem Graphen von f im Intervall $[1; 3]$.
Die Funktion ist über $\mathbb{R}$ stetig. Die Funktion F mit $F(x) = \frac{1}{3}x^3 + x$ ist eine Stammfunktion von f. Es gilt $\int\limits_1^3 f(x)\mathrm{d}x = \Big[F(x)\Big]_a^b = F(3) - F(1)$.
Wegen $F(3) = \frac{3^3}{3} + 3 = 12$ und $F(1) = \frac{1^3}{3} + 3 = \frac{10}{3}$ ist $\int\limits_1^3 (x^2 + 1)\mathrm{d}x = 12 - \frac{10}{3} = \frac{26}{3}$.

3. **a)** Beschreiben Sie für das obige Beispiel wie man mit Hilfe des Hauptsatzes der Differenzial- und Integralrechnung bestimmte Integrale berechnet.

b) Berechnen Sie die bestimmten Integrale $\int\limits_0^2 (x^2 + 1)\mathrm{d}x$, $\int\limits_1^8 (x^2 + 1)\mathrm{d}x$ und $\int\limits_2^6 (x^2 + 1)\mathrm{d}x$.

4. Berechnen Sie für die folgenden Funktionen f und die jeweils vorgegebenen Intervalle unter Verwendung des Hauptsatzes der Differenzial- und Integralrechnung das bestimmte Integral $\int_a^b f(x)\mathrm{d}x$.

a) $f(x) = x - 1$; $[0; 1]$ **b)** $f(x) = x^2 - 1$; $[0; 1]$ **c)** $f(x) = x^2 - 1$; $[1; 5]$
d) $f(x) = \sqrt{x}$; $[0; 10]$ **e)** $f(x) = 0{,}5x + 2$; $[-3; 3]$ **f)** $f(x) = 6x^2$; $[-4; -1]$
g) $f(x) = \frac{1}{3}x^3 - x$; $[0; 1]$ **h)** $f(x) = \frac{1}{x^3} - \frac{1}{x^2}$; $[2; 4]$ **i)** $f(x) = \sqrt{2x + 5}$; $[-1; 3]$
j) $f(x) = \frac{8x^3 - 12x^2}{4x^2}$; $[1; 4]$ **k)** $f(x) = \frac{4x^2 + 12x + 9}{4x + 6}$; $[0; 2]$ **l)** $f(x) = \frac{\sqrt{3x^5}}{x^2}$; $[5; 6]$

Die Maßzahl des Flächeninhalts einer Punktmenge ist stets positiv oder Null, auf keinen Fall ist sie negativ. Das Integral einer Funktion f kann dagegen auch negativ sein. Zum Beispiel gilt:

$$\int_0^2 \left((x-2)^2 - 3\right)\mathrm{d}x = \int_0^2 \left(x^2 - 4x + 1\right)\mathrm{d}x = \left[\frac{1}{3}x^3 - 2x^2 + x\right]_0^2 = \frac{1}{3} \cdot 2^3 - 2 \cdot 2^2 + 2 = -\frac{10}{3}$$

5. **a)** Skizzieren Sie die Funktion f mit $f(x) = (x-2)^2 - 3$. Kennzeichnen Sie die Punktmenge zwischen dem Graphen von f und der Abszissenachse im Intervall $[0; 2]$.

b) Versuchen Sie zu erklären, warum $\int_0^2 \left((x-2)^2 - 3\right)\mathrm{d}x$ negativ ist.

c) Prüfen Sie, ob Ihre Erklärung auch für die Lösungen der Aufgabe 4 zutreffend ist.

d) Geben Sie drei Intervalle $[a; b]$ derart an, dass $\int_a^b \left((x-2)^2 - 3\right)\mathrm{d}x$ negativ ist.

e) Geben Sie ein Intervall $[a; b]$ derart an, dass $\int_a^b \left((x-2)^2 - 3\right)\mathrm{d}x = 0$ ist.

f) Geben Sie ein Intervall $[a; b]$ derart an, dass $\int_a^b ((x-2)^2 - 3)\mathrm{d}x$ positiv ist.

Einige Integrationsregeln

Aus dem Hauptsatz der Differenzial- und Integralrechnung sowie aus den Regeln (2), (3) und (4) (Seite 183) ergeben sich die folgenden Regeln:

Sind f und g in $[a; b]$ stetige Funktionen, so gilt:

a) $\int_a^b \left(f(x) + g(x)\right)\mathrm{d}x = \int_a^b f(x)\mathrm{d}x + \int_a^b g(x)\mathrm{d}x$ **b)** $\int_a^b k \cdot f(x)\mathrm{d}x = k \cdot \int_a^b f(x)\mathrm{d}x$; $k \in \mathbb{R}$.

Ist f eine in $[a; b]$ stetige Funktion und ist F eine Stammfunktion von f, so gilt

c) $\int_a^b f(cx + d)\mathrm{d}x = \left[\frac{1}{c} \cdot F(cx + d)\right]_a^b$; $c, d \in \mathbb{R}$.

6. **a)** Formulieren Sie die Regeln a) bis c) mit eigenen Worten.

b) Beweisen Sie die Regeln a) bis c).

7. Berechnen Sie die folgenden Integrale. Versuchen Sie zuvor die Integrale unter Verwendung der obigen Integrationsregeln zu vereinfachen.

a) $\int_{-2}^{1}\left(2x^3 - \frac{4}{3}x^2 - 5\right)\mathrm{d}x$ **b)** $\int_{1}^{3}(x+1)^2\mathrm{d}x + \int_{1}^{3}(x^3 - x^2 + 2x)\mathrm{d}x - \int_{1}^{3}(x^3 + x^2 - 4x - 1)\mathrm{d}x$

c) $\int_{2}^{3}\left[(x-3)(x^2-4)\right]\mathrm{d}x$ **d)** $\int_{2}^{5}(3 - t^2 + t^3)\mathrm{d}t + \int_{2}^{5}(4 + t^2 - 2t^3)\mathrm{d}t$

e) $\int_{0}^{3}(9x^2 - 18x + 36)\mathrm{d}x$ **f)** $\int_{0}^{4}\sqrt{3x+5}\,\mathrm{d}x$ **g)** $\int_{1}^{2}(5x-4)^7\mathrm{d}x$

8. Berechnen Sie die folgenden Integrale.
Hinweis: Manchmal erleichtert eine Umformung das Integrieren.

a) $\int_{1}^{4}\frac{5x^5 - 3x^3 - 4}{x^3}\mathrm{d}x$ **b)** $\int_{0}^{3}\frac{7(5x^2 - 5x + 5t)}{5}\mathrm{d}t$ **c)** $\int_{-2}^{2}8 \cdot \sqrt[4]{3x+6}\,\mathrm{d}x$

d) $\int_{0}^{1}\sqrt{5t+1}\,\mathrm{d}t$ **e)** $\int_{0}^{1}(a_2x^2 + a_1x + a_0)\mathrm{d}x$ **f)** $\int_{1}^{2}\frac{w}{z^4}\mathrm{d}z$

9. Gegeben sei die Funktion $f(x) = 3x^2$.

a) Berechnen Sie die Integrale $\int_{1}^{2}f(x)\mathrm{d}x$, $\int_{2}^{5}f(x)\mathrm{d}x$ und $\int_{1}^{5}f(x)\mathrm{d}x$.

b) Vergleichen Sie die Ergebnisse aus a) miteinander und stellen Sie eine Beziehung zwischen den Integralen her.

c) Überprüfen Sie, ob die in b) gefundene Beziehung auch für andere geeignet gewählte Intervalle gültig ist.

d) Versuchen Sie Ihr Ergebnis aus b) zu begründen.

e) Welche Argumente sprechen dafür, dass sich das Ergebnis aus b) auf andere Funktionen übertragen lässt?

f) Die in b) gefundene Eigenschaft des bestimmten Integrals heißt Additivität. Formulieren Sie diese Eigenschaft als einen mathematischen Satz.

g) An welche Eigenschaft von Flächeninhalten erinnert die Additivitätseigenschaft des bestimmten Integrals einer Funktion?

SATZ 8 (Additivität des bestimmten Integrals):
Sei f eine in $[a; c]$ stetige Funktion und $a < b < c$.

Dann gilt: $\int_{a}^{b}f(x)\mathrm{d}x + \int_{b}^{c}f(x)\mathrm{d}x = \int_{a}^{c}f(x)\mathrm{d}x$.

10. Gegeben sei die für alle reellen Zahlen definierte Funktion f mit $f(x) = (x - 2{,}5)^2$.

a) Berechnen Sie die Integrale $\int_{-1}^{2}(x-2{,}5)^2\mathrm{d}x$, $\int_{2}^{3}(x-2{,}5)^2\mathrm{d}x$ und $\int_{-1}^{3}(x-2{,}5)^2\mathrm{d}x$.

b) Berechnen Sie die Integrale $\int_{-1}^{0}f(x)\mathrm{d}x$, $\int_{0}^{2}f(x)\mathrm{d}x$, $\int_{3}^{5}f(x)\mathrm{d}x$, $\int_{0}^{3}f(x)\mathrm{d}x$ und $\int_{-1}^{5}f(x)\mathrm{d}x$.

c) Muss man in a) und b) jedes Integral für sich berechnen?

Das bestimmte Integral $\int_a^b f(x)\mathrm{d}x$ ist bisher nur für $a < b$ definiert. Es soll jetzt auch für $a = b$ und $a > b$ einen Sinn bekommen.

DEFINITION Sei f eine Funktion und $a \in D(f)$. Dann wird festgelegt: $\int_a^a f(x)\mathrm{d}x = 0$.

11. Deuten Sie die obige Definition geometrisch.

12. Das bestimmte Integral $\int_a^b f(x)\mathrm{d}x$ ist bisher nur für $a \leq b$ definiert. Sei nun $a > b$.
Nehmen Sie Stellung zu den beiden folgenden Möglichkeiten für eine Definition:
$\int_a^b f(x)\mathrm{d}x = \int_b^a f(x)\mathrm{d}x$ oder $\int_a^b f(x)\mathrm{d}x = -\int_b^a f(x)\mathrm{d}x$. Begründen Sie Ihre Entscheidung.

DEFINITION Seien a, b reelle Zahlen mit $a \geq b$ und f eine auf dem Intervall $[b; a]$ definierte Funktion, für die das bestimmte Integral über diesem Intervall existiert.
Dann wird festgelegt: $\int_a^b f(x)\mathrm{d}x = -\int_b^a f(x)\mathrm{d}x$

13. Berechnen Sie die bestimmten Integrale. Achten Sie auf die Integrationsvariable.

a) $\int_1^{-2} 0\mathrm{d}x$ **b)** $\int_0^{-2} (t + u)\mathrm{d}u$ **c)** $\int_0^0 x\mathrm{d}u$

d) $\int_1^1 (x^5 - \sqrt[7]{5k})\mathrm{d}k$ **e)** $\int_4^0 (at + b)\mathrm{d}t$ **f)** $\int_1^{-1} (2a + 4k)^8\mathrm{d}u$

g) $\int_1^{-1} x\mathrm{d}x + \int_{-1}^1 x\mathrm{d}x$ **h)** $\int_{-2}^1 -2x\mathrm{d}x$ **i)** $c\int_{-2}^{-2} (x + 1)\mathrm{d}x$ $(c \in \mathbb{R})$

14. Berechnen Sie jeweils k.

a) $\int_0^k x\mathrm{d}x = 6$ **b)** $\int_k^3 (x^3 - 2x)\mathrm{d}x = 0{,}25$ **c)** $\int_1^k x^{-2}\mathrm{d}x = \frac{1}{2}$

d) $\int_0^1 kx\mathrm{d}x = 0{,}2$ **e)** $\int_0^1 (x^2 + k)\mathrm{d}x = 1$ **f)** $\int_0^1 (kx + k)\mathrm{d}x = 1$

g) $\int_0^k x\mathrm{d}x = -2$ **h)** $\int_0^k x\mathrm{d}x = 0$ **i)** $\int_1^k 2k\mathrm{d}x = 1$

15. Sei f eine Funktion, für die auf dem Intervall $[a; b]$ das bestimmte Integral existiert.

a) Entscheiden Sie, ob auf die Summe $\int_a^a f(x)\mathrm{d}x + \int_a^b f(x)\mathrm{d}x$ die Additivitätseigenschaft (siehe Seite 190) angewendet werden kann.

b) Entscheiden Sie, ob auf die Summe $\int_a^b f(x)\mathrm{d}x + \int_b^a f(x)\mathrm{d}x$ die Additivitätseigenschaft (siehe Seite 190) angewendet werden kann.

4 Flächeninhalte und andere Anwendungen der Integralrechnung

Flächeninhalte von Punktmengen, die unterhalb der Abszissenachse liegen

1. Gegeben ist die Funktion f mit $f(x) = x^3 + 2x^2 - x - 2$.

a) Skizzieren Sie den Graphen der Funktion f mindestens im Intervall $[-3; 1{,}5]$.

b) f hat zwei negative Nullstellen x_1 und x_2 ($x_1 < x_2$) und eine positive Nullstelle x_3. Markieren Sie die Punktmenge zwischen der Abszissenachse und dem Graphen der Funktion f im Intervall $[x_1; x_2]$. Berechnen Sie den Flächeninhalt dieser Punktmenge.

c) Um wie viele Flächeneinheiten unterscheiden sich die Inhalte der in b) berechneten Punktmenge und der Punktmenge, die zwischen dem Graphen der Funktion und der Abszissenachse im Intervall $[x_3; 1{,}5]$ liegt?

d) Berechnen Sie in Anlehnung an das folgende Beispiel den Flächeninhalt der Punktmenge zwischen dem Graphen von f und der Abszissenachse im Intervall $[x_2; x_3]$.

Beispiel: Gegeben sei die Funktion f mit $f(x) = x^2 - 4x + 3$; $x \in \mathbb{R}$.
Es ist der Flächeninhalt der Punktmenge P (vgl. Bild 26) zu berechnen, die von der Abszissenachse und der Parabel $f(x) = x^2 - 4x + 3$ eingeschlossen wird.

Die Parabel und die Abszissenachse schließen zwischen den beiden Nullstellen die Punktmenge P ein, deren Flächeninhalt gesucht ist. Daher werden als erstes die Nullstellen der Funktion f berechnet. Es ergibt sich
$x_{1/2} = 2 \pm \sqrt{1} \Rightarrow x_1 = 3;\ x_2 = 1.$

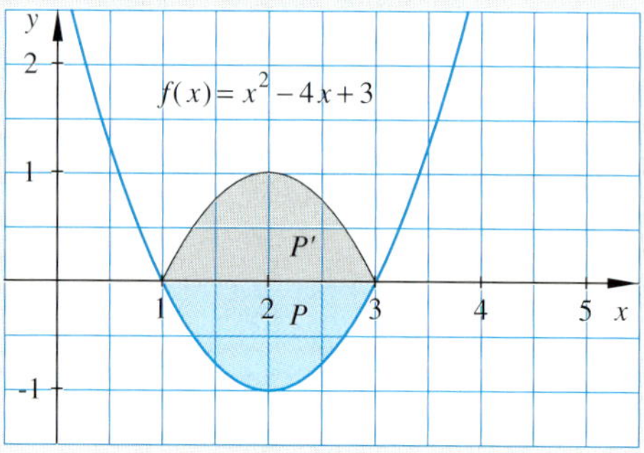

26

Die Nullstellen werden als Integrationsgrenzen für das zu berechnende Integral $\int_a^b f(x)\,\mathrm{d}x$ eingesetzt.

Das Integral $\int_1^3 \left(x^2 - 4x + 3\right)\mathrm{d}x$ ist nun negativ (nämlich $-\frac{4}{3}$) und kommt deshalb für den Flächeninhalt von P nicht in Frage.

Durch Spiegelung an der Abszissenachse wird die Punktmenge P in die Punktmenge P' (vgl. Bild 26) überführt. Diese liegt vollständig oberhalb der Abszissenachse. Bei der Spiegelung geht der Graph von $f(x) = x^2 - 4x + 3$ in den Graphen von
$g(x) = -f(x) = -(x^2 - 4x + 3)$ über.
Die Punktmengen P und P' sind kongruent und haben deshalb denselben Flächeninhalt.

Der Inhalt von P' ist

$A_{P'} = \int_1^3 -\left(x^2 - 4x + 3\right)\mathrm{d}x = -\int_1^3 \left(x^2 - 4x + 3\right)\mathrm{d}x = -\left(-\frac{4}{3}\right) = \frac{4}{3}$ und damit ist auch

$A_P = \frac{4}{3}$. Der Flächeninhalt der Punktmenge P ist also $A_P = \left|\int_1^3 \left(x^2 - 4x + 3\right)\mathrm{d}x\right|$.

Ist P eine unterhalb der Abszissenachse liegende Punktmenge, die von dem Graphen einer Funktion f, der Abszissenachse und den Geraden $x = a$ und $x = b$ begrenzt wird, so kann man ihren Flächeninhalt A_P mit $A_P = \left|\int_a^b f(x)\,\mathrm{d}x\right|$ berechnen.

2. Berechnen Sie den Flächeninhalt der Punktmenge, die vom Graphen der Funktion f aus Aufgabe 1, der Abszissenachse und den Geraden $x = -3$ und $x = 1{,}5$ begrenzt wird. Nutzen Sie die Ergebnisse von Aufgabe 1. Wie gehen Sie vor?

3. Skizzieren Sie die Graphen der folgenden Funktionen und berechnen Sie jeweils den Flächeninhalt der Punktmenge, die durch den Graphen von f, die Abszissenachse und die Geraden $x = a$ und $x = b$ begrenzt wird:

a) $f(x) = \frac{1}{2}x + 2;\ a = -2;\ b = 1$ **b)** $f(x) = -x^2 + 2;\ a = -1;\ b = 3$

c) $f(x) = \frac{1}{x} - 3;\ a = 2;\ b = 5$ **d)** $f(x) = 2\sqrt{2x - 8};\ a = 4;\ b = 6$

e) $f(x) = x^2 + 4x + 4;\ a = 3;\ b = 0$ **f)** $f(x) = x^3 + 3x;\ a = -\sqrt{2};\ b = -\sqrt{2}$

4. Berechnen Sie den Flächeninhalt der Punktmenge, die der Graph der Funktion f mit der Abszissenachse einschließt:

a) $f(x) = -x^2 + 2x + 5$ **b)** $f(x) = (x - 2)^2 - 7$ **c)** $f(x) = x^3 + 2x^2 - 3x$

d) $f(x) = -x^3 - x^2$ **e)** $f(x) = \sqrt{8x} - 2x;\ x \geq 0$ **f)** $f(x) = x^2 - \sqrt{x};\ x \geq 0$

Flächeninhalte von Punktmengen, die teils unterhalb und teils oberhalb der Abszissenachse liegen

Beispiel: Gegeben sei die Funktion f mit $f(x) = x^2 - 4x + 3;\ x \in \mathbb{R}$.
Es ist der Flächeninhalt der Punktmenge P (vgl. Bild 26) zu berechnen, die von den beiden Koordinatenachsen und der Parabel im Intervall [0; 5] begrenzt wird.

Man prüft zunächst, ob die Funktion im vorgegebenen Intervall Nullstellen besitzt, die die zu betrachtende Punktmenge so unterteilt, dass die Teile nur oberhalb bzw. nur unterhalb der Abszissenachse liegen.
Dem Graphen der Funktion f entnimmt man, dass sich der Flächeninhalt der gesuchten Punktmenge additiv aus drei Punktmengen zusammensetzt. Dabei liegen zwei Punktmengen oberhalb der Abszissenachse und eine Punktmenge liegt unterhalb der Abszissenachse. Die Integrationsgrenzen sind die vorgegebenen Intervallenden sowie die Nullstellen der Funktion f. Der Flächeninhalt der Punktmenge zwischen den Nullstellen wurde bereits im vorangehenden Beispiel ermittelt. Es müssen noch die Flächeninhalte der Punktmengen oberhalb der Abszissenachse berechnet werden.

Mit $A_1 = \int_0^1 f(x)\,\mathrm{d}x$, $A_2 = \left|\int_1^3 f(x)\,\mathrm{d}x\right|$ und $A_3 = \int_3^5 f(x)\,\mathrm{d}x$ ergibt sich $A = A_1 + A_2 + A_3$

bzw. $A = \left[\frac{1}{3}x^3 - 2x^2 + 3x\right]_0^1 + \frac{4}{3} + \left[\frac{1}{3}x^3 - 2x^2 + 3x\right]_3^5$, $A = \frac{4}{3} + \frac{4}{3} + \frac{20}{3} = \frac{28}{3}$.

Die betrachtete Punktmenge hat einen Flächeninhalt von $\frac{28}{3}$ FE.

5. Beschreiben Sie, wie Sie in dem Beispiel den Flächeninhalt berechnen können, ohne auf den Graphen der Funktion f zurückzugreifen.

6. Durchdenken Sie das Vorgehen in den vorangegangenen Beispielen und beantworten Sie folgende Fragen:

a) Warum kommt bei der Berechnung eines Flächeninhalts mit Hilfe eines bestimmten Integrals eine negative Zahl nicht als Ergebnis in Frage?

b) Warum ist es für die Berechnung des Flächeninhalts unter dem Graphen einer Funktion wichtig, ob die Funktion in dem betrachteten Intervall Nullstellen hat?

c) Welche Konsequenzen hat es, wenn man eine Nullstelle der Funktion f in dem betreffenden Intervall unberücksichtigt lässt?

d) Warum verändert sich der Flächeninhalt einer Figur bei Spiegelung an einer Geraden nicht?

7. a) Begründen Sie mit Hilfe der Definition des bestimmten Integrals einer Funktion f auf einem Intervall $[a; b]$ die Aussagen des Satzes 9.

b) Erläutern Sie die Bedeutung dieses Satzes für die Berechnung von Flächeninhalten mit Hilfe der Integralrechnung.

SATZ 9: Sei f eine auf dem Intervall $[a; b]$ definierte Funktion, für die das Integral $\int_a^b f(x)\mathrm{d}x$ existiert. Dann gilt:

a) Wenn $f(x) \geq 0$ für alle $x \in [a; b]$ ist, so ist auch $\int_a^b f(x)\mathrm{d}x \geq 0$.

b) Wenn $f(x) \leq 0$ für alle $x \in [a; b]$ ist, so ist auch $\int_a^b f(x)\mathrm{d}x \leq 0$.

8. a) Ermitteln Sie für die Funktion f mit $f(x) = x^3 - 5x^2 + 8x - 4$ alle Nullstellen.

b) Berechnen Sie den Flächeninhalt der Punktmenge zwischen dem Graphen von f und der Abszissenachse im Intervall $[0; 3]$.

c) Woran liegt es, dass die bestimmten Integrale über benachbarten Teilintervallen nicht immer unterschiedliche Vorzeichen haben?

9. Gegeben sei der Graph der Funktion f mit $f(x) = x^3 - 0{,}35x^2 - 1{,}35x$, $x \in \mathbb{R}$ (vgl. Bild 27).

a) Berechnen Sie die Nullstellen von f.

b) Begründen Sie, dass die Punktmenge A_3 oberhalb der Abszissenachse liegt.

c) Berechnen Sie den Flächeninhalt der Punktmenge, die vom Graphen der Funktion f, der Abszissenachse und den Geraden $x = -1$ und $x = 2$ begrenzt wird.

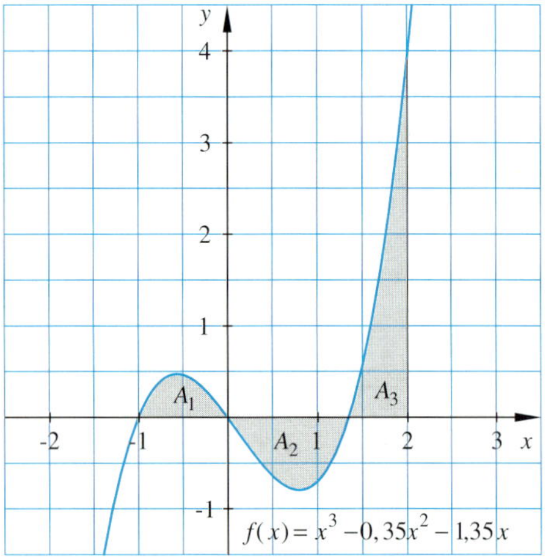

27

Soll der Flächeninhalt einer Punktmenge, die auf einem Intervall $[a; b]$ von der Abszissenachse und den Graphen einer Funktion f begrenzt wird, berechnet werden, so muss zunächst die Lage dieser Punktmenge zur Abszissenachse geprüft werden.

1. Fall: Die Punktmenge liegt oberhalb der Abszissenachse.

Dann gilt für ihren Flächeninhalt: $A = \int_a^b f(x)\mathrm{d}x$.

2. Fall: Die Punktmenge liegt unterhalb der Abszissenachse.

Dann gilt für ihren Flächeninhalt: $A = \left|\int_a^b f(x)\mathrm{d}x\right|$.

3. Fall: Die Punktmenge liegt teilweise unterhalb und teilweise oberhalb der Abszissenachse. Dann müssen **alle** Nullstellen im Integrationsintervall gefunden werden.

Sei x_0 einzige Nullstelle der Funktion f in $[a; b]$. Dann gilt: $A = \left|\int_a^{x_0} f(x)\mathrm{d}x\right| + \left|\int_{x_0}^b f(x)\mathrm{d}x\right|$.

Existieren n Nullstellen im Inneren des Integrationsintervalls, so sind $n + 1$ Integrale zu berechnen und auszuwerten.

Ist der Flächeninhalt einer Punktmenge zu berechnen und ist der Graph einer Funktion f in der üblichen Weise eine der Begrenzungen der Punktmenge, so bezeichnen wir die Funktion f manchmal auch als **Randfunktion**.

10. Gegeben sind in den Bildern 28 bis 31 die Graphen von vier Funktionen f, g, h und k.

a) Entscheiden Sie, welcher Graph eine lineare Funktion, eine quadratische Funktion bzw. eine kubische Funktion darstellt.

b) Ordnen Sie jedem der Graphen eine der folgenden Funktionsgleichungen zu: $y = ax + b$, $y = cx^2 + d$, $y = x^3 + ex^2$ und $y = x^3 + fx$.

c) Ermitteln Sie mit Hilfe der Bilder 28 bis 31 die Koeffizienten a, b, c, d, e und f.

d) Bestätigen Sie mit Hilfe einiger aus dem jeweiligen Graphen abgelesener Wertepaare die in c) gefundenen Koeffizienten.

e) In den Bildern 28 bis 31 sind einige Punktmengen markiert. Entscheiden Sie jeweils, welcher der in der Übersicht genannten Fälle vorliegt. Berechnen Sie den Flächeninhalt.

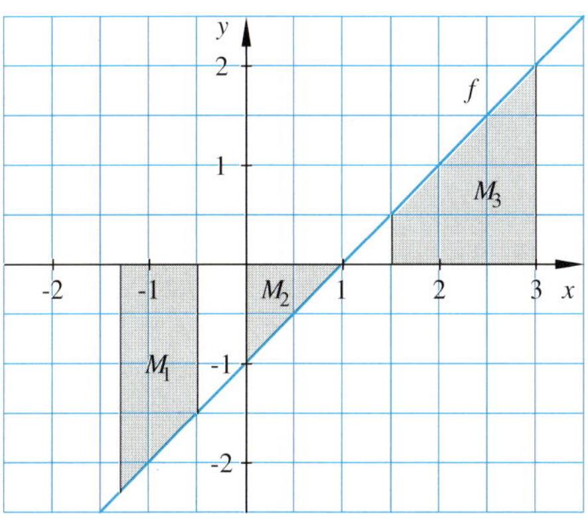

28

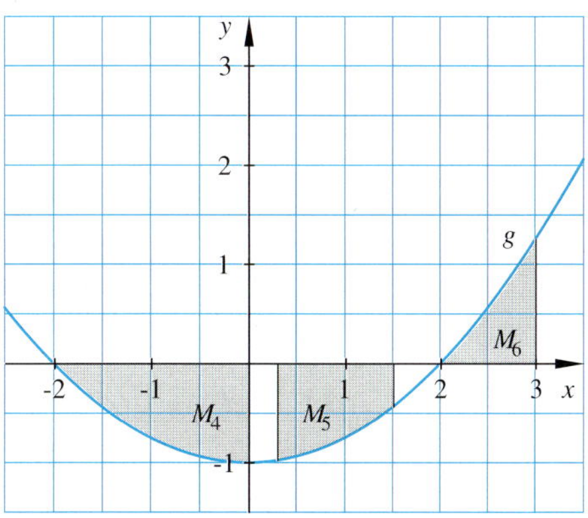

29

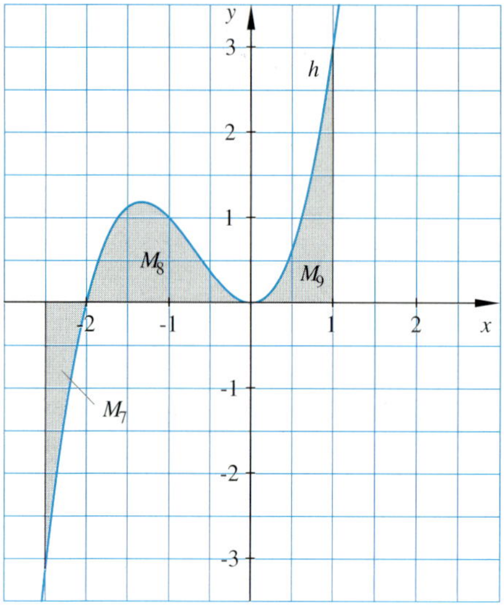

30

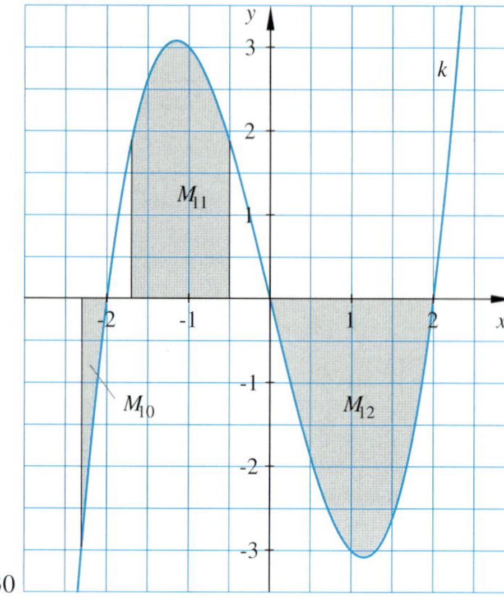

31

Flächeninhalte von Punktmengen, die zwischen den Graphen von zwei Funktionen liegen

11. Im Bild 32 sind die Funktionen $f(x) = -0{,}5x^2 + 2x + 3$ und $g(x) = 0{,}5x + 1$ grafisch dargestellt. Die Graphen der Funktionen schneiden sich in den Punkten $S_1(x_1; y_1)$ und $S_2(x_2; y_2)$.

a) Lesen Sie die Koordinaten der Schnittpunkte aus Bild 32 ab.

b) Berechnen Sie die Koordinaten der Schnittpunkte.

c) Beschreiben Sie, wie Sie den Flächeninhalt der Punktmenge, die von den Graphen von f und g umschlossen wird, berechnen würden.

d) Berechnen Sie den Flächeninhalt der in c) beschriebenen Punktmenge.

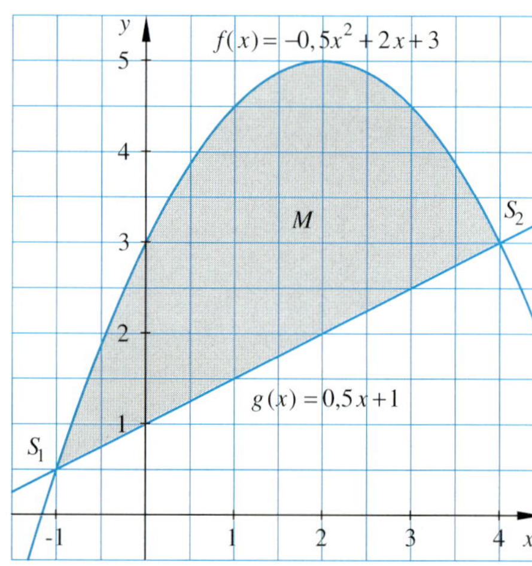

32

12. Gegeben seien die Funktionen f und g mit $f(x) = -2x + 8$ und $g(x) = x^2 - 4x + 5$.

a) Zeichnen Sie die Graphen beider Funktionen in ein und dasselbe Koordinatensystem.

b) Berechnen Sie den Flächeninhalt der Punktmenge, die von der Abszissenachse, dem Graphen der Funktion f und den Senkrechten zur Abszissenachse durch die Schnittpunkte der Graphen von f und g begrenzt wird.

c) Berechnen Sie den Flächeninhalt der Punktmenge, die von der Abszissenachse, dem Graphen der Funktion g, und den Senkrechten zur Abszissenachse durch die Schnittpunkte von f und g begrenzt wird.

d) Markieren Sie in Ihrer graphischen Darstellung die Punktmenge, die von den Graphen beider Funktionen eingeschlossen wird, und geben Sie den Flächeninhalt dieser Punktmenge an. Nutzen Sie die Ergebnisse aus b) und c).

13. a) Verschieben Sie die Graphen der Funktionen f und g aus Aufgabe 12 um 4 Einheiten nach oben. Geben Sie die Funktionsgleichungen dieser Funktionen an. Welche Aussage über den Flächeninhalt der Punktmenge, die von beiden Graphen eingeschlossen wird, können Sie machen?

b) Prüfen Sie Ihre in a) getroffene Aussagen auch für den Fall, dass die Graphen der Funktionen f und g um 10 Einheiten nach unten verschoben werden.

c) Berechnen Sie den Flächeninhalt der Punktmenge, die von den Graphen der Funktionen f mit $f(x) = -x^2$ und g mit $g(x) = -x - \frac{3}{4}$ eingeschlossen wird. Beschreiben Sie Ihr Vorgehen.

d) Geben Sie eine Begründung dafür an, dass sich der Flächeninhalt unter dem Graphen der Funktion f ändert, wenn der Graph um 4 Einheiten nach oben verschoben wird.

e) Geben Sie eine Begründung dafür an, dass sich der Flächeninhalt zwischen den Graphen der beiden Funktionen f und g bei der Verschiebung um 4 Einheiten nach oben nicht ändert.

Die Ergebnisse der Aufgaben 12 und 13 führen zu folgendem allgemein gültigen Vorgehen für die Berechnung des Flächeninhalts einer Punktmenge, die von den Graphen zweier Funktionen begrenzt wird.

Berechnung des Flächeninhalts einer Punktmenge, die von den Graphen zweier Funktionen f und g begrenzt wird.

Allgemein: Zwei Funktionen f und g sind gegeben.	**Beispiel:** $f(x) = (x-1)^2$ und $g(x) = -x^2 + 5$
Berechnen der Schnittstellen a und b (bzw. aller weiteren Schnittstellen) der beiden Graphen von f und g als Integrationsgrenzen. Lösen der Gleichung $f(x) = g(x)$.	$x^2 - 2x + 1 = -x^2 + 5$ $2x^2 - 2x - 4 = 0$ $x^2 - x - 2 = 0$ $x_{1/2} = \frac{1}{2} \pm \sqrt{\frac{1}{4} + \frac{8}{4}}$ $x_1 = 2;\ x_2 = -1$ $a = -1;\ b = 2$
Berechnen des Flächeninhalts A der eingeschlossenen Punktmenge mit Hilfe des bestimmten Integrals $A = \left\lvert \int_a^b \big(f(x) - g(x)\big)\,dx \right\rvert$.	$A = \left\lvert \int_{-1}^{2} \big(f(x) - g(x)\big)\,dx \right\rvert$ $= \left\lvert \int_{-1}^{2} \big((x^2 - 2x + 1) - (-x^2 + 5)\big)\,dx \right\rvert$ $= \left\lvert \left[\frac{2}{3}x^3 - x^2 - 4x\right]_{-1}^{2} \right\rvert$ $= \left\lvert \left(\frac{16}{3} - \frac{12}{3} - \frac{24}{3}\right) - \left(\frac{2}{3} - \frac{3}{3} - \frac{12}{3}\right) \right\rvert$ $= 9$ FE

14. **a)** Berechnen Sie die Integrale $\int_{-1}^{2}\left(g(x)-f(x)\right)\mathrm{d}x$ und $\int_{-1}^{2}\left(f(x)-g(x)\right)\mathrm{d}x$ für die Funktionen f und g aus der Übersicht auf Seite 197.

b) Vergleichen Sie Ihre Ergebnisse von a) mit dem Ergebnis von $\left|\int_{-1}^{2}\left(f(x)-g(x)\right)\mathrm{d}x\right|$.

Was stellen Sie fest?

c) Welche Konsequenzen ziehen Sie aus Ihrem Vergleich für die Berechnung von Flächeninhalten zwischen Funktionsgraphen?

15. Berechnen Sie den Flächeninhalt der Punktmengen, die von den beiden Graphen der Funktionen f und g eingeschlossen werden.

a) $f(x) = x^2 - 1$; $g(x) = -x^2 + 5{,}5$
b) $f(x) = (x + 1)^2$; $g(x) = 4x^2$
c) $f(x) = x^4$; $g(x) = 2x^2 + 1$

16. Berechnen Sie den Flächeninhalt der Punktmengen, die von der Abszissenachse und den beiden Graphen der Funktionen f und g eingeschlossen werden.

a) $f(x) = -2x + 7$; $g(x) = \sqrt{2x - 1}$
b) $f(x) = 2x + 3$; $g(x) = -x + 8$
***c)** $f(x) = x^3$; $g(x) = -x + 10$

17. Berechnen Sie den Flächeninhalt der Punktmenge, die von den Graphen der Funktion f und g und den Geraden $x = a$ und $x = b$ begrenzt wird. (Hinweis: Prüfen Sie stets, ob es in dem vorgegebenen Intervall Nullstellen gibt.) Begründen Sie, dass Sie keine Nullstelle übersehen haben.

a) $f(x) = (x + 3)^2 - 1$; $g(x) = 2$; $a = -5$; $b = -3$
b) $f(x) = x^3$; $g(x) = -x^2 + 3$; $a = 0$; $b = -1$
c) $f(x) = x^3$; $g(x) = -x^2 + 3$; $a = -1$; $b = 2$
d) $f(x) = x^4 - 1$; $g(x) = x^3$; $a = -1$; $b = 2$
e) $f(x) = -3x + 1$; $g(x) = -2$; $a = -2$; $b = 2$
f) $f(x) = \frac{1}{x^2}$; $g(x) = \sqrt{x}$; $a = 3$; $b = 4$

18.* Gegeben seien die Funktionen f_m und g mit $f_m(x) = m\sqrt{x}$ und $g(x) = -x + 2$.

a) Berechnen Sie den Flächeninhalt der Punktmenge, die von den Graphen der Funktionen f_1 und g und der Ordinatenachse begrenzt wird.

b) Für welche Intervalle gibt es keine Flächeninhalte für Punktmengen zwischen den beiden Graphen von f_1 und g? Geben Sie mindestens zwei solcher Intervalle an und begründen Sie Ihre Entscheidung.

c) Für welches m hat die Punktmenge unter dem Graphen der Funktion f_m im Intervall $[1; 4]$ einen Flächeninhalt von 14 FE?

d) Berechnen Sie den Inhalt der Punktmenge unter dem Graphen der Funktion f_{-1} im Intervall $[1; 4]$.

e) Wie muss die obere Integrationsgrenze t in $\int_{1}^{t} f_{-1}(x)\mathrm{d}x$ gewählt werden, damit sich der Inhalt der Punktmenge gegenüber dem Ergebnis von d) verdoppelt?

f) Berechnen Sie den Flächeninhalt der Punktmenge, die von den Graphen der Funktionen f_1, f_{-1} und g eingeschlossen wird.

19.* Gegeben sei die Funktionenschar f_t mit $f_t(x) = x^2 + tx + \frac{9}{4}$; $t \geq 0$.

a) Zeichnen Sie die Graphen der Funktionen für $t = 0$, $t = 2$; $t = 3$ und $t = 4$ in ein und dasselbe Koordinatensystem.

b) Beschreiben Sie den Einfluss des Parameters t auf den Verlauf des Graphen der Funktion f_t.

c) Geben Sie eine Gleichung für die Kurve an, auf der die Scheitelpunkte der in a) gezeichneten Graphen liegen. Diese Kurve heißt **Ortskurve** der Scheitelpunkte.

d) Berechnen Sie den Flächeninhalt der Punktmenge zwischen der Ortskurve der Scheitelpunkte und dem Graphen der Funktion f_3.

e) Geben Sie den Flächeninhalt der Punktmenge zwischen der Ortskurve der Scheitelpunkte und dem Graphen von $f_t(x)$ in Abhängigkeit von t an.
Für welches t existiert eine solche Punktmenge nicht?

f) Für welches t ist der Flächeninhalt der Punktmenge zwischen den in d) genannten Kurven 120 FE?

20. Gegeben seien die Funktionen f_m und g mit $f_m(x) = mx + 5$ und $g(x) = \frac{5}{x^2}$; $x \neq 0$.

a) Skizzieren Sie die Graphen der Funktionen f_1, f_{-2}, f_{-4} und g.

b) Berechnen Sie den Flächeninhalt der Punktmenge, die der Graph der Funktion g im Intervall [2; 5] mit der x-Achse einschließt.

c) Berechnen Sie den Flächeninhalt der Punktmenge, die der Graph der Funktion g mit der Abszissenachse im Intervall $[2; n]$; $n > 2$ einschließt. Welche Aussage über die Maßzahl des Flächeninhalts können Sie für $n \to \infty$ machen?

d) Berechnen Sie den Flächeninhalt der Punktmenge, die von den Graphen der Funktionen $f_{-\frac{2}{3}}$ und g eingeschlossen wird.

***e)** Für welches m schließen die Graphen von f_m und g eine Fläche ein, die doppelt so groß ist wie das Ergebnis aus d)?

***f)** Für welches m berührt der Graph von f_m den Graphen von g?

***g)** Für welches m ist der Flächeninhalt der Punktmenge zwischen den Graphen von f_m und g genau 5 FE?

21. Gegeben sei die Funktion f mit $f(x) = 5 - \frac{8}{x^2}$; $x > 0$.

a) Skizzieren Sie den Graphen der Funktion im Intervall $0 < x \leq 6$.

b) Berechnen Sie den Flächeninhalt der Punktmenge, die von dem Graphen der Funktion f, der x-Achse und der Geraden $x = 4$ eingeschlossen wird.

Weitere Eigenschaften des bestimmten Integrals einer Funktion

22. Geben Sie jeweils zwei Beispiele für Funktionen f mit folgenden Eigenschaften an:

a) f hat auf dem Intervall $[a; b]$ von Null verschiedene Funktionswerte und $\int_a^b f(x)\mathrm{d}x = 0$.

b) f hat auf dem Intervall $[a; b]$ nicht nur positive Funktionswerte und $\int_a^b f(x)\mathrm{d}x > 0$.

c) f hat auf dem Intervall $[a; b]$ auch positive Funktionswerte und $\int_a^b f(x)\mathrm{d}x < 0$.

23. Im Bild 33 ist die Funktion $f(x) = x^3 + 3x^2 + 3x + 1$ dargestellt.

a) Geben Sie alle Zahlen $t \in [-2; 1]$ derart an, dass $\int_{-2}^{t} f(x)\mathrm{d}x$ negativ ist.

b) Geben Sie alle Zahlen $t \in [-2; 1]$ derart an, dass $\int_{-2}^{t} f(x)\mathrm{d}x = 0$ ist.

c) Geben Sie alle Zahlen $t \in [-2; 1]$ derart an, dass $\int_{-2}^{t} f(x)\mathrm{d}x$ positiv ist.

d) Geben Sie eine Zahl $t \in [-2; 1]$ derart an, dass $\int_{-2}^{t} f(x)\mathrm{d}x = 2\int_{t}^{1} f(x)\mathrm{d}x$ ist.

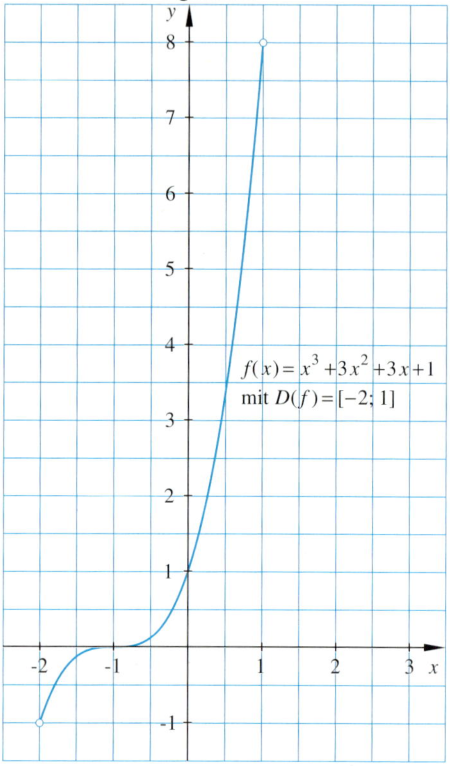

33

24. Gegeben sei die Funktion f mit $f(x) = 2x^2 + 1$.

a) Berechnen Sie für $a > 0$ die Integrale $\int_{-a}^{0} f(x)\mathrm{d}x$, $\int_{0}^{a} f(x)\mathrm{d}x$ und $\int_{-a}^{a} f(x)\mathrm{d}x$.

b) Stellen Sie einen Zusammenhang zwischen den in a) berechneten Integralen her.

c) Welche Eigenschaften der Funktion f ist Ursache für den in b) ermittelten Zusammenhang zwischen den Integralen?

25. Gegeben sei die Funktion f mit $f(x) = x^5$.

a) Berechnen Sie für $a > 0$ die Integrale $\int_{-a}^{0} f(x)\mathrm{d}x$, $\int_{0}^{a} f(x)\mathrm{d}x$ und $\int_{-a}^{a} f(x)\mathrm{d}x$.

b) Stellen Sie einen Zusammenhang zwischen den in a) berechneten Integralen her.

c) Welche Eigenschaft der Funktion f ist Ursache für den in b) ermittelten Zusammenhang zwischen den Integralen?

26. Für Funktionen f und g und ihre Integrale $\int_{a}^{b} f(x)\mathrm{d}x$ und $\int_{a}^{b} g(x)\mathrm{d}x$ soll gezeigt werden:

Wenn $f(x) \geq g(x)$ für alle $x \in [a; b]$, so ist $\int_{a}^{b} f(x)\mathrm{d}x \geq \int_{a}^{b} g(x)\mathrm{d}x$.

a) Wählen Sie sich zwei Funktionen f und g, die die genannten Eigenschaften haben, und stellen Sie diese Funktionen in einem gemeinsamen Koordinatensystem dar.

b) Entnehmen Sie dem Ergebnis von a) Argumente für die Richtigkeit der obigen Aussage.

c) Beweisen Sie die genannte Aussage. (Hinweis: Sie können den Satz auf Seite 194 nutzen. Auch die auf Seite 190 genannte Additivitätseigenschaft kann nützlich sein.)

Weitere Aufgaben

27. Im Bild 34 ist die Funktion f mit $f(x) = -2x^2 + 8x + 5$ graphisch dargestellt.

a) Berechnen Sie $\int_1^4 f(x)\,dx$.

b) Berechnen Sie den Flächeninhalt der im Bild 34 mit M bezeichneten Punktmenge.

c) Welchen Flächeninhalt hat die Punktmenge, die durch die Ordinatenachse, die Gerade $y = 5$ und den Graphen von f begrenzt wird?

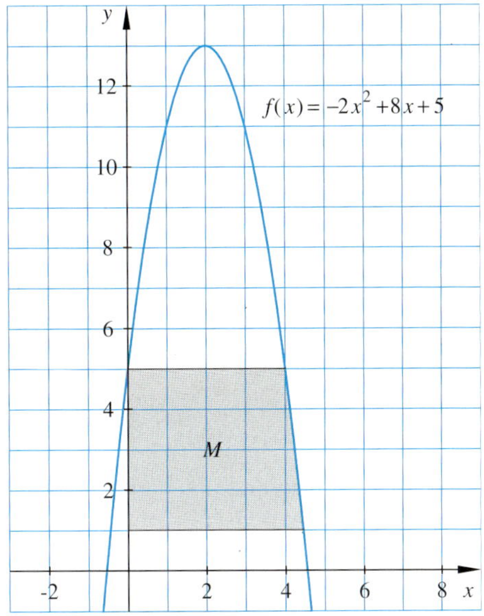

34

28. Gegeben sei die Funktion
$f(x) = (x + 3)^2(x - 3)^2$
$= x^4 - 18x^2 + 81$.

a) Skizzieren Sie den Graphen der Funktion im Intervall $-4 \leq x \leq 4$.

b) Berechnen Sie den Flächeninhalt der Punktmenge, den der Graph der Funktion im Intervall $[0; 4]$ mit der Abszissenachse einschließt.

c) Berechnen Sie den Flächeninhalt der Punktmenge, die der Graph der Funktion mit der Abszissenachse einschließt.

d) Die Tangente an den Graphen von f im Punkt $P(0; 0{,}81)$ und der Graph von f schließen eine Punktmenge ein. Berechnen Sie ihren Flächeninhalt.

e) In welchem Verhältnis stehen die in c) und d) berechneten Flächeninhalte zueinander?

***f)** Welche Gerade g mit $g_m(x) = mx + 20$; $m > 0$ halbiert die in c) und d) berechneten Flächeninhalte?

***g)** Geben Sie eine Funktion p zweiten Grades an, die den Graphen von $f(x)$ im Punkt $W(2; 25)$ berührt und mit der Abszissenachse eine Fläche von 5 FE einschließt.

29. Gegeben sei der Graph einer Funktion f mit $f(x) = ax^3 + bx^2 + cx + d$ (siehe Bild 35).

a) Geben Sie die Koeffizienten a, b, c und d an.

b) Welche Funktion g mit
$g(x) = x^3 + hx^2 + kx + l$ hat die gleichen Nullstellen wie f?

c) Berechnen Sie den Flächeninhalt der Fläche zwischen den beiden Graphen von f und g im Intervall $[-4; -1]$.

d) Geben Sie die Gleichungen für die Tangenten an die Graphen von f und g im Punkt $P(-1; 0)$ an.

e) Berechnen Sie den Schnittwinkel der Graphen von f und g in P.

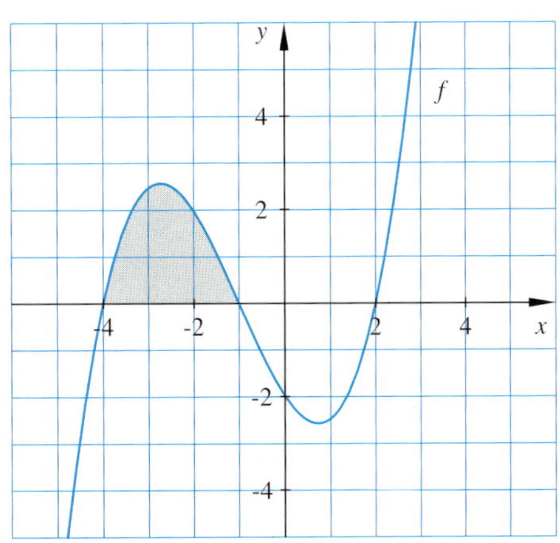

35

30. **a)** Berechnen Sie das Fassungsvermögen des im Bild 36 dargestellten Körpers unter der Voraussetzung, dass die Kurve näherungsweise der Graph einer Funktion zweiten Grades ist.

b) Wie ändert sich das Volumen des Körpers, wenn (1) die Kante b halbiert wird, (2) die Kante a halbiert wird, (3) die Höhe h halbiert wird?

c) Bei welcher Wahl von b beträgt das Volumen $1920\ \text{m}^3$?

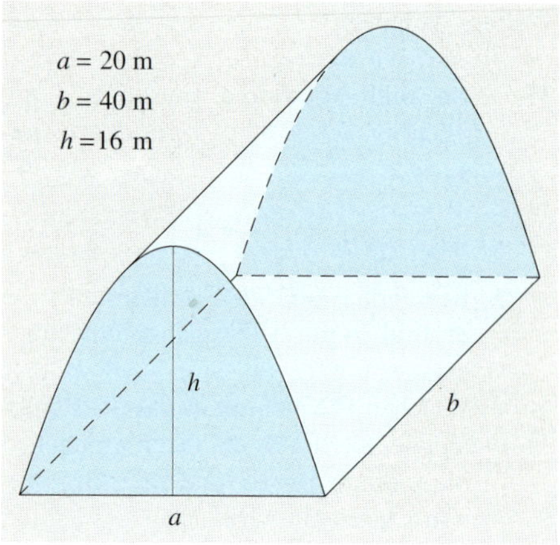

36

31. Gegeben seien die Funktionen f und g mit $f(x) = -4x^2 + 4x$ und $g(x) = -8x + 16$.

a) Stellen Sie die Graphen der Funktionen f und g in einem gemeinsamen Koordinatensystem dar.

b) Berechnen Sie den Flächeninhalt der Punktmenge, die von den beiden Graphen und der Abszissenachse eingeschlossen wird.

c) Geben Sie eine Parallele zur Abszissenachse so an, dass die beiden entstehenden Punktmengen den gleichen Flächeninhalt haben.

d) Die Gerade h sei die Normale zum Graphen von g im Punkt $P(2;\, g(2))$. Geben Sie eine Gleichung für h an.

e) Berechnen Sie den Flächeninhalt der Punktmenge, die von dem Graphen von g, der Geraden h und der Ordinatenachse eingeschlossen wird.

***f)** Welchen Flächeninhalt schließen die Graphen von f und g und die Gerade h mit der Ordinatenachse ein?

Über den Schwerpunkt einer Figur

32. Schneiden Sie verschiedene Figuren aus Pappe aus. Versuchen Sie jeweils die Figur auf einer Fingerspitze zu balancieren. Ruht die Pappfigur auf der Fingerspitze, so haben Sie den **Schwerpunkt** der Figur gefunden. Es ist der Punkt, in dem die Fingerspitze die Figur berührt.

In Formelsammlungen findet man für die Berechnung des Schwerpunktes $S(x_s; y_s)$ der im Bild 37 dargestellten Punktmenge die folgenden Formeln:

$$x_s = \frac{1}{A}\int_a^b x f(x)\,\mathrm{d}x \text{ und } y_s = \frac{1}{2A}\int_a^b \left(f(x)\right)^2 \mathrm{d}x.$$

Dabei ist $A = \int_a^b f(x)\,\mathrm{d}x$.

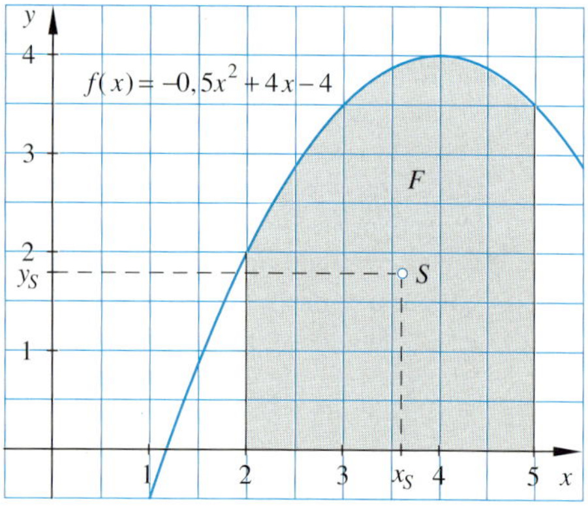

37

Beispiel: Der Schwerpunkt des im Bild 38 dargestellten Dreiecks wird berechnet. Die Katheten des Dreiecks sind 4 LE bzw. 3 LE lang. Also ist $A = 6$ FE.

$$\int_0^3 x f(x)\mathrm{d}x = \int_0^3 \left(-\frac{4}{3}x^2 + 4x\right)\mathrm{d}x = 6.$$

$$\int_0^3 \left(f(x)\right)^2 \mathrm{d}x = \int_0^3 \left(\frac{16}{9}x^2 - \frac{32}{3}x + 16\right)\mathrm{d}x = \frac{128}{3}.$$

Damit ergibt sich $x_s = 1$ und $y_s = \frac{32}{9}$.

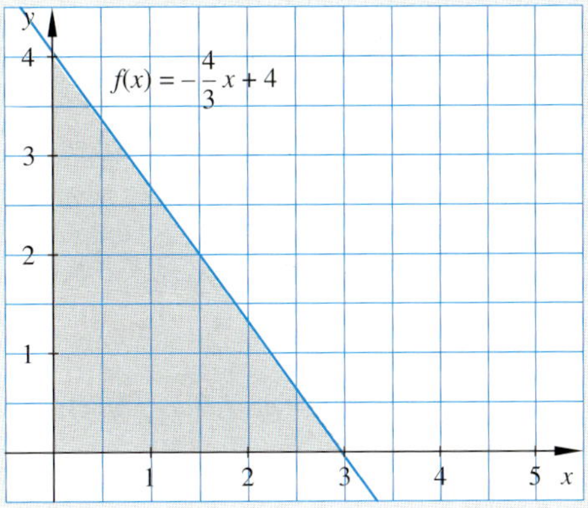

38

33. Im Bild 37 ist die Funktion f mit $f(x) = -0{,}5x^2 + 4x - 4$ im Intervall $[2; 5]$ dargestellt. Prüfen Sie, ob der Schwerpunkt der markierten Punktmenge F korrekt eingezeichnet worden ist.

34.* Bestimmen Sie a) experimentell und b) rechnerisch den Schwerpunkt eines gleichseitigen Dreiecks. (Hinweis: Legen Sie das Dreieck so in ein Koordinatensystem, dass eine Seite auf der Abszissenachse liegt und die Ordinatenachse eine Symmetrieachse ist.)

35. Für die Punkte $P(x; y)$ eines Kreises mit dem Radius r und dem Mittelpunkt $(0; 0)$ gilt $x^2 + y^2 = r^2$.

a) Geben Sie eine Gleichung für die Funktion f an, die die y-Koordinaten der Kreispunkte in der oberen Halbebene in Abhängigkeit von der x-Koordinate beschreibt.

b) Berechnen Sie den Schwerpunkt der Halbkreisfläche oberhalb der x-Achse. (Hinweis: Ermitteln Sie den Flächeninhalt A des Halbkreises und die Koordinate x_S des Schwerpunktes ohne die Integralrechnung zu bemühen.)

36. Berechnen Sie den Schwerpunkt der im Bild 39 dargestellten Punktmengen.

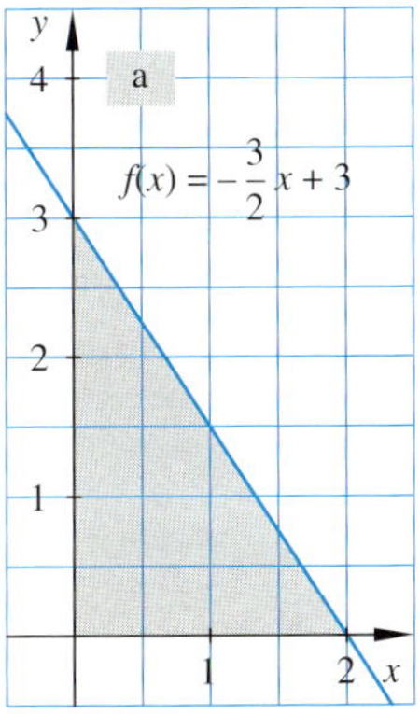

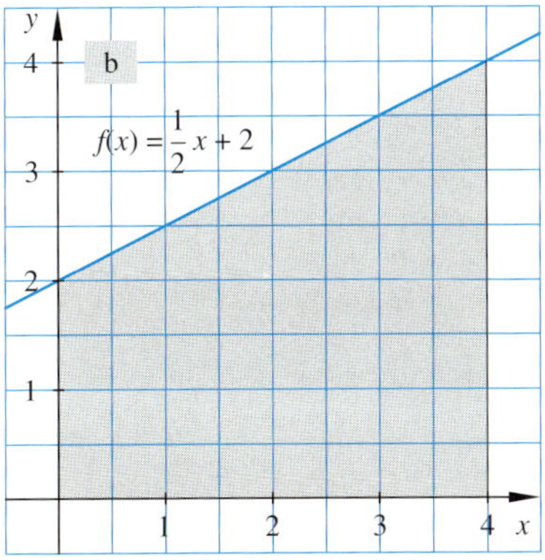

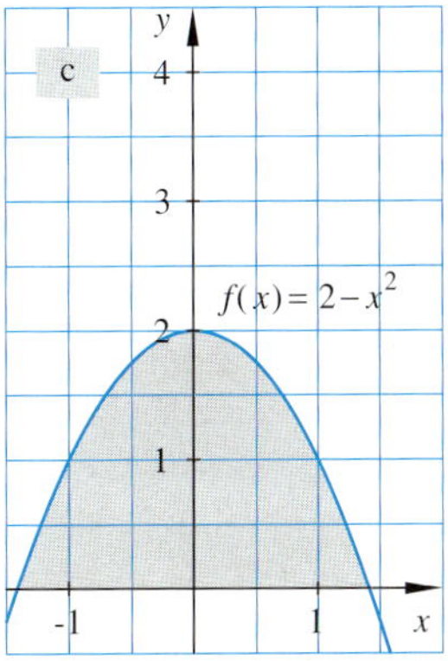

39

Der physikalische Begriff der Arbeit

Auch der physikalische Begriff der **Arbeit** wird mit Hilfe des bestimmten Integrals beschrieben. Wirkt an einem Körper längs eines Weges eine Kraft, so wird Arbeit verrichtet.
Wirkt eine konstante Kraft F in Richtung des Weges s, so ist die Arbeit W durch $W = F \cdot s$ definiert (siehe Bild 40).
Ändert sich die wirkende Kraft F längs des Weges s, so ist sie eine Funktion des Weges s. Die Arbeit W ist dann das Wegintegral der Kraft.

Sie ist definiert durch $W = \int_{s_1}^{s_2} F(s)\mathrm{d}s$ (siehe Bild 41).

Die Arbeit wird durch den Flächeninhalt der Punktmenge unter der Kurve beschrieben.

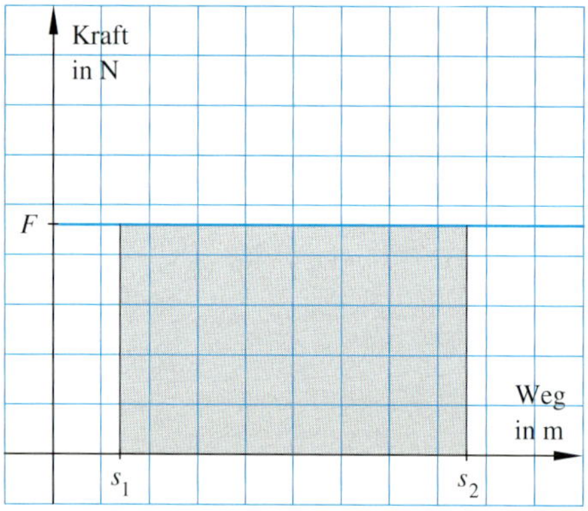

40

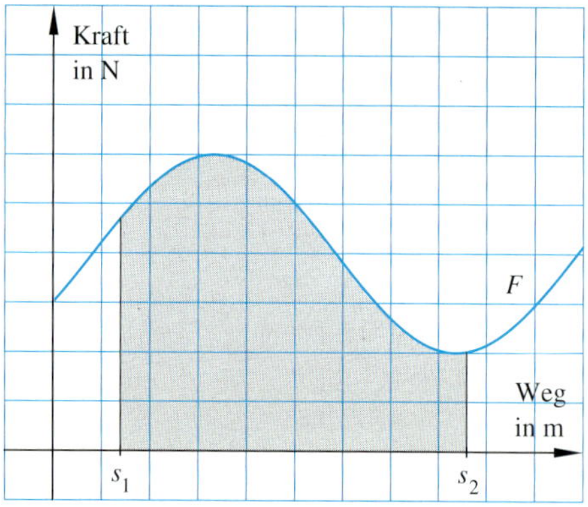

41

37. Welche Arbeit wird verrichtet, wenn ein Betonteil mit einer Masse von 150 kg senkrecht um 15 m gehoben wird?

38. Erläutern Sie, dass die Formel $W = F \cdot s$ ein Spezialfall der Formel $W = \int_{s_1}^{s_2} F(s)\mathrm{d}s$ ist.

Beispiel: Es ist die Arbeit zu berechnen, die verrichtet werden muss, um einen an einer Schraubenfeder befestigten Körper so zu bewegen, dass sich die Schraubenfeder dehnt (siehe Bild 42).
Wird der Körper von s_1 nach s_2 bewegt, so ist (im Elastizitätsbereich der Feder) die Kraft F, die der Zugkraft der Feder entgegenwirkt, direkt proportional zum zurückgelegten Weg s.
$F = k \cdot s$ (k ist die Federkonstante).

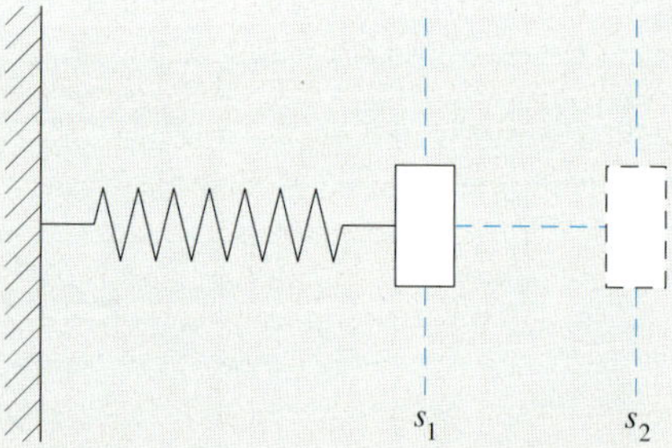

42

$$W = \int_{s_1}^{s_2} F(s)\mathrm{d}s = \int_{s_1}^{s_2} ks\mathrm{d}s = k \cdot \int_{s_1}^{s_2} s\mathrm{d}s = k \cdot \left[\frac{s^2}{2}\right]_{s_1}^{s_2} = \frac{k}{2}\left(s_2^2 - s_1^2\right)$$

39. Berechnen Sie die Arbeit, die bei der Dehnung einer Feder verrichtet wird, falls $k = 0{,}4\,\frac{\mathrm{N}}{\mathrm{cm}}$, $s_1 = 0$ cm und $s_2 = 12$ cm ist.

40.* Zwei Körper mit den Massen m_1 und m_2 ziehen sich nach dem Newtonschen Gravitationsgesetz im Abstand r mit der Kraft $F(r) = \gamma \cdot \frac{m_1 \cdot m_2}{r^2}$ an.

a) Informieren Sie sich über die Gravitationskonstante γ und die Einheiten der beteiligten Größen.

b) Erarbeiten Sie eine Formel, nach der die Arbeit W berechnet werden kann, die erforderlich ist, um eine Rakete mit der Masse m, die von der Erdoberfläche aus startet, auf den Abstand r von der Erdoberfläche zu bringen. Hinweis: Dabei werden beide Massen als Massepunkte angenommen. Der Abstand r ergibt sich dann aus dem Erdradius und der Höhe der Rakete.

Das bestimmte Integral und die Entladung eines Kondensators

Bei der Entladung eines Kondensators ändert sich mit der Zeit t auch die Stromstärke I. Stellt man die Stromstärke in Abhängigkeit von der Zeit dar, so gibt die Fläche unter der Kurve, die bis zu diesem Zeitpunkt abgeflossene Ladung an. Die Ladung Q ist das Zeitintegral der elektrischen Stromstärke, also $Q = \int_{t_1}^{t_2} I(t)\,\mathrm{d}t$.

41. Für die Entladung eines Kondensators gelte $I(t) = 0{,}3t^4\,\frac{\mathrm{A}}{\mathrm{s}^4}$.

a) Stellen Sie den Zusammenhang zwischen Stromstärke und Zeit im Intervall [0; 6,5] in einem geeignet gewählten Koordinatensystem graphisch dar.

b) Welche Ladung fließt zwischen der 1. und 2. Sekunde, welche zwischen der 4. und 5. Sekunde?

Der Weg als Zeitintegral der Geschwindigkeit

Auch bei der Beschreibung von Bewegungsvorgängen kann das bestimmte Integral nützlich sein. Für die geradlinige gleichförmige Bewegung gilt $s = v \cdot t$. Im Bild 43 ist ein solches Weg-Zeit-Gesetz dargestellt.

Der Weg s, den ein Körper zum Zeitpunkt t zurückgelegt hat, lässt sich als Fläche unter der Kurve interpretieren. Ändert sich im Zeitintervall $[t_1; t_2]$ die Geschwindigkeit v, so gilt für den Weg:

$$s = \int_{t_1}^{t_2} v(t)\,\mathrm{d}t.$$

Hier gilt: Der Weg ist das Zeitintegral der Geschwindigkeit.

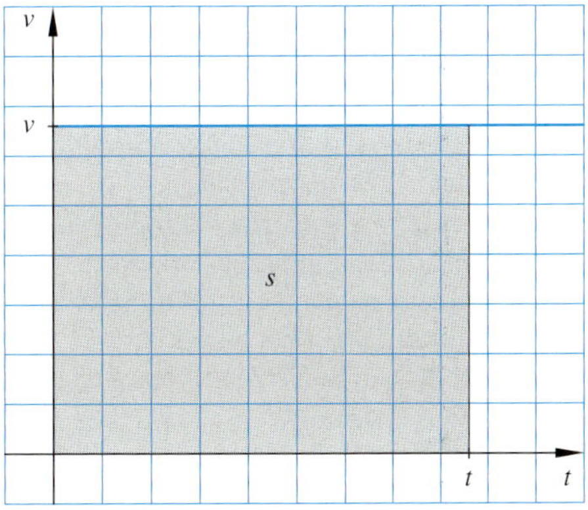

43

42. a) Erläutern Sie, dass die Formel $s = v \cdot t$ ein Spezialfall der Formel $s = \int_{t_1}^{t_2} v(t)\mathrm{d}t$ ist.

b) Geben Sie Beispiele für verschiedene Bewegungsvorgänge an, für die der Zusammenhang zwischen der Zeit und dem zurückgelegten Weg mit Hilfe der genannten Formeln beschrieben werden kann.

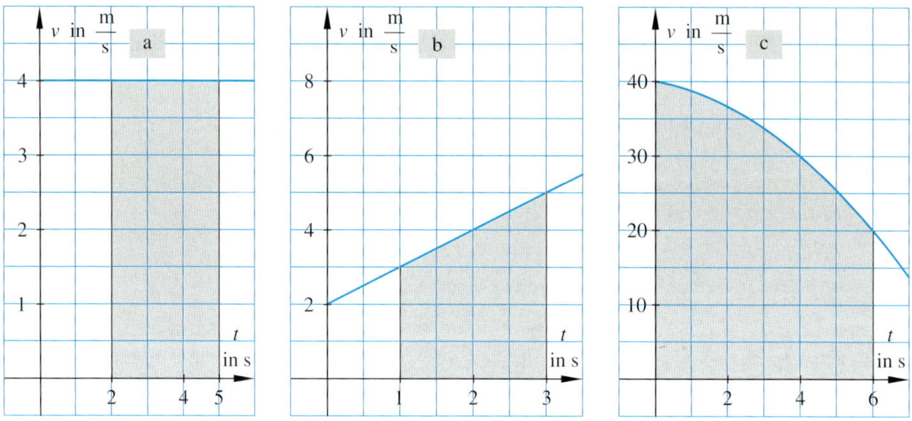

44

43. a) Ermitteln Sie aus den Diagrammen im Bild 44 den jeweils zurückgelegten Weg. Hinweis: Bestimmen Sie zunächst mittels einiger ausgewählter Wertepaare $[t; v]$ eine Funktionsgleichung für v in Abhängigkeit von t. Nehmen Sie zusätzlich für c) an, dass der abgebildete Teil der Kurve durch eine quadratische Funktion näherungsweise beschrieben wird.

b) Ermitteln Sie für Bild 44c für drei unterschiedliche Intervalle der Länge 3s den zurückgelegten Weg. Interpretieren Sie die Ergebnisse.

c) Ermitteln Sie für die Bilder 44a) bis c) den Weg der im Intervall [2; 3] zurückgelegt wird.
Interpretieren Sie die Ergebnisse.

d) Geben Sie jeweils für die drei Diagramme ein Intervall $[1; x]$ an, für das der zurückgelegte Weg 50 m beträgt.

44. Im Bild 45 ist der Fahrtenschreiber eines LKW abgebildet.

a) Welche Eintragungen können sie auf dem Fahrtenschreiber erkennen?

b) Versuchen Sie die Funktionsweise des Fahrtenschreibers zu erklären.

c) Sehen Sie einen Zusammenhang zur Integralrechnung?

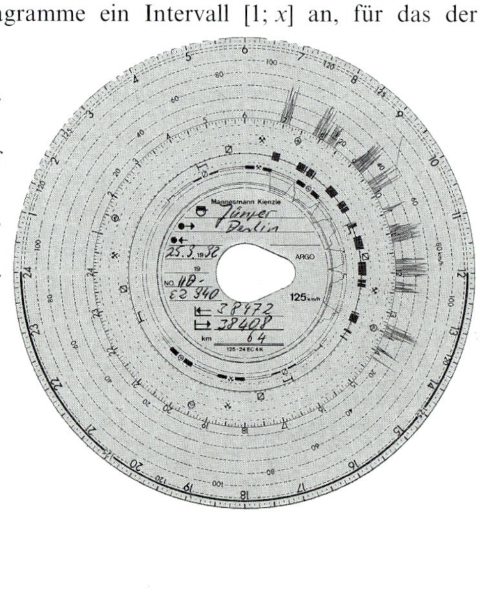

45

F

Anwendung der Infinitesimalrechnung auf weitere Klassen von Funktionen

1 Die natürliche Exponential- und Logarithmusfunktion

Viele Wachstums- und Zerfallsvorgänge können mit Hilfe geometrischer Folgen mathematisch beschrieben werden (vgl. Kapitel B). Das Bakterienwachstum und der radioaktive Zerfall sind Beispiele für derartige Prozesse in der Natur. Wird die Einschränkung des Definitionsbereiches auf natürliche Zahlen unterlassen, so ergeben sich als Verallgemeinerung der geometrischen Folgen Funktionen der Form $y = f(x) = ka^x$.

1. Choleravibrionen haben die Fähigkeit, sich alle 20 Minuten zu teilen. Es wird angenommen, dass ein derartiges Wachstumsverhalten im Untersuchungszeitraum vorliegen soll. Mit N_0 wird die Anzahl der Bakterien zum Zeitpunkt $t_0 = 0$ bezeichnet. Die Anzahl der zum Zeitpunkt t (in Stumden) vorliegenden Bakterien wird mit $N(t)$ bezeichnet.

a) Die Anzahl N zum Zeitpunkt t kann beschrieben werden durch eine Funktionsgleichung der Form $N(t) = N_0 a^t$. Ermitteln Sie a.

b) Eine Messung nach 1 Stunde hat ergeben, dass 4000 Bakterien vorliegen. Berechnen Sie N_0.

c) Berechnen Sie die Anzahl der Bakterien nach 15 Minuten, 45 Minuten sowie nach 2 Stunden und 2,5 Stunden.

d) Zu welchem Zeitpunkt liegen 150000 Bakterien vor?

e) Erörtern Sie die Annahme, dass das angenommene Wachstum unbegrenzt fortgesetzt werden kann.

2. Die Gesetzmäßigkeit des radioaktiven Zerfalls erlaubt es, näherungsweise das Alter z.B. von historischen Knochen- oder Holzfunden zu ermitteln. Verursacht durch die kosmische Strahlung wird in der Atmosphäre ständig radioaktives C14 gebildet. Es stellt sich ein gleichbleibendes Verhältnis C14 : C12 ein. Es beträgt in etwa $1 : 6{,}7 \cdot 10^{11}$. Die C14 Isotope gelangen in lebende Pflanzen durch Assimilation und Tiere durch die Aufnahme pflanzlicher Nahrung. Ihre Anzahl steht demzufolge dort im gleichen Verhältnis zu den C12 Kernen wie in der Atmosphäre. Stirbt das Lebewesen, sinkt die Anzahl der C14-Kerne und damit auch der Anteil gegenüber den C12-Isotopen. Die Verringerung der Anzahl N erfolgt in Abhängigkeit von der Zeit nach dem Gesetz $N(t) = N_0 a^t$.

a) Bei einem 3560 Jahre alten Holzfund wurde festgestellt, dass nur noch 65% der anfänglichen C14-Isotope vorhanden sind. Berechnen Sie a (auf 6 Dezimalstellen genau für t in Jahren) und die Halbwertszeit von C14.

b) In einem Knochenfund beträgt das Verhältnis C14 : C12 nur noch $1 : 12 \cdot 10^{11}$. Ermitteln Sie das Alter des Fundes.

c) Welches Verhältnis C14 : C12 ist in der Mumie Ramses II. (1224 v.Chr.) zu erwarten?

3. Können die folgenden Zusammenhänge mit einer linearen Funktion, einer quadratischen Funktion oder einer Funktion der Form $f(x) = ka^x$ beschrieben werden?

a) Für den Schweredruck p in einer Wassertiefe h gilt in etwa:

h in m	0	5	10	20	50	100	1000
p in bar	0	4,905	9,81	19,62	49,05	98,1	981

b) Für den Luftdruck p in einer Höhe h gilt in etwa:

h in m	0	1	2	3	5	10	15
p in bar	1,013	0,892	0,791	0,699	0,537	0,272	0,122

c) Für den von einem LKW beim Anfahren in der Zeit t zurückgelegten Weg s gilt bei einer konstanten Beschleunigung von 0,8 ms^{-1}:

t in s	0	1	2	3	5	10	15
s in m	0	0,4	1,6	3,6	10	40	90

4. Nennen Sie weitere Vorgänge, die durch geometrische Folgen oder Funktionen mit einer Gleichung der Form $f(x) = ka^x$ beschrieben werden können.

DEFINITION Es seien k ($k \neq 0$) und a ($a > 0$ und $a \neq 1$) reelle Zahlen.
Funktionen mit Gleichungen der Form $y = f(x) = ka^x$ heißen **Exponentialfunktionen**.

Zunächst konzentrieren wir uns auf den Fall $k = 1$ und gelangen somit zu Funktionen mit Gleichungen der Form $y = a^x$.

5. Übertragen und vervollständigen Sie die Wertetabellen und stellen Sie die Funktionsgraphen in einem Koordinatensystem dar:

a)

x	−3	−1,5	0	0,5	1	1,5	2	3,5
$f(x) = 2^x$								

b)

x	−1	−0,5	−0,2	0	0,1	0,3	0,5	1	1,1
$f(x) = 10^x$									

c)

x	−1,5	0	0,5	1	1,5	2	3,5
$f(x) = 0{,}5^x$							

6. Begründen Sie, dass für alle x gilt: $a^x = b^{x \cdot \log_b a}$, wobei $a > 0$, $b > 0$ und $a, b \neq 1$.

7. Nennen Sie Eigenschaften der Exponentialfunktionen und deren Graphen. Gehen Sie dabei insbesondere auf folgende Gesichtspunkte ein:
- Definitionsbereich
- Wertebereich
- Monotonie
- Achsenschnittpunkte
- Symmetrie
- Verhalten im Unendlichen.

Führen Sie dabei, falls erforderlich, eine Fallunterscheidung bezüglich der Basen aus.

8. Katja: „Durch jeden Punkt $P(x; y)$ mit $y > 0$ verläuft der Graph genau einer Exponentialfunktion $y = a^x$."
Denise: „Diese Aussage ist falsch, denn es gibt eine Ausnahme."
Sandy: „Welche Exponentialfunktion verläuft durch den Punkt $Q(4; 81)$?
Stefanie: „Das ist ja so einfach, dass man es im Kopf lösen kann. Wie sieht es aber mit dem Punkt $R(6; 8)$ und mit dem Punkt $S\left(8; \frac{1}{81}\right)$ aus?"
Kristina: „Auch für diese beiden Punkte sind die Basen der Exponentialfunktionen im Kopf zu ermitteln."
Paul: „Man kann aber auch einfach die Gleichung $y = a^x$ nach a auflösen."

a) Ist Katjas Aussage wirklich falsch, obwohl lediglich genau eine Ausnahme existiert? Welche Ausnahme meint Denise?
b) Lösen Sie die „Kopfrechenaufgaben" von Stefanie und Kristina.
c) Folgen Sie Pauls Vorschlag und stellen Sie die genannte Gleichung nach a um.

9. Geben Sie die folgenden Zahlen als Zehnerpotenz und als Dezimalbruch an:

a) 2^5 **b)** $3^{0,3}$ **c)** $20^{0,5}$
d) $0{,}5^8$ **e)** $0{,}01^3$ **f)** $\left(\frac{1}{10}\right)^4$

10. Schreiben Sie die folgenden Exponentialfunktionen in der Form $y = 2^{kx}$:

a) $y = 3^x$ **b)** $y = 4^x$ **c)** $y = 10^x$
d) $y = 0{,}5^x$ **e)** $y = 0{,}1^x$ **f)** $y = \left(\frac{1}{100}\right)^x$

Den bisherigen Überlegungen ist u.a. zu entnehmen:

- Wenn a und b positive reelle Zahlen mit $a, b \neq 1$ sind, so ist die Funktion a^x stets darstellbar in der Form $a^x = b^{x \cdot \log_b a}$. Ist $b \neq 1$ und $b > 0$, so lässt sich also jede beliebige Exponentialfunktion mit der Basis b schreiben. Demzufolge ist es möglich, Aussagen über eine bestimmte Exponentialfunktion – insbesondere solche zur Differenziation und Integration – leicht auf andere Exponentialfunktionen zu übertragen.
- Die Graphen aller Exponentialfunktionen verlaufen durch den Punkt $P(0; 1)$. Die grafischen Darstellungen zeigen, dass sich in diesem Punkt die Funktionsgraphen aber durch ihren Anstieg unterscheiden.

Wir werden unsere nachfolgenden Untersuchungen auf eine Exponentialfunktion konzentrieren, für die dieser Anstieg – und damit die 1. Ableitung – einen besonders einfachen Wert annimmt.

Es sei a zunächst die Basis einer beliebigen Exponentialfunktion $f(x) = a^x$. Dann gilt für den Differenzenquotienten an einer beliebigen Stelle x_0:

$$D(h) = \frac{f(x_0 + h) - f(x_0)}{h} = \frac{a^{x_0+h} - a^{x_0}}{h} = \frac{a^{x_0} \cdot a^h - a^{x_0}}{h} = a^{x_0} \cdot \frac{a^h - 1}{h} = f(x_0) \cdot \frac{a^h - 1}{h}.$$

11. Es sei $x_0 = 0$.

a) Vereinfachen Sie den Differenzenquotienten für diesen speziellen Wert von x_0.

b) Gegeben seien die Funktionen $f(x) = 2^x$ und $g(x) = 3^x$. Berechnen Sie die Differenzenquotienten $D(h)$ an der Stelle $x_0 = 0$ für die in der Tabelle angegebenen Werte von h:

$f(x) = 2^x$

h	$-0{,}1$	$-0{,}01$	$-0{,}001$	$0{,}001$	$0{,}01$	$0{,}1$
$D(h)$ an der Stelle $x_0 = 0$						

$g(x) = 3^x$

h	$-0{,}1$	$-0{,}01$	$-0{,}001$	$0{,}001$	$0{,}01$	$0{,}1$
$D(h)$ an der Stelle $x_0 = 0$						

c) Was vermuten Sie jeweils über den Grenzwert $\lim\limits_{h \to 0} D(h)$?

d) Charakterisieren Sie möglichst genau, welche Bedeutung dieser Grenzwert besitzt.

Die Ergebnisse der Aufgabe 11 lassen annehmen, dass an der Stelle $x_0 = 0$ der Anstieg der Funktion 2^x kleiner als 1 und der Anstieg der Funktion 3^x größer als 1 ist. Also liegt es nahe zu vermuten, dass eine Basis existiert, so dass die zugehörige Exponentialfunktion an der Stelle $x_0 = 0$ genau den Anstieg 1 hat.

Eine solche Basis existiert tatsächlich. Es ist die nach dem Schweizer Mathematiker, Physiker und Astronomen Leonhard Euler (1707–1783) benannte Zahl e. Sie ist eine irrationale Zahl und besitzt in der Analysis eine überaus große Bedeutung. Sie ist definiert als Grenzwert einer bestimmten Zahlenfolge. Der Nachweis, dass die so definierte Zahl e die eingangs gestellte Bedingung erfüllt, erfordert umfangreiche Untersuchungen, auf die an dieser Stelle verzichtet wird.

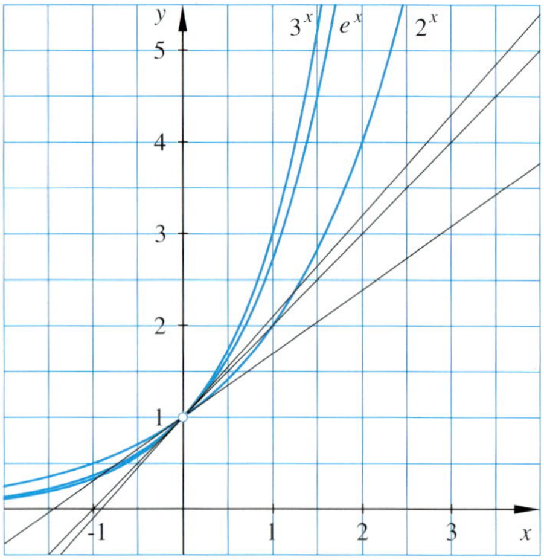

1

DEFINITION: Die **Eulersche Zahl *e*** ist diejenige Zahl, für die gilt: $e = \lim\limits_{n \to \infty} \left(1 + \frac{1}{n}\right)^n$.

12. Die Zahl e hätte auch als Grenzwert der Folge b_n mit $b_n = \left(1 + \frac{1}{n}\right)^{n+1}$ definiert werden können. In Bild 2 sind die ersten Glieder beider Folgen dargestellt. Welche Eigenschaften der Folgen lassen sich vermuten?

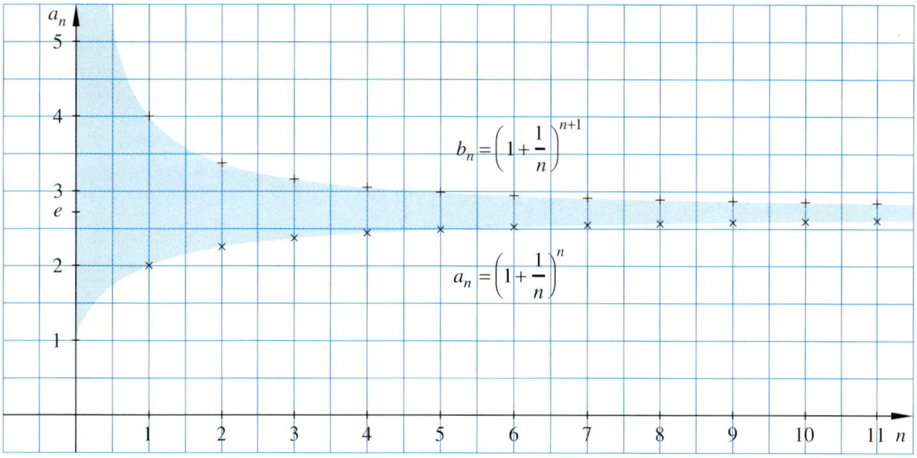

2

Ein rationaler Näherungswert für die Eulersche Zahl e ist 2,718281828.

Betrachtet man den Grenzwert des Differenzenquotienten $D(h) = f(x_0) \cdot \frac{a^h - 1}{h}$ für die Basis e an der Stelle $x_0 = 0$, so erhält man $\lim\limits_{h \to 0} D(h) = \lim\limits_{h \to 0} \frac{e^h - 1}{h} = 1$.

DEFINITION Die Exponentialfunktion $f(x) = e^x$ mit der Zahl e als Basis heißt **natürliche Exponentialfunktion**.

Die Funktion f mit $y = f(x) = e^x$ ist streng monoton wachsend. Daher ist f umkehrbar. Man erhält $y = e^x$ genau dann, wenn $x = \log_e y$. Benennt man die Variablen um, so ergibt sich als Umkehrfunktion $\bar{f}(x) = \log_e x$. Für $\log_e x$ schreibt man abkürzend $\ln x$.

Die Umkehrfunktion $\bar{f}$ der Funktion $f(x) = e^x$ ist die Funktion $\bar{f}(x) = \ln x$. Sie wird als **natürliche Logarithmusfunktion** bezeichnet.

13. Erklären Sie, wie der Graph der Funktion $\bar{f}(x) = \ln x$ aus dem Graphen der Funktion $f(x) = e^x$ entwickelt werden kann.

14. a) Skizzieren Sie den Graphen der Funktion $f(x) = 2^x$. Entwickeln Sie daraus den Graphen der Umkehrfunktion $\bar{f}$ und geben Sie eine Gleichung von $\bar{f}$ an.

b) Skizzieren Sie den Graphen der Funktion $f(x) = \log_{10} x = \lg x$. Entwickeln Sie daraus den Graphen der Umkehrfunktion $\bar{f}$ und geben Sie eine Gleichung von $\bar{f}$ an.

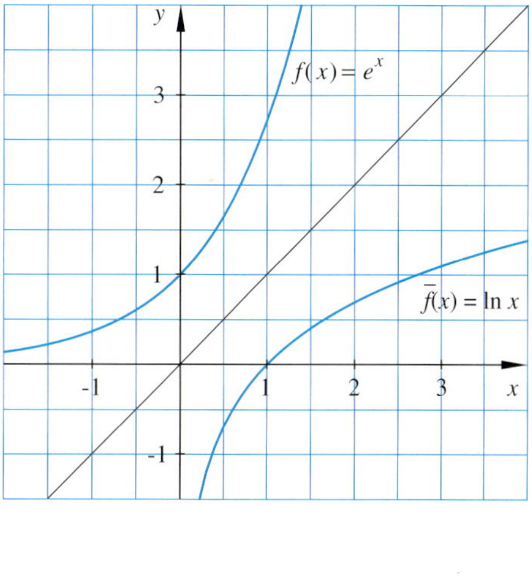

3

15. Schlussfolgern Sie aus den nachfolgend genannten Eigenschaften der Funktion $f(x) = e^x$ Eigenschaften der Funktion $\bar{f}(x) = \ln x$. Stellen Sie die Eigenschaften tabellarisch dar: $D_{e^x} = \mathbb{R}$; $W_{e^x} = \mathbb{R}^+$; f ist streng monoton wachsend; f ist umkehrbar; $f(0) = 1$; $\lim\limits_{x \to \infty} e^x = \infty$; $\lim\limits_{x \to -\infty} e^x = 0$; Anstieg des Funktionsgraphen von f wird immer steiler.

16. Berechnen Sie die folgenden Logarithmen (ohne Verwendung von Tafelwerk oder Taschenrechner):

a) $\ln e$ **b)** $\ln e^2$ **c)** $\ln e^3$ **d)** $\ln e^k$

e) $\ln \frac{1}{e}$ **f)** $\ln \frac{1}{e^k}$ **g)** $\ln \sqrt{e}$ **h)** $\ln \sqrt[3]{e}$

17. Geben Sie die Lösungen der folgenden Gleichungen an:

a) $\ln x = 2$ **b)** $\ln x = -4$ **c)** $\ln x = \frac{1}{5}$ **d)** $\ln x = -1$

18. Lösen Sie die folgenden Gleichungen:

a) $e^x = 2$ **b)** $e^{2x} = 3$ **c)** $e^{-x} = \frac{1}{3}$ **d)** $xe^x = 0$

19. Weisen Sie nach, dass aus der Eigenschaft $e^{x_1 + x_2} = e^{x_1} \cdot e^{x_2}$ der natürlichen Exponentialfunktion die Eigenschaft $\ln(x_1 \cdot x_2) = \ln x_1 + \ln x_2$ der natürlichen Logarithmusfunktion folgt.

20. Ein Kapital von $K = 1000$ DM wird mit 5% verzinst.

a) Berechnen Sie das Kapital nach 1, nach 2 und nach 10 Jahren, wenn die Zinsen jeweils nach einem Jahr zum Kapital hinzugefügt werden.

b) Das Kapital K soll wiederum mit 5% verzinst werden, allerdings mit halbjährlicher Verzinsung. Das heißt, dass jeweils nach einem halben Jahr eine Zinsgutschrift erfolgt. Begründen Sie, dass das Guthaben nach einem Jahr dann nicht $K_1 = K\left(1 + \frac{5}{100}\right)^1 = 1050$ DM, sondern $K_2 = K\left(1 + \frac{5}{2 \cdot 100}\right)^2 = 1050{,}625$ DM und allgemein $K_n = K\left(1 + \frac{5}{n \cdot 100}\right)^n$ beträgt.

(Mit K_n wird das Kapital nach einem Jahr bezeichnet, wenn das Jahr zur Versinsung in n gleiche Teile unterteilt wird.)

c) Berechnen Sie mit der Zuordnungsvorschrift für K_n das Kapital K_4 (bei vierteljährlicher Verzinsung), das Kapital K_{12} (bei monatlicher Verzinsung) und das Kapital K_{365} (bei täglicher Verzinsung) nach jeweils einem Jahr.

d) Wäre es möglich, das Kapital nach einem Jahr auf beliebig große Werte zu erhöhen, wenn man den Verzinsungszeitraum nur beliebig verkleinern könnte?
Berechnen Sie dazu das Kapital bei Verzinsung nach jeder Stunde und nach jeder Minute.
Vermuten Sie einen Grenzwert.

e) Zeigen Sie, dass $K_n = K\left[\left(1 + \frac{1}{n}\right)^n\right]^{\frac{5}{100}}$ folgt, wenn $\frac{n \cdot 100}{5} = k$ gesetzt wird. Treffen Sie nun erneut eine Aussage über K_n für beliebig wachsendes n.

2 Differenziation der Exponential- und Logarithmusfunktionen Integration der Exponentialfunktionen

Aus den Eigenschaften der Folgen $a_n = \left(1 + \frac{1}{n}\right)^n$ und $b_n = \left(1 + \frac{1}{n}\right)^{n+1}$ folgt die Ungleichungskette $a_n = \left(1 + \frac{1}{n}\right)^n \leq e \leq \left(1 + \frac{1}{n}\right)^{n+1} = b_n < b_{n-1} = \left(1 + \frac{1}{n-1}\right)^n$ (vgl. Bild 2).

Somit ist $\left(1 + \frac{1}{n}\right)^n \leq e \leq \left(1 + \frac{1}{n-1}\right)^n$ und damit $1 + \frac{1}{n} \leq e^{\frac{1}{n}} \leq 1 + \frac{1}{n-1}$.

Daraus folgt $1 \leq \frac{e^{\frac{1}{n}} - 1}{\frac{1}{n}} \leq \frac{n}{n-1}$. Da $\lim\limits_{n\to\infty} 1 = 1$ und $\lim\limits_{n\to\infty} \frac{n}{n-1} = 1$ ist, muss auch $\lim\limits_{n\to\infty} \frac{e^{\frac{1}{n}} - 1}{\frac{1}{n}} = 1$ sein.

In Abschnitt 1 wurde nachgewiesen, dass für den Differenzialquotienten $D(h)$ einer beliebigen Exponentialfunktion $f(x) = a^x$ an jeder Stelle x_0 $D(h) = f(x_0) \cdot \frac{a^h - 1}{h}$ gilt. Für die natürliche Exponentialfunktion gilt somit $D(h) = e^{x_0} \frac{e^h - 1}{h}$ an jeder Stelle x_0. Wählt man für h die spezielle Nullfolge $\frac{1}{n}$, so erhält man für den Differenzialquotienten $\lim\limits_{h\to 0} D(h) = \lim\limits_{n\to\infty} e^{x_0} \frac{e^{\frac{1}{n}} - 1}{\frac{1}{n}} = e^{x_0}$. Da man für jede andere Nullfolge zum gleichen Ergebnis kommt, gilt der nachfolgende Satz 1.

SATZ 1: Die Funktion f mit $f(x) = e^x$ ist an jeder Stelle ihres Definitionsbereiches differenzierbar und es gilt $(e^x)' = e^x$ für jedes x. Insbesondere ist $f'(0) = 1$.

Beispiele:
Es sollen die Ableitungen der folgenden Funktionen berechnet werden:
a) $(xe^x)' = e^x + xe^x = (x+1)e^x$
b) $(x^4 e^{-2x})' = 4x^3 e^{-2x} + x^4 e^{-2x}(-2) = x^3 e^{-2x}(4 - 2x)$

1. Ermitteln Sie jeweils die 1. Ableitung:

a) $f(x) = 5xe^x$ **b)** $f(x) = x^2 e^x$ **c)** $f(x) = 2x^3 e^x$
d) $f(x) = e^{2x}$ **e)** $f(x) = e^{5x}$ **f)** $f_t(x) = e^{2tx}$
g) $f(x) = e^{-2x}$ **h)** $f(x) = e^{x^2}$ **i)** $f_t(x) = e^{-3tx}$
j) $f(x) = x^2 e^{-x}$ **k)** $f(x) = \frac{x^3}{e^{2x}}$ **l)** $f(x) = \frac{e^{3x}}{x^2}$

2. Geben Sie jeweils die 1., 2. und 3. Ableitung an:

a) $f(x) = e^{-3x}$ **b)** $f(t) = e^{-\frac{1}{2}t}$ **c)** $f(t) = 6e^{2-3t}$

3. Berechnen Sie die 1. Ableitung. Geben Sie jeweils den Definitionsbereich von f an.

a) $f(x) = e^x\sqrt{x}$ **b)** $f(x) = \frac{\sqrt{x}}{e^x}$ **c)** $f(x) = \frac{e^x}{\sqrt{x}}$

4. Berechnen Sie $f'(1)$ und $f'(2)$:

a) $f(x) = e^x - e + \frac{e}{x}$ **b)** $f(x) = x^3 - e^{3x} + e^{-3x} + \frac{1}{3x}$

5. Ermitteln Sie jeweils die Gleichung der Tangente an den Graphen der Funktion f im Punkt $B(x_0; f(x_0))$.

a) $f(x) = e^x;\ B(0; f(0))$ **b)** $f(x) = e^x;\ B(x_0; e)$
c) $f(x) = xe^x;\ B(1; f(1))$ **d)** $f(x) = e - e^{-x};\ B(-1; f(-1))$

6. * Vom Punkt $P(1;2)$ aus soll die Tangente an den Graphen der Funktion $f(x) = e^x + 2$ gelegt werden. Berechnen Sie den Berührungspunkt (Abb. 4).

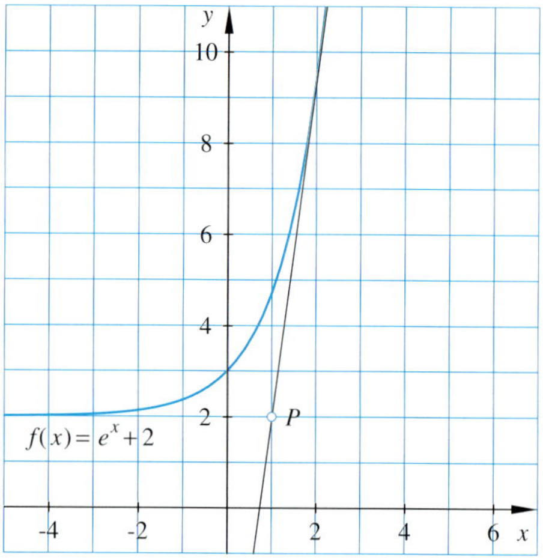

4

7. Begründen Sie die strenge Monotonie der natürlichen Exponentialfunktion mit Hilfe ihrer 1. Ableitung.

8. Schreiben Sie die Exponentialfunktionen jeweils in der Form $y = e^{cx}$. Bilden Sie dann die 1. Ableitung.

a) $f(x) = 2^x$
b) $f(x) = 10^x$
c) $f(x) = \left(\frac{1}{2}\right)^x$

SATZ 2: Jede Exponentialfunktion $f(x) = a^x$ ist auf dem gesamten Definitionsbereich differenzierbar und es gilt: $(a^x)' = a^x \cdot \ln a$.

9. Beweisen Sie Satz 2.

10. Geben Sie f' unter Verwendung von Satz 2 an:

a) $f(x) = 4^x$ **b)** $f(x) = 6^x$ **c)** $f(x) = 100^x$
d) $f(x) = \left(\frac{1}{3}\right)^x$ **e)** $f(x) = \left(\frac{1}{5}\right)^x$ **f)** $f(x) = 0{,}25^x$

11. Ermitteln Sie die 1. Ableitung:

a) $f(x) = 2^{5x}$ **b)** $f(x) = x^2 2^x$ **c)** $f(x) = \frac{3^x}{x^2}$ **d)** $f(x) = 2^{-x}$

12. Zeigen Sie, dass $y = (\ln 4)x + 2 - \ln 4$ eine Gleichung der Tangente an den Graphen der Funktion $f(x) = 2^x$ im Punkt $B(1; f(1))$ ist.

13. Begründen Sie den folgenden Satz:

SATZ 3: Es ist $\int e^x \mathrm{d}x = e^x + c$ und allgemein $\int a^x \mathrm{d}x = \frac{1}{\ln a} a^x + c$ $(a > 0;\ a \neq 1)$

Beispiele:

a) $\int e^{3x-2} \mathrm{d}x = \frac{1}{3} e^{3x-2} + c$

b) $\int\limits_1^5 2^x \mathrm{d}x = \left[\frac{1}{\ln 2} 2^x\right]_1^5 = \frac{1}{\ln 2}(2^5 - 2^1) = \frac{30}{\ln 2}$

14. Geben Sie jeweils eine Stammfunktion zu f an:

a) $f(x) = e^{3x}$
b) $f(x) = e^{-3x+2}$
c) $f(x) = 4e^{3x+5}$
d) $f(x) = \frac{1}{3} e^{2-6x}$
e) $f(x) = e^x + e^{-2x}$
f) $f(x) = x^4 + e^{4x} + \frac{x}{4}$

15. Berechnen Sie die folgenden Integrale:

a) $\int\limits_{-1}^{1} e^x \mathrm{d}x$
b) $\int\limits_{-1}^{1} e^{-x} \mathrm{d}x$
c) $\int\limits_0^2 e^{3x} \mathrm{d}x$

16. Ermitteln Sie die folgenden unbestimmten Integrale:

a) $\int 2^x \mathrm{d}x$
b) $\int 10^x \mathrm{d}x$
c) $\int 0{,}5^x \mathrm{d}x$
d) $\int (3^x + x^3) \mathrm{d}x$
e) $\int 3^{2x} \mathrm{d}x$
f) $\int 3 \cdot 10^{-2x} \mathrm{d}x$

17. Berechnen Sie die folgenden Integrale:

a) $\int\limits_{-2}^{1} 5^x \mathrm{d}x$
b) $\int\limits_{-2}^{3} 2^{-x} \mathrm{d}x$
c) $\int\limits_0^4 2^{0{,}5x} \mathrm{d}x$

Im vorherigen Abschnitt haben wir die Funktion $\bar{f}(x) = \ln x$ als Umkehrfunktion der Funktion $f(x) = e^x$ charakterisiert. Deshalb liegt es nahe, die 1. Ableitung der natürlichen Logarithmusfunktion mit Hilfe der in Kapitel D gefundenen Beziehung $\bar{f}'(y_0) = \frac{1}{f'(x_0)}$ zu ermitteln (siehe Aufgabe 50 auf Seite 123). In der entsprechenden Bezeichnung ist also $f(x_0) = e^{x_0}$ und $\bar{f}(y_0) = \ln y_0$.

18. Begründen Sie die einzelnen Schritte der folgenden Herleitung:

$$(e^x)' = e^x \Rightarrow (\ln y)' = \frac{1}{(e^x)'} = \frac{1}{e^x} = \frac{1}{y} \text{ für } y > 0 \Rightarrow (\ln x)' = \frac{1}{x} \text{ für } x > 0$$

SATZ 4: Die Funktion $f(x) = \ln x$ ist für alle $x > 0$ differenzierbar und es gilt $(\ln x)' = \frac{1}{x}$.

Beispiele:
Es sollen die 1. Ableitungen der folgenden Funktionen berechnet werden:

a) $\left(\ln(2x-3)\right)' = \frac{1}{2x-3} \cdot 2 = \frac{2}{2x-3}$

b) $\left(\ln\left(\frac{x}{x+1}\right)\right)' = \frac{x+1}{x} \cdot \frac{x+1-x}{(x+1)^2} = \frac{1}{x(x+1)}$

19. Geben Sie jeweils f' an. Untersuchen Sie, ob Stellen existieren, an denen f definiert, aber nicht differenzierbar ist.

a) $f(x) = \ln 3x$ **b)** $f_t(x) = \ln tx$ **c)** $f(x) = \ln(ax+b)$

d) $f(x) = \ln \frac{1-x}{1+x}$ **e)** $f(x) = (\ln x)^2$ **f)** $f(x) = \ln(x^2)$

20. Ermitteln Sie für die Funktionenschar f_t jeweils f_t':

a) $f_t(x) = \ln(tx^2+1)$ **b)** $f_t(x) = \frac{\ln(tx^2)}{\ln x}$

21. a) Begründen Sie, dass zu jeder Exponentialfunktion $y = f(x) = a^x$ mit $a > 1$ oder $0 < a < 1$ eine Umkehrfunktion $\bar{f}$ mit $\bar{f}(x) = \log_a x$ existiert.

b) Begründen Sie, dass für alle $x > 0$ gilt: $\log_a x = \frac{\ln x}{\ln a}$ $(a > 0;\ a \neq 1)$.

c) Begründen Sie den nachfolgenden Satz:

SATZ 5: Jede Logarithmusfunktion $f(x) = \log_a x = \frac{\ln x}{\ln a}$ $(x > 0,\ a > 0,\ a \neq 1)$ ist für jedes $x > 0$ differenzierbar und es gilt: $(\log_a x)' = \frac{1}{x \cdot \ln a}$.

22. Berechnen Sie jeweils f' und f'':

a) $f(x) = \log_3 x$ **b)** $f(x) = \log_{\frac{1}{3}} x$ **c)** $f(x) = \lg x$

23. Berechnen Sie diejenige Stelle x_0, an der die Funktion $f(x) = \log_3 x$ den Anstieg 0,2 aufweist.

24. Ermitteln Sie jeweils eine Gleichung der Tangente an den Graphen der Funktion f im Punkt $B(x_0; f(x_0))$:

a) $f(x) = 2^{-x};\ x_0 = 0$ **b)** $f(x) = \log_2 x;\ x_0 = 1$ **c)** $f(x) = \log_3 x;\ f(x_0) = 1$

25.* Gegeben sei die Funktion f mit $f(x) = \frac{2e^x}{e^x+1}$.

a) Begründen Sie, dass f eine Umkehrfunktion $\bar{f}$ besitzt.

b) Ermitteln Sie die Gleichung von $\bar{f}$.

c) Übertragen Sie den Graphen von f aus Abb. 5 und skizzieren Sie den Verlauf des Graphen von $\bar{f}$.

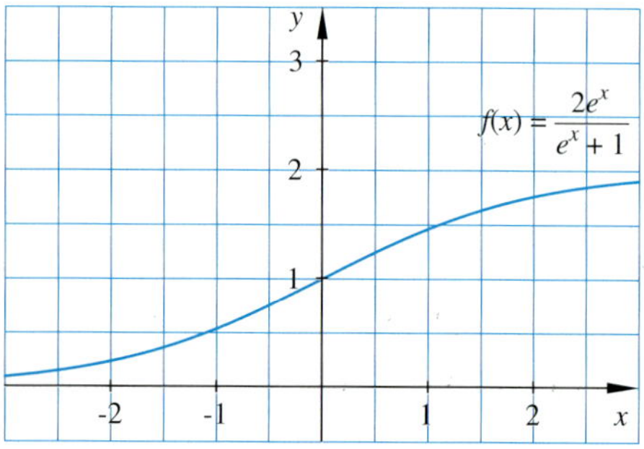

5

Ein Ergebnis der bisherigen Untersuchungen besteht darin, dass die Funktion F mit $F(x) = \ln x$ für $x > 0$ eine Stammfunktion der Funktion f mit $f(x) = \frac{1}{x}$ ist. Für $x > 0$ ist also $\int \frac{1}{x}\,\mathrm{d}x = \ln x$. Für $x < 0$ ist die Funktion F mit $F(x) = \ln(-x)$ eine Stammfunktion von $f(x) = \frac{1}{x}$, denn für $x < 0$ gilt: $F'(x) = -\frac{1}{x} \cdot (-1) = \frac{1}{x}$.

Die beiden letztgenannten Aussagen kann man zum folgenden Satz zusammenfassen:

SATZ 6:

$\int \frac{1}{x}\,\mathrm{d}x = \ln|x| + c \; (x \neq 0)$.

26. Begründen Sie die Aussagen, die zum vorstehenden Satz führten.

Beispiele:

a) $\int_1^4 \frac{1}{x}\,\mathrm{d}x = \Big[\ln|x|\Big]_1^4 = \ln 4 - \ln 1 = \ln 4$

b) $\int_0^5 \frac{1}{3x+2}\,\mathrm{d}x = \Big[\frac{1}{3}\ln|3x+2|\Big]_0^5 = \frac{1}{3}(\ln 17 - \ln 2) = \ln 8{,}5$

27. Berechnen Sie die folgenden Integrale:

a) $\int_2^{10} \frac{1}{x}\,\mathrm{d}x$ **b)** $\int_4^8 \frac{3}{2x}\,\mathrm{d}x$ **c)** $\int_1^5 -\frac{1}{4x}\,\mathrm{d}x$

d) $\int_2^6 \frac{1}{3x-5}\,\mathrm{d}x$ **e)** $\int_1^3 \frac{1}{x-8}\,\mathrm{d}x$ **f)** $\int_{-5}^{-4} \frac{5}{10x-8}\,\mathrm{d}x$

Beachten Sie, dass z.B. das Integral $\int_{-1}^{1} \frac{1}{x}\,\mathrm{d}x$ nicht existiert, da die Funktion $f(x) = \frac{1}{x}$ auf dem Integrationsintervall nicht integrierbar ist.

28. Frank rechnet: $\int \frac{1}{5x}\,\mathrm{d}x = \int \frac{1}{5} \cdot \frac{1}{x}\,\mathrm{d}x = \frac{1}{5}\int \frac{1}{x}\,\mathrm{d}x = \frac{1}{5}(\ln x + c) = \frac{1}{5}\ln x + \frac{c}{5}$.

Timo entgegnet: $\int \frac{1}{5x}\,\mathrm{d}x = \frac{1}{5}\ln(5x) + c$.

Berit meint: „Das ist kein Widerspruch, da sich beide Stammfunktionen nur um eine Konstante unterscheiden."

Begründen Sie, dass Berits Aussage wahr ist.

29. Weisen Sie nach, dass die Funktion F mit $F(x) = x\ln x - x$ eine Stammfunktion der Funktion f mit $f(x) = \ln x$ ist.

ZUSAMMENFASSUNG:

Funktionen mit Gleichungen der Form $y = ka^x$ ($a > 0$; $a \neq 1$) heißen Exponentialfunktionen. Die Funktion $y = e^x$ mit $e = \lim\limits_{n\to\infty}\left(1 + \frac{1}{n}\right)^n \approx 2{,}7183$ als Basis heißt natürliche Exponentialfunktion.

Jede andere Exponentialfunktion lässt sich durch den Zusammenhang $a^x = e^{x\ln a}$ auf die natürliche Exponentialfunktion zurückführen.
Jede Exponentialfunktion $f(x) = a^x$ besitzt eine Umkehrfunktion $\bar{f}(x) = \log_a x$. Die Umkehrfunktion der Funktion $f(x) = e^x$ ist die Funktion $\bar{f}(x) = \ln x$. Sie heißt natürliche Logarithmusfunktion.

Differenziation

Jede Exponentialfunktion ist auf dem gesamten Definitionsbereich differenzierbar.

Es gilt $(a^x)' = a^x \cdot \ln a$.

Insbesondere ist $(e^x)' = e^x$.

Jede Logarithmusfunktion ist auf dem gesamten Definitionsbereich differenzierbar.

Es gilt $(\log_a x)' = \frac{1}{x\ln a}$.

Insbesondere ist $(\ln x)' = \frac{1}{x}$.

Integration

Es ist $\int a^x \mathrm{d}x = \frac{1}{\ln a}a^x + c$ ($a > 0; a \neq 1$).

Insbesondere gilt $\int e^x \mathrm{d}x = e^x + c$.

Es ist $\int \ln x \mathrm{d}x = x\ln x - x$.

Es gilt weiterhin $\int \frac{1}{x}\mathrm{d}x = \ln|x|$.

3 Kurvendiskussionen, Flächenberechnungen und Extremwertprobleme

Kurvenuntersuchungen

1. Geben Sie jeweils den Definitionsbereich der Funktion f an und ermitteln Sie – falls vorhanden – die Nullstellen:

a) $f(x) = xe^{2x}$

b) $f(x) = (x-1)e^{x-1}$

c) $f(x) = (x^2 + x)e^{2-x}$

d) $f(x) = \frac{2x+4}{e^x}$

e) $f(x) = \frac{e^x}{x^2 - 2x}$

f) $f(x) = e^{-2x}\sqrt{x^2 - 1}$

2. Geben Sie jeweils den Definitionsbereich der Funktion f an und ermitteln Sie – falls vorhanden – die Nullstellen:

a) $f(x) = (x-2)\ln x$ **b)** $f(x) = (x^2-1)\ln x$

c) $f(x) = x^2 \ln x^2$ **d)** $f(x) = \ln\left(\dfrac{2x+4}{2x-4}\right)$

e) $f(x) = x\ln x - 2x$ **f)** $f(x) = \ln(4 - 2e^{-x})$

3. Berechnen Sie die Achsenschnittpunkte der Graphen folgender Funktionen:

a) $f(x) = (x+2)e^{2x}$ **b)** $f(x) = (x+1)\ln(x+2)$

c) $f(x) = (x^2-4x)e^{-x} + 2x^2e^{-x}$ **d)** $f(x) = xe^{-x} - x^2e^{-x}$

e) $f(x) = e^{-x}\sin x$ **f)** $f(x) = e^x \cos\left(x - \dfrac{\pi}{2}\right)$

4. Untersuchen Sie die Graphen folgender Funktionen jeweils auf Achsensymmetrie bezüglich der y-Achse bzw. auf Punktsymmetrie zum Koordinatenursprung:

a) $f(x) = e^{x^2}$ **b)** $f(x) = \dfrac{e^x - e^{-x}}{e^x + e^{-x}}$

5. Ermitteln Sie die lokalen Extrempunkte der folgenden Funktionen:

a) $f(x) = x^2e^{-2x}$ **b)** $f(x) = x^2e^x$

c) $f(x) = e^x + e^{-x}$ **d)** $f(x) = x\ln x$

e) $f(x) = \ln(1+x^2)$ **f)** $f(x) = 2(0{,}5x - \ln x)$

6. Weisen Sie nach, dass die folgenden Funktionen keine lokalen Extremstellen besitzen:

a) $f(x) = \dfrac{4e^x}{e^x+2}$ **b)** $f(x) = \ln\left(\dfrac{1+x}{1-x}\right)$

7. * Untersuchen Sie, für welche Werte des Parameters t die folgenden Funktionenscharen lokale Extrema besitzen:

a) $f_t(x) = (x^2 + 2x + 2t)e^{-x}$ **b)** $f_t(x) = (x^2 - 2t)e^{-2x}$

8. Äußern Sie eine Vermutung über die folgenden Grenzwerte (Hinweis: Setzen Sie geeignete Testwerte ein.):

a) $\lim\limits_{x\to\infty} x^2e^x$ **b)** $\lim\limits_{x\to-\infty} x^3e^x$ **c)** $\lim\limits_{x\to\infty} x^2e^{-x}$

d) $\lim\limits_{x\to-\infty} x^2e^{-x}$ **e)** $\lim\limits_{\substack{x\to 0\\ x>0}} x^2 \cdot \ln x$ **f)** $\lim\limits_{x\to\infty} \dfrac{1}{x}\ln x$

9. Inka: „Nach den bisherigen Beispielen vermute ich, dass sich die Funktion e^x gegen jede Potenzfunktion – und sei der Exponent noch so groß – durchsetzt."
Robert: „Aber jede Funktion $y = x^m$ ($m \in \mathbb{N}$) setzt sich gegen die Funktion $\ln x$ durch."
Formulieren Sie die beiden Aussagen, indem Sie die folgenden Aussagen vervollständigen, wobei stets $m \in \mathbb{N}$ ist:

a) $\lim\limits_{x\to-\infty} x^me^x = \ldots\ldots$ **b)** $\lim\limits_{x\to\infty} x^me^{-x} = \ldots\ldots$ **c)** $\lim\limits_{\substack{x\to 0\\ x>0}} x^m \cdot \ln x = \ldots\ldots$

d) $\lim\limits_{x\to\infty} \dfrac{\ln x}{x^m}$ **e)** $\lim\limits_{x\to\infty} \dfrac{x^m}{\ln x}$

Beispiel:
Für die Funktion f mit $f(x) = e^{1-x}(x+2)$ ist eine Kurvendiskussion auszuführen.

Definitionsbereich
Die Funktion f ist für alle reellen Zahlen definiert, denn beide Teilfunktionen sind für alle $x \in \mathbb{R}$ definiert.

Nullstellen
$0 = e^{1-x}(x+2)$ gilt genau dann, wenn $0 = e^{1-x}$ oder $0 = x+2$ ist.
$0 = e^{1-x}$ ist nicht erfüllbar, denn $e^x \neq 0$ für alle x.
$0 = x+2$ ist erfüllt für $x = -2$. Die Nullstelle ist $x_N = -2$.

Verhalten im Unendlichen
$\lim\limits_{x\to+\infty} f(x) = \lim\limits_{x\to+\infty} e^{1-x}(x+2) = 0$ und $\lim\limits_{x\to-\infty} f(x) = \lim\limits_{x\to-\infty} e^{1-x}(x+2) = -\infty$

Ableitungen
$f'(x) = e^{1-x} + (x+2)e^{1-x}\cdot(-1) = -(x+1)e^{1-x}$
$f''(x) = -e^{1-x} + (x+1)e^{1-x}\cdot = xe^{1-x}$
$f'''(x) = e^{1-x} + xe^{1-x}\cdot(-1) = -(x-1)e^{1-x}$

Lokale Extremwerte
Notwendige Bedingung: $f'(x) = 0$
Hinreichende Bedingung: $f'(x) = 0$ und $f''(x) \neq 0$
$0 = -(x+1)e^{1-x}$ gilt genau dann, wenn $0 = e^{1-x}$ oder $0 = x+1$ ist.
$0 = e^{1-x}$ ist nicht erfüllbar, denn $e^x \neq 0$ für alle x.
$0 = x+1$ ist erfüllt für $x = -1$. Die mögliche lokale Extremstelle ist $x_E = -1$.
$f''(-1) = -e^2 < 0$. Somit ist $x_E = -1$ eine lokale Maximumstelle.
$f(-1) = e^2$.
f nimmt an der Stelle $x_E = -1$ das lokale Maximum e^2 an.

Wendepunkte
Notwendige Bedingung:
$f''(x) = 0$
Hinreichende Bedingung:
$f''(x) = 0$ und $f'''(x) \neq 0$
$0 = xe^{1-x}$ gilt genau dann, wenn
$0 = e^{1-x}$ oder $x = 0$ ist.
$0 = e^{1-x}$ ist nicht erfüllbar,
denn $e^x \neq 0$ für alle x.
Die mögliche Wendestelle ist
$x_W = 0$.
$f'''(0) = e \neq 0$.
$f(0) = 2e$.
Also ist der Punkt $W(0; 2e)$ Wendepunkt des Graphen der Funktion f.

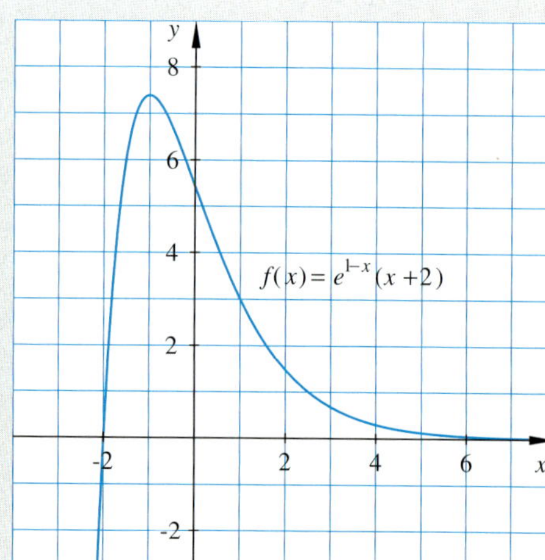

6

Beispiel: Für die Funktion f mit $f(x) = \ln\left(\frac{x^2}{4} + 1\right)$ wird eine Kurvendiskussion durchgeführt, wobei darauf verzichtet wird nachzuweisen, dass die Wendestellen die hinreichende Bedingung erfüllen.

Definitionsbereich

$D_f = \mathbb{R}$, denn $\frac{x^2}{4} + 1 > 0$ für alle $x \in \mathbb{R}$.

Symmetrie

Es gilt $f(-x) = \ln\left(\frac{(-x)^2}{4} + 1\right) = \ln\left(\frac{x^2}{4} + 1\right) = f(x)$.
Also verläuft der Graph von f axialsymmetrisch zur y-Achse.

Achsenschnittpunkte

$f(x) = \ln\left(\frac{x^2}{4} + 1\right) = 0$ gilt genau dann, wenn $\frac{x^2}{4} + 1 = 1$ ist. $x = 0$ ist die einzige Lösung dieser Gleichung. Das bedeutet, $N(0; 0)$ ist der einzige Schnittpunkt mit der x-Achse und gleichzeitig Schnittpunkt mit der y-Achse.

Verhalten im Unendlichen

$$\lim_{x \to +\infty} f(x) = \lim_{x \to +\infty} \ln\left(\frac{x^2}{4} + 1\right) = +\infty \text{ und } \lim_{x \to -\infty} f(x) = \lim_{x \to -\infty} \ln\left(\frac{x^2}{4} + 1\right) = +\infty$$

Ableitungen

$$f'(x) = \frac{1}{\frac{x^2}{4} + 1} \cdot \frac{2x}{4} = \frac{2x}{x^2 + 4}$$

$$f''(x) = \frac{2(x^2 + 4) - 2x \cdot 2x}{(x^2 + 4)^2} = \frac{-2(x^2 - 4)}{(x^2 + 4)^2}$$

Lokale Extrempunkte

Notwendige Bedingung: $f'(x) = 0$
Hinreichende Bedingung: $f'(x) = 0$ und $f''(x) \neq 0$

$0 = f'(x) = \frac{2x}{x^2 + 4}$ gilt genau dann, wenn $x = 0$ ist.

Also ist $x_E = 0$ die einzige mögliche lokale Extremstelle. Es ist $f'(0) = 0{,}5$, d.h. f nimmt an der Stelle $x_E = 0$ das lokale Minimum 0 an.

Wendepunkte

Notwendige Bedingung: $f''(x) = 0$
Hinreichende Bedingung: $f''(x) = 0$ und $f'''(x) \neq 0$

$0 = f''(x) = \frac{-2(x^2 - 4)}{(x^2 + 4)^2}$ gilt genau dann, wenn $0 = x^2 - 4$ ist. Somit sind $x_{W_1} = 2$ und $x_{W_2} = -2$ mögliche Wendestellen.
Ohne Nachweis sei mitgeteilt, dass $f'''(2) \neq 0$ und $f'''(-2) \neq 0$ ist.
Somit sind $W_1(2; \ln 2)$ und $W_2(-2; \ln 2)$ Wendepunkte des Funktionsgraphen.

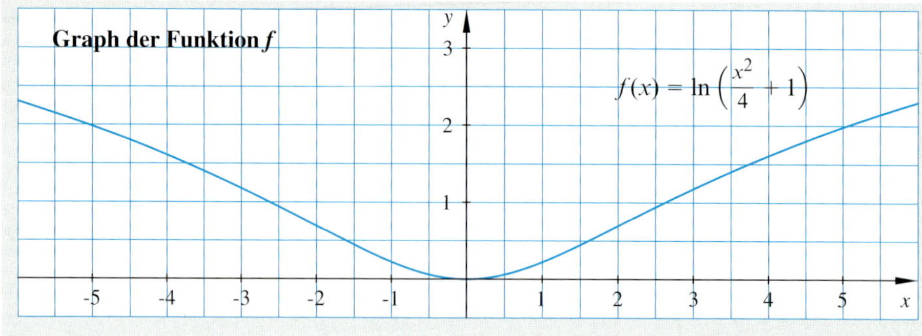

7

10. Führen Sie für folgende Funktionen eine Kurvendiskussion durch. Zeichnen Sie unter Verwendung der ermittelten Ergebnisse die Graphen der Funktionen.

a) $f(x) = (x-1)e^x$ **b)** $f(x) = xe^{-x}$
c) $f(x) = x^2e^{-x}$ **d)** $f(x) = e^x - e^{-x}$
e) $f(x) = 2xe^{-0,5x}$ **f)** $f(x) = (2x - x^2)e^x$

11. Führen Sie für folgende Funktionen eine vollständige Kurvendiskussion durch. Zeichnen Sie unter Verwendung der ermittelten Ergebnisse die Graphen der Funktionen.

a) $f(x) = x\ln x$ **b)** $f(x) = \ln(x^2+1)$

12. Untersuchen Sie die folgenden Funktionenscharen. Geben Sie jeweils an, welche Eigenschaften vom Parameter t abhängig sind. Stellen Sie f_0 und f_1 grafisch dar.

a) $f_t(x) = (x+t)e^{t-x}$
b) $f_t(x) = \ln(x^2+t)$

13.* Für $t \in \mathbb{R}$ sei die Funktionenschar f_t gegeben durch $f_t(x) = (x^2+2x+t)\cdot e^{-x}$.

a) Zeigen Sie, dass das Verhalten von f_t sowohl für $x \to +\infty$ als auch für $x \to -\infty$ unabhängig von t ist.

b) Geben Sie die Achsenschnittpunkte der Graphen von f_t in Abhängigkeit von t an.

c) Weisen Sie nach, dass eine Funktion f_t genau dann Extrempunkte besitzt, wenn $t < 2$ ist.

d) In Bild 8 sind die Graphen der Funktionen f_{-1}, f_0, f_1, f_2 und f_3 dargestellt. Begründen Sie, welcher Graph welche Funktion darstellt.

e) Ermitteln Sie für die Funktion f_t eine Gleichung der Tangente an den Graphen der Funktion im Punkt $B_t(0; f_t(0))$. Berechnen Sie die von t abhängigen Koordinaten des Schnittpunktes der Tangente mit der x-Achse.

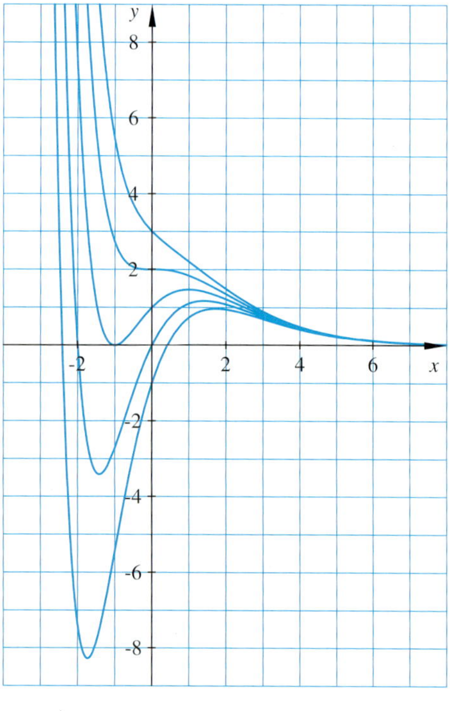

8

14.* Für $t \in \mathbb{R}$, $t > 0$ sei die Funktionenschar f_t gegeben durch $f_t(x) = \frac{2t}{te^x + 1}$.

a) Geben Sie den maximalen Definitionsbereich von f_t an und geben Sie – falls vorhanden – Schnittpunkte mit den Koordinatenachsen an.

b) Untersuchen Sie das Verhalten von f_t für $x \to +\infty$ und $x \to -\infty$ und ordnen Sie daraufhin den in der Abbildung 9 dargestellten Funktionsgraphen den entsprechenden Parameter t zu.

c) Weisen Sie nach, dass keine Scharkurve einen Extrempunkt besitzt.

d) Geben Sie den Wertebereich von f_t an.

e) Begründen Sie, dass jede Funktion f_t der Funktionenschar umkehrbar ist. Ermitteln Sie die Gleichung der Umkehrfunktion $\overline{f}_1$.

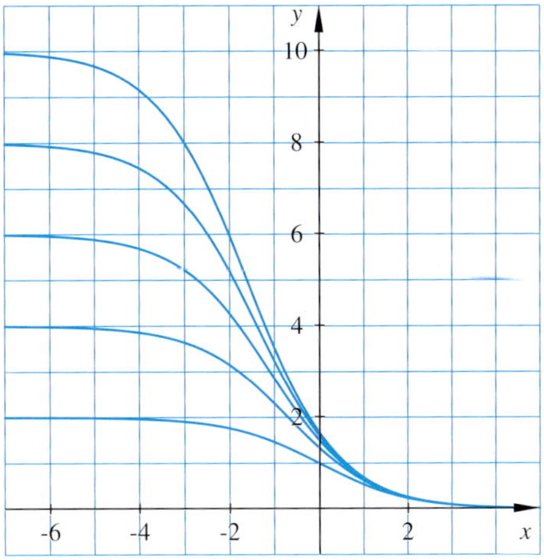

9

Flächenberechnungen

15. Berechnen Sie den Inhalt der Fläche, die begrenzt wird durch den Graphen der Funktion f, die x-Achse sowie den Geraden $x = x_1$ und $x = x_2$:

a) $f(x) = e^x$; $x_1 = -1$; $x_2 = 3$

b) $f(x) = e^{-0{,}5x}$; $x_1 = 0$; $x_2 = 4$

c) $f(x) = 10^x$; $x_1 = -2$; $x_2 = 4$

d) $f(x) = 2^{-x}$; $x_1 = -4$; $x_2 = 4$

e) $f(x) = \frac{1}{x}$; $x_1 = e$; $x_2 = e^2$

f) $f(x) = -\frac{2}{x}$; $x_1 = e$; $x_2 = 2e$

16. Berechnen Sie jeweils den Inhalt der markierten Fläche.

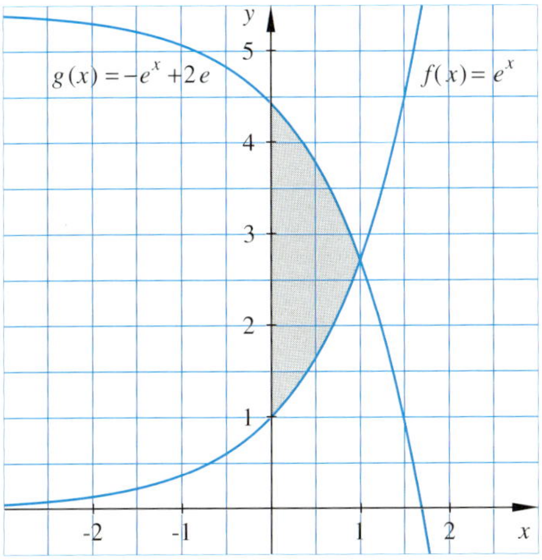

10

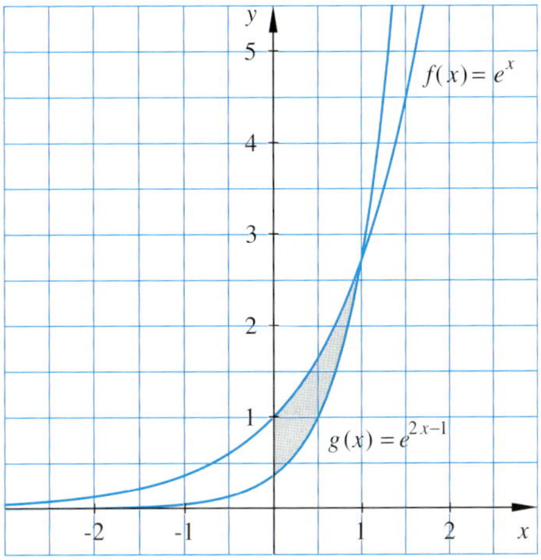

11

17. Gegeben sei die Funktion $f(x) = e^x(x - 2)$.

a) Bilden Sie die ersten drei Ableitungen der Funktion.

b) Ermitteln Sie die Achsenschnittpunkte und den Extrempunkt des Funktionsgraphen. Zeichnen Sie den Funktionsgraphen.

c) Vermuten Sie eine Stammfunktion F von f. Weisen Sie nach, dass F eine Stammfunktion von f ist.

d) Berechnen Sie den Inhalt der Fläche, die von den Koordinatenachsen und dem Funktionsgraphen vollständig begrenzt wird.

Beispiel: Es soll untersucht werden, ob der ins Unendliche reichenden markierten Fläche eine endliche Maßzahl zugeordnet werden kann.
Dazu wird zunächst der von u abhängende Inhalt der Fläche berechnet, die im 1. Quadranten durch den Funktionsgraphen und eine Gerade $x = u$ begrenzt wird.
Anschließend wird untersucht, ob der Grenzwert für $u \to \infty$ existiert.

$$A(u) = \int_0^u f(x)\mathrm{d}x = \int_0^u e^{-x}\mathrm{d}x = \left[-e^{-x}\right]_0^u = -e^{-u} - (-e^0) = -e^{-u} + 1$$

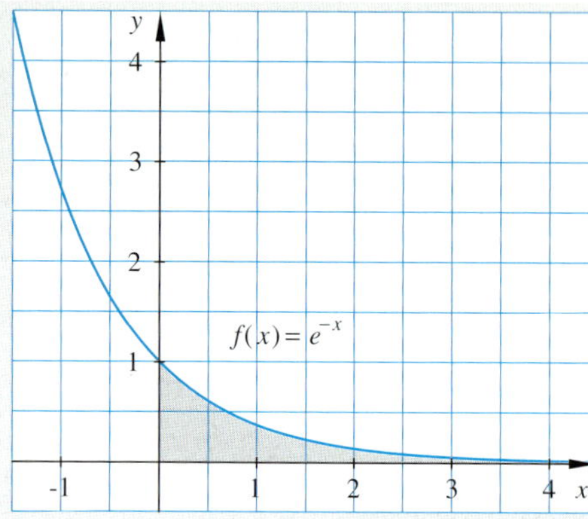

12

$$\lim_{u\to\infty} A(u) = \lim_{u\to\infty}\left(-e^{-u} + 1\right) = 1$$

Der betrachteten Fläche kann also der Inhalt 1 FE zugeordnet werden.
(Bemerkung: Wenn der Grenzwert $\lim\limits_{u\to\infty}\int_a^u f(x)\mathrm{d}x$ existiert, so nennt man ihn „uneigentliches Integral" und schreibt dafür $\int_a^\infty f(x)\mathrm{d}x$.)

18. Weisen Sie nach, dass den markierten Flächen endliche Maßzahlen zugeordnet werden können:

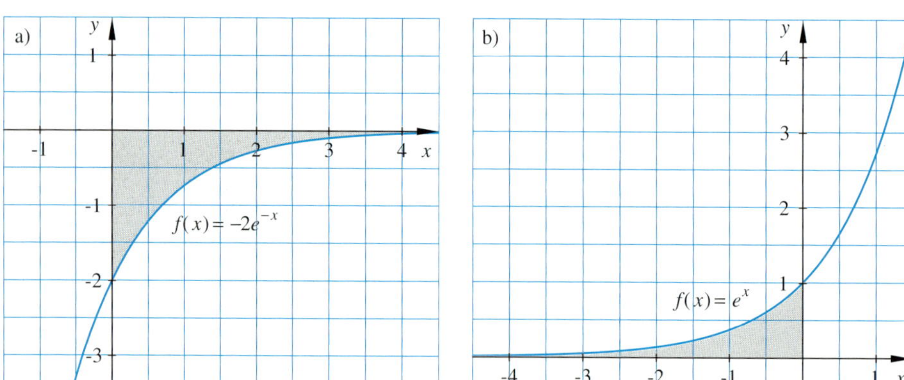

13

19. Untersuchen Sie, ob das uneigentliche Integral $\int\limits_2^{\infty} \frac{1}{x}\mathrm{d}x$ existiert. Interpretieren Sie Ihr Ergebnis anhand des Graphen der Funktion $f(x) = \frac{1}{x}$.

20.* Zeigen Sie, dass die Funktion $F(x) = -e^{-x}(x^2 + 4x + 4)$ eine Stammfunktion der Funktion $f(x) = (x^2 + 2x)e^{-x}$ ist.
Der Graph der Funktion f und die x-Achse begrenzen zwei Flächen, die erste im 3. Quadranten und die zweite im 1. Quadranten ins Unendliche reichend.
Weisen Sie nach, dass auch die letztere eine endliche Maßzahl besitzt und die Inhalte beider Flächen gleich sind.

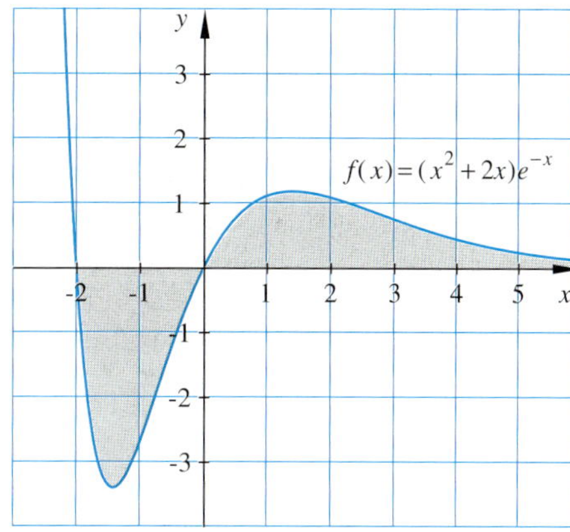

14

Beispiel: Gegeben sei die Funktion f mit $f(x) = e^{2-x}$. $P(u; f(u))$ mit $u > 0$ sei ein beliebiger Punkt auf dem Graphen von f. Die Parallele zur y-Achse durch P schneidet die x-Achse im Punkt B. Es ist zu ermitteln, für welchen Wert von u das rechtwinklige Dreieck OBP einen maximalen Inhalt besitzt.

Zielfunktion:

$A(u) = \frac{u \cdot f(u)}{2} = \frac{u \cdot e^{2-u}}{2}$

Ermittlung lokaler Extremstellen:

$A'(u) = \frac{1}{2}\left(e^{2-u} - ue^{2-u}\right) = \frac{1}{2}e^{2-u}(1 - u)$

und $A''(u) = \frac{1}{2}e^{2-u}(u - 2)$

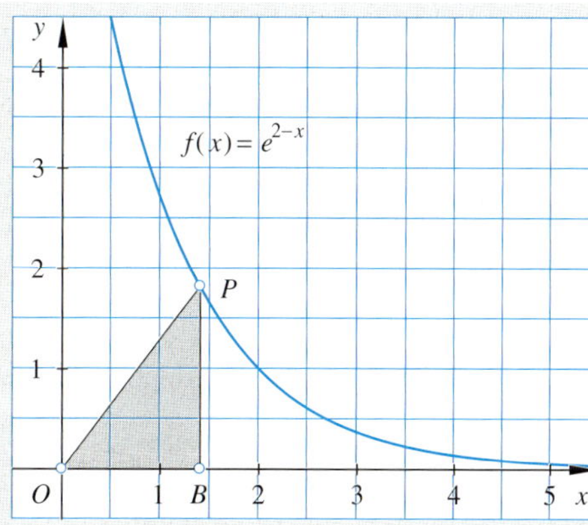

15

$0 = A'(u) = \frac{1}{2}e^{2-u}(1 - u)$ genau dann, wenn $u = 1$. Es gilt $A''(1) = -0{,}5e < 0$.

Also nimmt der Flächeninhalt für $u = 1$ ein lokales Maximum an. Wegen $A'(u) > 0$ ist A für $0 < u < 1$ monoton wachsend und wegen $A'(u) < 0$ ist A monoton fallend für $u > 1$. Somit ist $A(1)$ gleichzeitig globales Maximum. Der maximale Dreiecksinhalt beträgt $A(1) = 0{,}5e$.

21. Gegeben sei die Funktion $f(x) = 2e^{4-x}$. $P(u; f(u))$ mit $u > 0$ sei ein beliebiger Punkt auf dem Graphen von f. Die Parallele zur y-Achse durch P schneidet die x-Achse im Punkt B und die Parallele zur x-Achse durch P schneidet die y-Achse im Punkt D. Für welchen Wert von u wird der Inhalt des Rechtecks $OBPD$ extremal? Geben Sie die Art des Extremums an.

4 Wachstumsfunktionen

In den Natur- und Wirtschaftswissenschaften ist es häufig erforderlich, Wachstums- und Zerfallsprozesse zu untersuchen. Ausgehend von bestimmten Annahmen über den Verlauf der Prozesse werden Funktionen zu deren mathematischen Beschreibung gesucht. Mit Hilfe der ermittelten Funktionen lassen sich dann Voraussagen zum weiteren Verlauf der Vorgänge treffen, wobei stets berücksichtigt werden muss, dass der aufgefundene Zusammenhang nur für begrenzte Zeiträume gelten kann.
Die Funktionen werden häufig als Funktionen der Zeit t angegeben. Die Definitionsbereiche für Wachstumsprozesse sind somit Zeitintervalle.
Die Grundannahmen für Wachstumsprozesse führen auf Gleichungen, in denen die Ableitung einer Funktion auftritt. Lösungen derartiger Gleichungen sind Funktionen, die die gestellte Bedingung erfüllen. Gleichungen dieser Art heißen wegen des Auftretens der Ableitungen **Differenzialgleichungen**.

Natürliches Wachstum

Für viele Wachstumsprozesse kann von der Annahme ausgegangen werden, dass der Zuwachs proportional zum schon vorhandenen Bestand ist. Solche Prozesse werden als natürliches Wachstum bezeichnet. Die genannte Annahme führt auf die Differenzialgleichung $f'(t) = kf(t)$, wobei k eine konstante Größe ist.

1. Für das ungestörte Wachstum einer Bakterienkultur gilt $N'(t) = kN(t)$. Dabei gibt $N(t)$ die Anzahl der zum Zeitpunkt t vorhandenen Bakterien an.
Zeigen Sie, dass Funktionen der Form $N(t) = N(0)e^{kt}$ Lösungen der Differenzialgleichung $N'(t) = kN(t)$ sind.

2. Das Wachstum einer Bakterienkolonie werde beschrieben durch die Funktion $N(t) = 1000e^{0{,}05t}$ (t in Stunden).

a) Vervollständigen Sie die folgende Tabelle und stellen Sie $N(t)$ graphisch dar:

t in h	1		5		25	50
$N(t)$		1160		1870		

b) Berechnen Sie $N(100)$ und $N(1000)$. Nehmen Sie zur Anwendbarkeit des Modells des natürlichen Wachstums Stellung.

3. Häufig wird das Bakterienwachstum charakterisiert durch die Angabe der Verdopplungszeit, also der Zeit, nach der sich durchschnittlich die Anzahl der Bakterien verdoppelt hat.
Ermitteln Sie eine Wachstumsgleichung für eine Bakterienkultur mit einer Verdopplungszeit von $t_D = 20$ min.

4. Rn-220[1] besitzt eine Halbwertszeit $t_H = 55{,}6$ s. Ermitteln Sie den Wert für k in der entsprechenden Wachstumsgleichung $N(t) = N(0)e^{kt}$ (t in Sekunden).

[1] Rn-220 ist ein radioaktives Isotop des Elementes Radon

5. Die Anzahl der zum Zeitpunkt 0 vorhandenen radioaktiven Kerne sei N_0, t_H sei die Halbwertszeit das radioaktiven Materials. Geben Sie das Verhältnis $\frac{t}{t_H}$ an, so dass zum Zeitpunkt t noch 90%, 75%, 50%, 25%, 10%, 1% bzw. 0,1% von N_0 vorhanden sind.

6. Wird ein Kondensator der Kapazität C über einen Widerstand R entladen, so genügt die am Widerstand anliegende Spannung der Gleichung $u(t) = U_0 e^{-\frac{1}{RC}t}$ (t in Sekunden).

a) Es sei $R = 250\,\text{k}\Omega$ und $C = 200\,\mu\text{F}$.
Nach welcher Zeit beträgt die Spannung nur noch 25% des Anfangswertes?
Nach welcher Zeit beträgt sie nur noch 0,25% des Anfangswertes?

b) Es sei $R = 250\,\text{k}\Omega$. Der Wert der Spannung sei nach 25 s auf 10% des Ausgangswertes gesunken. Berechnen Sie C.

7. Für China und Indien wurden folgende Einwohnerzahlen ermittelt bzw. vermutet:

Jahr	1993	2000
China	1,178 Mrd.	1,255 Mrd.
Indien	0,898 Mrd.	1,022 Mrd.

Setzen Sie für die Entwicklung in beiden Ländern natürliches Wachstum voraus. Es gelte also jeweils $N(t) = N_0 e^{kt}$ (t in Jahren).

a) Berechnen Sie den Wert von k für beide Länder.

b) Wie hoch wäre die Einwohnerzahl in den beiden Ländern im Jahr 2025, wenn sich die Bevölkerungszahl weiterhin dem Wachstumsgesetz entsprechend erhöhen würde?

c) Stellen Sie beide Wachstumsvorgänge grafisch dar. Lesen Sie aus der grafischen Darstellung ab, in welchem Jahr beide Länder unter den genannten Voraussetzungen annähernd die gleiche Einwohnerzahl hätten.

d) Diskutieren Sie die Annahme des natürlichen Wachstums.

Beschränktes Wachstum

8. Diskutieren Sie, ob die folgenden Vorgänge mit Hilfe des natürlichen Wachstums bzw. Zerfalls adäquat beschrieben werden können.

a) Stromstärke beim Einschalten eines Reihenstromkreises mit einem Widerstand R und einer Spule der Induktivität L.

b) Temperaturabnahme eines heißen Körpers in einer kälteren Umgebung mit konstanter Temperatur.

c) Geschwindigkeit eines Fallschirmspringers, sofern der Schirm unmittelbar nach dem Absprung geöffnet wird.

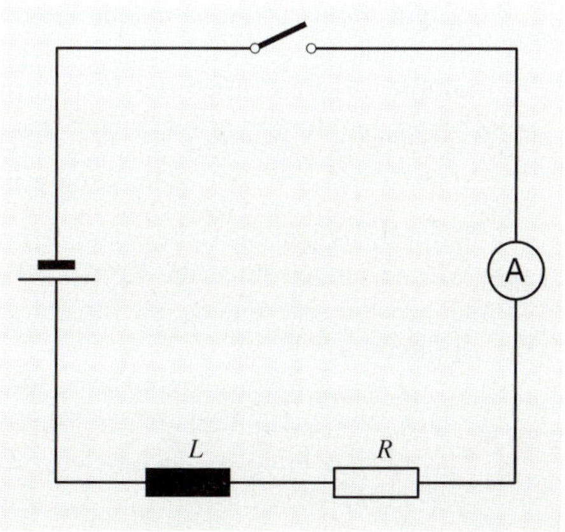

16

In den Beispielen aus Aufgabe 8 nähert sich eine Größe einem Grenzwert G an. Geht man davon aus, dass das Wachstum proportional ist zur Differenz zwischen dem Wert G und dem Momentanwert, so führt dies auf die Differenzialgleichung $f'(t) = k(G - f(t))$. Ein solches Wachstumsmodell heißt **beschränktes Wachstum**.

Beispiel: Es wird gezeigt, dass die Funktion $f(t) = 3 - 2e^{-0{,}4t}$ die Differenzialgleichung $f'(t) = 0{,}4(3 - f(t))$ erfüllt.
Wird f in die Differenzialgleichung eingesetzt, so ergibt sich
$f'(t) = 0{,}4(3 - (3 - 2e^{-0{,}4t})) = 0{,}8e^{-0{,}4t}$.
Wird andererseits die Funktion f abgeleitet, so erhält man
$f'(t) = -2 \cdot (-0{,}4)e^{-0{,}4t}$
und damit ebenfalls $f'(t) = 0{,}8e^{-0{,}4t}$.

9. **a)** Weisen Sie nach, dass die Funktion $f(t) = 5 - 3e^{-0{,}7t}$ die Differenzialgleichung $f'(t) = 0{,}7(5 - f(t))$ erfüllt.
b) Berechnen Sie $f(0)$, $f(10)$ und den Grenzwert von f für $t \to \infty$.

10. Es wird eine Funktion untersucht, die den Stromstärkeverlauf des in Aufgabe 8a beschriebenen Stromkreises beschreibt.
a) Begründen Sie, dass bei einer angelegten Spannung U_0 für den Momentanwert der Spannung $u(t) = R \cdot i(t) = U_0 - L \cdot i'(t)$ gilt.
Zeigen Sie, dass daraus $i'(t) = \frac{R}{L}\left(\frac{U_0}{R} - i(t)\right)$ folgt.
b) Weisen Sie nach, dass $i(t) = \frac{U_0}{R}\left(1 - e^{-\frac{R}{L}t}\right)$ Lösung der unter a) genannten Differenzialgleichung ist.
c) Berechnen Sie, wie viel Prozent der maximalen Stromstärke $\frac{U_0}{R}$ die Stromstärke zu den Zeitpunkten $t_1 = \frac{L}{R}$, $t_2 = 2\frac{L}{R}$ und $t_3 = 3\frac{L}{R}$ beträgt.

11. Öffnet sich der Schirm eines Fallschirmspringers unmittelbar nach dem Absprung, so kann davon ausgegangen werden, dass auf ihn nicht nur die der Fallbeschleunigung entsprechende Kraft mg wirkt, sondern auch ein Luftwiderstand F_L, der annähernd proportional zur momentanen Geschwindigkeit ist.
Somit gilt $F = ma(t) = mg - cv(t)$, wobei der Proportionalitätsfaktor abhängig ist von den Eigenschaften des Fallschirms.
a) Zeigen Sie durch Differenzieren der Funktion v, dass Funktionen der Form
$v(t) = \frac{mg}{c}\left(1 - e^{-\frac{c}{m}t}\right)$ dem oben genannten Sachverhalt entsprechen.
Berücksichtigen Sie dabei, dass $a(t) = v'(t)$ gilt.
b) Welche Einheit muss die Konstante c besitzen?
c) Geben Sie eine Gleichung für die maximale Geschwindigkeit $v_{\max}$ des Fallschirmspringers an.
d) Es sei $v_{\max} = 5\ \mathrm{ms}^{-1}$ und $m = 100$ kg. Berechnen Sie c. Stellen Sie für die gegebenen Werte den Verlauf der Funktion $v(t)$ graphisch dar. Lesen Sie aus der grafischen Darstellung ab, nach welcher Zeit der Springer seine maximale Geschwindigkeit annähernd erreicht hat.

Logistisches Wachstum

Bei der Untersuchung von Vorgängen, die mit Hilfe des natürlichen Wachstums beschrieben wurden, ist mehrfach festgestellt worden, dass die Anwendung dieses mathematischen Modells nur für einen begrenzten Zeitraum Anwendung finden kann. Betrachtet man das Wachstum einer Bakterienkolonie, so wird nach einer gewissen Zeit die Anzahl so groß sein, dass auf Grund der durch die Umgebung gegebenen Bedingungen keine Vermehrung mehr nach dem Gesetz des natürlichen Wachstums erfolgen kann. Vielmehr wird die Anzahl ähnlich wie beim beschränkten Wachstum einem maximalen Wert entgegenstreben. Andererseits kann das Modell des beschränkten Wachstums allein den Vorgang nicht adäquat beschreiben, da in der Anfangsphase annähernd ein natürliches Wachstum vorliegt. Dieser Überlegung kann man durch folgenden Ansatz gerecht werden:
Es soll seinerseits $N'(t) \sim N(t)$ – wie beim natürlichen Wachstum – und andererseits $N'(t) \sim (G - N(t))$ – wie beim beschränkten Wachstum – gelten. Daraus ergibt sich $N'(t) \sim N(t)(G - N(t))$ und somit die Differenzialgleichung $N'(t) = kN(t)(G - N(t))$, wobei G der Maximalwert ist. Eine Funktion, die diese Differenzialgleichung erfüllt, wird **logistische Funktion** genannt. Funktionen, die Lösung der Differenzialgleichung sind, genügen der Gleichung $N(t) = \dfrac{cG}{c + e^{-kGt}}$.

12. Es wird eine das Bakterienwachstum beschreibende Funktion untersucht. Dabei wird davon ausgegangen, dass logistisches Wachstum vorliegt.

a) Es sei $N(0) = 100$, $N(2) = 398$ und $N(4) = 1583$, wobei t in Stunden angegeben wird. Zeigen Sie, dass die Funktion N mit $N(t) = \dfrac{100{,}01}{0{,}0001 + e^{-0{,}6908t}}$ die genannten Werte annimmt.

b) Welche maximale Anzahl von Bakterien ist zu erwarten?

c) Stellen Sie die Funktion N graphisch dar.

d) Ermitteln Sie graphisch den Zeitpunkt, zu dem 95% des Endbestandes erreicht sind.

e) Lesen Sie näherungsweise den Zeitpunkt des maximalen Wachstums ab.
Geben Sie an, wie Sie diesen Zeitpunkt berechnen würden.

ZUSAMMENFASSUNG:

Wachstum

natürliches	**beschränktes**	**logistisches**

Grundannahme des Modells (k Porportionalitätsfaktor)

$f'(t) = k\,f(t)$	$f'(t) = k(G - f(t))$	$f'(t) = k\,f(t)(G - f(t))$

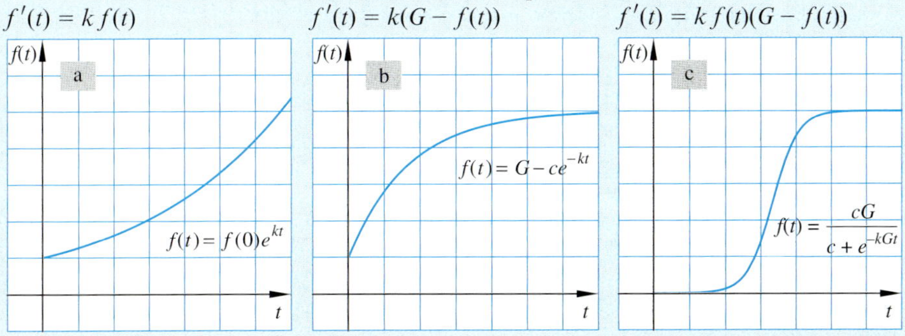

5 Wiederholung von Eigenschaften der Winkelfunktionen

Für die Beschreibung periodischer Vorgänge in Natur und Technik spielen die Winkelfunktionen eine große Rolle. In den folgenden Lerneinheiten werden zunächst Eigenschaften von Winkelfunktionen wiederholt und Methoden zur Lösung von Gleichungen, in denen auch Winkelfunktionen vorkommen, besprochen.
Sodann werden die Winkelfunktionen differenziert und Stammfunktionen einiger Winkelfunktionen ermittelt. Die gewonnenen Erkenntnisse werden bei Kurvendiskussionen, Lösen von Extremwertaufgaben und bei Flächenberechnungen angewendet.

Bei der Definition der Winkelfunktionen werden die Argumente als Winkelmaße interpretiert. Die Größe von Winkeln wird vor allem mit Hilfe der Einheiten **Grad** (1°) und **Radiant** (1 rad) angegeben. Das Gradmaß wird definiert, indem man dem Winkel, den zwei senkrecht aufeinander stehende Geraden bilden, die Größe 90° zuweist. Betrachtet man einen gegebenen Winkel als Zentriwinkel im Einheitskreis, kann die Länge des zum Zentriwinkel gehörenden Kreisbogens als Maß für den Winkel genommen werden. Dem Winkel von 90° entspricht dann die Länge des Viertelkreisbogens mit dem Radius 1. Man bezeichnet diese Winkelgröße mit 1 Radiant (1 rad).[1]

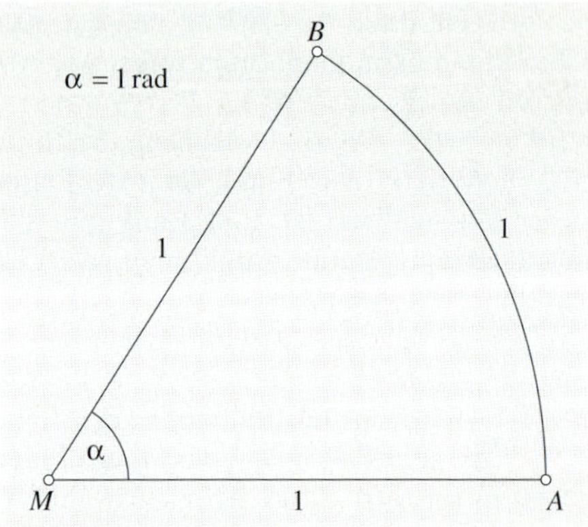

18

1. **a)** Geben Sie folgende Winkel im Bogenmaß an: 60°; 120°; 312°; 114,6°; 274,2°
   b) Rechnen Sie folgende Winkel ins Gradmaß um: 1,72; 3,00; 6,58; 1,57; 9,42

2. α sei eine Winkelgröße, die in Grad angegeben ist, $\hat{\alpha}$ dieselbe Winkelgröße, aber im Bogenmaß angegeben. Begründen Sie mit Bezug auf Bild 19 die Beziehung $\hat{\alpha} : \pi = \alpha : 180°$.

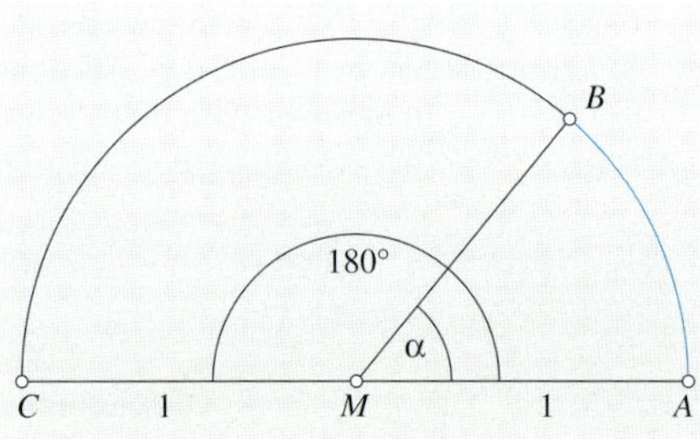

19

Beispiele:

a) Es ist $\alpha = 132{,}4°$. Der Winkel soll im Bogenmaß angegeben werden.
Aus $\frac{\hat{\alpha}}{\pi} = \frac{132{,}4°}{180°}$ folgt $\hat{\alpha} = \frac{132{,}4° \cdot \pi}{180°}$. Damit ist $\hat{\alpha} = 2{,}311$ rad.

b) Es sei $\hat{\alpha} = 0{,}745$ rad. Der Winkel α soll im Gradmaß angegeben werden.
Aus $\frac{\alpha}{180°} = \frac{0{,}745}{\pi}$ folgt $\alpha = \frac{0{,}745}{\pi} \cdot 180°$. Damit ist $\alpha = 42{,}7°$.

[1] Wenn keine Missverständnisse zu befürchten sind, lässt man bei der Angabe eines Winkels im Bogenmaß die Bezeichnung „rad“ weg.

3. Geben Sie die folgenden Winkel im Bogenmaß an:

a) 21°; 72°; 270°; 800°; −122° **b)** 46°; −280°; 450°; 10°; −100°

4. Geben Sie die im Bogenmaß gegebenen Winkel im Gradmaß an:

a) 2; 3,5; −2,5; 1; $\frac{\pi}{2}$ **b)** 0,1; 10; $\frac{5\pi}{6}$; −3,2; 5π

5. Geben Sie eine Definition der Sinus- und der Kosinusfunktion mit Bezug auf das Bild 20 an.

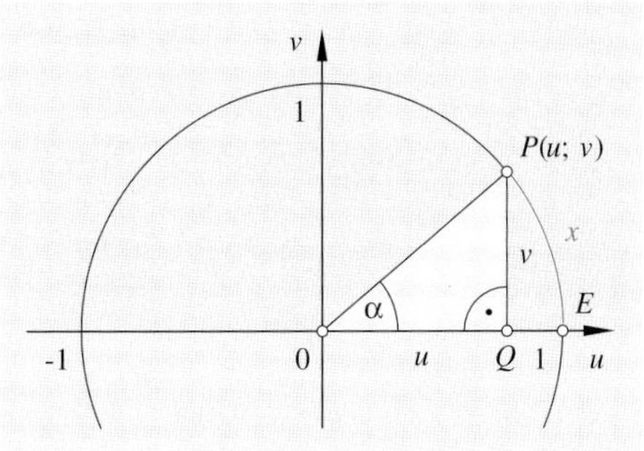

20

Die Funktionen sin und cos ordnen reellen Zahlen wieder reelle Zahlen zu. Das wird besonders deutlich, wenn man bei der Definition der Funktionen von einem Kreis mit dem Radius 1 ausgeht. Ist x der Zahlenwert der Länge des Kreisbogens $\widehat{EP}$ (vgl. Bild 20) und damit ein Maß für den Winkel α, so ist $\sin x = v$ und $\cos x = u$.
Der Zahlenwert der Länge des Einheitskreises beträgt 2π. Deshalb kann nur jede reelle Zahl x mit $0 \leq x \leq 2\pi$ der Zahlenwert der Länge eines Kreisbogens auf dem Einheitskreis sein. Ist x eine reelle Zahl, die nicht zwischen 0 und 2π liegt, so gibt es genau eine ganze Zahl k und genau eine reelle Zahl $\overline{x}$ derart, dass
$x = k \cdot 2\pi + \overline{x}$ und $0 \leq \overline{x} \leq 2\pi$.
Es gilt dann $\sin x = \sin \overline{x}$ und $\cos x = \cos \overline{x}$.
Die Funktionen sin und cos sind also periodisch mit der kleinsten positiven Periode 2π.
Die Berechnung von Funktionswerten der Winkelfunktionen ist sehr aufwendig. Deshalb sind diese Funktionen tabelliert und auch auf wissenschaftlichen Taschenrechnern verfügbar. Dabei kann i.allg. das Argument (die Winkelgröße) in unterschiedlichen Maßen (Gradmaß oder Bogenmaß) eingegeben werden. Es ist darauf zu achten, dass der Taschenrechner vor der Eingabe der Winkelgröße auf das richtige Maß eingestellt ist.

6. Ermitteln Sie folgende Funktionswerte:

a) $\sin 0{,}7$ **b)** $\sin 5$ **c)** $\cos 1$ **d)** $\cos(-4)$ **e)** $\sin(-\pi)$
f) $\sin 57°$ **g)** $\sin 316°$ **h)** $\sin(-236°)$ **i)** $\cos 165°$ **j)** $\cos(-274°)$

Beispiel: Es sind alle Argumente x zu ermitteln, für die $\sin x = 0{,}7142$ ist.
Mit einem Taschenrechner erhält man $x = 0{,}79548$ rad. Die meisten gebräuchlichen Taschenrechner geben nur eine Lösung an, nämlich jene aus dem Intervall $\left]-\frac{\pi}{2}; \frac{\pi}{2}\right]$.
Mit Hilfe der Quadrantenbeziehungen und der Periodizität der Sinusfunktion kann man daraus alle Lösungen erhalten. Es ist $x_1 = 0{,}79548 + g \cdot 2\pi$; $x_2 = (\pi - 0{,}79548) + g \cdot 2\pi$ $(g \in \mathbb{Z})$.

7. **a)** Beschreiben Sie die Symmetrieeigenschaften der Funktionsgraphen von sin und cos.
b) Begründen Sie, dass die Sinusfunktion eine ungerade Funktion ist.
c) Ist die Kosinusfunktion eine gerade oder ungerade Funktion?

8. Entnehmen Sie die Quadrantenbezeichnungen für die Sinus- und die Kosinusfunktion aus einem Tafelwerk und begründen Sie diese Beziehungen mit Bezug auf das Bild 21.

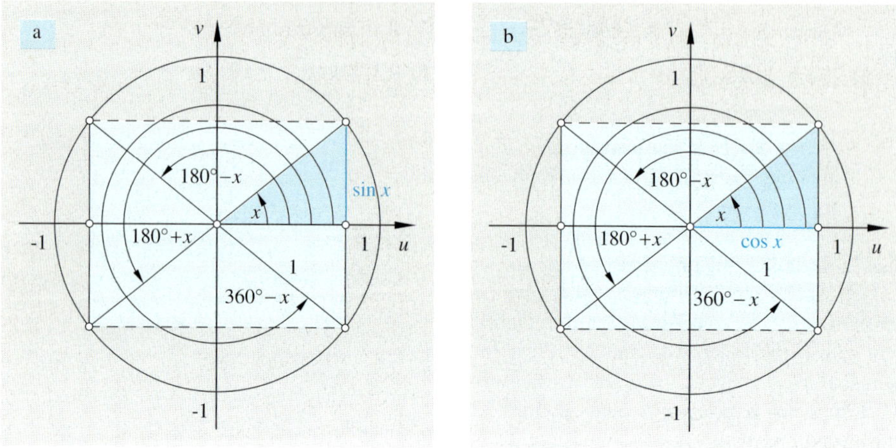

21

9. Geben Sie die Lösungen aus dem vorhergehenden Beispiel auf Seite 231 im Gradmaß an.

10. Ermitteln Sie alle Lösungen x:

a) $\sin x = 0{,}3245$ **b)** $\sin x = -0{,}8991$ **c)** $\sin x = 0{,}9991$ **d)** $\sin x = -0{,}9045$
e) $\cos x = 0{,}6970$ **f)** $\cos x = -0{,}5789$ **g)** $\cos x = 1{,}034$ **h)** $\cos x = -0{,}8897$

11. Begründen Sie, dass sich die Definition $\tan x = \frac{\sin x}{\cos x}$ für alle $x \neq (2k+1)\frac{\pi}{2}$ mit den Erklärungen der Funktion sin, cos und tan am rechtwinkligen Dreieck verträgt.

12. Ermitteln Sie folgende Funktionswerte:

a) $\tan 34°$ **b)** $\tan 89{,}7°$ **c)** $\tan 279°$ **d)** $\tan(-231°)$ **e)** $\tan(-152°)$
f) $\tan 1{,}89$ **g)** $\tan 2{,}56$ **h)** $\tan(-0{,}192)$ **i)** $\tan 23{,}02$ **j)** $\tan(-3{,}45)$

13. Ermitteln Sie x:

a) $\tan x = 0{,}784$ **b)** $\tan x = 4{,}78$ **c)** $\tan x = -7{,}05$
d) $\tan x = -0{,}036$ **e)** $\tan x = -85{,}7$ **f)** $\tan x = \pi$

14. Welche der folgenden Beziehungen sind wahr, welche sind falsch? Begründen Sie Ihre Entscheidung.

a) $\tan 60° = 2\sin 60°$ **b)** $\tan 30° = 2\sin 30°$ **c)** $\tan 0° = \frac{\sin 180°}{\cos 180°}$

d) $\tan\frac{\pi}{4} = 2\left(\frac{1}{2}\sqrt{2}\right)^2$ **e)** $\tan\frac{\pi}{3} = 2\sqrt{3}$ **f)** $\tan\frac{2\pi}{3} = \frac{2\sin\frac{\pi}{3}}{\cos\pi}$

g) $\sin\left(\frac{\pi}{2}-1\right) = \cos(-1)$ **h)** $\cos\left(\frac{\pi}{2}-1\right) = \sin(-1)$ **i)** $\tan\left(\frac{\pi}{2}-1\right) = \tan(-1)$

15. Begründen Sie, dass für alle reelle Zahlen x die Beziehung
$\sin^2 x + \cos^2 x = 1$
gilt. (Hinweis: Nutzen Sie Bild 22 für die Begründung.)

Beispiel: Es ist der Term $\frac{\sin 2x}{\cos x}$ zu vereinfachen.
Der Term ist nur für $x \neq (2k+1)\frac{\pi}{2}$, $k \in \mathbb{Z}$, definiert.

Es ist $\sin 2x = 2\sin x \cos x$ (siehe Doppelwinkelformel im Tafelwerk) und folglich
$\frac{\sin 2x}{\cos x} = \frac{2\sin x \cos x}{\cos x} = 2\sin x$.

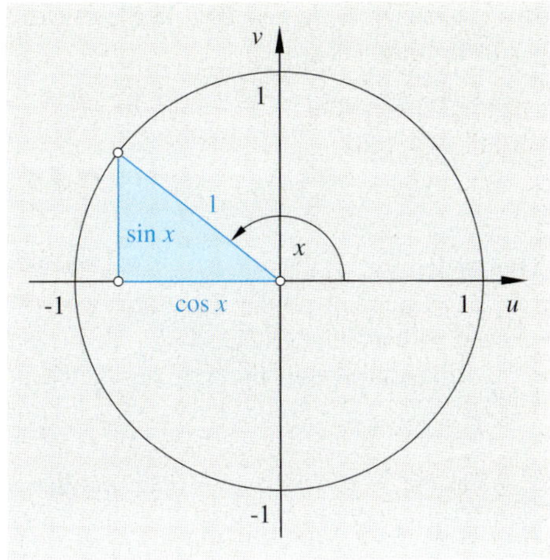

22

Funktionen wie $a \sin x$ und $\sin(bx)$ treten z.B. beim Beschreiben von mechanischen Schwingungen sowie bei periodischen Vorgängen im Wechselstromkreis auf. So wird der Momentanwert der Wechselspannung u in Abhängigkeit von der Zeit t durch die Funktion $u = u_{\max} \cdot \sin(\omega t)$ angegeben. Im weiteren sollen einige einfache Fälle solcher Funktionen wiederholt werden.

Beispiel: Es ist der Graph der Funktion $f(x) = -2\sin x$ im Intervall $[0; 2\pi]$ zu skizzieren. Der Graph von f kann schrittweise aus dem Graphen von $f_1(x) = \sin x$ gewonnen werden.
Zuerst zeichnet man den Graphen von $f_1(x) = \sin x$. Daraus erhält man den Graphen von $f_2(x) = 2\sin x$ durch Verdoppelung der Funktionswerte. Der Faktor 2 bewirkt eine Streckung des Graphen der Sinusfunktion in Richtung der y-Achse. Schließlich findet man den Graphen von $f(x) = -2\sin x$ durch Spiegelung des Graphen der Funktion $f_2(x) = 2\sin x$ an der x-Achse.

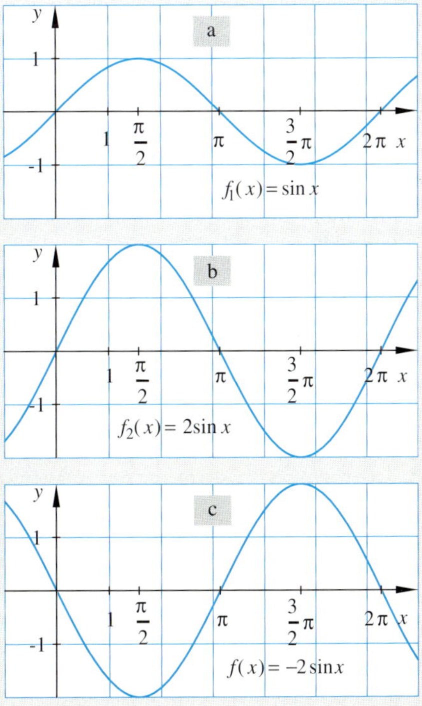

23

16. Skizzieren Sie den Graphen der Funktion und geben Sie den Wertebereich der Funktion an:

a) $f(x) = \frac{1}{2}\sin x$ **b)** $f(x) = -\frac{1}{2}\sin x$ **c)** $f(x) = 2\cos x$

d) $f(x) = -3\cos x$ **e)** $f(x) = \frac{1}{2}\cos x$ **f)** $f(x) = 3\sin x$

Beispiele:

a) Es ist der Graph der Funktion $f(x) = \sin 3x$ im Intervall $[0; 2\pi]$ zu skizzieren.
Zu bedenken ist dabei, dass – bedingt durch den Faktor 3 vor dem Argument x – der Argumentbereich dreimal so schnell durchlaufen wird wie bei der Funktion $f(x) = \sin x$. Bereits für $x = \frac{2\pi}{3}$ (120°) ist eine Periode der Sinusfunktion durchlaufen. Der Faktor 3 bewirkt eine Stauchung der Sinusfunktion in Richtung der x-Achse.

b) Es ist der Graph der Funktion $f(x) = \cos\left(-\frac{1}{2}x\right)$ im Intervall $[0; 4\pi]$ zu skizzieren.
Lösung: Zu beachten ist hier, dass der Faktor dem Betrag nach kleiner ist als 1. Das führt zu einer Streckung der Kosinuskurve in Richtung der x-Achse. Da außerdem noch ein Minuszeichen auftritt, d.h. der Faktor negativ ist, noch eine Spiegelung des Graphen an der y-Achse hinzu.

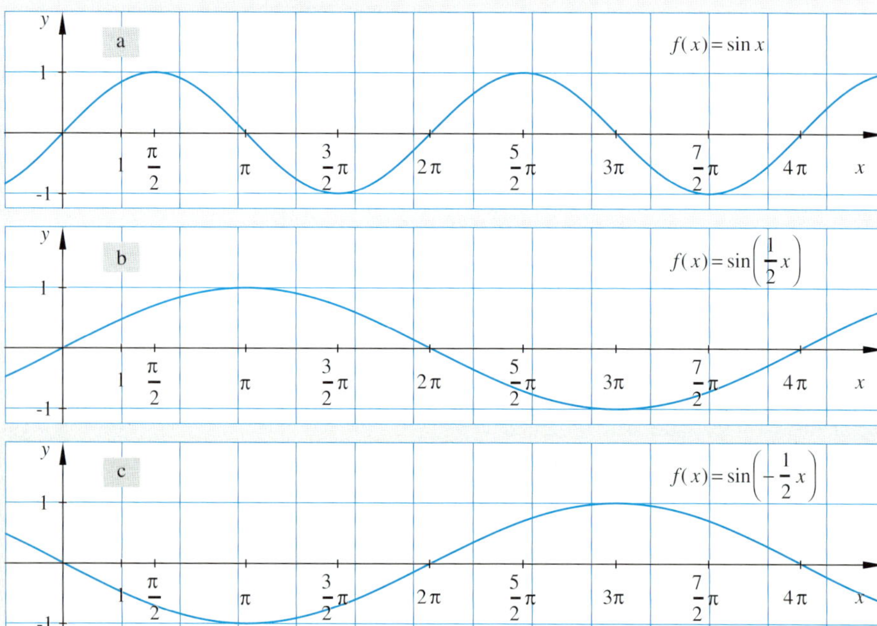

24

17. Skizzieren Sie die Graphen der folgenden Funktionen im Intervall $[0; 4\pi]$. Geben Sie jeweils die kleinste positive Periode der Funktion an:

a) $f(x) = \sin(3x)$ **b)** $f(x) = \cos(2x)$ **c)** $f(x) = \cos\left(\frac{1}{2}x\right)$

18. Skizzieren Sie die Graphen der folgenden Funktionen im Intervall $[0; 4\pi]$. Geben Sie jeweils die kleinste positive Periode der Funktion an:

a) $f(x) = \sin(-2x)$ **b)** $f(x) = \cos\left(-\frac{1}{2}x\right)$ **c)** $f(x) = \sin\left(\frac{1}{3}x\right)$

d) $f(x) = \sin(2x)$ **e)** $f(x) = \sin(\pi x)$ **f)** $f(x) = \cos(-\pi x)$

Beispiel: Es ist der Graph der Funktion $f(x) = 2\sin x + \cos\left(\frac{1}{2}x\right)$ zu skizzieren und die kleinste positive Periode der Funktion anzugeben.
Wir zeichnen zuerst den Graphen der Funktion $g(x) = 2\sin x$ und den Graphen der Funktion $h(x) = \cos\left(\frac{1}{2}x\right)$. Der Graph von f ergibt sich als Graph der Summenfunktion von g und h (Bild 25). Die kleinste positive Periode von f ist das kleinste gemeinsame Vielfache der Perioden von g und h. Das ist hier 4π.

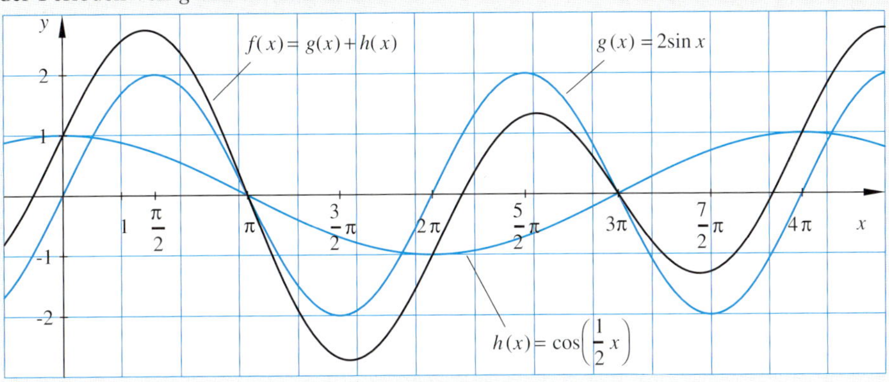

25

19. Skizzieren Sie die Graphen der folgenden Funktionen im Intervall $[0; 4\pi]$:
a) $f(x) = 2\sin x + \cos(2x)$ **b)** $f(x) = \sin(2x) + 2\cos x$ **c)** $f(x) = \sin(3x) + 3\cos x$

20. a) Bild 26 zeigt das Foto der Anzeige eines graphikfähigen Taschenrechners. Diese Anzeige gibt den Graphen der Funktion $f(x) = \sin(2x) - \cos x$ wieder.
Interpretieren Sie das Bild.

b) Erzeugen Sie den Graphen der Funktion $f(x) = 1{,}7\sin(0{,}5x - 1)$ auf einem graphikfähigen Taschenrechner und beschreiben Sie wichtige Eigenschaften der Funktion, indem Sie die Eigenschaften aus dem Graphen ablesen.

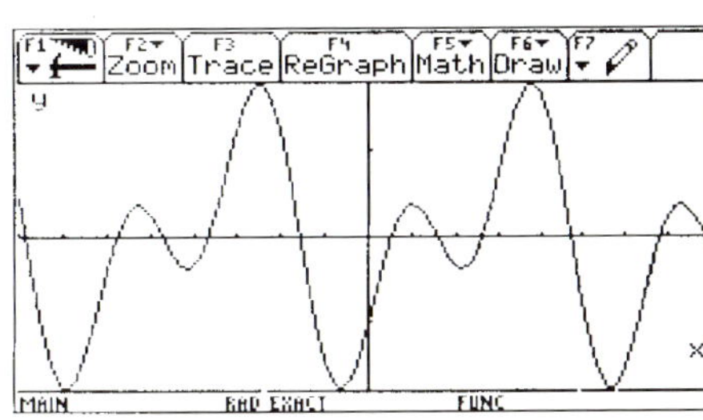

26

21. Interpretieren Sie das mit einem Graphikprogramm erstellte Bild 27.

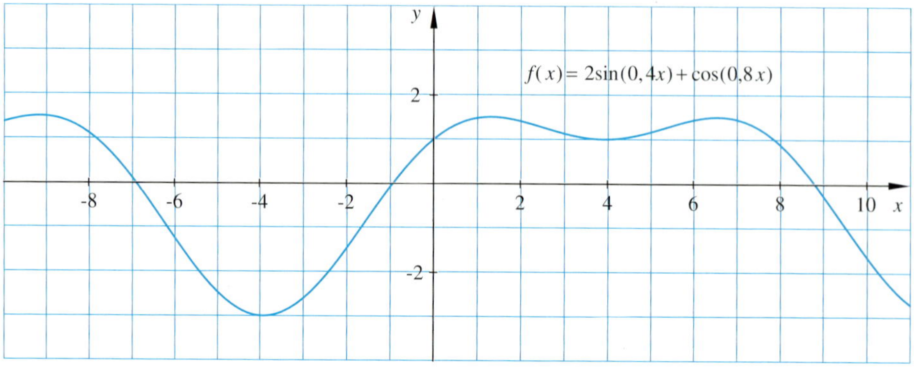

27

Die nachfolgende Tabelle gibt einige wichtige Eigenschaften der Sinusfunktion an.

Eigenschaften der Sinusfunktion	
Definitionsbereich	$\mathbb{R}$
Wertebereich	$[-1; 1]$
kleinste positive Periode	2π
Monotonieverhalten im Intervall $[0; 2\pi]$	streng monoton wachsend in $\left[0; \frac{\pi}{2}\right]$ und $\left[\frac{3}{2}\pi; 2\pi\right]$ und streng monoton fallend in $\left[\frac{\pi}{2}; \frac{3}{2}\pi\right]$
Symmetrie	ungerade Funktion, denn $\sin(-x) = -\sin x$
Nullstellen	$k \cdot \pi;\ k \in \mathbb{Z}$
Graph	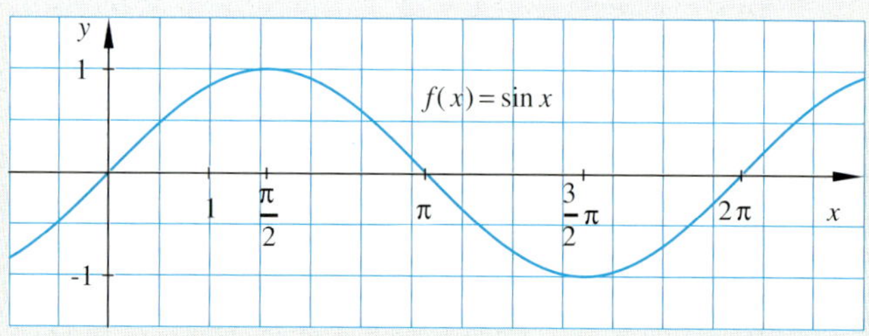

28

22. Stellen Sie in entsprechenden Übersichten Eigenschaften der Funktionen cos und tan zusammen.

6 Das Lösen goniometrischer Gleichungen

1. Ermitteln Sie alle Zahlen x, die die folgende Bedingung erfüllen:
a) $\sin x = 0{,}395$ **b)** $\cos x = -0{,}9934$ **c)** $\tan x = 4{,}24$ **d)** $2\cos x = 0{,}813$

Die Anwendung der Methoden der Differenzial- und Integralrechnung beim Untersuchen von Winkelfunktionen erfordert auch das Lösen von Gleichungen, in denen die Variable als Argument von Winkelfunktionen vorkommt. Solche Gleichungen nennt man **goniometrische Gleichungen**. Nicht immer sind die Gleichungen, die gelöst werden müssen, so einfach wie die der Aufgabe 1. Bei den in den folgenden Lerneinheiten zu behandelnden Kurvenuntersuchungen und Extremwertproblemen werden wir auch goniometrischen Gleichungen begegnen, die etwas komplizierter sind. Wir werden uns deshalb zunächst mit Lösungsmethoden für diese Gleichungen befassen. Dabei konzentrieren wir uns auf zwei Typen solcher Gleichungen:
1. Gleichungen mit nur einer Winkelfunktion,
2. Gleichungen mit zwei Winkelfunktionen desselben Arguments.

Die folgenden Beispiele zeigen die prinzipielle Vorgehensweise beim Lösen von Gleichungen der genannten Typen.

Beispiel: Es sind alle Lösungen der Gleichung $1 - \sin(2x) = 0$ zu ermitteln.
Durch eine äquivalente Umformung erhält man aus der gegebenen Gleichung die Gleichung $\sin(2x) = 1$. Für welche Argumente ist der Funktionswert der Sinusfunktion 1?
Es ist $\sin\frac{\pi}{2} = 1$ und wegen der Periodizität von sin auch $\sin\left(\frac{\pi}{2} + k \cdot 2\pi\right) = 1$. Lösungen der gegebenen Gleichung erhält man aus $2x = \frac{\pi}{2} + k \cdot 2\pi$. Damit sind alle Zahlen x mit $x = \frac{\pi}{4} + k \cdot \pi,\ k \in \mathbb{Z}$, Lösungen der Gleichung $1 - \sin(2x) = 0$. Indem man die errechneten Lösungen in die Ausgangsgleichung einsetzt, kann man das Ergebnis kontrollieren:
$$1 - \sin\left[2\left(\frac{\pi}{4} + k \cdot \pi\right)\right] = 1 - \sin\left[\frac{\pi}{2} + k \cdot 2\pi\right] = 1 - 1 = 0.$$

Beispiel: Es sind die Lösungen der Gleichung $\cos x - \sin^2 x = 0$ im Intervall $[0; 2\pi]$ zu ermitteln.
Wegen $\sin^2 x = 1 - \cos^2 x$ können wir die Gleichung so umformen, dass in ihr nur noch Potenzen von $\cos x$ auftreten:
$\cos^2 x + \cos x - 1 = 0$.
Das ist eine quadratische Gleichung in $\cos x$. Setzen wir $\cos x = z$, erhalten wir
$z^2 + z - 1 = 0$.
Die Lösungen dieser quadratischen Gleichung sind
$$z_{1;2} = -\frac{1}{2} \pm \frac{1}{2}\sqrt{5},$$
also $z_1 = -\frac{1}{2} + \frac{1}{2}\sqrt{5}$, $z_2 = -\frac{1}{2} - \frac{1}{2}\sqrt{5}$. Nun sind die einfachen goniometrischen Gleichungen $\cos x = -\frac{1}{2} + \frac{1}{2}\sqrt{5}$ und $\cos x = -\frac{1}{2} - \frac{1}{2}\sqrt{5}$ zu lösen.

Bei der ersten Gleichung erhalten wir mit Hilfe eines Taschenrechners $x_1 = 0{,}90455$[1]. Das ist eine Lösung im ersten Quadranten. Mit Hilfe der Quadrantenbezeichnung $\cos(2\pi - x) = \cos x$ finden wir noch eine Lösung im vierten Quadranten, nämlich $x_2 = 2\pi - 0{,}90455 = 5{,}37864$.

Die zweite Gleichung hat wegen $\left| -\frac{1}{2} - \frac{1}{2}\sqrt{5} \right| > 1$ keine Lösungen.

Als Probe setzen wir die erhaltenen Ergebnisse in die Ausgangsgleichung ein:
Es ist $\cos 0{,}90455 - \sin^2 0{,}90455 = 1{,}2029 \cdot 10^{-5}$
und $\cos 5{,}37864 - \sin^2 5{,}37864 = 2{,}12043 \cdot 10^{-5}$.
Wir erhalten zwar nicht null wie gefordert, doch sind die Abweichungen von null so gering, dass wir die Ergebnisse als Lösungen der Gleichung akzeptieren können.
Die Gleichung $\cos x - \sin^2 x = 0$ hat im Intervall $[0; 2\pi]$ die Lösungen
$x_1 = 0{,}90455$ ($x_1 = 51{,}83°$) und $x_2 = 5{,}37864$ ($x_2 = 308{,}17°$).

Beispiel: Es sind alle Lösungen der Gleichung $2\sin x + 2\sin(2x) = 0$ zu ermitteln.
Zunächst dividieren wir die Gleichung durch 2 und erhalten
(1) $\sin x + \sin(2x) = 0$.
In dieser Gleichung treten sowohl x als auch $2x$ als Argument der Sinusfunktion auf. Wir wollen die Gleichung so umformen, dass nur noch x als Argument auftritt. Das gelingt mit Hilfe der Doppelwinkelformel $\sin(2x) = 2\sin x \cos x$. Aus Gleichung (1) wird
(2) $\sin x + 2\sin x \cos x = 0$.
Die linke Seite der Gleichung (2) kann in ein Produkt zerlegt werden:
(3) $\sin x(1 + 2\cos x) = 0$.
Wir wissen: Ein Produkt ist genau dann 0, wenn wenigstens einer der Faktoren 0 ist.
Damit erhalten wir (4) $\sin x = 0$
oder (5) $1 + 2\cos x = 0$.
Lösungen der Gleichung (4) sind alle ganzzahligen Vielfachen von π, also $x_1 = k \cdot \pi$, $k \in \mathbb{Z}$. Um die Gleichung (5) zu lösen, formen wir sie noch äquivalent um: $\cos x = -\frac{1}{2}$.
Lösungen sind im zweiten und dritten Quadranten zu finden: $x_2 = \frac{2}{3}\pi$ und $x_3 = \frac{4}{3}\pi$.
Unter Beachtung der Periodizität der Kosinusfunktion erhalten wir: $x_2 = \frac{2}{3}\pi + k \cdot 2\pi$ und $x_3 = \frac{4}{3}\pi + k \cdot 2\pi$.
Durch Einsetzen der Ergebnisse können wir unsere Rechnung kontrollieren:

x_1: $2\sin(k \cdot \pi) + 2\sin(2k \cdot \pi) = 2 \cdot 0 + 2 \cdot 0 = 0$

x_2: $2\sin\left(\frac{2}{3}\pi + k \cdot 2\pi\right) + 2\sin\left(2\left[\frac{2}{3}\pi + k \cdot 2\pi\right]\right) = 2\sin\left(\frac{2}{3}\pi\right) + 2\sin\left(\frac{4}{3}\pi\right)$

Wegen $\sin(2\pi - x) = -\sin x$ ist

$$2\sin\left(\frac{2}{3}\pi\right) + 2\sin\left(\frac{4}{3}\pi\right) = 2\sin\left(\frac{2}{3}\pi\right) - 2\sin\left(\frac{2}{3}\pi\right) = 0.$$

x_3: Analog zur Probe zu x_2 ergibt sich 0.

[1] Genau genommen müsste man hier „$x_1 \approx 0{,}90455$" schreiben. Wir schreiben im weiteren auch dann „=" statt „≈" wenn das Ergebnis durch Runden entstanden ist.

2. Führen Sie die Probe zum vorangehenden Beispiel für x_3 durch.

3. Geben Sie die Lösungen zum vorangehenden Beispiel im Gradmaß an.

4. Lösen Sie die Gleichung des vorangehenden Beispiels grafisch, indem Sie die Funktion $f(x) = 2\sin x + 2\sin(2x)$ im Intervall $[0; 2\pi]$ grafisch darstellen und die Nullstellen der Funktion aus der grafischen Darstellung ablesen.

Graphikfähige Taschenrechner bzw. Computer mit entsprechender Software gestatten eine schnelle Erstellung des Graphen einer Funktion in einem vorgegebenen Intervall. Man braucht lediglich die Funktionsgleichung und das Intervall einzugeben. Besteht noch die Möglichkeit, den Cursor auf der Kurve zu bewegen und werden die Koordinaten des Cursors angegeben, kann man die Nullstellen einer Funktion bzw. Schnittpunktkoordinaten zweier Graphen häufig mit ausreichender Genauigkeit ablesen.

Beispiel: Die Lösungen der Gleichung $\cos x - \sin^2 x = 0$ im Intervall $[0; 2\pi]$ sollen grafisch ermittelt werden.
Mit Hilfe eines graphikfähigen Taschenrechners stellen wir die Funktion $f(x) = \cos x - \sin^2 x$ im Intervall $[0; 2\pi]$ grafisch dar. Der Taschenrechner zeigt uns eine Darstellung wie Bild 29.

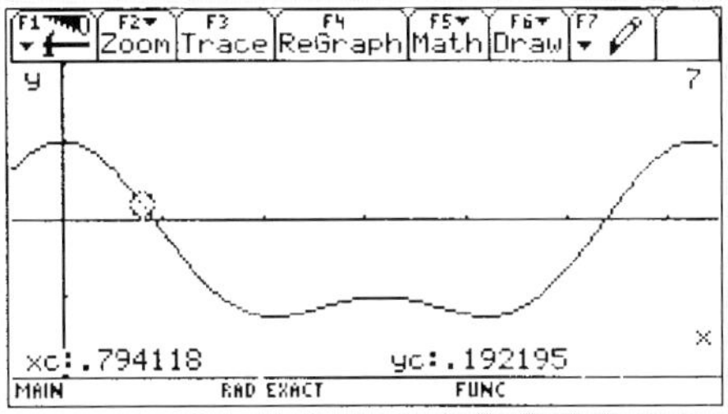

29

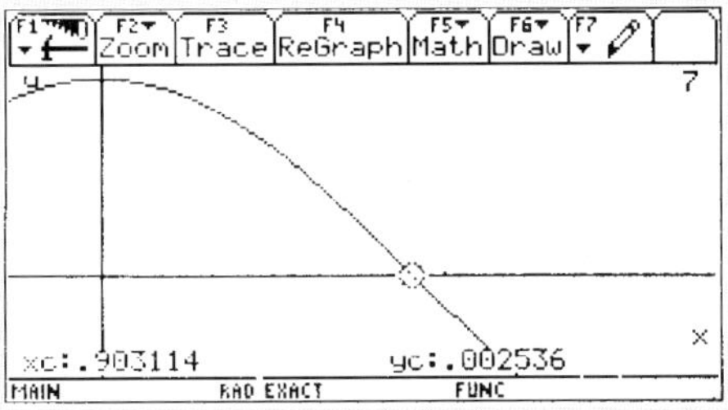

30

Man erkennt deutlich zwei Nullstellen der Funktion im angegebenen Intervall. Mit der ZOOM-Taste können wir einen Bildausschnitt vergrößern und damit die Ablesegenauigkeit erhöhen. Wenden wir die ZOOM-Funktion zweimal an, um eine Vergrößerung der Darstellung in einer Umgebung der Nullstelle bei 0,9 zu erhalten, ergibt sich z.B. ein Bildausschnitt wie in Bild 30. Mit der TRACE-Taste lassen wir den Cursor zur Nullstelle wandern und lesen ab: $x_1 = 0{,}9031$. Entsprechend ermitteln wir die zweite Lösung der Gleichung: $x_2 = 5{,}3787$.

5. Lösen Sie die folgenden Gleichungen:

a) $\cos\left(x + \frac{\pi}{3}\right) = 1$ **b)** $\sin\left(x - \frac{\pi}{6}\right) = \frac{\sqrt{2}}{2}$ **c)** $\tan(2x) = 1$

d) $\sin\left(\frac{\pi}{4} + x\right) = 0$ **e)** $\cos\left(\frac{\pi}{18} + x\right) = \frac{\sqrt{3}}{2}$ **f)** $\sin\left(\frac{\sqrt{2}}{2} - x\right) = 0{,}5$

6. Ermitteln Sie jeweils alle Lösungen der Gleichung, die im Intervall $[0; 2\pi]$ liegen:

a) $3\sin x = 4\cos x$ **b)** $1 + \sin(2x) = 0$ **c)** $2\cos(2x) = 0$
d) $\sin x + 2\cos x \cdot \sin x = 0$ **e)** $\sin x - \sin^2 x = 0$ **f)** $2\cos^2 x = \sin^2 x$
g) $\cos^2 x - 2\sin^2 x = 0$ **h)** $e^{\sin x} \cdot \cos x = 0$ **i)** $\sin x \cdot e^{\cos x} = 0$

7. Lösen Sie folgende Gleichungen:

a) $\sin x \cdot \cos x = 0{,}4$ **b)** $2\sin^2 x + 3\sin x - 2 = 0$
c) $\tan x - \frac{\sin^2 x}{\cos x} = \frac{2}{3\cos x}$ **d)** $4\cos^2 x - 2\sin x = 2$

8. Ermitteln Sie jeweils alle Lösungen der Gleichung im Intervall $[0; 2\pi]$.

a) $x^2 \cdot \sin x = 0$ **b)** $\frac{\sin x}{x^2} = 0$
c) $x \cdot \sin^2 x = 0$ **d)** $x \cdot \cos^2 x = \sin^2 x$
e) $\sin x = 3x - 2$ **f)** $\sin x = \frac{1}{x}$
g) $\sin x - x^2 = 0$ **h)** $x^2 + 1 - \cos x = 0$
i) $\sin(2x) - x^2 - 2 = 0$ **j)** $e^x - \cos x = 0$

Die wichtigsten Schritte beim Lösen goniometrischer Gleichungen:

Rechnerisches Lösen:

- Wenn in der Gleichung verschiedene Argumente (z.B. x und $2x$) auftreten, dann die Gleichung so umformen, dass nur noch ein Argument vorkommt (z.B. durch Anwenden der Doppelwinkelformel).
- Wenn mehrere Winkelfunktionen auftreten, dann durch Anwenden von Beziehungen zwischen den Winkelfunktionen die Gleichung so umformen, dass nur noch eine Winkelfunktion vorkommt (z.B. durch Anwenden der Beziehungen $\sin^2 x + \cos^2 x = 1$ oder $\tan x = \frac{\sin x}{\cos x}$).
- Falls man eine quadratische Gleichung in $\sin x$ (oder $\cos x$ oder $\tan x$) erhält, setze man $\sin x = z$ (bzw. $\cos x = z$ bzw. $\tan x = z$) und löse die quadratische Gleichung in z.
- Einfache goniometrische Gleichungen wie $\sin x = 0{,}7$ löst man mit dem Taschenrechner.

Grafisches Lösen:

Zuerst forme man die Gleichung äquivalent so um, dass auf der rechten Seite der Gleichung 0 steht. Die linke Seite der sich ergebenden Gleichung fassen wir als Funktionsterm auf, stellen die Funktion grafisch dar und lesen die Nullstellen der Funktion aus der grafischen Darstellung ab. Die Nullstellen sind dann die Lösungen der ursprünglichen Gleichung. Besonders einfach gelingt die grafische Darstellung mit einem graphikfähigen Taschenrechner oder einem entsprechenden Computerprogramm.

7 Differenziation und Integration der Winkelfunktionen

Die Anwendung der Methoden der Differenzial- und Integralrechnung auf die Winkelfunktionen setzt deren Differenzierbarkeit und Integrierbarkeit voraus. In dieser Lerneinheit sollen nun die Winkelfunktionen auf Differenzierbarkeit und Integrierbarkeit untersucht werden.

1. Eine wichtige Beziehung zwischen den Winkelfunktionen ist das sogenannte Additionstheorem der Sinusfunktion. Es lautet: $\sin(x_1 + x_2) = \sin x_1 \cdot \cos x_2 + \sin x_2 \cdot \cos x_1$.
Formen Sie folgende Terme unter Anwendung des Additionstheorems um:

a) $\sin(\alpha + \beta)$ **b)** $\sin\left(\alpha + \frac{\pi}{2}\right)$ **c)** $\sin(x_0 + h)$

2. Bild 31 zeigt den Graphen der Sinusfunktion im Intervall $[0; 2\pi]$. Wir nehmen einmal an, dass die Sinusfunktion differenzierbar sei. Dann gibt es an jeder Stelle eine Tangente an den Graphen. Im Bild ist an ausgewählten Stellen eine Tangente eingezeichnet. Lesen Sie den Anstieg der Tangenten an den ausgewählten Stellen ab und tragen Sie die Werte in eine Tabelle mit dem Kopf

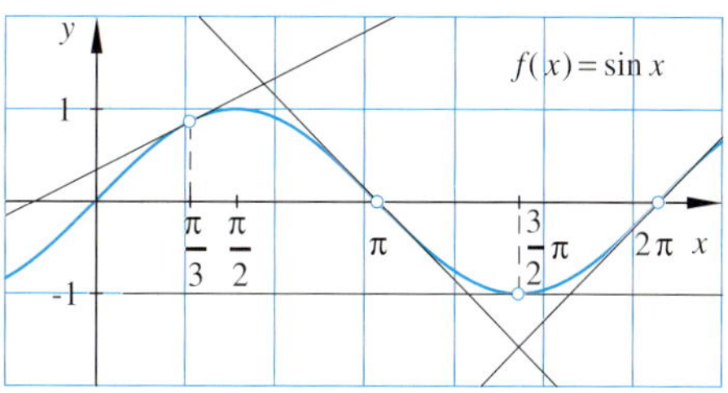

31

x	Anstieg der Tangente an der Stelle x

Vergleichen Sie die Wertetabelle mit einer Wertetabelle der Kosinusfunktion.

3. **a)** Bilden Sie den Differenzenquotienten der Funktion sin an einer beliebigen Stelle x_0.
b) Formen Sie den Differenzenquotienten mit Hilfe des Additionstheorems der Sinusfunktion um.

Bildet man den Grenzwert des Differenzenquotienten der Sinusfunktion an der Stelle x_0 für $h \to 0$, so erhält man $\lim\limits_{h \to 0} \frac{\sin x_0 \cdot \cos h + \sin h \cdot \cos x_0 - \sin x_0}{h}$. Da $\sin x_0$ und $\cos x_0$ konstant sind (d.h. nicht von h abhängig sind), gilt nach den Grenzwertsätzen für Funktionen:
$$\lim_{h \to 0} \frac{\sin x_0 \cdot \cos h + \sin h \cdot \cos x_0 - \sin x_0}{h} = \sin x_0 \cdot \lim_{h \to 0} \frac{\cos h - 1}{h} + \cos x_0 \cdot \lim_{h \to 0} \frac{\sin h}{h}.$$
Es bleibt also zu untersuchen, ob die Grenzwerte $\lim\limits_{h \to 0} \frac{\cos h - 1}{h}$ und $\lim\limits_{h \to 0} \frac{\sin h}{h}$ existieren und es sind diese gegebenfalls zu ermitteln.

4. **a)** Untersuchen Sie, wie sich der Term $\frac{\cos h - 1}{h}$ bei Annäherung von h an null verhält, indem Sie die Terme für folgende Werte von h mit dem Taschenrechner berechnen: 0,1; 0,05; 0,01; 0,005; 0,001; 0,0001.
b) Führen Sie die gleiche Untersuchung für den Term $\frac{\sin h}{h}$ durch.

Wie die in Aufgabe 4 errechneten Werte vermuten lassen, gilt $\lim\limits_{h \to 0} \frac{\cos h - 1}{h} = 0$ und $\lim\limits_{h \to 0} \frac{\sin h}{h} = 1$. Auf den Beweis verzichten wir hier.

Für den Differenzialquotienten der Sinusfunktion an der Stelle x_0 erhält man damit

$$\lim_{h \to 0} \frac{\sin x_0 \cdot \cos h + \sin h \cdot \cos x_0 - \sin x_0}{h} = \sin x_0 \cdot \lim_{h \to 0} \frac{\cos h - 1}{h} + \cos x_0 \cdot \lim_{h \to 0} \frac{\sin h}{h} = \cos x_0.$$

SATZ 7: Die Sinusfunktion ist an jeder Stelle x differenzierbar und es gilt $(\sin x)' = \cos x$.

Beispiel: Es ist die 1. Ableitung der Funktion $f(x) = 5\sin(2x - 3)$ zu ermitteln.
f ist die Verkettung der äußeren Funktion $5 \cdot \sin$ mit der inneren Funktion g mit $g(x) = 2x - 3$.
Wir wenden die Kettenregel an und erhalten:
$f'(x) = 5 \cdot [\cos(2x - 3)] \cdot 2 = 10\cos(2x - 3)$.

5. Ermitteln Sie die erste Ableitung folgender Funktionen:
a) $f(x) = 4\sin(5x + 4{,}5)$ **b)** $f(x) = -3{,}5\sin(x^2 + 2)$ **c)** $f(x) = \sin(6x^3 + 6{,}1x - 2)$
d) $f(x) = x \cdot \sin x$ **e)** $f(x) = x^2\sin(2x - 1)$ **f)** $f(x) = \sin^2 x$

6. Begründen Sie, dass $y = [3\cos 5] \cdot x + \sin 5$ die Gleichung der Tangente an den Graph der Funktion $f(x) = \sin(3x + 5)$ im Punkt $P_0(0; f(0))$ ist.

Bei der Untersuchung der Differenzierbarkeit der Kosinusfunktion können wir uns auf die Darstellung der Kosinusfunktion durch die Sinusfunktion stützen. Es ist $\cos x = \sin\left(\frac{\pi}{2} - x\right)$ für alle x. Durch Anwendung der Kettenregel finden wir für die Ableitung der Kosinusfunktion: $(\cos x)' = \cos\left(\frac{\pi}{2} - x\right) \cdot (-1) = -\cos\left(\frac{\pi}{2} - x\right)$.

Wegen $\cos\left(\frac{\pi}{2} - x\right) = \sin x$ erhalten wir $(\cos x)' = -\sin x$.

7. Beweisen Sie mit Hilfe der Quotientenregel, dass $f(x) = \tan x$ eine differenzierbare Funktion ist und für alle x aus dem Definitionsbereich von tan gilt: $(\tan x)' = \frac{1}{\cos^2 x}$.

8. Erklären Sie, weshalb man in Formelsammlungen auch die folgende Beziehung findet:
$(\tan x)' = 1 + \tan^2 x$.

SATZ 8: Die Funktionen cos und tan sind an allen Stellen ihres Definitionsbereiches differenzierbar und es gilt:

$(\cos x)' = -\sin x$ $\qquad$ $(\tan x)' = \frac{1}{\cos^2 x} = 1 + \tan^2 x$

9. Differenzieren Sie folgende Funktionen:

a) $f(x) = 2\cos(x+5)$ **b)** $f(x) = \cos x^2$ **c)** $f(x) = 23 \cdot \cos(23x - 24)$
d) $f(x) = 3\cos^2 x$ **e)** $f(x) = e^{\cos x}$ **f)** $f(x) = \sqrt{\cos x}$
g) $f(x) = 4\tan(x+2)$ **h)** $f(x) = -2\tan(x^2+1)$ **i)** $f(x) = \tan^2 x$

10. Ermitteln Sie jeweils die erste Ableitung:

a) $f(x) = \frac{\sin x}{x}$ **b)** $f(x) = e^x \cdot \cos x$ **c)** $f(x) = \sqrt{\sin x}$
d) $f(x) = a \cdot \sin(bx + c)$ **e)** $f(x) = \cos^3 x$ **f)** $f(x) = \sin x \cdot \tan x$

11. a) Berechnen Sie die erste, zweite, dritte und vierte Ableitung der Funktionen $f(x) = \sin x$ und $g(x) = \cos x$. Was stellen Sie fest?
b) Geben Sie die sechste Ableitung von $f(x) = \sin x$ an.
c) Geben Sie die neunte Ableitung von $g(x) = \cos x$ an.

12. Ermitteln Sie alle Zahlen x, für die $(\sin x)' = 1$ gilt.

13. Ermitteln Sie alle Stellen x, an denen der Anstieg des Graphen von sin gleich null ist.

14. Ermitteln Sie jeweils die erste Ableitung:

a) $f(x) = 1 - \sin^2 x$ **b)** $f(x) = \sin\sqrt{x}$ **c)** $f(x) = x \cdot \cos x - x$
d) $f(x) = \sin(\ln x)$ **e)** $f(x) = \frac{x}{\sin x}$ **f)** $f(x) = e^{x \cdot \cos x}$

15. Ermitteln Sie jeweils eine Gleichung der Tangente an den Graphen von f im Punkt $P(x_0; f(x_0))$:

a) $f(x) = \sin\sqrt{x};\ x_0 = \frac{\pi^2}{4}$ **b)** $f(x) = 1 - \sin^2 x;\ x_0 = 0$
c) $f(x) = 2 \cdot \sin x;\ x_0 = \frac{\pi}{3}$ **d)** $f(x) = \sin(\ln x);\ x_0 = 1$
e) $f(x) = 0{,}2 \cdot \tan x;\ x_0 = 0{,}4$ **f)** $f(x) = 0{,}5 \cdot \cos(2x);\ x_0 = \frac{\pi}{2}$
g) $f(x) = \cos\left(2x - \frac{\pi}{4}\right);\ x_0 = \frac{\pi}{8}$ **h)** $f(x) = 0{,}7 \cdot \sin(2x-1);\ x_0 = -1{,}2$

16. Ermitteln Sie die zweite Ableitung der folgenden Funktionen:

a) $f(x) = 2x \cdot \sin x$ **b)** $f(x) = 0{,}5x \cdot \cos^2 x$ **c)** $f(x) = x^2 \cdot \sin x$
d) $f(x) = \sin x \cdot \cos x$ **e)** $f(x) = \tan x$ **f)** $f(x) = e^{\cos x}$

17. Berechnen Sie für die Funktion f die erste Ableitung an der Stelle x_0:

a) $f(x) = 2x \cdot \sin(0{,}5x);\ x_0 = 34{,}2$ **b)** $f(x) = x \cdot \sin(x^2);\ x_0 = -5{,}1$
c) $f(x) = x^2 \cdot \cos(2x+3);\ x_0 = -1{,}5$ **d)** $f(x) = \tan(0{,}5x);\ x_0 = 23{,}2$
e) $f(x) = 0{,}5x \cdot \sin\left(4x - \frac{\pi}{4}\right);\ x_0 = \frac{\pi}{8}$ **f)** $f(x) = 3x \cdot \tan(2x);\ x_0 = \frac{\pi}{4}$
g) $f(x) = \frac{3}{2}x^2 \cdot \cos\left(\frac{\pi}{2} - x\right);\ x_0 = 1$ **h)** $f(x) = \cos(4x) \cdot \sin\frac{\pi}{2};\ x_0 = \frac{\pi}{4}$

Wir wenden uns nun der Integration der Funktionen sin und cos zu. Es soll z.B. der Flächeninhalt im Bild 32 blau gerasterten Punktmengen berechnet werden.

Dazu sind die Integrale $\int_0^{\pi} \sin x \mathrm{d}x$ und $\int_0^{\frac{\pi}{2}} \cos \frac{x}{2} \mathrm{d}x$ auszuwerten.

Wenn wir je eine Stammfunktion der Sinus- und der Kosinusfunktion kennen, sind die Integrale leicht mit Hilfe des Hauptsatzes der Differenzial- und Integralrechnung zu berechnen. Den in den Sätzen 7 und 8 genannten Ergebnissen entnehmen wir sofort, dass $F(x) = -\cos x$ eine Stammfunktion von $f(x) = \sin x$ und $F(x) = \sin x$ eine Stammfunktion von $f(x) = \cos x$ ist.

SATZ 9: Es ist $\int \sin x \mathrm{d}x = -\cos x + c$ und $\int \cos x \mathrm{d}x = \sin x + c$.

Beispiele:
Es ist der Flächeninhalt der im Bild 32 blau gerasterten Flächen zu berechnen.

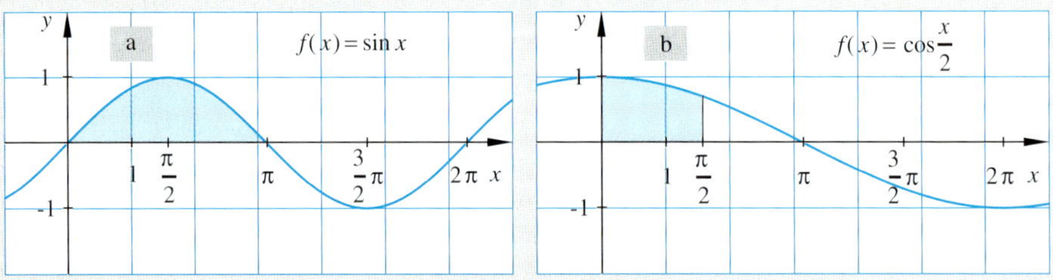

32

a) Es ist $A = \int_0^{\pi} \sin x \mathrm{d}x = \Big[-\cos x\Big]_0^{\pi} = -\cos\pi - (-\cos 0) = -(-1) + 1 = 2.$

Ergebnis: Der Zahlenwert des Inhalts der Fläche beträgt 2.

b) Es ist $A = \int_0^{\frac{\pi}{2}} \cos \frac{x}{2} \mathrm{d}x = \Big[2\sin\frac{x}{2}\Big]_0^{\frac{\pi}{2}} = 2\sin\frac{\pi}{4} - 2\sin 0 = 2\frac{\sqrt{2}}{2} = \sqrt{2}.$

Dass $F(x) = 2\sin\frac{x}{2}$ eine Stammfunktion von $f(x) = \cos\frac{x}{2}$ ist, kann leicht durch Differenziation von F nachgeprüft werden.

18. Geben Sie jeweils drei Stammfunktionen zu folgenden Funktionen an:

a) $f(x) = \sin\left(x + \frac{\pi}{4}\right)$ **b)** $f(x) = \cos\left(x - \frac{\pi}{4}\right)$ **c)** $f(x) = \sin\left(2x - \frac{\pi}{2}\right)$

d) $f(x) = \cos(2x)$ **e)** $f(x) = \sin\frac{x}{2}$ **f)** $f(x) = 2\cdot\cos x - 3\cdot\sin x$

19. Berechnen Sie die folgenden bestimmten Integrale:

a) $\int_0^{\frac{\pi}{2}} \sin x \mathrm{d}x$ **b)** $\int_{-\frac{\pi}{2}}^{\frac{\pi}{2}} \cos x \mathrm{d}x$ **c)** $\int_{-\pi}^{\pi} \sin x \mathrm{d}x$ **d)** $\int_0^1 (\cos x - \sin x)\mathrm{d}x$

8 Kurvendiskussionen unter Einbeziehung von Winkelfunktionen

Neben rationalen Funktionen, Wurzelfunktionen, Exponential- und Logarithmusfunktionen treten bei der Beschreibung von Vorgängen in Natur und Technik auch Winkelfunktionen auf, i.allg. immer dort, wo periodische Vorgänge beschrieben werden. Wir werden nun auch Methoden der Differenzialrechnung bei der Untersuchung des Verlaufs von Winkelfunktionen nutzen.

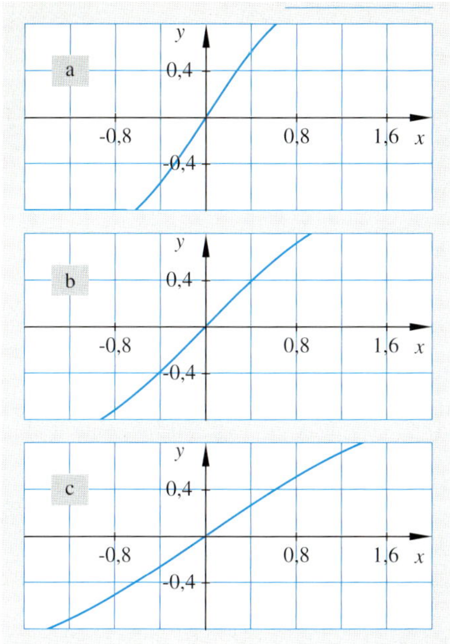

33

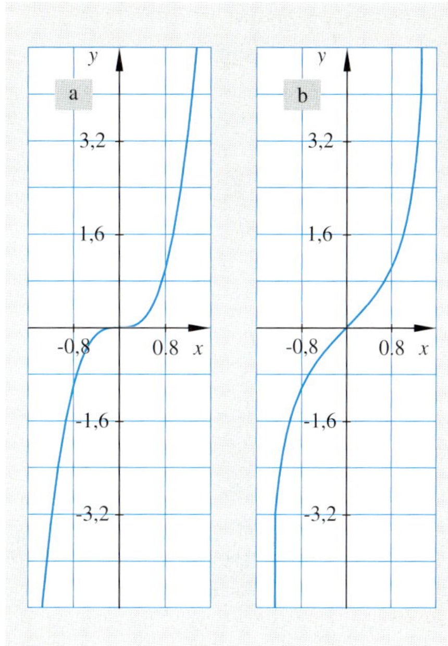

34

1. Untersuchen Sie mit Hilfe der Differenzialrechnung, welcher der im Bild 33 angegebenen Verläufe des Graphen der Sinusfunktion in einer Umgebung der Stelle 0 richtig ist.

2. Untersuchen Sie mit Hilfe der Differenzialrechnung, welcher der in Bild 34 angegebenen Verläufe des Graphen der Tangensfunktion in einer Umgebung der Stelle 0 richtig ist.

Beispiel: Es ist zu ermitteln, unter welchen Winkel die Tangente an den Graphen der Funktion $f(x) = 2 \cdot \sin \frac{x}{2}$ im Punkt $P\left(\frac{\pi}{2}; f\left(\frac{\pi}{2}\right)\right)$ die x-Achse schneidet.

Dem Bild 35 entnehmen wir, dass der gesuchte Schnittwinkel dem Anstiegswinkel der Tangente entspricht. Der Anstieg der Tangente ist aber gleich der ersten Ableitung der Funktion an der entsprechenden Stelle $\frac{\pi}{2}$. Daraus ergibt sich der folgende Lösungsweg: Zuerst ermitteln wir die Ableitung von f. Dann errechnen wir $f'\left(\frac{\pi}{2}\right)$. Schließlich ermitteln wir den Winkel α, für den $\tan \alpha = f'\left(\frac{\pi}{2}\right)$ gilt.

Es ist

$f'(x) = 2 \cdot \left(\cos \frac{x}{2}\right) \cdot \frac{1}{2} = \cos \frac{x}{2}.$

Weiter erhalten wir

$f'\left(\frac{\pi}{2}\right) = \cos \frac{\pi}{4} = 0{,}70711.$

Nun suchen wir α mit $0° \leq \alpha \leq 180°$ und $\tan \alpha = 0{,}70711$. Es ist $\alpha = 35{,}3°$. Die Tangente schneidet die x-Achse unter einem Winkel von $35{,}3°$.

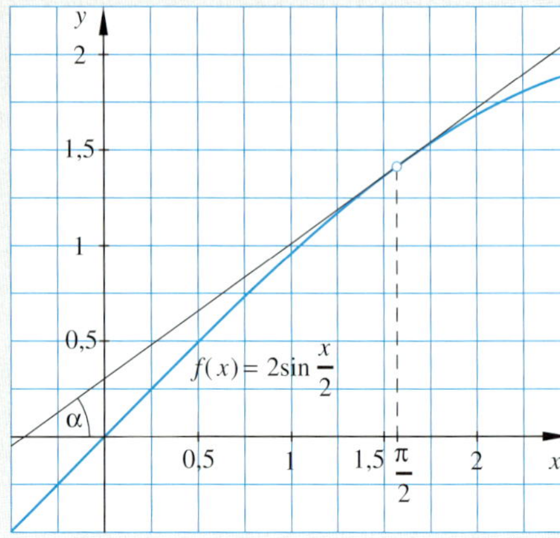

35

3. Unter welchem Winkel schneidet die Tangente an den Graphen von f im Punkt $P(x_0; f(x_0))$ die x-Achse?

a) $f(x) = \sin x;\ x_0 = \frac{\pi}{4}$

b) $f(x) = \sin(2x);\ x_0 = 0{,}1 \cdot \pi$

c) $f(x) = \cos x;\ x_0 = \frac{\pi}{3}$

d) $f(x) = 3 \cdot \cos \frac{\pi}{2};\ x_0 = 0{,}5$

e) $f(x) = \tan x;\ x_0 = \frac{\pi}{4}$

f) $f(x) = 2 \cdot \tan x;\ x_0 = -0{,}5$

Beispiel: Es ist der Verlauf der Funktion $f(x) = \cos^2 x - 0{,}25$ zu untersuchen.

Definitions- und Wertebereich: Da die Kosinusfunktion für alle reellen Zahlen definiert ist, hat auch f die Menge aller reellen Zahlen als Definitionsbereich. Der Wertebereich der Funktion f ist leicht zu übersehen, denn aus $-1 \leq \cos x \leq 1$ folgt $0 \leq \cos^2 x \leq 1$ und damit $-0{,}25 \leq \cos^2 x - 0{,}25 \leq 0{,}75$.

Da f differenzierbar ist und aus der Differenzierbarkeit die Stetigkeit folgt, ist f auch überall stetig und nimmt demzufolge auch jeden Wert zwischen $-0{,}25$ und $0{,}75$ an.

Der Wertebereich von f ist das Intervall $[-0{,}25; 0{,}75]$.

Nullstellen: Die Nullstellen von f sind die Lösungen der Gleichung

(1) $\cos^2 x - 0{,}25 = 0$ bzw. $\cos^2 x = 0{,}25$.

Äquivalent mit (1) ist (2) $\cos x = 0{,}5$ oder (3) $\cos x = -0{,}5$

Die Lösungen von (2) sind $x_1 = \frac{\pi}{3} + k \cdot 2\pi$, $x_2 = \frac{5}{3}\pi + k \cdot 2\pi$, $k \in \mathbb{Z}$, jene von (3) sind $x_3 = \frac{2}{3}\pi + k \cdot 2\pi$, $x_4 = \frac{4}{3}\pi + k \cdot 2\pi$, $k \in \mathbb{Z}$.

Lokale Extrema: Wir ermitteln die Nullstellen der ersten Ableitung von f. Es ist

$f'(x) = -2 \cdot \cos x \cdot \sin x.$

$f'(x) = 0$ ist äquivalent mit $\cos x = 0$ oder $\sin x = 0$, woraus $x_5 = \frac{\pi}{2} + k \cdot \pi$ und $x_6 = 0 + k \cdot \pi$, $k \in \mathbb{Z}$ folgt.

Wegen $f''(x) = 2 \cdot \sin x \cdot \sin x - 2 \cdot \cos x \cdot \cos x$ und $f''(x_5) = 2$ und $f(x_6) = -2$ liegt an den Stellen x_5 jeweils ein lokales Minimum und an den Stellen x_6 ein lokales Maximum vor. Es ist $f(x_5) = -0{,}25$ und $f(x_6) = 0{,}75$. Die lokalen Extrema sind damit zugleich auch globale Extrema.

Graph von f:

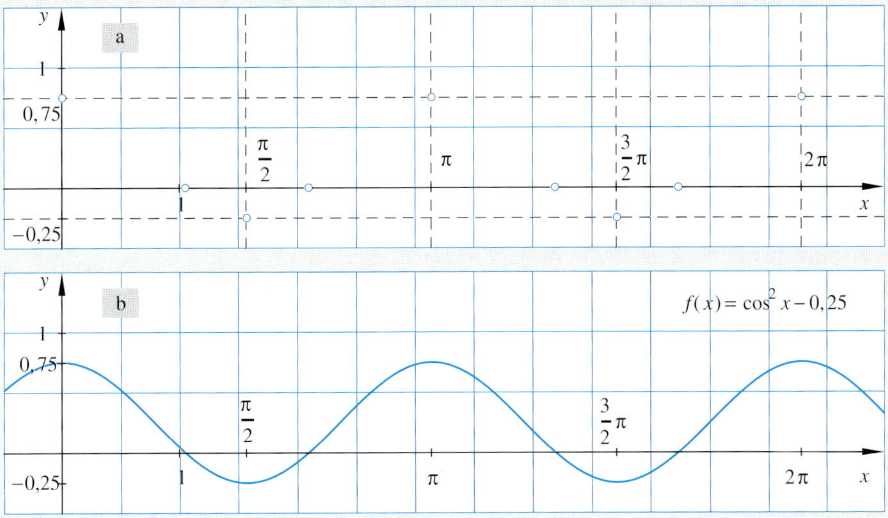

36

Wir tragen die bisher ermittelten Ergebnisse in ein Koordinatensystem ein (Bild 36a). Diese Ergebnisse legen die Vermutung nahe, dass f die kleinste Periode π hat. Eine kleinere Periode kommt schon deshalb nicht in Frage, weil die lokalen Maximumstellen im Abstand von π aufeinander folgen.

Dass π Periode von f ist, folgt aus

$$\begin{aligned} f(x+\pi) &= \cos^2(x+\pi) - 0{,}25 \\ &= \left[\cos(x+\pi)\right]^2 - 0{,}25 \\ &= \left[-\cos x\right]^2 - 0{,}25 = \cos^2 x - 0{,}25 = f(x) \end{aligned}$$

Bild 36b zeigt den Graphen von f.

4. Untersuchen Sie den Verlauf der folgenden Funktionen (Definitionsbereich, Wertebereich, Nullstellen, Extrempunkte) und skizzieren Sie jeweils den Graphen der Funktion in einem geeigneten Intervall:

a) $f(x) = \sin^2 x + 2$ **b)** $f(x) = 1 - 2\sin x$ **c)** $f(x) = 3\cos x + 2$

d) $f(x) = \frac{1}{2}\sin^2 x - \cos x$ **e)** $f(x) = \cos^2 x - \sin x$ **f)** $f(x) = \cos x \cdot \sin x$

5. **a)** Ermitteln Sie die lokalen und globalen Extrema der Funktion $f(x) = \sin x + 2\cos x$ im Intervall $[0; 2\pi]$.

b) Fertigen Sie eine grafische Darstellung der Funktion $f(x) = \sin x + 2\cos x$ im Intervall $[0; 2\pi]$ an.

6. Ermitteln Sie die lokalen und globalen Extrema der Funktion f im Intervall I:

a) $f(x) = \sin x + \cos x;\ I = [-\pi; \pi]$ **b)** $f(x) = \cos x + 2\sin x;\ I = [0; \pi]$

c) $f(x) = \cos x - \sin x;\ I = [-\pi; \pi]$ **d)** $f(x) = \cos x + 2\sin x;\ I = [0; 2\pi]$

7. Untersuchen Sie mit Hilfe der ersten Ableitung den Monotonieverlauf der Funktion f im angegebenen Intervall I:

a) $f(x) = 2\sin x + 2\cos x;\ I = [0; \pi]$ **b)** $f(x) = \cos x + \sin x;\ I = [0; \pi]$

c) $f(x) = 2\cos x - \sin x;\ I = [-\pi; \pi]$ **d)** $f(x) = \cos x - \sin(2x);\ I = [0; 2\pi]$

8. Ermitteln Sie alle Stellen x, an denen der Graph der Funktion $f(x) = \sin x - 2\cos x$ eine Tangente hat, die parallel zur x-Achse verläuft.

Beispiel: Es sollen die Nullstellen und Extrema der Funktion $f(x) = 2 \cdot \sin x + \sin(2x)$ berechnet und der Graph von f skizziert werden.
Da f eine periodische Funktion mit der Periode 2π ist, beschränken wir uns bei der Untersuchung der Funktion auf das Intervall $[0; 2\pi]$.

Nullstellen: Wegen $\sin(2x) = 2 \cdot \sin x \cdot \cos x$ kann die Gleichung $f(x) = 0$ zu $2 \cdot \sin x + 2 \cdot \sin x \cdot \cos x = 0$ bzw. $2 \cdot \sin x(1 + \cos x) = 0$ umgeformt werden. Nullstellen ergeben sich dann aus den Gleichungen $\sin x = 0$ und $\cos x = -1$, also $x_1 = 0$, $x_2 = \pi$, $x_3 = 2\pi$.

Lokale Extrema: Es ist $f'(x) = 2 \cdot \cos x + 2 \cdot \cos(2x)$. Die Gleichung $f'(x) = 0$ lässt sich unter Anwendung der Bezeichnung $\cos(2x) = 2 \cdot \cos^2 x - 1$ in eine quadratische Gleichung in $\cos x$ überführen. Lösungen sind $x_4 = \frac{\pi}{3}$, $x_5 = \pi$, $x_6 = \frac{5\pi}{3}$.

Mit Hilfe der zweiten Ableitung lässt sich zeigen, dass f an der Stelle x_4 ein lokales Maximum und an der Stelle x_6 ein lokales Minimum hat. Es ist $f(x_4) = 2{,}6$ und $f(x_6) = -2{,}6$. Da f stetig ist und im Intervall $]0; \pi[$ und im Intervall $]\pi; 2\pi[$ keine Nullstellen hat, kann an der Stelle π kein Extremum sein. Als **Graph von** f ergibt sich Bild 37.

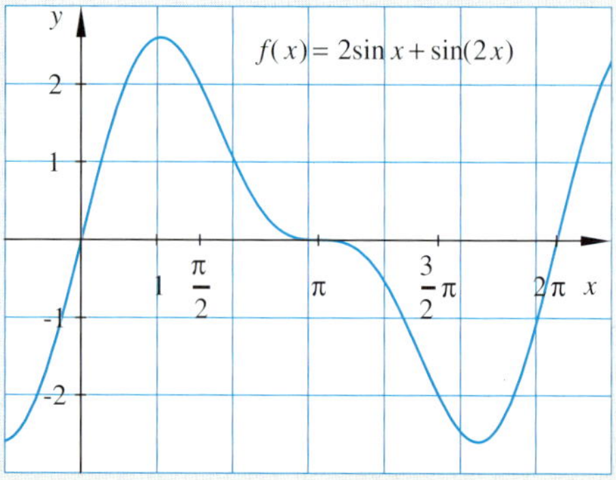

37

9. Arbeiten Sie das oben stehende Beispiel durch:

a) Begründen Sie die oben angegebenen Nullstellen von f.

b) Bestätigen Sie durch Lösen der Gleichung $f'(x) = 0$ die angegebenen möglichen Extremstellen von f.

c) Ermitteln Sie die zweite Ableitung von f und prüfen Sie die notwendige Bedingung für die möglichen Extremstellen nach.

d) Begründen Sie, dass die x-Achse Tangente an den Graph von f im Punkt $P(\pi; 0)$ ist.

10. Führen Sie eine Kurvendiskussion von f in einem geeigneten Intervall durch:

a) $f(x) = \frac{1}{4}(1 + \sin(2x))$ **b)** $f(x) = \frac{1}{2}\cos(2x)$ **c)** $f(x) = x + \sin x$

9 Extremwertaufgaben unter Verwendung von Winkelfunktionen

1. Bild 38 zeigt ein Dreieck. Geben Sie $\sin\alpha$, $\sin\beta$, $\cos\alpha$, $\cos\beta$, $\tan\alpha$ und $\tan\beta$ in Abhängigkeit von a, b und h an. (Beachten Sie: p kann durch h und b, q durch h und a ausgedrückt werden.)

2. Wiederholen Sie anhand der Lernheit D5 das Vorgehen beim Lösen von Extremwertaufgaben.

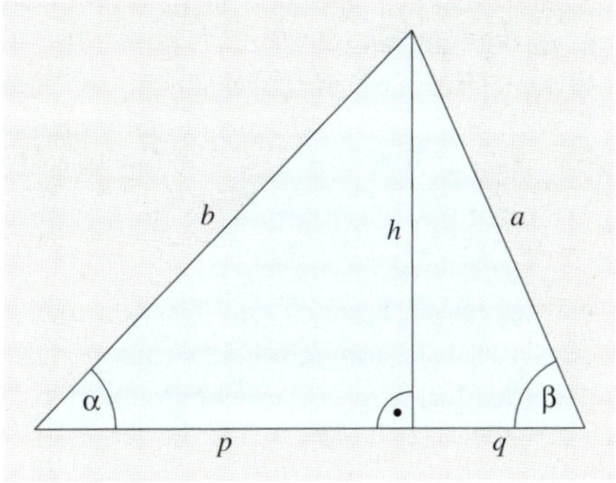

38

3. Arbeiten Sie das folgende Beispiel durch und lösen Sie dabei die folgenden Teilaufgaben.

a) Ermitteln Sie für die in der Vorüberlegung angegebenen Werte jeweils den Flächeninhalt der Figur.

b) Bestätigen Sie die Gleichung für $f'(x)$ nach (2). (Hinweis: Wenden Sie die Doppelwinkelformel für den Sinus an.)

c) Bestätigen Sie, dass $\gamma = 147{,}5°$ die einzige Lösung der Gleichung $f'(\gamma) = 0$ im Intervall $0° < \gamma < 180°$ ist.

d) Ermitteln Sie die zweite Ableitung von f und bestätigen Sie, dass ein lokales Maximum vorliegt.

e) Wie groß ist der Flächeninhalt der Figur bei $s = 5$ cm und $\gamma = 147{,}5°$?

Beispiel: Einem gleichschenkligen Dreieck werde an der Basis ein Halbkreis angesetzt (Bild 39). Die Schenkellänge des Dreiecks sei s. Wie groß ist der Winkel γ zu wählen, damit der Flächeninhalt der zusammengesetzten Figur möglichst groß wird?

Vorüberlegung: Wir sehen uns zunächst verschiedene Möglichkeiten der Wahl des Winkels γ bei einer festen Schenkellänge von 5 cm an:

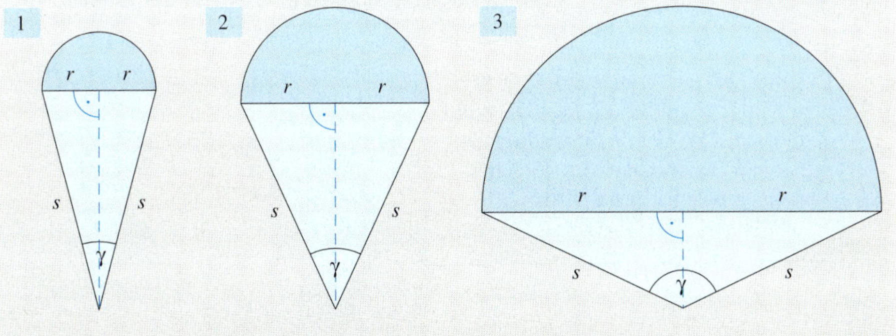

39

Wir sehen, dass der Flächeninhalt der Figur von der Größe des Winkels γ abhängt. Für kleine Winkel γ ist der Flächeninhalt klein, wächst der Winkel γ, so wächst zunächst auch der Flächeninhalt der Figur. Der Flächeninhalt A der Figur ist eine Funktion des Winkels γ. Es ist zu untersuchen, ob diese Funktion ein Maximum hat und für welchen Winkel γ dieses Maximum angenommen wird.

Ermitteln der Funktion: Es ist

(1) $A = \frac{1}{2}s^2 \cdot \sin\gamma + \frac{\pi}{2}r^2$.

Auf der rechten Seite von (1) treten noch zwei Variable auf, nämlich r und γ. Da wir A als Funktion des Winkels γ darstellen wollen, versuchen wir r durch γ auszudrücken. Es ist $r = s \cdot \sin\frac{\gamma}{2}$. Damit erhalten wir

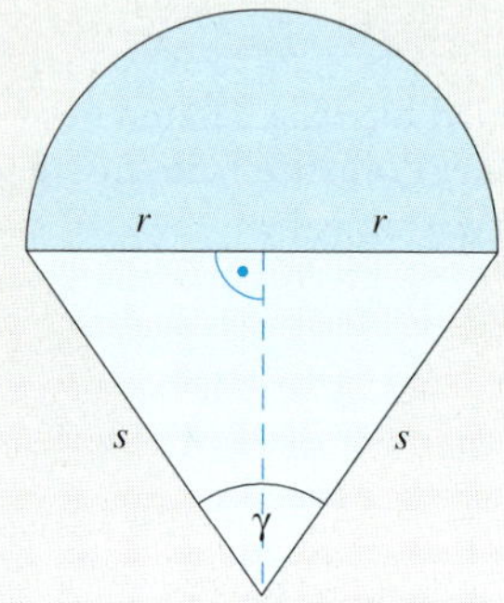

40

$$A = f(\gamma) = \frac{1}{2}s^2 \cdot \sin\gamma + \frac{\pi}{2} \cdot s^2 \cdot \sin^2\frac{\gamma}{2}$$

und schließlich

(2) $A = f(\gamma) = \frac{1}{2}s^2 \cdot \left(\sin\gamma + \pi \cdot \sin^2\frac{\gamma}{2}\right)$, $0° < \gamma < 180°$.

Wir untersuchen f auf das Vorhandensein lokaler Extremwerte:
Wir bilden die erste Ableitung von f und ermitteln deren Nullstellen:

$$f'(\gamma) = \frac{1}{2}s^2\left(\cos\gamma + \pi \cdot \left[\sin\frac{\gamma}{2} \cdot \cos\frac{\gamma}{2}\right] \cdot \frac{1}{2}\right)$$
$$= \frac{1}{2}s^2\left(\cos\gamma + \frac{\pi}{2}\sin\gamma\right).$$

$f'(\gamma) = 0$ führt zu der Gleichung $\tan\gamma = -\frac{2}{\pi}$. Der Taschenrechner liefert als Lösung $\gamma = -32{,}5°$. Beachten wir den Definitionsbereich von f, ergibt sich $\gamma = 180° - 32{,}5 = 147{,}5°$. Mit der zweiten Ableitung von f erhalten wir die Bestätigung, dass an der Stelle $\gamma = 147{,}5°$ ein lokales Maximum vorliegt. Dieses muss auch globales Maximum sein.

Ergebnis: Wählt man $\gamma = 147{,}5°$, so wird der Flächeninhalt der Figur am größten.

4. Gegeben ist ein Drachenviereck mit den Seiten a und b (Bild 41). Wie groß ist der Winkel γ zu wählen, damit der Flächeninhalt des Drachenvierecks möglichst groß wird?

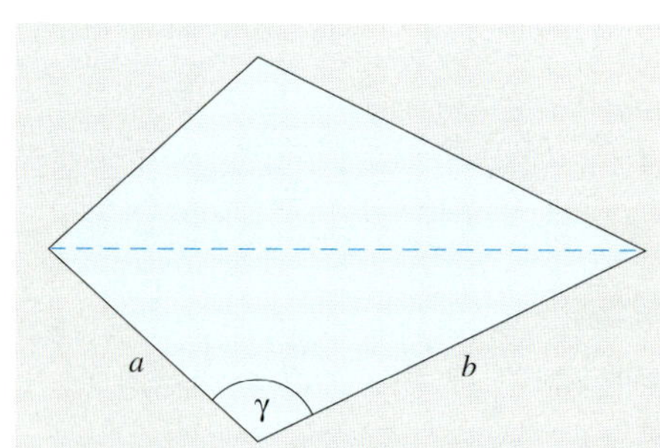

41

5. Aus drei Holzbrettern von je a cm Breite soll eine Wasserrinne mit trapezförmigem Querschnitt gebaut werden (Bild 42). Wie groß ist α zu wählen, damit die Wasserrinne eine möglichst große Wassermenge aufnehmen kann?

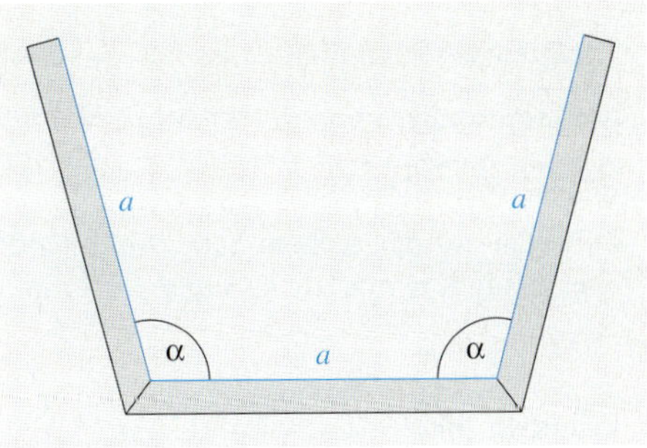

42

6. Beim Kanalbau wählt man meist ein gleichschenkliges Trapez als Querschnitt (Bild 43). Flächeninhalt des Kanalquerschnitts und Kanaltiefe sollen durch den Verwendungszweck vorgegeben sein. Da das Isolieren der vom Wasser benetzten Flächen besonders hohe Kosten verursacht, versucht man den Bau so zu gestalten, dass die zu isolierende Fläche möglichst klein wird. Wie groß wäre in diesem Fall der Winkel α zu wählen?

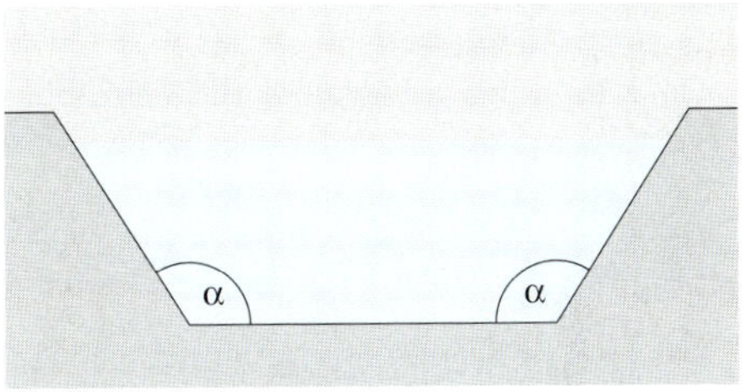

43

7. $ABCD$ sei ein Sehnenviereck im Kreis mit dem Radius 1 um den Koordinatenursprung O. D liege mit B auf einem Durchmesser. A habe die Koordinaten (1; 0), C die Koordinaten (0; 1). Der Winkel AOB sei φ. Für ihn gelte $0 < \varphi < \frac{\pi}{2}$.

Für welchen Winkel φ ist der Flächeninhalt des Vierecks $ABCD$ am größten?

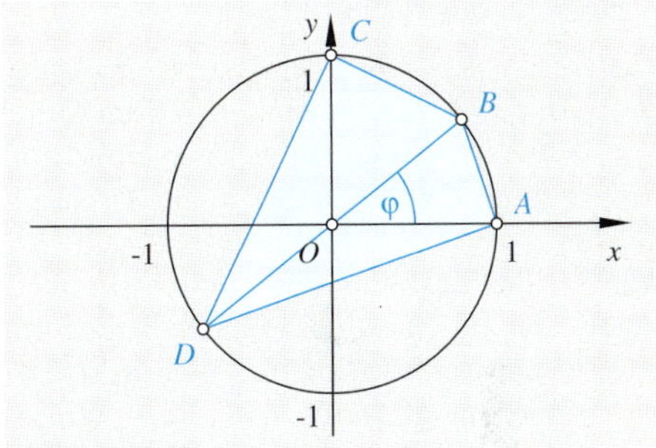

44

8. Arbeiten Sie das nachstehende Beispiel durch.

a) Leiten Sie die Gleichung (2) her, indem Sie r durch a und $\sin\varphi$ ausdrücken.

b) Bilden Sie f'.

c) Begründen Sie, dass von der Aufgabenstellung her die Funktion f nur für Argumente zwischen 0° und 90° von Interesse ist.

d) Begründen Sie, dass $\varphi = 54{,}7°$ einzige Lösung der Gleichung $f'(\varphi) = 0$ im Intervall $0° < \varphi < 90°$ ist.

Beispiel: Eine Straße soll durch am Strassenrand stehende Lampen beleuchtet werden (Bild 45). Wir gehen davon aus, dass die Beleuchtungsstärke B im Punkt M dem Kosinus des Winkels φ proportional und dem Quadrat des Abstandes r von der Lichtquelle umgekehrt proportional ist. Wie hoch müsste man die Lampen anbringen, damit die Mitte der Straße möglichst hell beleuchtet wird?

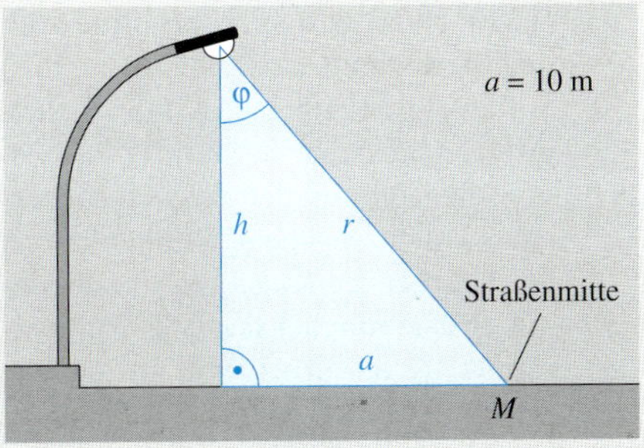

45

Ermitteln der Funktion: Es ist $B \sim \frac{1}{r^2} \cdot \cos \varphi$. Bezeichnen wir den Proportionalitätsfaktor, der insbesondere von der Lichtquelle abhängt, mit K, so gilt

(1) $B = K \cdot \frac{1}{r^2} \cdot \cos \varphi$.

Es treten auf der rechten Seite von (1) zwei Variable auf, nämlich r und φ. Es lässt sich aber r durch φ ausdrücken und wir erhalten:

(2) $B = f(\varphi) = \frac{K}{a^2} \cdot \sin^2 \varphi \cdot \cos \varphi$.

Ermitteln lokaler Extremwerte von *f*: Es ist $f'(\varphi) = \frac{K}{a^2} \cdot \sin \varphi \cdot \left(2\cos^2 \varphi - \sin^2 \varphi\right)$. Aus $f'(\varphi) = 0$ ergibt sich $\varphi = 54{,}7°$ als einzige Lösung im der Aufgabenstellung entsprechenden Intervall $0° < \varphi < 90°$.
Da f im Intervall $[0°; 90°]$ differenzierbar ist und $f(0°) = 0$ und $f(90°) = 0$ und $f(54{,}7°) > 0$ gilt, muss f an der Stelle $\varphi = 54{,}7°$ ein lokales Maximum haben, das zugleich auch globales Maximum von f ist.

Ermitteln der Höhe *h* für den errechneten Winkel von 54,7°: Wegen $\tan \varphi = \frac{a}{h} = \frac{10\,\text{m}}{h}$ ist $h = \frac{10\,\text{m}}{\tan \varphi}$. Für $\varphi = 54{,}7°$ erhalten wir dann $h \approx 7$ m.

Ergebnis: Die Lampen müssten in einer Höhe von 7 m angebracht werden.

9. Über einem runden Tisch vom Durchmesser $d = 1$ m soll eine Arbeitsleuchte angebracht werden. In welcher Höhe h über der Tischmitte ist die Lampe zu befestigen, damit die Arbeitsplätze am Tischrand möglichst hell beleuchtet werden?

10. Eine Last mit der Gewichtskraft $\vec{G}$ soll auf einer horizontalen Straße mit dem Reibungskoeffizienten $\mu = 0{,}07$ fortbewegt werden. Welchen Winkel α muss die bewegende Kraft $\vec{F}$ mit der Horizontalen bilden, damit der die Reibung überwindende Teil der Kraft am kleinsten wird (Bild 44).

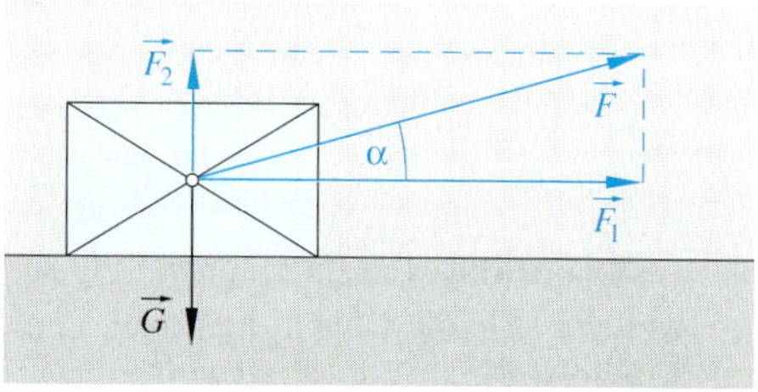

46

(Hinweis: Die Reibungskraft ist dem Betrag nach gleich $\mu(\vec{G} - \vec{F_2})$ und sie wirkt der Kraft $\vec{F_1}$ entgegen.)

11. Beim Kugelstoßen verlässt die Kugel mit einer Anfangsgeschwindigkeit v_0 die Hand des Sportlers. Ihre weitere Bewegung setzt sich zusammen aus zwei Bewegungen, nämlich jener, die sich aus der Stoßkraft, und jener, die sich aus der Schwerkraft ergibt. Unter welchem Winkel α soll der Sportler die Kugel wegstoßen, damit er eine möglichst große Weite erreicht? (Den Luftwiderstand und die Anfangshöhe der Kugel lassen wir unberücksichtigt.)

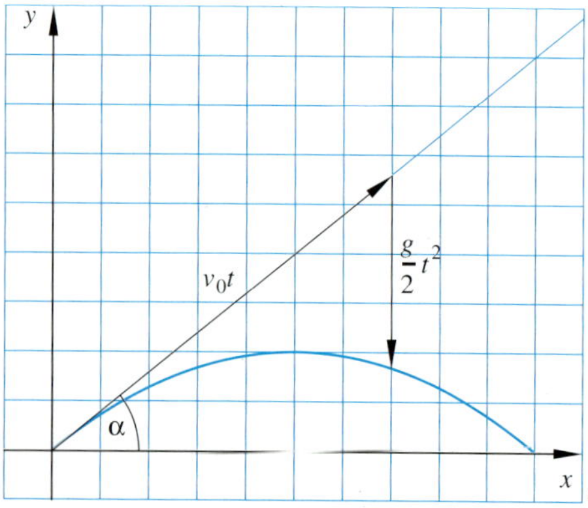

47

12. Der Kopf einer Forschungsrakete habe die Form eines geraden Kreiskegels (Bild 48). Er soll einen zylindrischen Behälter für einen Messgerätesatz aufnehmen. Aus technischen Gründen soll die Oberfläche des Zylinders möglichst groß sein. Berechnen Sie den Radius r und die Höhe h des Zylinders.

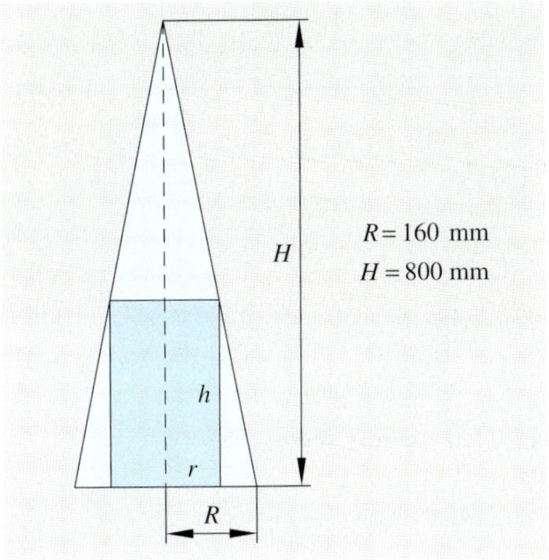

48

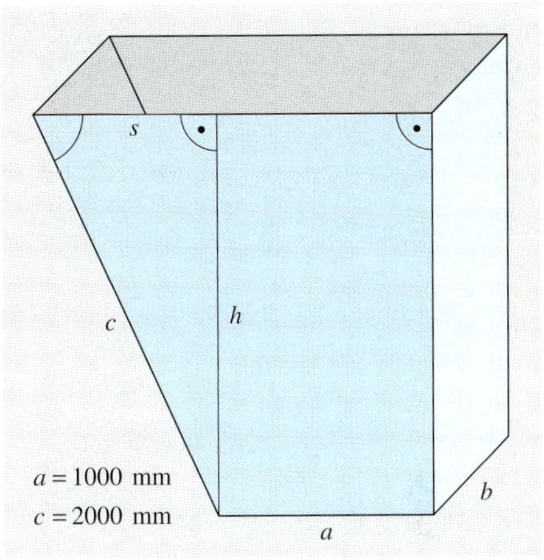

49

13. Ein Abfallcontainer habe die im Bild 49 skizzierte Form. Damit er bei vorgegebener Breite b ein möglichst großes Fassungsvermögen erhält, ist der Inhalt der im Bild gerasterten Seitenfläche möglichst groß zu wählen.

a) Geben Sie die Höhe h und die Strecke s in Abhängigkeit vom Winkel α an.

b) Stellen Sie den Inhalt A der gerasterten Fläche als Funktion des Winkels α dar.

c) Für welche Größe des Winkels α wird der Inhalt A maximal?

10 Flächenberechnungen unter Einbeziehung von Winkelfunktionen

In dieser Lerneinheit werden wir mit Hilfe der Integralrechnung den Flächeninhalt solcher Punktmengen ermitteln, die u.a. durch Graphen von Winkelfunktionen begrenzt werden.

1. Berechnen Sie den Inhalt jener Fläche, die durch die x-Achse und den Graphen der Sinusfunktion im Intervall $[0;\pi]$ begrenzt wird.

Beispiel: Es ist der Flächeninhalt derjenigen Fläche zu ermitteln, die vom Graphen der Kosinusfunktion, der x-Achse und den Geraden $x = 1$ und $x = 2$ begrenzt wird (Bild 50).
Zunächst müssen wir beachten, dass die Kosinusfunktion eine Nullstelle im Innern des Integrationsintervalls hat, nämlich $x_0 = \frac{\pi}{2}$.
Im Intervall $\left]1; \frac{\pi}{2}\right[$ nimmt die Kosinusfunktion nur positive Werte, im Intervall $\left]\frac{\pi}{2}; 2\right[$ nur negative Werte an.

Deshalb ist

$$A = \int_1^{\frac{\pi}{2}} \cos x\,dx + \left| \int_{\frac{\pi}{2}}^{2} \cos x\,dx \right|$$

$$= \left[\sin x\right]_1^{\frac{\pi}{2}} + \left| \left[\sin x\right]_{\frac{\pi}{2}}^{2} \right|$$

$$= \sin\frac{\pi}{2} - \sin 1 + \left|\sin 2 - \sin\frac{\pi}{2}\right|$$

$$= \sin\frac{\pi}{2} - \sin 1 + \sin\frac{\pi}{2} - \sin 2 \approx 0{,}249$$

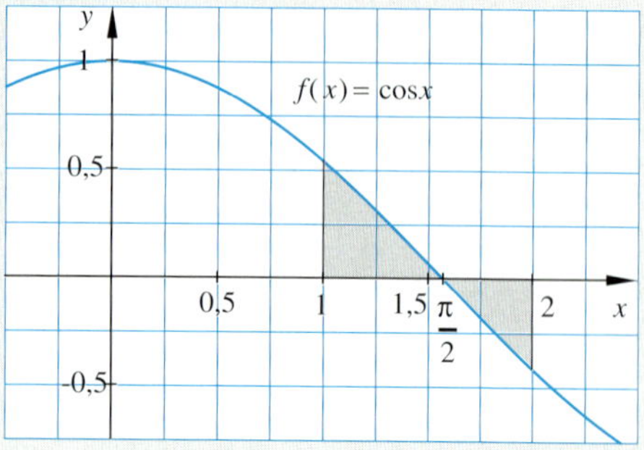

50

2. Berechnen Sie den Flächeninhalt derjenigen Fläche, die vom Graphen der Funktion f, der x-Achse und den Geraden $x = a$ und $x = b$ begrenzt wird. Beachten Sie eventuell vorhandene Nullstellen von f im Innern des Intervalls $[a; b]$.

a) $f(x) = \cos x;\ a = 0,\ b = 2\pi$

b) $f(x) = \sin x;\ a = \frac{\pi}{2},\ b = \frac{3\pi}{4}$

c) $f(x) = 3\sin x;\ a = -\frac{\pi}{4},\ b = \frac{\pi}{4}$

d) $f(x) = 4\cos x;\ a = 0,\ b = 2$

e) $f(x) = \sin x + \cos x;\ a = \frac{\pi}{4},\ b = \frac{\pi}{2}$

f) $f(x) = \sin x + 2\cos x;\ a = 0{,}5,\ b = 1{,}3$

g) $f(x) = \cos(2x);\ a = -\frac{\pi}{4},\ b = \frac{\pi}{4}$

h) $f(x) = \frac{1}{3}\sin(3x);\ a = 0,\ b = 2$

3. Die Sinus- und die Kosinuskurve schneiden einander im Intervall $[0; 2\pi]$ in zwei Punkten $P_1(x_1; \sin x_1)$ und $P_2(x_2; \sin x_2)$. Berechnen Sie den Inhalt der Fläche, die von den beiden Kurven zwischen den Schnittpunkten eingeschlossen wird.

Beispiel: Es ist eine Zahl a zu ermitteln, so dass die im Bild 51 gerasterte Fläche M den Inhalt $\sqrt{2}$ hat.

Die Abszisse des Schnittpunktes der Graphen von sin und cos im Intervall $\left[0; \frac{\pi}{2}\right]$ ist $\frac{\pi}{4}$. Deshalb gilt

$A = \int_{\frac{\pi}{4}}^{a} (\sin x - \cos x)\,dx$. Wir berechnen das bestimmte Integral. Es ist

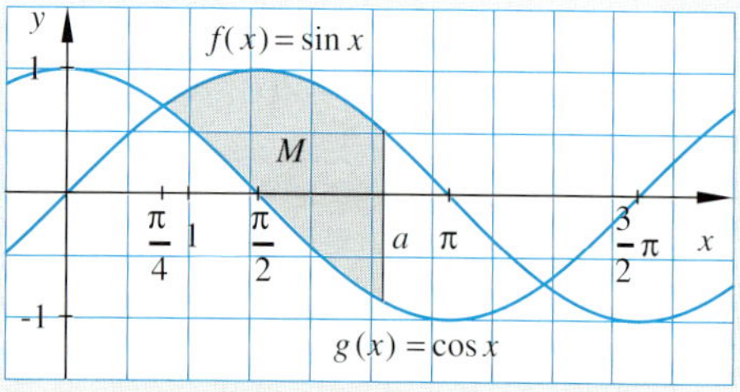

51

$$\int_{\frac{\pi}{4}}^{a} (\sin x - \cos x)\,dx = \left[-\cos x - \sin x\right]_{\frac{\pi}{4}}^{a} = -\cos a - \sin a + \cos\frac{\pi}{4} + \sin\frac{\pi}{4}.$$

Wegen $A = \sqrt{2}$ und $\cos\frac{\pi}{4} = \sin\frac{\pi}{4} = \frac{\sqrt{2}}{2}$ erhalten wir die Gleichung

$-\cos a - \sin a + \frac{\sqrt{2}}{2} + \frac{\sqrt{2}}{2} = \sqrt{2}$ und damit $\cos a + \sin a = 0$.

Lösung dieser Gleichung im Intervall $[0; \pi]$ ist $a = \frac{3\pi}{4}$.

Ergebnis: Wählt man $a = \frac{3\pi}{4}$, so ist der Flächeninhalt von M gleich $\sqrt{2}$.

4. Ermitteln Sie eine reelle Zahl a, derart dass $\int_0^{\pi} \sin x \, \mathrm{d}x = 0{,}4$ ist.

5. Berechnen Sie jeweils den Flächeninhalt der in Bild 52 skizzierten Flächen.

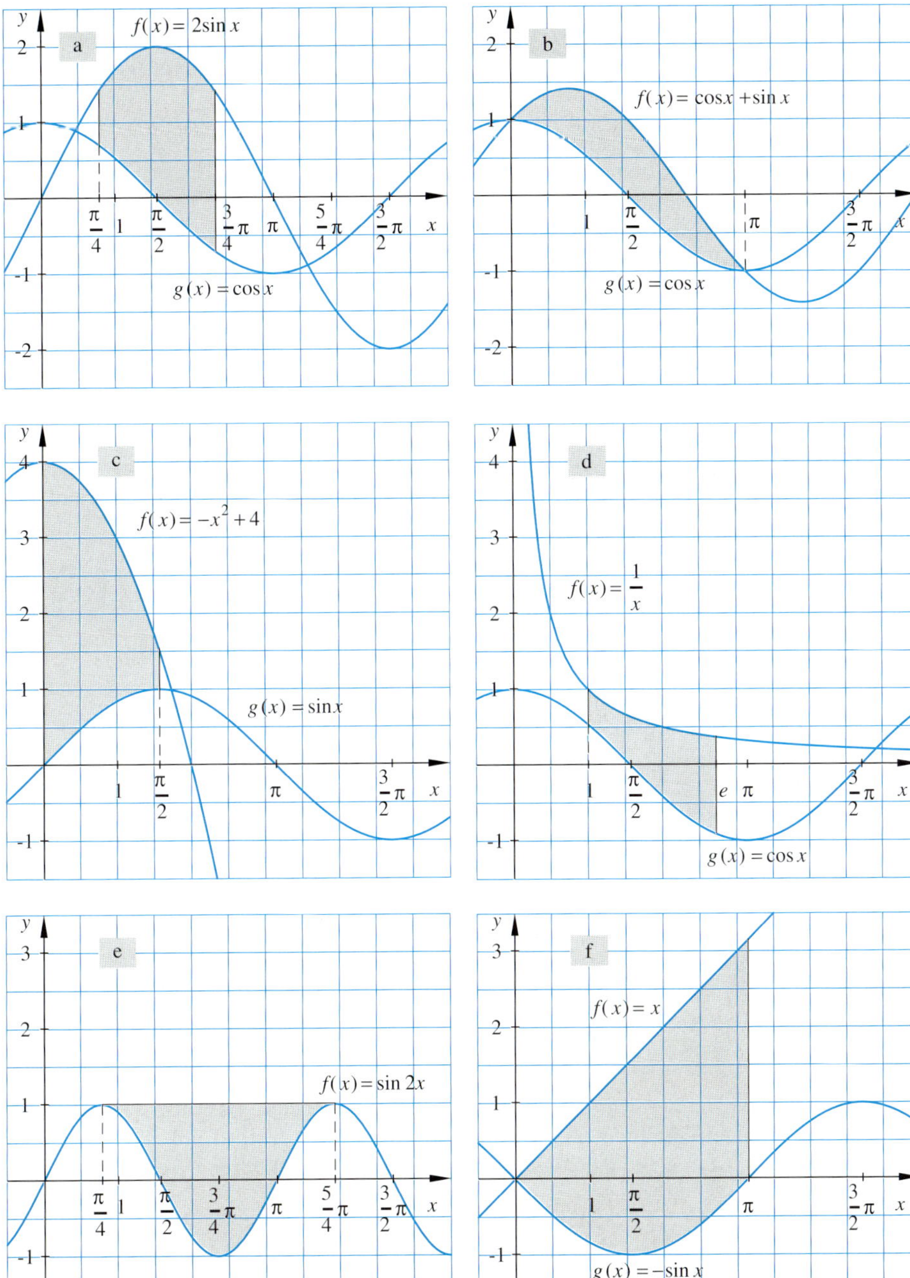

52

11 Gedämpfte und ungedämpfte Schwingungen

1. Wiederholen Sie physikalische Grundbegriffe zur Beschreibung von Schwingungen (Auslenkung, Amplitude, Frequenz, Periodendauer).

2. Bauen Sie ein Pendel, indem Sie eine Schnur mit einem daran befestigten Gegenstand an eine Halterung hängen und schwingen lassen. Betrachten Sie die Auslenkung y des Gegenstandes von der Ruhelage in Abhängigkeit von der Zeit t. Skizzieren Sie den Graphen der Funktion $y = f(t)$ qualitativ (d.h. ohne Beachtung der konkreten Zahlenwerte) in einem geeigneten Koordinatensystem.

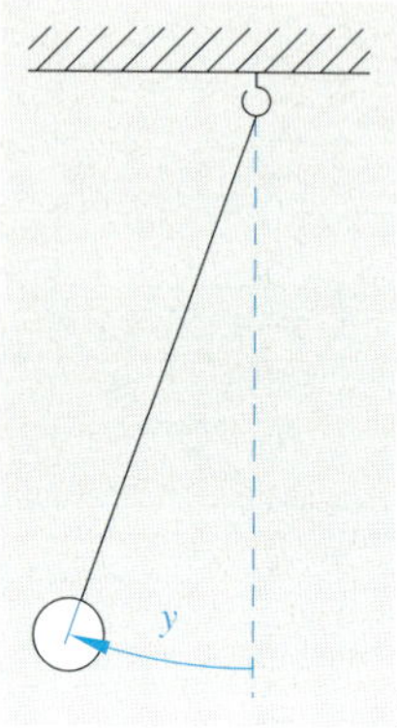

53

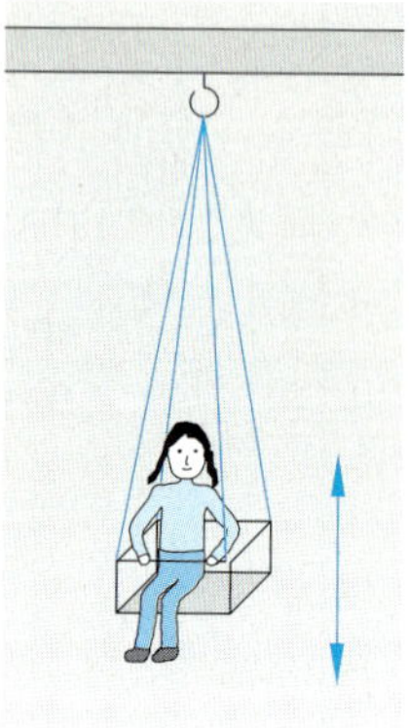
54

3. Ein beliebtes Kinderspielzeug ist ein an Gummiseilen befestigter Kindersitz. Wird der Sitz aus der Ruhelage ausgelenkt, schwingt er einige Zeit hoch und runter. Die Höhe des Sitzes y ist eine Funktion der Zeit t. Skizzieren Sie den Graphen der Funktion qualitativ.

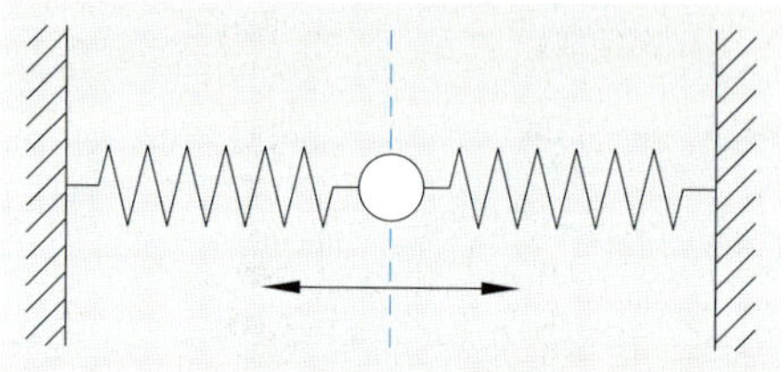
55

Vorgänge wie in den Aufgaben 2 und 3 beschrieben, werden mechanische Schwingungen genannt. Sie werden durch eine zur Gleichgewichtslage rücktreibende Kraft und die Trägheit des schwingenden Körpers verursacht. Betrachten wir z.B. einen Federschwinger wie in Bild 55, so ist die rücktreibende Kraft der Auslenkung s aus der Ruhelage proportional (Hookesches Gesetz). Der Proportionalitätsfaktor wird Federkonstante D genannt. Es gilt also $F = -D \cdot s$. (Die Richtung der Kraft ist der Richtung der Auslenkung entgegengesetzt.) Stellen wir nun die Auslenkung des schwingenden Körpers mit der Masse m als Funktion der Zeit dar, erhalten wir $s = f(t)$. Andererseits ist die Kraft, die auf dem Körper wirkt, nach dem Grundgesetz der Mechanik $F = a \cdot m$, wobei a die Beschleunigung ist. Weiter ist aber $a = f''(t)$.[1] Wir erhalten daraus $m \cdot f''(t) = -D \cdot f(t)$ oder $m \cdot f''(t) + D \cdot f(t) = 0$ bzw.

$$(*) \quad f''(t) + \frac{D}{m} f(t) = 0.$$

Die Funktion f, die die Bewegung des Federschwingers beschreibt, muss also der Gleichung (*) genügen. In dieser Gleichung ist f eine Variable. Man sucht ja eine Funktion f, die dieser Gleichung genügt. Man nennt diese Gleichung eine Differenzialgleichung, weil neben f auch eine Ableitung von f vorkommt.

[1] Beschreibt f den zurückgelegten Weg als Funktion der Zeit ($s = f(t)$), so beschreibt f' die Geschwindigkeit und f'' die Beschleunigung als Funktion von der Zeit.

4. Prüfen Sie, ob die angegebene Funktion f die Gleichung (*) erfüllt:

a) $f(t) = 2t + 1$ **b)** $f(t) = t^2$ **c)** $f(t) = \frac{1}{f}$

d) $f(t) = c^t$ **e)** $f(t) = \sin t$ **f)** $f(t) = \cos t$

5. **a)** Prüfen Sie, ob die Funktion $f(t) = a\sin t$ für einen geeigneten Parameter a die Gleichung (*) erfüllt.

b) Prüfen Sie, ob die Funktion $f(t) = \sin(b \cdot t)$ für einen geeigneten Parameter b die Gleichung (*) erfüllt.

Wir probieren, ob die Funktion $f(t) = \cos(b \cdot t)$ eine Lösung der Gleichung (*) ist. Es ist $f''(t) = -b^2 \cdot \cos(b \cdot t)$. Setzt man f und f'' in die Gleichung ein, erhält man $b^2\cos(b \cdot t) + \frac{D}{m}\cos(b \cdot t) = 0$. Diese Gleichung ist dann erfüllt, wenn $b^2 = \frac{D}{m}$ bzw. $b = \sqrt{\frac{D}{m}}$ gilt. Die Funktion $f(t) = \cos\left(\sqrt{\frac{D}{m}}t\right)$ ist eine Lösung der Gleichung (*). Ganz entsprechend kann man nachweisen, dass auch $f(t) = \sin\left(\sqrt{\frac{D}{m}}t\right)$ eine Lösung der Gleichung (*) ist (Aufgabe 5b).

6. **a)** Zeigen Sie, dass die Funktion $f(t) = a \cdot \sin\left(\sqrt{\frac{D}{m}}t\right)$, a eine beliebige reelle Zahl, eine Lösung der Gleichung (*) ist.

b) Zeigen Sie, dass die Funktion $f(t) = a \cdot \cos\left(\sqrt{\frac{D}{m}}t\right)$, a eine beliebige reelle Zahl, eine Lösung der Gleichung (*) ist.

Wir wählen die Lösung

$$f(t) = a \cdot \cos\left(\sqrt{\frac{D}{m}}t\right)$$

der Gleichung (*) und erinnern uns, dass f die Bewegung des schwingenden Massestücks in Abhängigkeit von der Zeit beschreibt. Nunmehr können wir den Graphen der Funkion skizzieren. Wir wählen $a = 2$ cm und $\sqrt{\frac{D}{m}} = 3\ \text{s}^{-1}$. Das Bild 56 zeigt den Funktionsgraphen im Intervall $[0s; 8s]$.

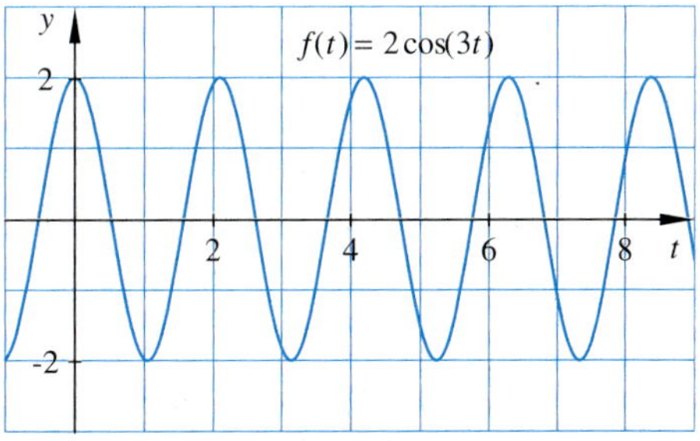

56

7. **a)** Skizzieren Sie den Graphen der Funktion $f(t) = a \cdot \sin\left(\sqrt{\frac{D}{m}}t\right)$ für den Fall, dass $a = 3$ cm und $\sqrt{\frac{D}{m}} = 2\ \text{s}^{-1}$.

b) Skizzieren Sie den Graphen der Funktion $f(t) = a \cdot \sin\left(\sqrt{\frac{D}{m}}t\right)$ für den Fall, dass $a = 4$ cm und $\sqrt{\frac{D}{m}} = 1\ \text{s}^{-1}$.

Wie haben bisher bei allen Überlegungen irgendwelche Reibungsverluste und Luftwiderstände außer Acht gelassen. Das hätte zur Folge, dass der schwingende Körper zeitlich unbegrenzt mit konstanter Amplitude schwingen würde. Man nennt eine solche Schwingung eine **ungedämpfte Schwingung**.

In der Realität treten aber immer Reibungsverluste auf, so dass die Amplitude der Schwingung mit zunehmender Zeit kleiner wird und irgendwann der Körper aufhört zu schwingen. Man sagt, die Schwingung werde gedämpft und spricht von einer **gedämpften Schwingung**.

Beispiel: Die gedämpfte Schwingung eines Federschwingers werde durch die Funktion $f(t) = 4 \cdot e^{-0{,}2t} \cdot \cos(\pi \cdot t)$ beschrieben, dabei bedeute t den Zahlenwert der in Sekunden gemessenen Zeit und $f(t)$ die Auslenkung des schwingenden Körpers aus der Ruhelage, gemessen in cm. Die größte Auslenkung nach oben wird zu folgenden Zeitpunkten 0 s, 2 s; 4 s; 6 s usw. erreicht, die größte Auslenkung nach unten zu den Zeitpunkten 1 s; 3 s; 5 s usw. Da $|\cos(\pi \cdot t)| = 1$, wird der Betrag der Amplitude zu den genannten Zeitpunkten durch $4 \cdot e^{-0{,}2t}$ bestimmt. Es gilt:

t in s	$4 \cdot e^{-0{,}2t}$ in cm
0	4
1	−3,3
2	2,7
3	−2,2
4	1,8
5	−1,5
6	1,2
7	−1,0
8	0,8

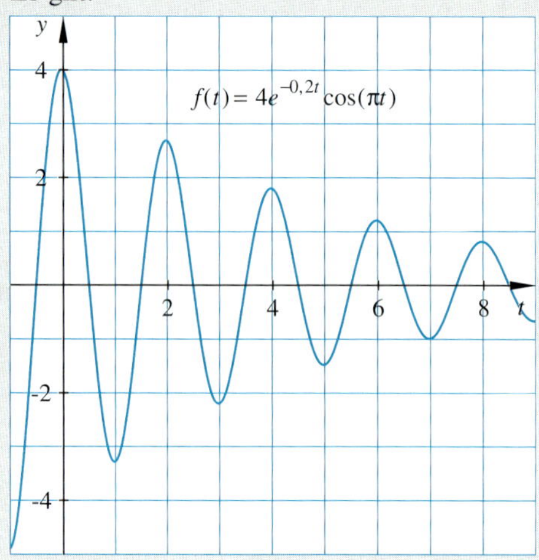

57

8. Ermitteln Sie zu folgenden Zeitpunkten die Amplitude der im Beispiel beschriebenen gedämpften Schwingung:
a) 12 s **b)** 20 s **c)** 50 s **d)** 100 s

9. Ermitteln Sie den frühesten Zeitpunkt, für den die Amplitude der im Beispiel beschriebenen gedämpften Schwingung 0,5 cm nicht mehr überschreitet.

10. Skizzieren Sie den Graphen der Funktion $f(t) = 3 \cdot e^{-0{,}1t} \cdot \sin(\pi \cdot t)$ im Intervall $[0; 3]$.

11. Ein Federschwinger führe eine gedämpfte Schwingung aus. Die Elongation (Auslenkung aus der Ruhelage) in Abhängigkeit von der Zeit werde im Intervall $[0; 10]$ durch die Funktion $f(t) = 2e^{-0{,}5t} \cdot \cos t$ beschrieben.
a) Ermitteln Sie die Nullstellen der Funktion im angegebenen Intervall.
b) Ermitteln Sie alle Extrempunkte der Funktion im angegebenen Intervall.
c) Skizzieren Sie den Graphen von f.

12. Geben Sie eine Funktionsgleichung zu der im Bild 58 skizzierten gedämpften Schwingung an.

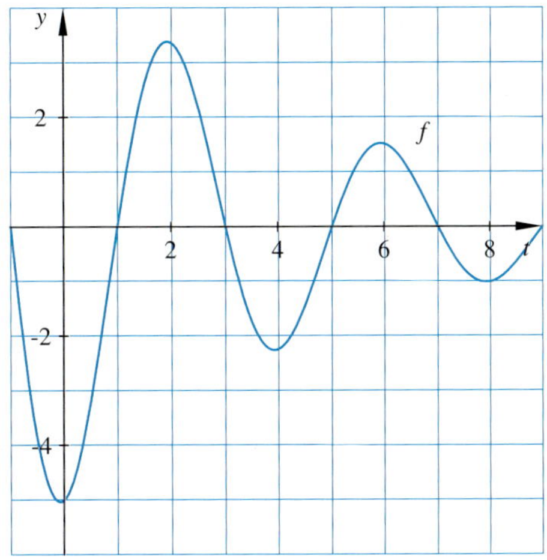

58

ZUSAMMENFASSUNG:

Die Funktionen sin, cos und tan heißen **Winkelfunktionen**. Sie werden vor allem zur Beschreibung periodischer Vorgänge in Natur und Technik verwendet. Solche Vorgänge sind z.B. Drehbewegungen und mechanische Schwingungen.

Lösen goniometrischer Gleichungen

(1) Gleichung so umformen, dass nur noch ein Argument vorkommt.
(2) Gleichung so umformen, dass nur noch eine Winkelfunktion vorkommt.
(3) Nötigenfalls Variable z für die Winkelfunktion setzen und Gleichung in z lösen.
(4) Einfache goniometrische Gleichung mit Hilfe des Taschenrechners lösen.

Differenziation der Winkelfunktionen

Die Winkelfunktionen sin, cos und tan sind an allen Stellen ihres Definitionsbereiches differenzierbar, und es gilt

$(\sin x)' = \cos x$ $\qquad$ $(\cos x)' = -\sin x$ $\qquad$ $(\tan x)' = \frac{1}{\cos^2 x} = 1 + \tan^2 x$

Stammfunktionen zu den Funktionen sin und cos

Es ist

$\int \sin x \mathrm{d}x = -\cos x + c$ $\qquad$ $\int \cos x \mathrm{d}x = \sin x + c$

G

Vermischte Aufgaben

Ganzrationale Funktionen

Aufgabe 1

f sei eine ganzrationale Funktion 3. Grades mit dem Wendepunkt $O(0;0)$ und dem Hochpunkt $H(3;6)$.

a) Ermitteln Sie die Gleichung der Funktion f.

b) Untersuchen Sie, ob der Funktionsgraph weitere Schnittpunkte mit der x-Achse, Extrem- und Wendepunkte besitzt.
Treffen Sie Aussagen über das Verhalten des Funktionsgraphen für $x \to -\infty$ bzw. $x \to \infty$.

c) Skizzieren Sie den Funktionsgraphen unter Verwendung der ermittelten Ergebnisse.

d) Der Graph von f schließt mit der x-Achse im 1. Quadranten eine Fläche ein. Berechnen Sie deren Inhalt.

e) Begründen Sie, dass jede Funktion $f_t(x) = t(x^3 - 27x)$ mit $t \neq 0$ die gleichen Nullstellen und Extremstellen besitzt wie f. Weisen Sie nach, dass die Art der vorliegenden Extrema von t abhängt.
Ermitteln Sie denjenigen Wert von t, für den der Inhalt der im 1. Quadranten durch den Graphen von f_t und die x-Achse eingeschlossenen Fläche 729 FE beträgt.

Aufgabe 2

Gegeben sind die Funktion f mit $f(x) = x^4 - x^2$ und für jedes $t \in \mathbb{R}$, $t \neq 0$ die Funktion g_t mit $g_t(x) = tx^2$.

a) Ermitteln Sie für den Graphen von f die Schnittpunkte mit den Koordinatenachsen, sowie die Extrem- und Wendepunkte.
Zeigen Sie, dass die Graphen von f und jeder Funktion g_t axialsymmetrisch sind.
Zeichnen Sie die Graphen von f sowie g_2 und g_3.

b) Ermitteln Sie die Schnittpunkte der Graphen von f und g_t. Beachten Sie, dass sowohl die Anzahl als auch die Koordinaten der Schnittpunkte von t abhängen.

c) Berechnen Sie den Inhalt der Fläche, die von den Graphen von f und g_3 vollständig begrenzt wird.

d) t sei eine reelle Zahl, für die die Graphen von f und g_t drei gemeinsame Punkte besitzen. A_t sei der Inhalt der Fläche, die von den Graphen von f und g_t vollständig begrenzt wird. Für welchen Wert von t ist $A_t = \frac{324}{5}$?

Aufgabe 3

Für jede reelle Zahl $t \neq 0$ ist die Funktion $f_t(x) = x^3 - 3tx^2 + 2t^2x$ gegeben.

a) Ermitteln Sie die Nullstellen der Funktion f_t.

b) Weisen Sie nach, dass jede der Funktionen f_t genau zwei lokale Extremstellen besitzt.

c) Zeigen Sie, dass für jede der Funktionen f_t ein Schnittpunkt mit der x-Achse gleichzeitig ein Wendepunkt ist.
Begründen Sie, dass kein Graph der Schar weitere Wendepunkte besitzt.

d) Formulieren Sie ein Kriterium dafür, dass der Graph einer Funktion f punktsymmetrisch zu einem Punkt $P(x_0, 0)$ auf der x-Achse verläuft.
Weisen Sie unter Verwendung des Kriteriums nach, dass der Graph der Funktion f_2 punktsymmetrisch zum Punkt $P_2(2/0)$ verläuft.
Untersuchen Sie, ob allgemein gilt, dass der Graph der Funktion f_t punktsymmetrisch zum Punkt $P_t(t;0)$ ist.

e) Jeder der Graphen der Funktionen f_t schließt mit der x-Achse zwei Flächen vollständig ein. Deren Gesamtheit sei A_t.
Begründen Sie, dass für jedes t die beiden Flächen zueinander kongruent sind.
Berechnen Sie den Inhalt A_t.
Für welchen Wert von t ist $A_t = 40{,}5$?

f) Für jedes t schneidet die Wendetangente aus den Koordinatenachsen ein rechtwinkliges Dreieck aus. Berechnen Sie den Inhalt der Dreiecksfläche.
Für welche Werte von t ist das Dreieck gleichschenklig?

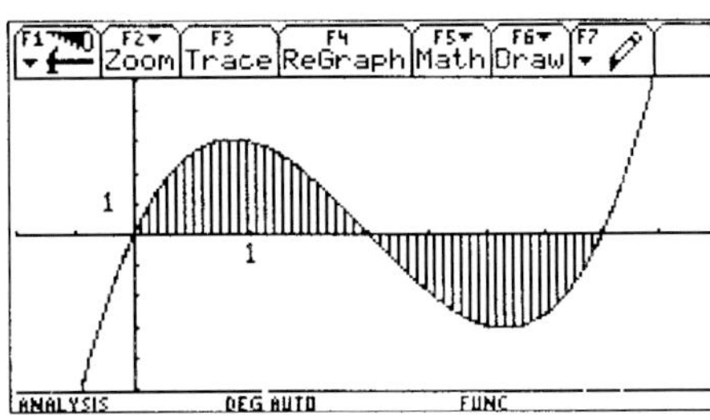

1

Aufgabe 4

Für jedes $t \in \mathbb{R}$ existiert genau eine Funktion f_t mit $f_t(x) = \frac{1}{8}x^4 - 2x^2 + t$ $(x \in \mathbb{R})$.

b) Untersuchen Sie für $t = 0$ den Graphen von f_0 auf Symmetrie, Schnittpunkte mit der x-Achse, Extrem- und Wendepunkte.

c) Skizzieren Sie den Graphen von f_0.

d) Berechnen Sie den Inhalt des Flächenstückes, das vom Graphen von f_0 und der x-Achse vollständig eingeschlossen wird.

e) Die Gerade durch beide Tiefpunkte des Graphen von f_0 und der Graph von f_0 begrenzen vollständig ein Flächenstück. Wie groß ist sein Inhalt?

f) Wie groß muss t sein, damit $x = -1$ und $x = 1$ zwei Nullstellen der Funktion f_t sind? Geben Sie für diese t weitere Nullstellen von f_t an.

g) Welchen Einfluss hat t auf Extrempunkte des Graphen von f? Wie groß ist t, wenn f_t den Wertebereich $W(f_t) = \mathbb{R}_0^+$ hat?

Gebrochenrationale Funktionen

Aufgabe 5

Gegeben ist die Funktion f mit $f(x) = \frac{x+3}{x-1}$ $(x \neq 1)$.

a) Geben Sie die Nullstellen und die Polstelle von f sowie die Gleichungen der waagerechten und senkrechten Asymptote des Funktionsgraphen an.

b) Untersuchen Sie, ob der Graph von f Extrempunkte besitzt.
Zeichnen Sie den Funktionsgraphen auf dem Intervall $[-4; 4]$.

c) Für jede Gerade $x = u$ mit $u > 0$ ist das folgende Rechteck $OBCD$ eindeutig festgelegt: O ist der Koordinatenursprung, B der Schnittpunkt der Geraden $x = u$ mit der x-Achse, C der Schnittpunkt der Geraden $x = u$ mit dem Graph von f und D der sich auf der y-Achse ergebene Eckpunkt.
Der Inhalt der Rechtecksfläche werde bezeichnet mit $A(u)$.
Berechnen Sie jeweils den Inhalt der Rechtecksfläche für $u_1 = 1{,}1$ und $u_2 = 2$ sowie für $u_3 = 8$.
Geben Sie eine Gleichung der Funktion $A(u)$ an.
Weisen Sie nach, dass die Funktion $A(u)$ ein lokales Minimum besitzt.
Geben Sie auf dem Intervall $[1{,}1; 8]$ die globalen Extremwerte von A an.

Aufgabe 6

Gegeben ist die Funktion f mit $f(x) = \frac{x}{x-4}$.

a) Geben Sie die Gleichungen der waagerechten und der senkrechten Asymptote des Funktionsgraphen an. Untersuchen Sie das Verhalten von f bei Annäherung an die Polstelle.

b) Weisen Sie nach, dass der Funktionsgraph weder Extrem- noch Wendepunkte besitzt.
Charakterisieren Sie das Monotonieverhalten von f.

c) Zeichnen Sie den Funktionsgraphen auf dem Intervall $[-4; 6]$ unter Verwendung der bisherigen Ergebnisse und weiterer Funktionswerte.

d) Begründen Sie, dass die Funktion f umkehrbar ist. Ermitteln Sie die Gleichung der Umkehrfunktion $\bar{f}$.

e) Berechnen Sie die Schnittpunkte der Graphen der Funktionen f und $\bar{f}$.
Entwickeln Sie den Graphen von $\bar{f}$ aus dem Graphen von f.

f) Zeigen Sie, dass die Funktion F mit $F(x) = 4\ln(4 + x) - x$ für $x < 4$ eine Stammfunktion von f ist.
Berechnen Sie den Inhalt derjenigen Fläche, die begrenzt wird durch den Graphen von f, die x-Achse und die Gerade $x = 3$.
Schlussfolgern Sie den Inhalt der Fläche, die durch die Graphen von f, $\bar{f}$ und die Gerade $y = -3$ eingeschlossen wird.

Aufgabe 7

Gegeben ist die Funktion f mit $f(x) = \frac{x^2 - 2x + 1}{x^2}$.

a) Ermitteln Sie die Nullstellen und die Polstelle x_p der Funktion f.
Untersuchen Sie das Verhalten von f für $x \to \pm\infty$ und bei Annäherung von x_p.

b) Berechnen Sie den Extrempunkt und den Wendepunkt des Funktionsgraphen.

c) Zeichnen Sie den Funktionsgraphen unter Verwendung der bisherigen Ergebnisse auf dem Intervall $-4 \leq x < 9$.

d) t sei die Tangente an den Graph der Funktion f im Punkt $P(x_t; 1)$. Ermitteln Sie x_t. Geben Sie eine Gleichung für t an.
An welcher Stelle und unter welchem Winkel schneidet t die x-Achse?
Welche Koordinaten hat der Schnittpunkt von t mit der y-Achse?

e) Die Geraden $x = 1$ und $x = 9$ sowie die x-Achse und die waagerechte Asymptote der Funktion f umschließen ein Rechteck, das durch den Graphen von f in zwei Teilflächen A_1 und A_2 zerlegt wird. A_1 sei dabei die Fläche zwischen dem Funktionsgraphen und der Asymptote, A_2 die Fläche zwischen Funktionsgraphen und x-Achse. Entscheiden Sie durch Berechnung, welche der beiden Flächen den größeren Inhalt besitzt.

Aufgabe 8

Gegeben ist in ihrem maximalen Definitionsbereich die Funktion f mit $f(x) = \frac{x+1}{x-1}$.

a) Skizzieren Sie den Graphen von f nur unter Verwendung der Null- und Polstellen von f und der Asymptote des Graphen von f.

b) Wie groß ist der Inhalt des Flächenstückes zwischen dem Graphen und der x-Achse im Bereich $[1{,}5; 9]$?

c) Erklären Sie unter Zuhilfenahme des Graphen von f, warum f eine Umkehrfunktion $\overline{f}$ besitzt. Wie lautet die Gleichung von $\overline{f}$?

d) Was kann man aus der Asymptote des Graphen von f auf den Verlauf des Graphen von $\overline{f}$ schließen?

e) Eine weitere Funktion sei g mit $g(x) = \ln f(x)$, also $y = g(x) = \ln \frac{x+1}{x-1}$.
Welchen Definitionsbereich hat diese Funktion?

f) Erläutern Sie mithilfe der Monotonie, dass eine Umkehrfunktion $\overline{g}$ von g existiert und geben Sie die Gleichung von $\overline{g}$ an. Hat der Graph von $\overline{g}$ auch Asymptoten?

Aufgabe 9

Für jedes reelle t ist genau eine Funktion f_t mit $f_t(x) = \frac{2x+t}{x-2}$ gegeben.

a) Geben Sie Definitions- und Wertebereich von f_t an.

b) Es sei $t = 4$. Untersuchen Sie den Graphen von f_4 auf Schnittpunkte mit beiden Achsen, Asymptoten, Extrem- und Wendepunkte.

c) Untersuchen Sie das Monotonieverhalten von f_4.

d) Skizzieren Sie den Graphen von f_4.

e) Die Funktion f_t hat die Nullstelle $x = 4$. Wie groß ist t? Skizzieren Sie für dieses t den Graphen von f_4. Begründen Sie, dass es nicht für alle t genau eine Nullstelle gibt.

f) Der Graph von f_4 wird um 3 Einheiten nach links (entgegen der Richtung der x-Achse) verschoben. Wie lautet die Gleichung des entstandenen Graphen?

g) An den Graphen von f_t ($t = 4$, siehe *d)*) wird in $P(x > 2; f_t(x))$ eine Tangente mit dem Anstieg $m = -\frac{1}{2}$ gelegt. Diese Tangente bildet mit beiden Asymptoten ein Dreieck. Wie groß ist dessen Flächeninhalt?

Wurzelfunktionen

Aufgabe 10

Für jedes $t > 0$ sei eine Funktion f_t mit $f_t(x) = 2\sqrt{x} - \sqrt{tx - 1}$ gegeben.

a) Ermitteln Sie den – von t abhängigen – Definitionsbereich der Funktion f_t.
Für jedes t sei x_t das kleinste Element des Definitionsbereiches von f_t.
Alle Punkte $P_t(x_t; f_t(x_t))$ liegen auf dem Graphen einer Funktion g. Ermitteln Sie eine Gleichung von g.

b) Für welchen Wert von t ist $x_N = 1$ Nullstelle der Funktion f_t?
Zeigen Sie, dass die Funktion f_1 keine Nullstelle besitzt.
Untersuchen Sie, für welche Werte von t die Funktion f_t eine Nullstelle besitzt.

c) Bilden Sie f'_t.

d) Für welchen Wert von t hat f_t in $x_E = 1$ eine Extremstelle?
Um welche Art von Extremum handelt es sich?

e) Weisen Sie nach, dass für alle t und t^* gilt: Wenn $t \neq t^*$ ist, so haben die Graphen der Funktionen f_t und f_{t^*} keinen Punkt gemeinsam.

Aufgabe 11

Gegeben ist die Funktion f mit $f(x) = \sqrt{x+3}$ mit $D(f) = [-3; \infty)$.

a) Ist f im gesamten Definitionsbereich streng monoton wachsend?

b) Warum ist die Funktion f in $D(f)$ umkehrbar? Ermitteln Sie die Gleichung der Umkehrfunktion $\bar{f}$. Geben Sie die Definitions- und Wertebereiche von f und $\bar{f}$ an.

c) Skizzieren Sie die Graphen von f und von $\bar{f}$ in ein und dasselbe Koordinatensystem.

d) Der Graph G von f schließt mit der x-Achse und der Geraden $x = 1$ vollständig ein Flächenstück ein. Wie groß ist dessen Inhalt?
Dieses Flächenstück rotiert um die x-Achse. Wie groß ist das Volumen des entstehenden Körpers?

e) Die Funktion g ist durch $g(x) = f(x) - x$ gegeben. Hat der Graph G von g Extrempunkte?

f) Skizzieren Sie den Graphen von g im Intervall $[-3; 3]$.

g) Durch $h_a(x) = g(x) + a$ ist die Funktion h_a gegeben. Für welches a hat diese Funktion die Nullstelle $x = 6$? Für welche a gibt es genau 2 Nullstellen?

Aufgabe 12

Gegeben ist die Funktionsgleichung $f(x) = \sqrt{x} + \sqrt{4-x}$ einer Funktion f.

a) Geben Sie den Definitionsbereich von f an.

b) Untersuchen Sie den Graphen von f auf Schnittpunkte mit beiden Achsen und auf Extrempunkte.

c) Kann der Graph G von f Wendepunkte haben?

d) Skizzieren Sie den Graphen von f im gesamten Definitionsbereich.

e) Weist der Graph G von f ein Symmetrieverhalten auf? (Nachweis der Vermutung wird nicht verlangt).

f) Wie groß ist der Inhalt des Flächenstückes zwischen dem Graphen von f und der x-Achse?
Diesem Flächenstück kann ein größtmögliches Rechteck mit der Seitenlänge 4 einbeschrieben werden. Wie viel Prozent des Flächenstückes zwischen dem Graphen von f und der x-Achse nimmt dieses Rechteck ein?

g) Gegeben ist für jedes $t > 0$ eine Funktion g_t mit $y = g_t(x) = \sqrt{x} - \sqrt{t - x}$.
Geben Sie den Definitionsbereich von g_t an. Für welches t hat die Funktion g_t die Nullstelle $x = 22{,}5$?

Aufgabe 13

Für jedes reelle $t \neq 0$ ist genau eine Funktion f_t gegeben mit $f_t(x) = \sqrt{t \cdot x - 3} - 1$.

a) Geben Sie in Abhängigkeit von t den Definitions- und Wertebereich von f_t an.
Berechnen Sie die Nullstellen. Hat die Funktion f_t Extrema?

b) Skizzieren Sie den Graphen von f_t für $t = \frac{1}{2}$ im Intervall [6; 14].

c) Wie groß ist der Flächeninhalt des Flächenstücks zwischen dem Graphen von $f_{\frac{1}{2}}$, der x-Achse und der Geraden $x = 14$?

d) Geben Sie die Gleichung $y = g(x) = mx + n$ der Tangente an den Graphen von $f_{\frac{1}{2}}$ in $P(x; f_{\frac{1}{2}}(x))$ mit dem Anstieg $\frac{1}{4}$ an.

e) Diese Gerade wird
- an der y-Achse gespiegelt,
- an der x-Achse gespiegelt und anschließend um 2 Einheiten in Richtung der y-Achse verschoben.

Wie lautet jeweils die Gleichung der entstandenen Geraden?

f) Kann die Funktion h mit $h(x) = f_{\frac{1}{2}}(x) + g(x)$ Extrema haben?
Begründen Sie Ihre Aussage, ohne die Ableitung $h'(x) = (f_{\frac{1}{2}}(x) + g(x))'$ zu benutzen.

Aufgabe 14

Gegeben ist die Funktion f mit $f(x) = \sqrt{-x^2 + x + 6}$ mit $D(f) = [-2; 3]$.

a) Ermitteln Sie die Nullstellen der Funktion.

b) Der Graph von f hat genau eine Maximalstelle. Ermitteln Sie dessen Koordinaten unter Benutzung der ersten Ableitung. Kann man diesen Maximalpunkt auch ohne Hilfe der Differenzialrechnung ermitteln?

c) Skizzieren Sie den Graphen von f.

d) Für welche $n < 0$ hat die Gerade $y = \frac{1}{2}x + n$ mit dem Graphen von f genau zwei, genau einen bzw. keine Schnittpunkt(e)?

e) An den Graphen von f werden zwei Tangenten gelegt, die mit der x-Achse ein gleichschenkliges Dreieck bilden.
Eine der beiden Tangenten habe den Anstieg $-\frac{3}{4}$. Wie groß ist der Flächeninhalt des Dreiecks?

Aufgabe 15

Gegeben sind die Funktionen $f(x) = \sqrt{2x-2}$, und $g_n(x) = x + n$ ($n \in \mathbb{R}$). Es sei $h_n(x) = f(x) - g_n(x) = \sqrt{2x-2} - (x+n)$.

a) Geben Sie den Definitionsbereich von h_n an.

b) Für welche n hat die Funktion h_n Nullstellen? Was bedeutet das geometrisch für die Graphen von f und g_n?

c) Skizzieren Sie die Graphen von f und von g_n (für $n = -2$) in ein und dasselbe Koordinatensystem.
Gewinnen Sie den Graphen von h_{-2} punktweise aus den Graphen von f und g_{-2}.

d) Welchen Einfluss hat n auf Extrempunkte des Graphen von h_n?
Überprüfen Sie für $n = -2$ den zeichnerischen Wert für den Extrempunkt.

e) Für welche x-Werte unterscheiden sich die Funktionswerte $f(x)$ und $g_{-2}(x)$ um mindestens 10?

f) Die Graphen von g_{-2} und von h_{-2} begrenzen mit der x-Achse vollständig ein Flächenstück.
Wie groß ist dessen Inhalt?

Aufgabe 16

Gegeben ist die Funktion f mit $f(x) = \frac{1}{2}x - \sqrt{x+2}$.

a) Berechnen Sie $f(122)$. Wie groß ist x, wenn $f(x) = 11$ ist?

b) Geben Sie den Definitions- und Wertebereich von f an.

c) Skizzieren Sie den Graphen von f im Intervall $[-2; 7]$.

d) Berechnen Sie den Inhalt des Flächenstücks, das von beiden Achsen und dem Graphen von f begrenzt wird.

e) Kann der Graph von g_t ($g_t(x) = \frac{1}{2}x + n - \sqrt{x+t}$) durch den Koordinatenursprung laufen, wenn $t \neq 0$ ist?

f) Gegeben ist eine weitere Funktion $h(x) = \sqrt{x+2} - 4$.
Berechnen Sie den kürzesten Abstand zwischen den Graphen von f und von h.

Trigonometrische Funktionen

Aufgabe 17

Gegeben ist die Funktion f mit $f(x) = 2\sin x - \cos 2x$.

a) Zeigen Sie, dass $p = 2\pi$ die kleinste Periode von f ist.

b) Ermitteln Sie die Nullstellen der Funktion f auf dem Intervall $-\frac{\pi}{3} \leq x < 3\pi$.

c) Berechnen Sie auf dem angegebenen Intervall die lokalen Extrempunkte des Graphen der Funktion f.
Treffen Sie eine Aussage zu den globalen Extrema der Funktion und zum Wertebereich von f.

d) Skizzieren Sie den Graphen von f auf dem angegebenen Intervall und vergleichen Sie mit dem in der untenstehenden Skizze dargestellten prinzipiellen Verlauf.

e) Für genau ein x aus dem Intervall berührt der Graph von f den Graphen der Funktion g mit $g(x) = \sin x$, d.h. es gilt $f(x) = g(x)$ und $f'(x) = g'(x)$. Ermitteln Sie diese Stelle x und den Berührungspunkt.

f) Sind x_1, x_2 und x_3 drei aufeinanderfolgende Nullstellen von f, dann schließt der Graph von f mit der x-Achse auf dem Intervall $x_1 \leq x < x_3$ zwei Flächen vollständig ein. 2
Zeigen Sie, dass die Inhalte beider Flächen gleich groß sind.

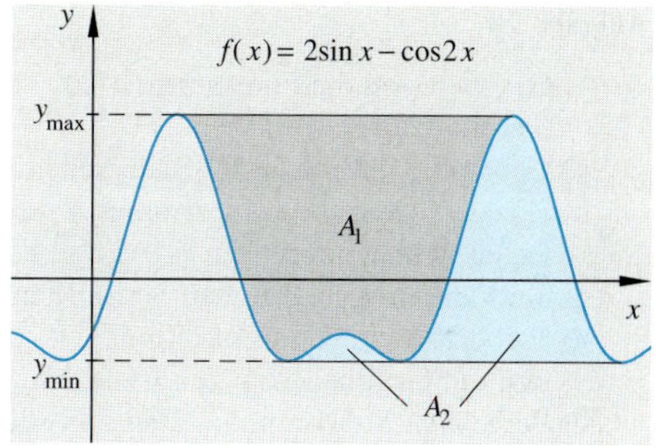

Aufgabe 18

Gegeben ist die Funktion f mit $f(x) = \sin x + \frac{1}{2}\sin 2x$ $(x \in [0; 2\pi])$.

a) Ermitteln Sie die Nullstellen von f.

b) Geben Sie die Koordinaten der Extrempunkte des Graphen von f an.

c) Skizzieren Sie den Graphen.

d) Die Funktion g ist durch $g(x) = f(x) + n$ gegeben. Diskutieren Sie die Anzahl der Nullstellen von g in $[0; 2\pi]$ in Abhängigkeit von n.

e) Geben Sie die Gleichung der Geraden an, die durch den Hoch- und Tiefpunkt des Graphen von f geht.

f) Berechnen Sie den Inhalt des Flächenstücks, das vom Graphen von f und der x-Achse vollständig eingeschlossen wird.

g) Durch $h(x) = |f(x)|$ ist eine weitere Funktion h gegeben. Geben Sie die Nullstellen, Extrempunkte und den Wertebereich von h für das Intervall $]0; 2\pi[$ an.

Aufgabe 19

Gegeben Sie die Funktion f mit $f(x) = \cos x - \cos^2 x$ $(x \in [-0{,}1; 6{,}3])$.

a) Untersuchen Sie den Graphen von f auf Schnittpunkte mit der x-Achse und auf Extrempunkte.

b) Skizzieren Sie den Graphen im angegebenen Intervall.

c) In $P\left(\frac{\pi}{2}; f\left(\frac{\pi}{2}\right)\right)$ wird eine Tangente an den Graphen von f gelegt, die mit beiden Achsen ein Dreieck bildet. Geben Sie die Gleichung der Tangente an und berechnen Sie den Flächeninhalt des Dreiecks.

d) Zeigen Sie, dass die Funktion F mit $F(x) = \sin x - \frac{1}{2}(\cos x \sin x + x)$ eine Stammfunktion von f ist. Berechnen Sie den Inhalt der Fläche, die in $[0; 2\pi]$ vollständig vom Graphen von f und der x-Achse eingeschlossen wird.

e) Die Funktion $f(x) = \cos x - \cos^2 x$ wird in ihrem maximalen Definitionsbereich $D(f) = \mathbb{R}$ betrachtet. Untersuchen Sie den Graphen von f auf Symmetrie.

f) Geben Sie den Wertebereich der Funktion g mit $g(x) = e^{f(x)}$ an.

Aufgabe 20

Gegeben sind die Funktionen $f(x) = \sin x^2$, $y = g(x) = (\sin x)^2$, $y = h(x) = 2\sin 2x + 2$ (jeweils $x \in \mathbb{R}$).

a) Geben Sie jeweils den Wertebereich an.

b) Skizzieren Sie die Graphen der Funktionen in je einem Koordinatensystem in den angegebenen Intervallen f: $[-2\sqrt{\pi}; 2\sqrt{\pi}]$, g: $[-\pi; 2\pi]$, h: $[-\pi; \pi]$.

c) Sind alle drei Funktionen periodisch? Begründen Sie Ihre Entscheidung.

d) i sei eine weitere Funktion mit $y = i(x) = \cos 2x + 2$. In welchen Punkten schneiden sich die Graphen von i und von h in $[0; 2\pi]$?

e) Berechnen Sie den minimalen bzw. den maximalen Abstand der Graphen von g und von h in $[0; 2\pi]$.

Exponentialfunktionen

Aufgabe 21

Gegeben ist die Funktion f mit $f(x) = x^3 e^x$.

a) Ermitteln Sie die Nullstellen der Funktion f sowie die Extrem- und Wendepunkte des Funktionsgraphen. Charakterisieren Sie das Verhalten der Funktion für $x \to -\infty$ bzw. $x \to \infty$. Zeichnen Sie den Funktionsgraphen für $-8 \leq x \leq 1{,}3$.

b) t sei die Tangente an den Graphen von f im Punkt $B(1; f(1))$. Berechnen Sie den Schnittpunkt von t mit der y-Achse.

c) Ermitteln Sie, für welche Werte von a, b und c die Funktion F mit $F(x) = e^x(x^3 + ax^2 + bx + c)$ eine Stammfunktion von f ist.

d) Der Graph von f, die x-Achse und eine zur y-Achse parallele Gerade $x = u$ ($u < 0$) begrenzen im 3. Quadranten eine Fläche mit dem von u abhängigen Inhalt $A(u)$. Berechnen Sie $A(u)$ für $u = -2$ und $u = -8$.
Ermitteln Sie den Grenzwert $\lim\limits_{u \to -\infty} A(u)$. Interpretieren Sie diesen Grenzwert geometrisch.

Aufgabe 22

Für jedes $k \in \mathbb{R}$; $k > 0$ sei eine Funktion f_k gegeben durch $f_k(x) = e^{kx} + e^{-kx}$.

a) Untersuchen Sie das Symmetrie- und Monotonieverhalten der Graphen der Funktionen f_k und f'_k.
Begründen Sie, dass alle Graphen der Funktionen f_t den gleichen Extrempunkt haben.
Veranschaulichen Sie die Graphen $f_{0,5}$, f_1, $f_{1,5}$ und f_2 mithilfe eines graphikfähigen Taschenrechners.

b) Skizzieren Sie die Graphen der Funktionen f_1 und f'_1.
Weisen Sie nach, dass die Graphen der Funktionen f_1 und f'_1 keinen gemeinsamen Punkt besitzen.
Zeigen Sie, dass gilt $\lim\limits_{x \to \infty} (f_1(x) - f'_1(x)) = 0$. Was bedeutet diese Aussage für den Verlauf der Graphen der Funktionen f_1 und f'_1?

c) Die Graphen der Funktionen f_1 und f_1', die y-Achse und eine zur y-Achse parallele Gerade $x = u$ mit $u > 0$ begrenzen eine Fläche. Berechnen Sie den Inhalt $A(u)$ dieser Fläche. Ermitteln Sie $\lim\limits_{u \to \infty} A(u)$. Interpretieren Sie diesen Wert geometrisch.

d) Mit t_1 sei die Tangente an den Graphen der Funktion f_3 im Punkt $(1; f_3(1))$ bezeichnet, t_2 sei die Tangente an den Graphen der Funktion f_1 im Punkt $(3; f_1(3))$.
Weisen Sie nach, dass die Tangenten t_1 und t_2 den gleichen Schnittpunkt mit der y-Achse besitzen.

Aufgabe 23

Der Graph der Funktion f mit $f(x) = e^{-\frac{1}{2}x^2}$ wird als Glockenkurve bezeichnet.

a) Untersuchen Sie das Symmetrieverhalten des Funktionsgraphen von f.
Geben Sie $\lim\limits_{x \to +\infty} f(x)$ und $\lim\limits_{x \to -\infty} f(x)$ an.

b) Ermitteln Sie die Extrem- und Wendepunkte des Funktionsgraphen.
Zeichnen Sie den Graphen von f.

c) Die Tangenten an den Graph der Funktion f in den Wendepunkten schneiden aus den Koordinatenachsen ein gleichschenkliges Dreieck aus. Berechnen Sie dessen Flächeninhalt.

d) Gegeben sei weiterhin die Funktion g mit $g(x) = 0{,}18x^3 - 0{,}58x^2 + 0{,}0075x + 1$. Zeigen Sie, dass gilt: $f(0) = g(0)$, $f(1) \approx g(1)$, $f(2) \approx g(2)$ und $f'(1) \approx g'(1)$, wenn auf zwei Dezimalstellen gerundet wird.

Berechnen Sie $I = \int\limits_0^2 g(x)\mathrm{d}x$ und damit näherungsweise $\int\limits_0^2 f(x)\mathrm{d}x$. Um wie viel Prozent weicht I vom auf drei Dezimalen genauen Wert von 1,196 für $\int\limits_0^2 f(x)\mathrm{d}x$ ab?

Aufgabe 24

Gegeben ist die Funktion f mit $f(x) = e^{-0{,}1x+1}$.

a) Zeigen Sie, dass f weder Nullstellen noch Extrem- oder Wendepunkte besitzt.
Geben Sie $\lim\limits_{x \to +\infty} f(x)$ an.

b) Berechnen Sie den Schnittpunkt S_y mit der y-Achse.
Ermitteln Sie eine Gleichung der Tangente t an den Graphen von f im Punkt S_y.

c) Berechnen Sie einige Funktionswerte von f und zeichnen Sie den Graphen von f sowie den Graphen von t.

d) Die Koordinatenachsen und der Graph von f schließen im 1. Quadranten eine ins Unendliche reichende Fläche F ein.
Berechnen Sie den Inhalt A dieser Fläche.
Zeigen Sie, dass die Tangente t die Fläche F halbiert.

e) Betrachten Sie f als Zerfallsfunktion mit $f(x) = f(0)e^{-kx}$, wobei k angegeben wird in min^{-1}.
Berechnen Sie die Halbwertszeit des Zerfallsprozesses.
Ermitteln Sie, nach welcher Zeit nur noch 0,1% des Anfangswertes vorhanden sind.

Aufgabe 25

Gegeben ist die Funktion f mit $f(x) = (2x - 4) \cdot e^x$.

a) Untersuchen Sie das Verhalten von $f(x)$ für $x \to \pm\infty$.

b) Untersuchen Sie den Graphen von f auf Schnittpunkt mit der x-Achse, auf Extrem- und Wendepunkte.

c) Skizzieren Sie den Graphen von f.

d) Beide Achsen schließen mit dem Graphen von f vollständig ein Flächenstück ein. Wie groß ist dessen Flächeninhalt?

e) An den Graphen von f wird in $P(-1; f(-1))$ eine Tangente gelegt. Wie groß ist der Flächeninhalt des Dreiecks, das von dieser Tangente und beiden Achsen gebildet wird?

f) Gegeben sind die Funktionen g und h mit $g(x) = |f(x)| = |(2x - 4)e^x|$, $h(x) = |2x - 4|e^x$. Vergleichen Sie die Graphen von g und von h mit dem Graphen von f. Skizzieren Sie den Graphen von g.

Aufgabe 26

Die Konzentration K von Alkohol im Blut spielt bei der Untersuchung von Verkehrsunfällen eine wichtige Rolle.

Das Gesetz schreibt 0,8 Promille (‰) als Grenze für den Alkoholgehalt im Blut vor (1‰ = 0,1%).

Im Labor wurde ein Testversuch an einer Person mit einem Alkoholspiegel von 1‰ durchgeführt. Im Abstand von 30 Minuten wurden jeweils Blutproben entnommen. Dabei wurde folgende Messreihe aufgenommen:

Zeit t in h	0,0	0,5	1,0	1,5	2,0	2,5	3,0	3,5	4,0	4,5	5,0	5,5	6,0	6,5
K in ‰	1,00	0,896	0,803	0,719	0,644	0,577	0,517	0,463	0,415	0,372	0,333	0,298	0,267	0,239

b) Stellen Sie die Abhängigkeit des Alkoholgehaltes von der Zeit graphisch dar. Der funktionale Zusammenhang lässt sich allgemein mit einer Funktionsgleichung der Form $K(t) = K_0 \cdot e^{-\alpha t}$ beschreiben.
Stellen Sie die spezielle Funktionsgleichung auf, indem Sie K_0 und α ermitteln.

c) Aus dem Graphen ist zu ersehen, dass nach einer Zeit T die Konzentration auf die Hälfte des Ausgangswertes gesunken ist (Halbwertszeit).
Ermitteln Sie diese Zeit T aus dem Diagramm und kontrollieren den Wert durch Rechnung.

d) Die Polizei führt regelmäßig Verkehrskontrollen durch. Dabei verwendet Sie ein Messgerät, mit dem noch eine Alkoholkonzentration von 0,05‰ nachweisbar ist.
Nach welcher Zeit t ist für die Testperson der Alkohol nicht mehr nachweisbar?

e) Es findet eine Familienfeier statt, an der die Testperson teilnimmt.
Im Laufe des Abends trinkt die Testperson Alkohol. Dies führt zu einer Alkoholkonzentration von 2,4‰.
Die Testperson lässt das Auto an diesem Abend stehen und fährt mit einem Taxi nach Hause und holt das Auto 8 Stunden später ab.
Ist zu diesem Zeitpunkt die Alkoholkonzentration unter 0,8‰ gesunken?
Stellen Sie dazu eine neue Funktionsgleichung unter der Voraussetzung auf, dass der Wert von α erhalten geblieben ist.

Logarithmusfunktionen

Aufgabe 27

Gegeben ist die Funktion f mit $f(x) = 3\ln(x-2)$.

a) Geben Sie den maximalen Definitionsbereich und den Wertebereich der Funktion f sowie den Schnittpunkt der x-Achse mit dem Graphen von f an.

b) Durch welche geometrischen Abbildungen geht der Graph von f aus dem Graphen der Funktion g mit $g(x) = \ln x$ hervor? Skizzieren Sie die Graphen von f und g.

c) Begründen Sie, dass f umkehrbar ist und ermitteln Sie eine Gleichung der Umkehrfunktion $\overline{f}$.

d) Vom Punkt $P(2;0)$ soll die Tangente t an den Graphen der Funktion f gelegt werden.
Berechnen Sie die Koordinaten des Berührungspunktes B und geben Sie die Gleichung von t an.

e) h sei eine quadratische Funktion h der Form $h(x) = ax^2 + bx$. Für welche Werte von a und b berührt der Graph von h den Graphen von f in dessen Schnittpunkt mit der x-Achse?

Aufgabe 28

Gegeben ist die Funktion f mit $f(x) = \ln(2x-6)$.

a) Geben Sie den Definitionsbereich von f an.

b) Skizzieren Sie die Funktion.

c) Zeigen Sie, dass die Funktion streng monoton wachsend ist.

d) In $P(x; f(x))$ berührt eine Tangente mit dem Anstieg $m = 1$ den Graphen von f. Ermitteln Sie die Tangentengleichung und die Koordinaten von P.

e) Warum existiert die Umkehrfunktion $\overline{f}$ von f? Geben Sie die Gleichung von $\overline{f}$ und den Definitionsbereich- und Wertebereich von $\overline{f}$ an.

f) Geben Sie die Definitionsbereiche von $g(x) = \sqrt{f(x)}$, $h(x) = \dfrac{1}{\sqrt{f(x)}}$, $i(x) = \ln\dfrac{2x-6}{3x+12}$ an.

Aufgabe 29

Gegeben ist die Funktion f mit $f(x) = x(2 - \ln x)$.

a) Geben Sie den Definitionsbereich von f an.

b) Untersuchen Sie den Graphen von f auf Schnittpunkte mit beiden Achsen sowie auf Extrem- und Wendepunkte.

c) Skizzieren Sie den Graphen.

d) Weisen Sie nach, dass F mit $F(x) = \frac{5}{4}x^2 - \frac{1}{2}x^2 \ln x$ eine Stammfunktion von f ist.

e) Der Graph von f, die x-Achse und die Gerade $x = 1$ schließen vollständig ein Flächenstück ein. Berechnen Sie den Inhalt.

Aufgabe 30

Gegeben ist die Funktion f mit $f(x) = \ln \frac{x-2}{3x}$.

a) Zeigen Sie, dass $D(f) = \mathbb{R} \setminus [0; 2]$ gilt.
b) Berechnen Sie die Nullstellen der Funktion.
c) Untersuchen Sie die Funktion f auf Monotonie.
d) Warum ist die Gerade $y = -\ln 3$ eine Asymptote des Graphen von f?
e) Skizzieren Sie den Graphen unter Verwendung der Polasymptoten (senkrechten Asymptoten), der Asymptote $y = -\ln 3$ und der Funktionswerte $f(-3)$, $f(-0{,}5)$, $f(3)$, $f(6)$, $f(10)$.
f) Zeigen Sie, dass F mit $F(x) = x \ln \frac{x-2}{3x} - 2\ln(2-x)$ eine Stammfunktion von f ist.
g) Der Graph von f, die x-Achse und die Gerade $x = -6$ begrenzen vollständig ein Flächenstück. Wie groß ist dessen Inhalt?

H

Kurvendiskussion mit Hilfe von Computer bzw. Taschenrechner (ein Ausblick)

Programmierbare Taschenrechner sowie Personalcomputer mit entsprechenden mathematischen Programmen bieten die Möglichkeit, Graphen von Funktionen auf dem Bildschirm zu erzeugen. Um diese Möglichkeit zu nutzen, heißt es zunächst, sich mit dem zur Verfügung stehenden Gerät bzw. dem zur Verfügung stehenden Programm vertraut zu machen, da es hinsichtlich Arbeitsweise und Bedienung beträchtliche Unterschiede gibt. In den nachfolgenden Beispielen ist mit einem Computer-Algebra-System (CAS) gearbeitet worden.

Beispiel 1: Es sei $y = 4x^3 + 3x^2 - 7x + 3$. Auf die Aufforderung an das System, den Graphen zu zeichnen, erscheint auf dem Bildschirm das Bild 1. Das CAS prüft nicht, wie wir es bei einer Kurvendiskussion tun, wo wesentliche Eigenschaften des Graphen erkennbar werden, sondern verwendet zunächst eine Standardeinstellung und zeichnet den Teil des Graphen, der in diesem Bereich liegt. Offensichtlich fehlt in Bild 1 ein Teil des Graphen, welcher einen lokalen Maximumpunkt enthält. Durch eine Veränderung des Maßstabes erhält man Bild 2, welches den charakteristischen Kurvenverlauf zeigt. In Bild 1 ist im Punkt $P(1, 1)$ ein kleines Kreuz zu erkennen. Dieses lässt sich auf dem Bildschirm horizontal und vertikal verschieben. In jeder Position gibt das System die Koordinaten dieses Kreuzes an. Positioniert man das Kreuz auf die betreffenden Punkte des Graphen, erhält man sehr einfach Näherungswerte zum Beispiel für Nullstellen oder lokale Extrema. Für den lokalen Minimumpunkt erhält man in dieser Weise aus der Darstellung in Bild 1: $x = 0{,}5625$, $y = 0{,}7187$. Die Genauigkeit lässt sich verbessern, indem man den interessierenden Ausschnitt des Graphen vergrößert, wodurch eine bessere Positionierung des Kreuzes möglich wird. Die Darstellung in Bild 3 ergibt die Werte $x = 0{,}5563$ und $y = 0{,}7205$.

– Berechnen Sie zum Vergleich diese lokale Extremstelle und das zugehörige lokale Minimum in der Genauigkeit, die Ihr Taschenrechner ermöglicht.

Die Koordinaten des Wendepunktes sind in Bild 2 auf diese Weise nur recht grob zu erhalten. Fordert man das CAS auf, in Bild 1 zusätzlich die 2. Ableitung $y = 24x + 6$ zu zeichnen, erhält man Bild 4. Die Gerade $y = 24x + 6$ und die x-Achse haben einen gut erkennbaren Schnittpunkt, auf den man nun das Kreuz bewegt. Jetzt wird der Maßstab verändert, so dass der Wendepunkt ins Bild kommt, und das Kreuz nach oben verschoben, bis es den Graphen erreicht. Vergrößert man noch, um eine möglichst hohe Genauigkeit zu erreichen, einen Ausschnitt des Graphen um den Wendepunkt (Bild 5), erhält man $x = -0{,}25$ und $y = 4{,}875$.

– Ermitteln Sie die genauen Koordinaten des Wendepunktes.

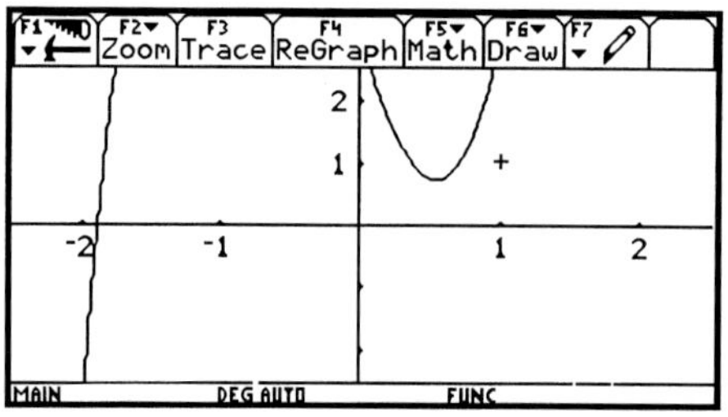

1

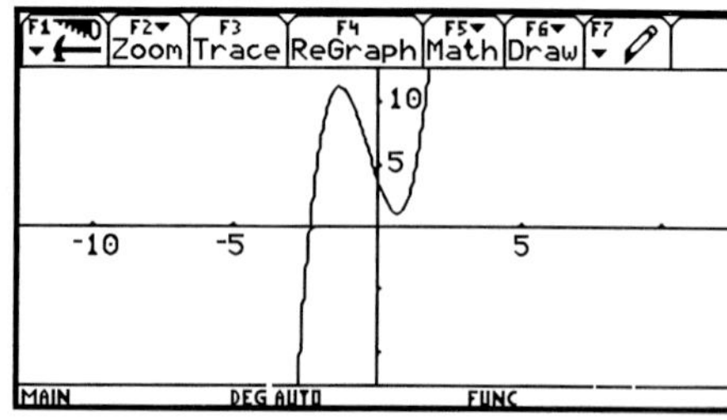

2

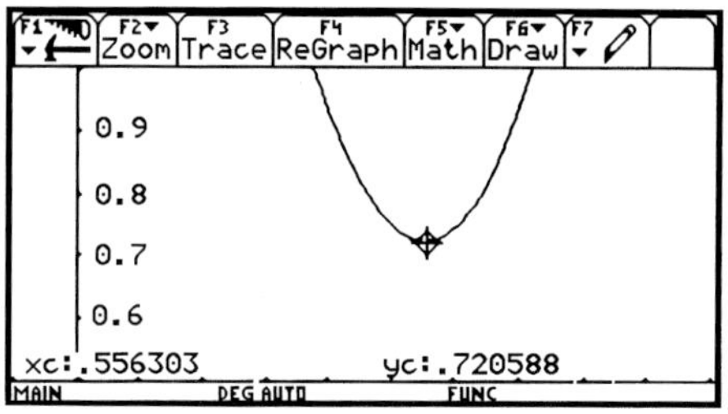

3

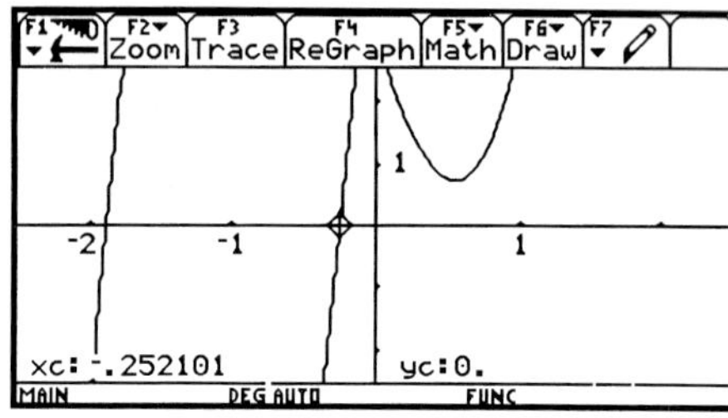

4

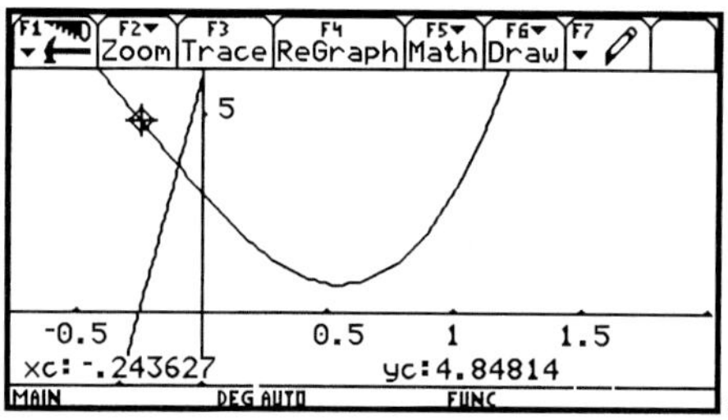

5

Beispiel 2: Es sei $y = 7x^4 + 102x^3 - 54x^2 - 5x$.
Das CAS liefert als Graph der Funktion das Bild 6. Nach einer ersten Veränderung des Maßstabes (Bild 7) ist das lokale Minimum im Bild. Es müssen aber wegen $\lim\limits_{x \to -\infty} y = \infty$ ein weiteres lokales Minimum sowie eine weitere Nullstelle existieren. Nach erneuter Maßstabsänderung (Bild 8) ist die Nullstelle im Bild, der charakteristische Verlauf der Kurve rechts vom immer noch nicht im Bildausschnitt liegenden lokalen Minimum aber kaum noch erkennbar. Eine für beide Koordinatenachsen unterschiedliche Maßstabsänderung (Bild 9) bringt schließlich das Minimum ins Bild, allerdings auf Kosten eines Informationsverlustes an anderer Stelle des Graphen.

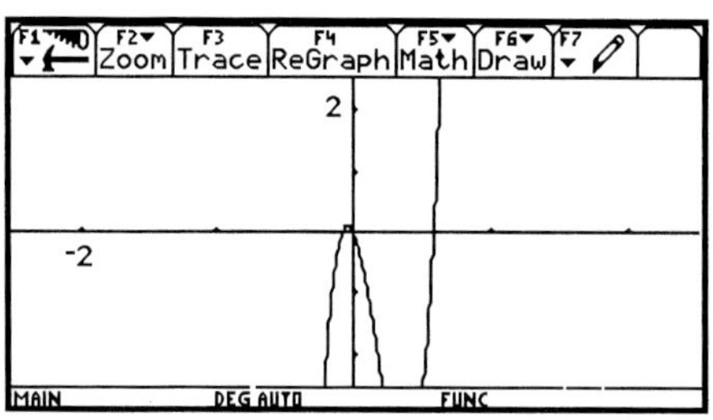

6

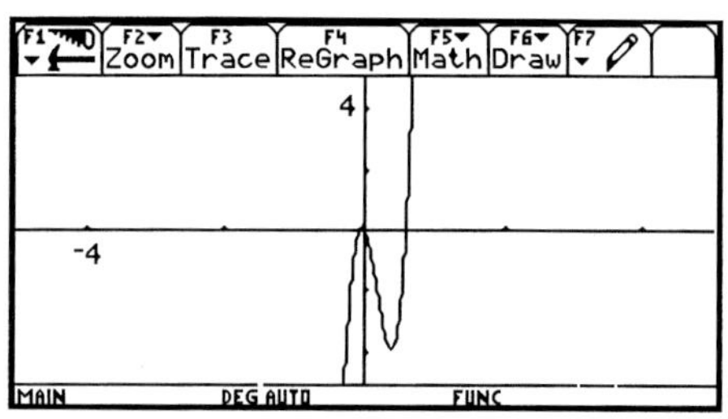

7

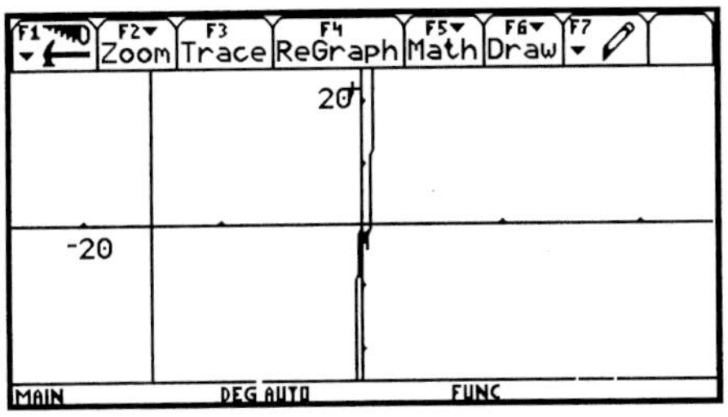

8

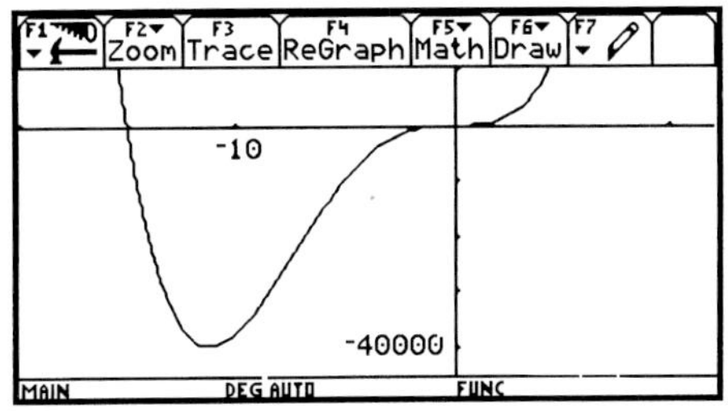

9

1. Bild 10 zeigt den Graphen der Funktion $y = 2x^5 - x^4 + x^3 - x^2 + 3x - 1$. Entscheiden Sie, ob außerhalb des Bildes noch Nullstellen der Funktion liegen.

2. Bild 11 zeigt den Graphen der Funktion $f(x) = x^5 + 3x^4 + x^3 - x^2 + 3x - 1$ sowie den Graphen der Ableitung von f. Begründen Sie, dass alle lokalen Extrema von f innerhalb des Bildes liegen.

3. Die Bilder 12 bzw. 13 zeigen die Graphen von $y = x^5 + 4x^4 - 10x^3 - 5x^2 + x - 3$ bzw. $y = \frac{3x^4 - 5x^2 + 7x}{x^3 - 2x^2 - 5x + 3}$. Was lässt sich über fehlende charakteristische Teile des Graphen sagen?

Informieren Sie sich für ein Ihnen zugängliches Gerät, welche Möglichkeiten der Erzeugung grafischer Darstellungen von Funktionen bestehen. Erzeugen Sie die Graphen der Funktionen aus den Beispielen 1 und 2 sowie den Aufgaben 1 bis 3.

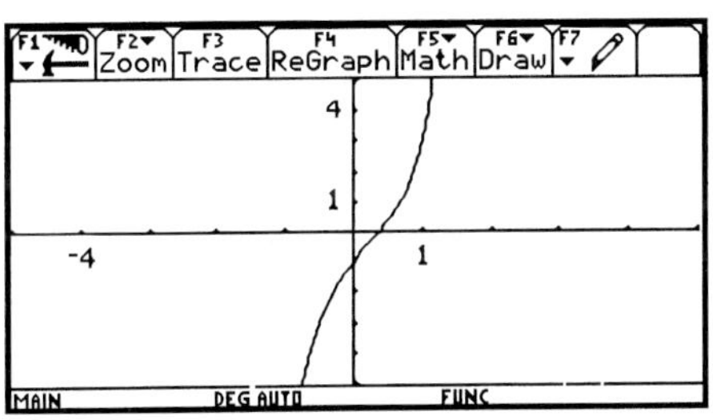

10

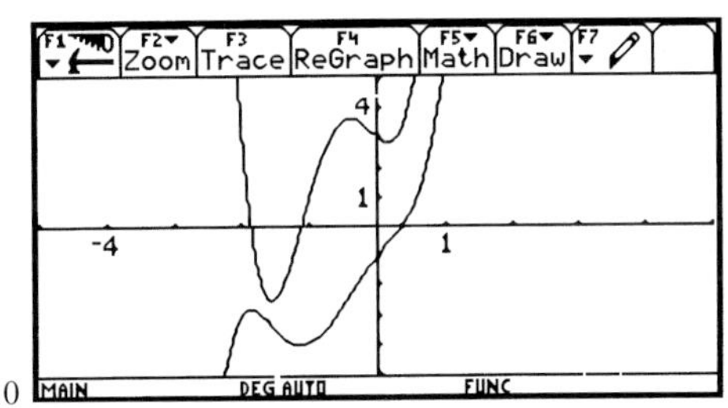

11

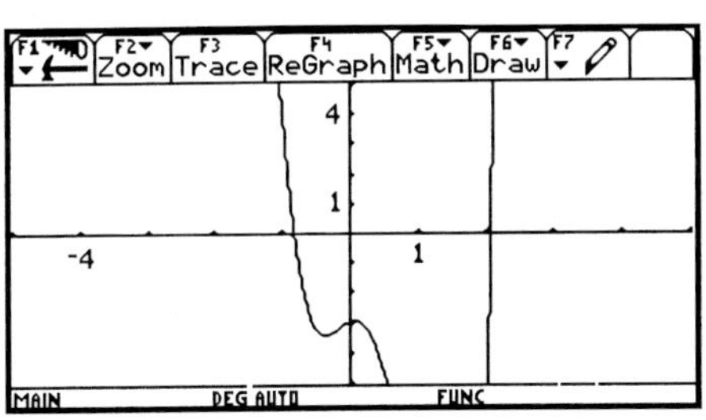

12

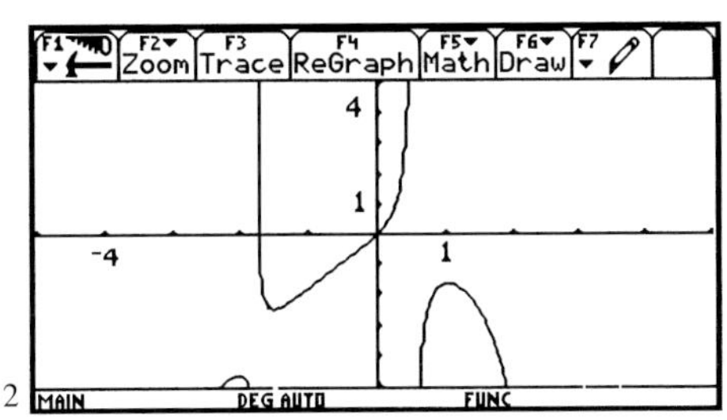

13

Register

W

Z